RICHARD DAWKINS

DIE WUNDER DER EVOLUTION

42 GESCHICHTEN VON DER ENTWICKLUNG DES LEBENS

Aus dem Englischen von Sebastian Vogel

HOFFMANN UND CAMPE

Die Originalausgabe erschien 2026 unter dem Titel *42 Tales From Life: A Modern Bestiary* bei Apollo, ein Imprint von Bloomsbury Publishing.

1. Auflage 2026

Harvestehuder Weg 42, 20149 Hamburg, produktsicherheit@hoca.de
www.hoffmann-und-campe.de
Diese Übersetzung von *42 Tales From Life: A Modern Bestiary* wird von Hoffmann und Campe in Absprache mit Bloomsbury Publishing Plc veröffentlicht.
Umschlaggestaltung: © Jorge Schmidt, München
Umschlagabbildung: © Freder / iStockphoto
Satz: Dörlemann Satz, Lemförde
Gesetzt aus der Warnock Pro
Druck und Bindung: BALTO print, UAB, Vilnius
Printed in Lithuania
ISBN 978-3-455-02246-9

HOFFMANN UND CAMPE

Ein Unternehmen der
GANSKE VERLAGSGRUPPE

FÜR JANA

INHALT

Aliud animal est in nilo fluuio quod dicitur hydrus. physiologus
dicit de eo quod satis est hoc animal inimicum cocodrillo
et hanc habet naturam et consuetudinem. cum uidet cocodrillum
in litoribus fluminis dormientem aperto ore uadit et inuoluit
se in limum luti quo possit facilius illabi in faucibus eius. Cocodri-
llus igitur de subito excitatus uiuum transglutit eum. Ille autem
dilanians omnia uiscera eius exit uiuus ex uisceribus eius. Sic
ergo mors et infernus figuram habent cocodrilli. qui inimicus est
domini saluatoris nostri. Ideoque et dominus noster ihesus christus assumens
terrenam carnem nostram descendit ad infernum. Et dirumpens
omnia uiscera eius eduxit omnes qui ab eo deuorati detinebantur
in morte. sicut testatur euangelista. Et monumenta aperta sunt
et resurrexerunt multa corpora sanctorum. Mortificauit ergo ipsam
mortem et ipse uiuens resurrexit a mortuis dicens per prophetam.
O mors ero mors tua. morsus tuus ero tibi inferne.

PROLOG

Die Bestiarien des Mittelalters waren Bildersammlungen von Tieren, manche davon mythisch, andere echt, wieder andere angeblich echt, aber so fantasievoll dargestellt, dass sie ebenso gut mythisch hätten sein können – und alles nahezu ohne Unterscheidung zwischen den drei Kategorien. Begleitet waren die Bilder von Beschreibungen, die fast nie stimmten, aber darum ging es auch nicht. Ein wunderbares Bestiarium aus dem 12. Jahrhundert, das sich in meinem Besitz befindet, enthält unter anderem folgende Perlen (aus dem Lateinischen übersetzt):

> Das Rebhuhn ist ein hinterlistiger, ekelhafter Vogel. Manchmal besteigt das Männchen ein Männchen, und so vergisst der stärkste sinnliche Appetit die Gesetze des Geschlechts. Außerdem ist er ein so perverses Geschöpf, dass das Weibchen losgeht und die Eier eines anderen Weibchens stiehlt. [...] Das Beispiel für solche Dinge gibt der Teufel. Er versucht, die Kinder des ewigen Schöpfers zu stehlen [...].

> Wenn eine Löwin ihre Jungen gebärt, bringt sie sie tot zur Welt und lässt sie drei Tage leblos liegen – bis dann am dritten Tag der Vater kommt, ihnen ins Gesicht haucht und sie lebendig macht. Genauso ließ der Allmächtige Vater am dritten Tag Jesus Christus von den Toten auferstehen.

Hier ging es nicht um Naturgeschichte, sondern um moralische oder allegorische Lehren, die man aus den Tieren ziehen konnte. Dagegen basiert das darwinistische Bestiarium, das Sie hier vor sich haben, auf Tatsachen oder strebt es zumindest aufrichtig an. Dennoch ähnelt es seinen mittelalterlichen Vorgängern in zweierlei Hinsicht. Erstens gehe ich über die Tatsachen hinaus und ziehe aus meiner Tiergeschichte eine Lehre oder Moral. Keine moralistische oder allegorische Moral (nein, um Himmels willen!), sondern eine darwinistische. Keine Lehre darüber, wie wir leben sollten, sondern eine Lehre über die Wissenschaft vom Leben im Allgemeinen, wie ein bestimmtes Tier sie uns zufällig nahebringt. Oder mit der es einen Gedankengang anstößt. Zweitens stoße ich mit meiner Auswahl und Beschreibung echter Lebewesen über das Banal-Vertraute hinaus in eine reale Version der »Hier sind die Drachen«-Gebiete vor, wie man sie in alten Bestiarien regelmäßig findet. Bei mir sind es keine Einhörner und Drachen, keine Werwölfe, Greife und Phönixe, nichts, was nicht existiert, sondern nur wirkliche Tiere. Aber wenn man weiß, wo man suchen muss, ist die wissenschaftliche Realität weitaus fremdartiger als die Legende. Die Wirklichkeit geht über alles, was wir uns leicht vorstellen können, und auch weit über die aufgewühlten Fantasien der alten Bestiarien hinaus und wird zur Herausforderung für Science-Fiction-Autoren, die etwas noch Fremdartigeres erfinden wollen. Mein Freund Douglas Adams besaß eine Fantasie, die zu Recht als Weltklasse beschrieben wurde. Und selbst er sagte mir einmal, er wolle noch einmal auf die Universität gehen und Zoologie studieren. Ich brachte ihn davon ab. Aber ich verstehe, was er meinte. Ich hoffe, wenn Sie meine 42 Geschichten lesen, werden auch Sie es verstehen.

Mein darwinistisches Bestiarium ist als Folge von »Geschichten« aufgebaut. Damit folgt es dem Vorbild eines früheren Buches, was ich erklären muss. In *Geschichten vom Ursprung des Lebens* begaben mein Co-Autor Yan Wong und ich uns gemeinsam auf eine Chaucer'sche Pilgerfahrt, die uns rückwärts in die Vergangenheit führte. Unser Ausgangspunkt war die Gegenwart, unser Canterbury der Ursprung des Lebens. Die Pilger, die sich anfangs auf den Weg machten, waren heutige Menschen. Während wir in der Zeit rückwärts reisten, kamen nach und nach andere Pilgergruppen hinzu, die von den unterschiedlichsten Ausgangspunkten dem gleichen Bestimmungsort entgegenstrebten. Als Erste schlossen sich uns an einem Treffpunkt vor sechs Millionen Jahren die Schimpansen- und Bonobo-Pilger an, die sich zuvor bereits zusammengetan hatten. Bei acht oder neun Millionen Jahren kamen zu Menschen, Schimpansen und Bonobos die Gorilla-Pilger hinzu. Dann vereinigten wir, die afrikanischen Menschenaffen, uns mit den asiatischen Menschenaffen, bevor wir auf dem Weg über 40 (also erstaunlich wenige) weitere Treffpunkte schließlich den Ursprung des Lebens vor vielleicht vier Milliarden Jahren erreichten. An jedem Treffpunkt erfreute ein hinzugekommener Pilger oder auch mehrere die anderen wie bei Chaucer mit einer Geschichte. Insgesamt kamen so 59 Geschichten zusammen.

Vordergründig wurden die Geschichten von Pilgern erzählt, aber in Wirklichkeit war jede davon für uns, die Autoren, ein Hilfsmittel, um eine bestimmte Aussage von biologischem Interesse zu verdeutlichen, eine Aussage, die sich aus der Betrachtung des jeweiligen Pilgers ergab. In der Geschichte der Heuschrecke zum Beispiel ging es um Rassen einschließlich des umstrittenen Themas der Menschenrassen.

Warum brachten wir das Thema der Rassen mit Heuschrecken in Verbindung? Weil eine besonders interessante Geschichte über zwei nordamerikanische Heuschreckenarten zufällig für die Frage von Bedeutung ist. Genau das meine ich mit der zuvor erwähnten darwinistischen Moral. Die Geschichte des Beutelmaulwurfs handelte von konvergenter Evolution. Sie wurde dem Beutelmaulwurf zugewiesen, weil die unterirdische, »maulwurfische« Lebensweise sich in der Evolution mehrmals konvergent entwickelt hat. Der Beutelmaulwurf aus Australien ähnelt dem eurasischen Maulwurf und dem afrikanischen Goldmull, aber nicht, weil sie verwandt wären – das sind sie nicht (abgesehen davon, dass im weiteren Sinn alle Säugetiere miteinander verwandt sind) –, sondern weil alle die gleiche Lebensweise pflegen. Die Geschichte handelt also nicht nur von Maulwürfen, sondern von der konvergenten Evolution im Allgemeinen.

Entscheidend ist, dass jede Geschichte in jenem früheren Buch nur bei dem Tier beginnt, das sie vordergründig erzählt. Die meisten Geschichten verzweigen sich dann weitläufiger. Genauso verhält es sich mit den Geschichten in diesem Buch. Im Mittelpunkt stehen meist Tiere und Protisten, aber die Mischung enthält auch einige Pflanzen und Pilze. Der Faden, der die Geschichten in dem früheren Buch zusammenhielt, war die Pilgerreise in die Vergangenheit. In diesem hier verbindet ein ganz anderer Faden die Geschichten. Er unterscheidet sich auch stark von dem eines mittelalterlichen Bestiariums mit seinen unwahren Geschichten und seinen schlecht gezeichneten Abbildungen. Es ist die wunderschöne, peinlich genaue biologische Kunst des berühmten deutschen Zoologen und Künstlers Ernst Haeckel (1834–1919). Die Bilder eines mittelalterlichen Bestiariums wurden nicht nach der Natur gezeichnet. Sie hatten ihren Ursprung in Legenden, Lügengeschichten von Reisenden oder schlecht wiedergegebenen Berichten aus zweiter oder dritter Hand.

Haeckels Bilder hatten die Natur als Vorbild. Für meine Geschichten gilt dasselbe. So kam das Buch zu seinem Titel. Haeckels Mikroskop enthüllte Wunder, welche die lebhafteste Fantasie übertreffen. Wenn meine Sprachbilder in Ihrem Kopf auch nur einen Bruchteil davon bewirken, bin ich zufrieden. Jede Geschichte beginnt mit der Zeichnung oder dem Gemälde von Haeckel, die beziehungsweise das sie inspirierte. Was dann folgt, ist manchmal ein Bericht über die biologischen Eigenschaften der dargestellten Lebewesen. In den meisten Fällen jedoch ist es, wie zuvor erläutert, eine Moral, die man aus ihrer Betrachtung ableiten kann – aber keine moralistische Moral wie in einem Bestiarium, sondern eine wissenschaftliche wie in *Geschichten vom Ursprung des Lebens*. Aber zuerst einmal muss ich Haeckel vorstellen.

DIE GESCHICHTE DES ERNST HAECKEL

Ernst Haeckel wurde auch »deutscher Darwin« genannt, nach meiner Ansicht kann August Weismann (1834–1914) ihm allerdings diesen Titel durchaus streitig machen. Haeckel glich vielleicht eher einem deutschen Huxley mit einer Beimischung aus künstlerischen Neigungen. Er war in Deutschland und eigentlich auf dem gesamten europäischen Festland der lautstärkste Anhänger des Darwinismus. Das Wort »Anhänger« gibt allerdings den Eifer, mit dem Haeckel die Ansichten seines Idols predigte und erweiterte, nicht angemessen wieder. Während Darwin eher zur Zurückgezogenheit neigte, war Haeckel wie Huxley streitlustig, wenn es um die Sache ging. Der deutsch-amerikanische Genetiker Richard Goldschmidt (1878–1958) sagte einmal: »Haeckel wurde zu einem der meistgeliebten und meistgehassten Männer seiner Zeit.« Wenn Thomas Henry Huxley Darwins englische Bulldogge war, dann war Haeckel sein deutscher Rottweiler. Weder Huxley noch Haeckel begriffen den Darwinismus so vollständig wie Darwin selbst oder auch, wie ich aus meiner heutigen Sicht sagen kann, so vollständig wie Weismann. Huxley glaubte – meiner Meinung nach zu Unrecht –, Darwin hänge zu stark am allmählichen Wandel in kleinen Schritten. Haeckel machte sich unglückseligerweise den Sozialdarwinismus und Theorien der Rassenüberlegenheit zu eigen, und viel zu weit ging er auch mit dem heute im Wesentlichen in Verruf geratenen »biogenetischen Grundgesetz«: »Die Ontogenese rekapituliert die Phylogenese.« Demnach »klettert« der Embryo während seiner Entwicklung »an seinem eigenen Stammbaum in die Höhe«. Noch schlimmer war, dass Haeckel eine Version der Lamarck'schen Vorstellung von der Vererbung erworbener Merkmale vertrat: Danach sollen Verbesserungen, die während des Lebens erworben werden, irgendwie ins Genom (das man damals noch nicht so nannte) eingeschleust und an die nächste Generation weitergegeben werden. Der Fairness halber sei gesagt, dass auch Darwin in seinen späteren Schriften einer Version des gleichen Fehlschlusses verfiel, insbesondere in dem 1868 erschienenen Werk *The Variation of Animals and Plants Under Domestication**. Er ließ sich unnötigerweise von Kritik provozieren, die nach heutiger Kenntnis fehlerhaft war – was, nebenbei bemerkt, einer der Gründe ist, warum ich die erste Auflage von *Der Ursprung der Arten* gegenüber der sechsten bevorzuge.

Im Jahr 1866 schickte Haeckel ein Vorabexemplar seines Buches *Generelle Morphologie der Organismen* an Darwin. Den Kampf mit Haeckels schwierigem Deutsch verlor Darwin mehr oder weniger, aber er zeigte sich immerhin so beeindruckt, dass er Haeckel zum Mittagessen in das Downe House einlud. Die beiden trafen im Oktober 1866 zusammen – Haeckel war damals 32 und Darwin 57 Jahre alt. Wilhelm Bölsche erzählt die Geschichte in seiner 1900 erschienenen Haeckel-Biographie. Haeckel selbst bezeichnete Darwin als

* Auf Deutsch 1868 erschienen unter dem Titel *Das Variieren der Thiere und Pflanzen im Zustande der Domestication* (Anm. d. Übers.).

hohe, ehrwürdige Gestalt mit den breiten Schultern des Atlas, der eine Welt von Gedanken trägt; eine Jupiterstirn, wie bei Goethe, hoch und breit gewölbt, vom Pfluge der Gedankenarbeit tief durchfurcht; die freundlichen sanften Augen von einem mächtigen Dache vorspringender Brauen beschattet; der weiche Mund von einem gewaltigen silberweißen Vollbart umrahmt. [...] Ich glaubte einen hehren Weltweisen des hellenischen Altertums, einen Sokrates oder Aristoteles, lebendig vor mir zu sehen.

Selbst in der englischen Übersetzung ist noch deutlich zu erkennen, dass Haeckels künstlerischer Blick eine Gabe für poetische Bilder ergänzte: »vom Pfluge der Gedankenarbeit tief durchfurcht« ist wirklich ziemlich gut.

Der eingeschüchterte Haeckel begann, in gebrochenem Englisch zu stammeln. Darwin sagte etwas und stellte fest, dass Haeckel ihn ebenfalls nicht verstand. Die beiden starrten sich einen Augenblick lang an und brachen dann in Gelächter aus. Langsamer zu sprechen wirkte Wunder, beim Essen wurde endgültig die Verständigung hergestellt – bis der deutsche Besucher sich wieder aufregte. Mit wedelnden Armen »wetterte Haeckel im Gespräch los auf die Dummköpfe und Perücken, die sich gegen die sonnenklare Wahrheit der Entwicklungsidee noch auflehnten«. Niemand verstand, was er sagen wollte, und Emma blickte ungeduldig drein. Darwin legte die Hand auf Haeckels breite Schulter, nickte und lächelte. Für Haeckel war es ein Ritterschlag. Darwin hatte »selten einen angenehmeren, herzlicheren und offenherzigeren Mann kennengelernt«. Die Verbindungen wurden schnell gefestigt: John Lubbock kam von High Elms herüber,[1] um Haeckel kennenzulernen, und Darwin machte ihn mit Joseph Hooker bekannt. Es gab viel gegenseitiges Schulterklopfen.

Der 1834 in Potsdam geborene Haeckel hatte wie Darwin mit einem ähnlichen Mangel an Begeisterung Medizin studiert. Im Gegensatz zu Darwin machte er jedoch seinen Abschluss und praktizierte sogar kurzzeitig. Listigerweise verlegte er seine Sprechstunden aber auf die Zeit vor sechs Uhr morgens, sodass er nur selten von Patienten belästigt wurde. Wenig später wandte er sich seiner wahren Liebe zu: der Zoologie.

Er war ein herausragender Künstler. Seine Darstellungen von Lebewesen sollen Maler vom Kaliber eines Gustav Klimt und Edvard Munch beeinflusst haben. Das von Riné Binet entworfene Portal der Pariser Weltausstellung von 1900 bezog seine Anregung aus Haeckels Zeichnungen von Rädertierchen. Haeckel nutzte sein Talent, schrieb und illustrierte umfangreiche Monographien nicht nur über Rädertierchen, sondern auch über andere Gruppen der Protozoen (wie man sie früher nannte), dann weitere Werke über Quallen, Polypen, Staatsquallen und Schwämme. Im Zuge seiner Arbeit an solchen zoologischen Monographien entdeckte und benannte er eine ungeheure Zahl neuer Arten. Einer groben Schätzung zufolge veröffentlichte er rund 3000 hervorragende, detaillierte Zeichnungen der Tiere, die er erforscht hatte – eine erstaunliche Menge hochwertiger Arbeit in einem einzigen Menschenleben. Das gilt erst recht, wenn man seine anderen zeitaufwendigen Leistungen als beliebter Redner, Autor umfangreicher Bücher und Wissenschaftler hinzunimmt. Da wundert es auch nicht, wenn man hört, dass er in der Regel jede Nacht nur drei bis vier Stunden schlief.

Haeckel stellte 100 seiner Bildtafeln unter dem Titel *Kunstformen der Natur* zusammen. Ich habe unter diesen 100 Bildern meine eigene Auswahl getroffen und sie durch einige andere aus seinen verschiedenen Monographien ergänzt; ausgewählt habe ich sie nicht nur wegen ihrer Schönheit, sondern auch, weil sie Anlass zu interessanten Geschichten bieten und damit verlockende Gegenstände für mein darwinistisches Bestiarium sind. Als ich sie zählte, kam ich tatsächlich genau auf 42.

Die Bilder wurden in *Kunstformen der Natur* in nahezu zufälliger Reihenfolge präsentiert oder jedenfalls nicht in einer Ordnung, die ein biologischer Systematiker wiedererkennen würde. Auch meine Geschichten kann man mehr oder weniger in beliebiger Reihenfolge lesen, wenngleich ich durchaus den Versuch unternommen habe, Verbindungen zwischen ihnen herzustellen, und so gibt es auch häufig Querverweise. Solche Verweise haben meist die Form »siehe die Geschichte des Soundso«, in anderen Fällen habe ich das »Soundso« einfach fett gedruckt, um darauf hinzuweisen, dass es sich um eine eigene Geschichte handelt. Bevor wir uns in die erste Geschichte stürzen, ist es vielleicht nützlich, wenn wir uns eine »Landkarte« der Reiche des Lebendigen ansehen (in der Fachsprache spricht man von einem Kladogramm): Sie zeigt, wie alle 42 beschriebenen Lebewesen miteinander verwandt sind.

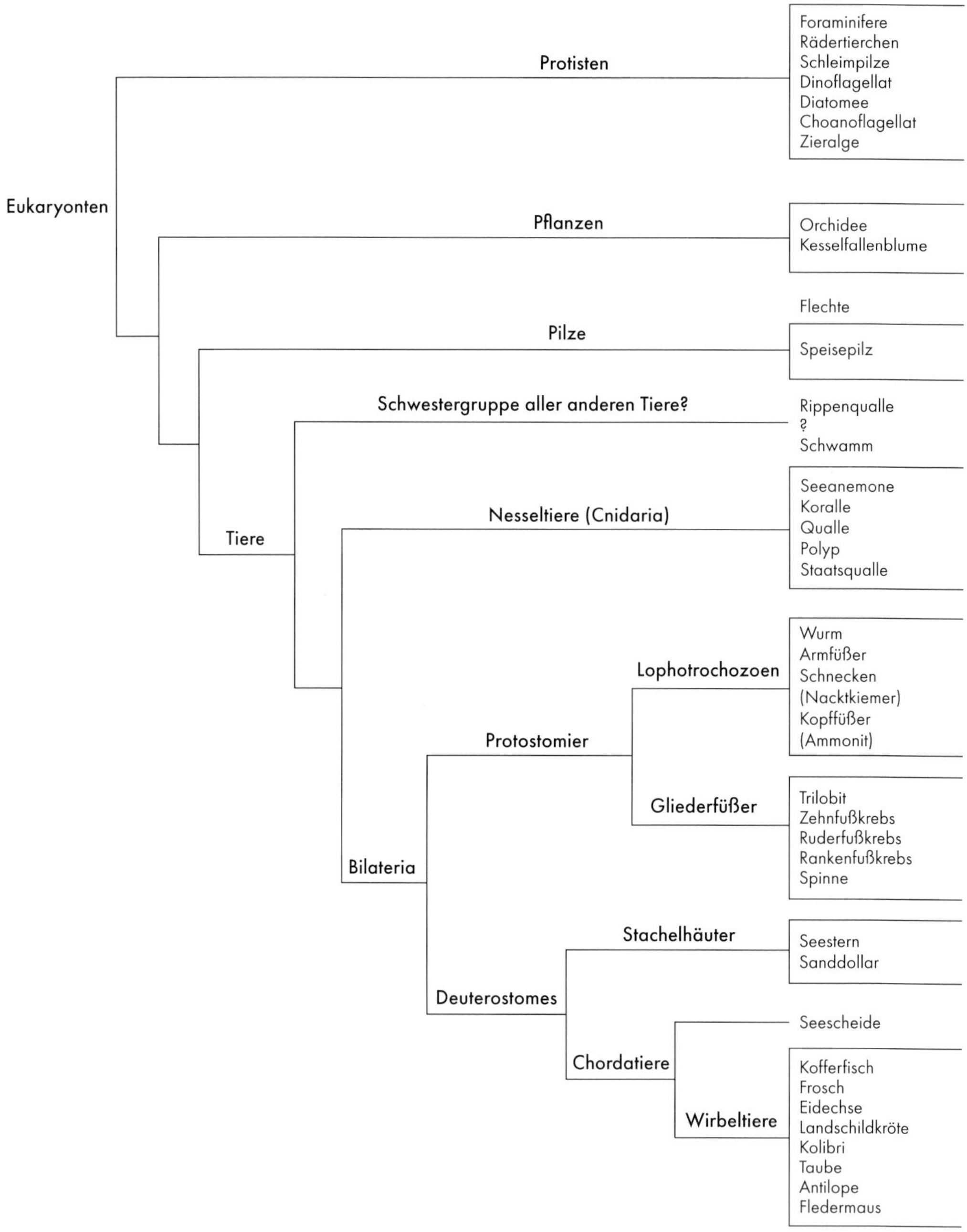
Eukaryonten
Protisten
Foraminifere
Rädertierchen
Schleimpilze
Dinoflagellat
Diatomee
Choanoflagellat
Zieralge
Pflanzen
Orchidee
Kesselfallenblume
Pilze
Flechte
Speisepilz
Tiere
Schwestergruppe aller anderen Tiere?
Rippenqualle
?
Schwamm
Nesseltiere (Cnidaria)
Seeanemone
Koralle
Qualle
Polyp
Staatsqualle
Bilateria
Protostomier
Lophotrochozoen
Wurm
Armfüßer
Schnecken
(Nacktkiemer)
Kopffüßer
(Ammonit)
Gliederfüßer
Trilobit
Zehnfußkrebs
Ruderfußkrebs
Rankenfußkrebs
Spinne
Deuterostomes
Stachelhäuter
Seestern
Sanddollar
Chordatiere
Seescheide
Wirbeltiere
Kofferfisch
Frosch
Eidechse
Landschildkröte
Kolibri
Taube
Antilope
Fledermaus

Gamochonia. — Trichterkraken.

1

DIE GESCHICHTE DES KOPFFÜSSERS

Sind das die Marsbewohner?

Science-Fiction-Autoren strengen ihre Fantasie an und erfinden außerirdische Lebewesen, die so fremd, so exotisch und so anders sind als das vertraute Leben auf der Erde, dass sie jeden Vorwurf, es handle sich um irdischen Chauvinismus, umgehen. In meiner Zeit in Berkeley in Kalifornien begann ein Kollege eine Vorlesung über Kopffüßer mit einem verblüffenden Satz, der mir im Gedächtnis geblieben ist: »Das sind die Marsbewohner.« Die Geschichte des Kopffüßers rühmt in Anlehnung an Haeckels Bild die schiere Fremdartigkeit von Kraken, Sepien und Kalmaren.

Alle Weichtiere oder Mollusken besitzen ein Hauptganglion, das ringförmig um den Darm gewickelt ist. Bei einer Napf- oder Weinbergschnecke mag uns das nicht besonders seltsam vorkommen, aber bei den Kopffüßern ist der rund um den Verdauungstrakt angeordnete Nervenknoten zu einem großen Gehirn herangewachsen, und die Vorstellung, dass die gesamte Nahrung mitten durch das Gehirn fließt, kommt uns eindeutig – nun ja – marsianisch vor.

Als nahezu einzige Mitglieder des Tierreichs[2] bedienen sich die

Ein Japanischer Flugkalmar

Kopffüßer des Düsenantriebs, und insbesondere Kalmare können auf diese Weise mit Höchstgeschwindigkeit durchs Wasser schießen. Die Düse lässt sich drehen wie bei einem Senkrechtstarter-Flugzeug, und das hat zur Folge, dass Kalmare sich in alle Richtungen fortbewegen können. Viele schleichen auf diese Weise langsam vorwärts, wenn sie ein Beutetier verfolgen, aber sie schießen mit hoher Geschwindigkeit rückwärts davon, wenn sie von einem Fressfeind bedroht werden. Japanische Flugkalmare (*Todarodes pacificus*) heben sogar aus den Wellen ab und gleiten durch die Luft wie fliegende Fische, wenn sie von Räubern verfolgt werden. Die blaue »Pfeilspitze« zeigt dabei an, in welche Richtung der Kalmar fliegt, aber eigentlich ist sie das Hinterende des Tieres, eine große Flosse, die für aerodynamischen Auftrieb sorgt. Und das »Gefieder« am Ende des Pfeils ist das anatomische Vorderende des Tieres. Rückwärts durch die Luft sausen? Was könnte sich stärker nach Marsbewohner anhören?

Fliegende Fische rasen natürlich vorwärts; die Kalmare kann man in vielerlei Hinsicht als eine Art alternativen Fisch betrachten, als einen fremdartigen Zugang zur Lebensweise der Fische. Sie leben wie Fische und an den gleichen Orten wie diese. Wie Fische bilden sie häufig Schwärme. Menschen können sie mit ähnlichen Methoden fangen: entweder mit Netzen oder mit Köder und Angelleine.

Wenn Kalmare die Marsfische sind, dann sind Kraken vielleicht eher die Marsaffen. Sie sind intelligent wie Affen, geschickt mit ihren Gliedmaßen und zu allen möglichen Affentricks bereit, allerdings immer auf fremde, ganz und gar nicht affenartige Weise. In Aquarien sind Kraken geschickt darin, aus ihren Becken zu entkommen:

Mit ihrem gummiähnlichen Körper quetschen sie sich dabei sogar unter dem Glasdeckel des Gefäßes hindurch. Ein solcher Houdini-Krake war einmal in einem Glasgefäß mit verschraubtem Deckel gefangen, aber es gelang ihm, diesen von innen aufzuschrauben und sich davonzumachen. Der »Kokosnuss-Krake« *Amphioctopus marginatus* spaziert gern auf zwei Beinen forsch über den Meeresboden. Er schreitet dabei energisch auf zwei Armen voran, und die anderen sechs hält er als Bündel in die Höhe. Ich finde, die Tiere sehen aus wie Comicfiguren in einem Zeichentrickfilm.

Die Klammeraffen aus den Wäldern der Neuen Welt haben fünf lange Gliedmaßen (der Greifschwanz dient als geschickte fünfte Extremität). Ein Oktopus oder Krake hat acht Gliedmaßen, und die sind alle höchst geschickt. Das meine ich ganz wörtlich. Jeder Arm hat seine eigene Geschicklichkeit. Während die manuellen Fähigkeiten des Affen zentral im Gehirn angesiedelt sind und ihren Ausdruck in den Gliedmaßen finden, verteilen sich das Nervensystem des Oktopus und sogar ein Teil seiner Intelligenz über alle acht Arme. Insgesamt besitzt ein Oktopus eine Riesenzahl von Nervenzellen, aber noch nicht einmal 30 Prozent davon liegen im Gehirn. Zum Vergleich: Unser Gehirn beherbergt mehr als 99 Prozent aller Neuronen unseres Körpers. Die Fähigkeit jedes einzelnen Oktopusarms liegt vorwiegend in den Nerven des Arms selbst, und der größte Teil des Nervensystems ist auf die Arme und den übrigen Körper verteilt. Am Ansatz eines jeden Arms liegt ein Satelliten-»Gehirn«, und dank eines Nervenrings, der alle Arme verbindet, können diese bis zu einem gewissen Grad untereinander kommunizieren.

Die Geschicklichkeit der Oktopusarme ist umso bemerkenswerter, als sie kein hartes Skelett enthalten. Während die Muskeln in den Extremitäten eines Klammeraffen, einer Krabbe oder auch einer Spinne an festen Hebeln ansetzen, haben die Muskeln des Oktopus keine harten Glieder, an denen sie ziehen könnten. Wie der Rüssel eines Elefanten, der ebenfalls keine Knochen enthält, so erfordert der Arm eines Oktopus ein überaus raffiniertes Netzwerk aus Muskeln, die letztlich aneinander ziehen. Die Reihen der Saugnäpfe sind nicht bloß zu einem festen Griff in der Lage, sie sind auch höchst empfindliche Geschmacks-, Geruchs- und Tastorgane.

Über die außerordentlich kurze Lebensdauer von Kopffüßern zu klagen, wäre verzeihlich. Ein oder zwei Jahre sind doch sicher kaum genug, um eine solch hohe Intelligenz zu nutzen! Sie konzentrieren all ihre Kräfte auf ein einziges »Big Bang«-Fortpflanzungsereignis, und dann sterben sie.[3]

Das Größenspektrum der Kopffüßer reicht von den zentimeterlangen Tintenfischen aus der Familie der Idiosepiidae bis zu dem Riesenkalmar *Architeuthis dux* mit seiner Länge von bis zu 13 Metern, den man fast nie zu Gesicht bekommt,[4] und dem kürzeren, aber (mit etwa 500 Kilogramm) schwereren Koloss-Kalmar *Mesonychoteuthis hamiltoni*. Dieser besitzt als besonderes Merkmal die größten Augen aller heutigen Tiere und wahrscheinlich sogar der Tiere aller Zeiten. Das Auge hat ungefähr den Durchmesser eines Fußballs. Große Augen braucht man, um etwas zu sehen, wenn es sehr dunkel ist, und in der Tiefsee, wo der Koloss-Kalmar zu Hause ist, herrscht tiefste Dunkelheit.

Haeckels Bild zeigt nur fünf Arten und kann damit der Vielfalt und Schönheit der Kopffüßer unmöglich gerecht werden. Es gibt sogar halb durchsichtige »Glasoktopusse«, deren innere Organe man durch die Körperwand erkennt. Andere leuchten im Dunkeln.

Selbst wenn Kraken für unser Schönheitsempfinden ein wenig zu sehr nach Marsbewohnern aussehen, muss uns der elegant gebogene Pfeil, der in Wirklichkeit ein Kalmar ist, einfach reizvoll erscheinen. Und das beste, »marsianischste« Merkmal habe ich mir absichtlich bis zum Schluss aufgehoben: Die gesamte Körperoberfläche eines Kopffüßers ist ganz buchstäblich ein großer Farbbildschirm, und das ist … Nun ja, es ist wirklich schön und gleichzeitig erstaunlich.

Einer der von Haeckel abgebildeten Kalmare (links oben in seiner Bildtafel am Beginn dieser Geschichte) ist *Histioteuthis,* der ein elegantes, pointillistisches Fleckenmuster trägt. Im Gegensatz zu dem sprichwörtlichen Leoparden kann ein Kalmar seine Flecken jedoch verändern, und das verblüffend schnell, von einem Moment auf den anderen. Oder aber er lässt die Flecken völlig verschwinden.

Betrachten und bestaunen wir einmal unten auf dieser Seite Roger Hanlons Foto eines männlichen (zur Hälfte weißen und zur Hälfte braunen) Kalmars, der einem braunen Weibchen den Hof macht. Er zeigt ihr seine freundliche Seite, die ihr in Farbe und Streifenmuster ähnelt. Aber achten wir einmal auf seine andere Seite. Dort ist die Haut plötzlich weiß geworden, weil er einen (nicht im Bild befindlichen) Rivalen einschüchtern will. Schwimmt das Weibchen auf die andere Seite, schaltet er das aggressive Weiß sofort aus. Und damit meine ich wirklich sofort. Ein Kopffüßer kann die Farbe in einem Sekundenbruchteil vollkommen verändern, und das ist vielleicht das »marsianischste« Merkmal von allen. Und hätten Sie sich jemals vorstellen können, dass irgendein Tier außerhalb Ihrer Träume sich nach Belieben halb und halb aufteilen könnte?

So manche Kalmare oder Sepien können mit einem Pfau durchaus mithalten. In einem Punkt sind sie dem Vogel sogar überlegen: Sie können im nächsten Sekundenbruchteil zu einem völlig anderen Farbmuster wechseln. Manch einer denkt dabei vielleicht an das sprichwörtliche Chamäleon. Aber im Vergleich zu ihnen sind Chamäleons Amateure.

Ein männlicher Tintenfisch mit gespaltener Persönlichkeit umwirbt ein ausgeglichenes Weibchen.

Ein Tintenfisch zeigt beim Schwimmen ein Zebra-Streifenmuster. Wenn er zu Boden sinkt, wechselt er in einem Sekundenbruchteil zu einem Tarnmuster, das genau dem Stück Boden entspricht, auf dem er sich niedergelassen hat. Auch wenn ein Krake in seinem Heimatrevier die Runde macht und nach Nahrung sucht, verändert er seine Hautfarbe von einem Augenblick zum nächsten.

Ich zitiere aus dem Buch von Hanlon, Vecchione und Alcock, dem ich für diese Geschichte viel zu verdanken habe:

> Der in Korallenriffen im Pazifik lebende Große Blaue Krake (*Octopus cyanea*) verändert bei seinen täglichen Beutezügen mehr als 150 Mal pro Stunde sein Aussehen, denn er bewegt sich bei der Nahrungssuche ständig in anders aussehenden Umgebungen. Bei jedem Stopp auf seiner Nahrungssuche wechselt er sein Tarnmuster und passt es dem jeweiligen Hintergrund an – und zwar erstaunlich schnell. Durch Analysen von Filmaufnahmen von Sepien und Kraken bei der Nahrungssuche ist bekannt, dass dies in Sekundenbruchteilen geschieht. Manche Muster werden in nur 200 Millisekunden erzeugt [...].

Besonders faszinierend ist die »Vorüberziehende-Wolken-Vorführung« der Sepien. Auf der Körperoberfläche folgen Wellen von Hell und Dunkel aufeinander. Könnte es ganz buchstäblich fesselnd sein und dazu dienen, potenzielle Beutetiere zu hypnotisieren?

Wie machen sie das? Wie funktioniert dieser wandelbare Videobildschirm, denn nichts anderes ist die Haut des Kopffüßers? In Computerbildschirmen und modernen Fernsehgeräten befinden sich Pixel mit drei verschiedenen Farben: rot, blau und grün. Die Helligkeit jedes einzelnen Pixels wird elektronisch so gesteuert, dass sich jeder gewünschte Farbton ergibt. Rot, grün und blau werden natürlich er-

Denkt er mit seiner Haut?

zeugt, indem die jeweiligen Pixel hell aufleuchten; Gelb entsteht, indem rote und grüne Pixel gemeinsam leuchten; bei Violett sind es rote und blaue, und für Weiß werden alle drei Farben hochgeregelt. Durch Kombinationen dieser drei Pixeltypen lassen sich alle Farben erzeugen, die unsere Augen sehen können. Auch Kopffüßer besitzen Pixel in drei Farben (allerdings nicht die gleichen wie in unseren Bildschirmen). Sie haben aber keine Licht aussendenden Dioden, die sie ein- oder ausschalten könnten. Wie also machen sie es dann?

Bei der Beantwortung einer solchen Frage zähle ich normalerweise mögliche Alternativen samt Argumenten für oder gegen diese auf, bevor ich am Ende die Antwort der Natur preisgebe. Wenn ich aber in diesem Fall Lösungsalternativen für das Problem aufführen sollte, müsste ich passen. Ich kann mir nur eine Lösung vorstellen, und das ist tatsächlich die Lösung der Natur. Wenn es sie nicht schon gäbe, wäre ich nicht auf sie gekommen, so erstaunlich und fremdartig ist sie. Also springe ich gleich zur Antwort der Natur.

In der Haut verstreut liegen »Chromatophoren«, kleine, elastische Beutel voller Pigment. Wie beim Computerbildschirm haben sie drei verschiedene Farben, aber nicht rot, blau und grün, sondern rot, gelb und braun. Von jeder Chromatophore gehen Muskeln aus wie die Speichen eines Rades mit dem Farbbeutel als Nabe. Wenn die Muskeln entspannt sind, ist der elastische Beutel klein und nicht ohne weiteres zu sehen. Ziehen die Muskeln aber an der Nabe, dehnt sich der Beutel, wird zu einer breiten Scheibe und zeigt seine Farbe. Das Ganze entspricht dem Einschalten eines Pixels auf einem Computer- oder Fernsehbildschirm. Die an den einzelnen Chromatophoren ansetzenden Muskeln werden von Nerven gesteuert, und Nerven sind schnell. Das ist der Grund, warum ein Kopffüßer seine Farben und Muster so bemerkenswert schnell verändern kann. Würde man die Nerven auf geeignete Weise mit einem Computer verbinden, könnte man die Haut eines Kraken ganz buchstäblich dazu bringen, einen Pornofilm abzuspielen. Das hat man zwar noch nicht gemacht, das Zweitbeste aber schon. Roger Hanlon und Mitarbeitende in seinem Labor verbanden einen iPod mit einem Hauptnerven, der zu einem Stück frischer Kalmarhaut führte. Wurde er elektrisch vom iPod stimuliert, pulsierten die Chromatophoren zum Rhythmus der Musik. Wer es mit eigenen Augen sehen möchte, braucht nur »Insane in the Chromatophores« zu googeln.

Die Kopffüßer haben aber noch mehr Tricks im Tentakelärmel. Pigmente sind nicht das einzige Mittel, um Farbe zu erzeugen. Sie erzielen ihre Wirkung, weil sie Licht der entsprechenden Farbe reflektieren, während sie das übrige Spektrum absorbieren. Es gibt aber auch einen völlig anderen Weg, Farbe herzustellen: mit *Strukturfarben*. Wenn wir bei einem Tier eine lebhafte Färbung sehen, die sich unter verschiedenen Blickwinkeln verändert, haben wir es vermutlich mit einer Strukturfarbe zu tun. Beispiele sind das leuchtende Blau der Brust eines Pfaus oder der Flügel eines Morphofalters oder das edelsteinartige Leuchten eines Kolibris. Kopffüßer machen sich dieses Prinzip ebenfalls zunutze.

Der Videobildschirm – die Haut des Kopffüßers – besteht aus drei Schichten. In der obersten oder äußersten liegen die Chromatophoren. Die unterste Schicht ist leuchtend weiß und dient als leere Leinwand für die Farbshow. Die mittlere Schicht dazwischen enthält »Iridiophoren«. Der Name erinnert an Iris, die griechische Göttin des Regenbogens. Die Iridiophoren sind in Stapeln aus reflektierenden Platten angeordnet, und deren Abstände sind trickreich so eingestellt, dass alle Farben des Regenbogens entstehen. Diese Strukturfarben versetzen Kopffüßer in die Lage, blau oder grün zu irisieren, also in Farben, die den Chromatophoren nicht zur Verfügung stehen. Die Iridiophoren können die reflektierten Farben verändern, und auch das wird von Nerven gesteuert, aber der Wechsel geht langsamer vonstatten als bei den Chromatophoren: Er dauert rund drei Sekunden. In jüngster Zeit entdeckte man zur Überraschung der Fachleute, dass gewisse Strukturfarben sich auch mit den Chromatophoren der obersten Schicht verbinden, und dann verändern sie sich offenbar im Einklang mit den Chromatophoren sehr schnell; die Einzelheiten sind aber noch nicht erforscht.

Und es wird noch seltsamer: Die Haut der Kopffüßer hat eine Reihe weiterer marsianischer Tricks auf Lager. Erstens ist sie nicht nur ein zweidimensionaler Videobildschirm, sondern sie dringt auch auf spektakuläre Weise in die dritte Dimension vor. Manchmal schwimmt eine Sepie ihres Weges, wobei die Haut in wechselnden Farben leuchtet, aber glitschig und glatt ist. Dann jedoch wird sie von einem natürlichen Feind bedroht. In diesem Augenblick nimmt die Haut nicht nur eine furchterregende Warnfärbung an, sondern gleichzeitig und ebenso plötzlich bildet sie Stacheln und Kanten, die »Papillen« genannt werden. Papillen können auch zur Tarnung dienen, weil sie den Umriss unregelmäßiger erscheinen lassen und die Ähnlichkeit der Sepie mit dem Meeresboden, auf dem sie liegt, verstärken.

Die Pigmente in den Chromatophoren, mit denen die Kopffüßer solche spektakulären Wirkungen erzielen, stehen in anderer Form noch für einen weiteren Zweck zur Verfügung. Die Tiere besitzen einen großen Tintenbeutel, der mit braunschwarzer Tinte gefüllt ist (deshalb trägt eine verbreitete Tintenfischgattung auch den wissenschaftlichen Namen *Sepia*). Wenn ein solcher Kopffüßer dem Angriff eines natürlichen Feindes entgehen will, entleert er häufig den

Tintenbeutel und stößt einen Schwall dunkler Flüssigkeit ins Wasser aus. Er dient dazu, den Räuber zu verwirren, und verleitet diesen vielleicht, der treibenden Tintenwolke nachzujagen, während das eigentliche Tier klammheimlich entkommt.

Kopffüßer können den Hintergrund, vor dem sie sich aufhalten, einschließlich seiner Farbe mit ihrer Haut so hervorragend nachahmen, dass ihre Augen doch bestimmt über ein gutes Farbensehen verfügen, oder? Nein, eigentlich nicht. Betrachten wir diese Frage einmal ein wenig genauer. Dazu müssen wir zunächst abschweifen und uns ansehen, wie wir und andere Wirbeltiere Farben sehen.

Wir nehmen Farben mit den *Zapfenzellen* in unserer Netzhaut wahr. Ihre Wirkung basiert auf *Opsinen*, Proteinmolekülen, die ihre Form als Reaktion auf Licht verändern und damit Nervenimpulse auslösen. Wir besitzen dreierlei Zapfenzellen mit unterschiedlichen Opsinen. Alle reagieren auf Licht jeder Farbe, aber die Empfindlichkeitskurven unterscheiden sich. Die »Rot-Zapfen« sind relativ empfindlich für Licht mit größerer Wellenlänge, »blaue« Zapfen sprechen eher auf kürzere Wellenlängen an, und »grüne« Zapfen liegen dazwischen. Das Gehirn weiß, welche Nervenimpulse letztlich (über zwischengeschaltete Neuronen) von welchem Zapfentyp kommen. Es vergleicht die Impulsstärken der verschiedenen Zapfen und kann damit die Farbe eines Objekts auf der Netzhaut rekonstruieren.

Ein ähnliches System gibt es auch bei Vögeln und vielen anderen Reptilien (»andere«, weil Vögel Dinosaurier sind), aber sie besitzen nicht drei, sondern vier Typen von Zapfen. Einer davon spricht auf ultraviolettes Licht an, dessen kurze Wellenlänge wir nicht sehen können. Außerdem enthält ihre Netzhaut winzige gefärbte Öltröpfchen, die als Farbfilter dienen. Auch die ausgestorbenen Dinosaurier hatten vermutlich vier Arten von Zapfen. Bevor sie auf der Bildfläche erschienen, könnten unsere Säugetiervorfahren durchaus viel besser zum Farbensehen in der Lage gewesen sein als die meisten heutigen Säugetiere. Die Konkurrenz durch die Dinosaurier und die von ihnen ausgehenden Gefahren sorgten dafür, dass die Säugetiere nachtaktiv wurden (das heißt: Individuen mit der genetischen Veranlagung für nächtliche Aktivitäten überlebten besser als Konkurrenten, die sich am Tag herumtrieben, wenn Dinosaurier lauerten und zuschlugen, herumstreiften und mit ihnen in Konkurrenz traten). In der Nacht spezialisierten sich die Augen der Säugetiere darauf, überhaupt etwas zu sehen. Farben hatten dabei eine geringere Priorität, und die Tiere wurden rot-grün-blind, wie wir es heute nennen würden. Nachdem die Dinosaurier (mit Ausnahme der Vögel) ausgestorben waren, entwickelte sich bei manchen Affen ein dritter Zapfentyp (oder er wurde »wiederentdeckt«), vielleicht, weil sie damit farbige Früchte besser erkennen konnten. Dabei verdoppelte sich das Gen für die Herstellung des Opsins, das auf mittlere Wellenlängen (grün) ansprach, und bei einem der beiden Exemplare veränderte sich die Empfindlichkeit in Richtung des langwelligen, roten Endes des Spektrums. Wir und auch andere Menschen- und Altweltaffen haben diese Fähigkeit zum Dreifarbensehen geerbt. Bei Neuweltaffen ist die Geschichte noch komplizierter. Ich würde sie gern erzählen, aber ich bin mit meiner Abschweifung schon weit genug gegangen. Bevor wir aber endlich zu den Kopffüßern zurückkehren, kann ich nicht widerstehen, auch noch die Augen der Fangschreckenkrebse zu erwähnen. Diese bemerkenswerten Krebstiere haben knüppelförmige Fortsätze, mit denen sie so stark zuschlagen können, dass die Glasscheiben von Aquarien zerbrechen. Fangschreckenkrebse besitzen nicht drei oder vier, sondern 16 verschiedene lichtempfindliche Opsine. Wie es sich anfühlt, ein Fangschreckenkrebs zu sein, weiß niemand.

Auch Kopffüßer besitzen Opsine. Sie liegen in lichtempfindlichen Zellen, die ganz anders aussehen als unsere Zapfen – in unserem Zusammenhang ist aber nur von Bedeutung, dass bei Kopffüßern alle den gleichen Opsintyp besitzen. Im Gegensatz zu unseren Zapfen. Sind Kopffüßer deshalb farbenblind? Nicht unbedingt. Es gibt auch andere Möglichkeiten, Farben zu sehen. Einer faszinierenden, aber nicht belegten Theorie zufolge bedienen sie sich der chromatischen Aberration und nutzen sie aus, während wir Wirbeltiere und insbesondere Kamerakonstrukteure das Phänomen lästig finden.

Linsen beugen Lichtstrahlen. Dafür sind sie da. Sie beugen das Licht auf ganz präzise Weise. In einer perfekten Linse, die genau fokussiert ist, werden alle Lichtstrahlen von einer Quelle, beispielsweise der Spitze eines Blattes an einem Baum, genau auf einen Punkt in dem fokussierten Bild gelenkt. Nichts anderes meint man mit »Fokus«. Leider wird aber Licht unterschiedlicher Wellenlänge um einen geringfügig unterschiedlichen Winkel gebeugt. Wenn also rotes Licht fokussiert ist, ist blaues Licht nicht fokussiert. Und umgekehrt. Kamerakonstrukteure nehmen viele kostspielige Mühen auf sich, um die chromatische Aberration zu vermindern. Aber zumindest nach der Theorie, von der ich hier berichte, ist sie bei Kopffüßern beliebt. Sie geben sich alle Mühe, die chromatische Aberration zu verstärken. Unser Bug ist ihr Feature. Sie machen sich die chromatische Aberration in ihrem »marsianischen« System des Farbensehens zunutze.

Die Vermutung besagt, dass sie die Linse vor und zurück bewegen, um so nach dem besten Fokus zu suchen. Wenn die Linse sich in der vordersten Position befindet, liegt wegen der chromatischen Aberration alles, was im Fokus ist, nahe dem roten Ende des Spektrums. Bewegt sich die Linse näher zur Netzhaut, kommen nach und nach Lichtstrahlen mit kürzeren Wellenlängen in den Fokus. Unser Gehirn berechnet Farben, indem es die Intensität von Licht vergleicht, das *gleichzeitig* von *verschiedenen* lichtempfindlichen Zellen gemeldet wird. Nach dieser Theorie berechnet das Gehirn des Kopffüßers die

»Weithin erstreckte sich der öde, glatte Sand.«

Farbe, indem es die Intensität von Licht vergleicht, die von *denselben* lichtempfindlichen Zellen zu *unterschiedlichen* Zeiten übermittelt wird, wenn die Linse sich vorwärts und rückwärts bewegt. Man hat sogar vermutet, die seltsame W-Form der Sepiapupille könne ein Hilfsmittel sein, um die chromatische Aberration zu verstärken. Ich muss es aber noch einmal betonen: Diese ganze Theorie, die aus der chromatischen Aberration eine Tugend macht, ist Spekulation und wird nicht durch unmittelbare Belege gestützt. Dennoch halte ich sie für so interessant, dass sie einer Erwähnung wert ist.

Damit sind wir mit den Seltsamkeiten des Sehvermögens von Kopffüßern aber noch immer nicht fertig. Wie wir in dieser Geschichte inzwischen vielleicht schon erwarten, nehmen sie Licht nicht nur mit den Augen wahr, sondern wahrscheinlich auch mit der Haut! In der Haut sind überall Opsine eingelagert. Linsen gibt es nicht, das heißt, die Haut kann kein Bild scharf stellen. Aber ein abgelöstes Hautstück eines Oktopus spricht auf Licht – und zwar insbesondere auf blau-grünes Licht – an und ändert seine Farbverläufe. Manche derartigen Opsine sind eng an Chromatophoren gebunden und setzen demnach möglicherweise jeweils in »ihrer« benachbarten Chromatophore eine Veränderung in Gang. Könnte das Sehvermögen der Haut etwas mit der Fähigkeit der Kopffüßer zu tun haben, den Hintergrund, vor dem sie sich befinden, nachzuahmen?

Wie wir bereits erfahren haben, liegen die Nervenzellen eines Kopffüßers in ihrer Mehrzahl nicht im Gehirn, sondern sie verteilen sich über den ganzen Körper. Die Haut ist ein großer Datenmonitor mit mehr als 200 Pixeln je Quadratmillimeter, die sich ein- und ausschalten wie eine große Population Licht emittierender Dioden. Der große Physiologe Charles Sherrington (1857–1952) verglich die Großhirnrinde des Menschen, also seine »oberste Gehirnschicht«, mit

> einem glitzernden Feld aus rhythmisch blitzenden Punkten, auf dem Ketten von wandernden Funken hierhin und dorthin laufen. Das Gehirn erwacht, und damit kehrt der Geist zurück. Es ist, als würde die Milchstraße in einen kosmischen Tanz verfallen. Die Masse im Kopf wird schnell zu einem verzauberten Webstuhl, auf dem Millionen blitzende Schiffchen ein sich auflösendes Muster weben, ein stets sinnvolles, aber niemals beständiges Muster; eine sich wandelnde Harmonie aus Teilmustern.

Damit hätte er fast die Haut eines Kopffüßers beschreiben können. Gehe ich zu weit, wenn ich mir die Frage stelle, ob ein Oktopus vielleicht auch mit der Haut denkt?

Trochilidae. — Kolibris.

2

DIE GESCHICHTE DES KOLIBRIS

Warum so schön?

Er hat ihre leuchtenden Farben gemacht
Und auch ihre winzigen Flügel.
Mrs. C. F. Alexander (1818 – 1895)

Warum sind Kolibris so schön? Auf ihre leuchtenden Farben werde ich später zu sprechen kommen. Ihre elegante Gestalt ist sicher der Aerodynamik geschuldet. Kolibris sind meisterhafte Flieger, ja geradezu Akrobaten der Lüfte: Sie schwirren schnell von Blüte zu Blüte, schweben an einer Stelle wie ein Hubschrauber, rotieren um ihre vertikale Achse, verschieben sich seitwärts wie ein Dressurpferd, wechseln ganz plötzlich in den Rückwärtsgang, schießen in einzelnen Schüben eine genau abgemessene Strecke nach vorn und fliegen sogar kopfüber. Während alledem arbeitet der schwirrende Motor ihrer Flügel so schnell, dass wir die einzelnen Schläge ohne Mithilfe eines Stroboskops oder einer Hochgeschwindigkeits-Filmkamera nicht unterscheiden können.

Angesichts ihrer geringen Größe ist es erstaunlich, zu welchen

Leistungen Kolibris auch im Langstreckenflug in der Lage sind: Der oben links in Haeckels Illustration am Beginn dieser Geschichte abgebildete Rubinkehlkolibri (*Archilochus colubris*) legt 800 Kilometer nonstop quer über den Golf von Mexiko zurück. Das ist ungefähr das Zehnmillionenfache seiner eigenen Körperlänge. (Ich habe nonstop gesagt, manchmal fliegen die Vögel aber auch nicht geradewegs über das Wasser, sondern an der Küste entlang.) Das erscheint auf den ersten Blick fast unvorstellbar angesichts des hohen Energieverbrauchs der schwirrenden Flügel, die dabei mehrere Millionen Mal schlagen. Zum Vergleich: Ein Boeing Dreamliner schafft es ohne Auftanken nur von London nach Perth, eine Strecke, die ungefähr dem 250 000-Fachen seiner eigenen Länge entspricht. Der begrenzende Faktor ist für den Vogel wie auch für das Flugzeug die Menge des »Flugkraftstoffs«, den sie mitführen können. Neben dem Gewicht des Fluggeräts selbst (zu dem im Fall des Flugzeugs noch Passagiere und Fracht hinzukommen) muss der getankte Treibstoff so viel Energie liefern, dass er beim Start sein eigenes Gewicht heben kann, das dann im Lauf des Fluges immer geringer wird.

Kolibris tanken Nektar und bis zu einem gewissen Grad auch Insekten; beides wandeln sie in Fett um, bevor sie sich auf die lange Reise machen. Vogel wie Flugzeug nutzen auf dem langen Weg ungefähr den gleichen Prozentsatz ihres Körpergewichts an Brennstoff. Der Dreamliner wird vor dem Flug bis zum Stehkragen mit ungefähr 90 Tonnen Kerosin betankt und nutzt (abgesehen von einem kleinen Sicherheitspuffer) nahezu die gesamte Menge. Das entspricht ungefähr einem Drittel seines Startgewichts. Ein Kolibri wiegt normalerweise rund 4 Gramm, aber das Gewicht steigt bis auf 6 Gramm, nachdem er für seine gewaltige 800-Kilometer-Wanderung aufgetankt hat. Auch hier macht die für den Flug aufgenommene Menge ungefähr ein Drittel seines Startgewichts aus. Wie das Flugzeug und wie man es auch nicht anders erwartet, verbraucht er auf dem langen Weg nahezu den gesamten Brennstoff. Angesichts der Tatsache, dass beide an die Grenzen dessen gehen, was ihre Brennstoffvorräte ermöglichen, sind Stromlinienform und andere Aspekte der aerodynamischen Effizienz von größter Bedeutung. Die natürliche Selektion ist erbarmungslos wirtschaftlich. Aus der darwinistischen Theorie ergibt sich nahezu zwangsläufig, dass manche Kolibris es über den Golf von Mexiko schaffen, viele aber auch unterwegs zugrunde gehen. Würde es allen gelingen, so würde die Konkurrenz sie dazu antreiben, eine noch schwierigere Aufgabe in Angriff zu nehmen oder an Kraftstoff zu sparen, bis wiederum nur eine kleine Elite Erfolg hat. Unter solchen Voraussetzungen bedeutet schon ein winziger Unterschied der Stromlinienform den ganzen Unterschied zwischen Leben und Tod.

Aus ähnlichen Gründen rasieren sich auch führende Leistungsschwimmer die Körperbehaarung und tragen so glatte, eng anliegende Schwimmanzüge, dass es mühsam ist, sich in sie hineinzuzwängen. Natürlich geht es in ihrem Fall nicht um Leben und Tod. Gleichwohl ist der Siegeswille eines Spitzensportlers so groß, als ginge es fast schon darum. Beim Flugzeug muss man potenziell zwischen der idealen Stromlinienform und der idealen – und vermutlich klobigeren – Form zur Speicherung des Treibstoffs abwägen. Nach meiner Vermutung finden Vögel einen Kompromiss zwischen beiden Anforderungen, aber ein Pilot der British Airways hat mir erklärt, dass man bei der Form von Flugzeugtragflächen keine Zugeständnisse an ihre zweite Funktion als Treibstofftanks macht. Die Tragflächen nehmen gewaltige Kerosinmengen auf, aber ihre Form ist zuallererst entsprechend der aerodynamischen Effizienz gestaltet. Als Biologe war ich zugegebenermaßen ein wenig überrascht, als ich das erfuhr. Ich hatte angenommen, ihre Form sei für keinen der beiden Zwecke für sich betrachtet optimal, sondern jeder Zweck müsse Zugeständnisse an den anderen machen. Es ist eine interessante Frage sowohl in der Biologie als auch in der Technik, wie oft widersprüchliche Anforderungen zu einem Kompromiss in der Mitte führen und wie oft zu einem »Sieg« der einen über die andere.

Sowohl beim Vogel als auch beim Flugzeug wirkt die Stromlinienform auf uns ästhetisch schön. Warum? Auch das ist eine interessante Frage. Statt zu spekulieren, bin ich bereit, die Tatsache als solche hinzunehmen, wobei ich allerdings keinen Zweifel habe, dass ein Experte für Ästhetik einen stichhaltigen Grund benennen könnte, und höchstwahrscheinlich wäre auch ein Evolutionspsychologe dazu in der Lage. Ich sollte hinzufügen, dass Kolibris keine so stark ausgeprägte Stromlinienform besitzen wie einige andere Vögel, beispielsweise Falken oder Mauersegler. Kolibris schließen einen Kompromiss zwischen der Stromlinienform und den Anforderungen des Schwebfluges.

Ein anderes Thema ist die Farbe. Wir finden Kolibris nicht nur wegen ihrer Form schön, sondern auch wegen ihrer leuchtenden Farbtöne. Im Gegensatz zur Stromlinienform vermitteln leuchtende Farben vermutlich keinen vordergründigen Nutzen, was das individuelle Überleben angeht – ganz im Gegenteil –, aber die Schönheit hat, wie wir sehen werden, ihre eigenen Nutzeffekte. Ich habe gerade »leuchtend bunte Flugzeuge« gegoogelt. Vielfach sind Flugzeuge blass-silbergrau, aber es gibt auch einige hübsche, farbenprächtige Exemplare. Dass Passagiere ihre Fluggesellschaft anhand der Lackierung auswählen, ist unwahrscheinlich. Aber Kolibris ... Selbst Haeckels Pinsel wurde dem leuchtenden Irisieren der Rot-, Grün- und Blautöne nicht gerecht, die unsere Augen inmitten des Geflatters in einem Garten der Neuen Welt betören. Sie sind ganz einfach erlesen.

Warum? Den entscheidenden Hinweis liefert die Tatsache, dass

Weibchen weniger farbenprächtig sind als Männchen, auch wenn sie ebenfalls ein wenig irisieren. Die üppige Färbung der Kolibrimännchen ist wie bei Pfauen, Paradiesvögeln, Nektarvögeln, Fasanen, Papageien, Türkisvögeln, Tukanen und vielen anderen Tieren – darunter Fische, Insekten und sogar manche Spinnen – ein Produkt der sexuellen Selektion. Männchen locken mit ihren leuchtenden Farben Weibchen an. Warum müssen Männchen Weibchen stärker anlocken als andersherum? Grundsätzlich ist der Unterschied zwischen den Geschlechtern wirtschaftlicher Natur. Eizellen sind groß und aufwendig, Samenzellen klein und billig. Da die Weibchen sich im Besitz der wirtschaftlich wertvollen Keimzelle befinden, müssen sie keine große Anstrengung auf sich nehmen, um einen Partner zu finden. Männchen schon. Und aus dem gleichen Grund müssen sie auch mit anderen Männchen in Konkurrenz treten. Ausführlich erläutert werden die wirtschaftlichen Grundlagen der Unterschiede zwischen Männchen und Weibchen in der Geschichte der Zieralge.

Von Charles Darwin stammen zwei Theorien der Evolution: über natürliche Selektion (*Der Ursprung der Arten*, 1859) und über sexuelle Selektion, die er in *Der Ursprung der Arten* erwähnt, aber erst in *Die Abstammung des Menschen und geschlechtliche Zuchtwahl* (1871) genauer erläutert. Mit Darwins Unterscheidung zwischen sexueller und natürlicher Selektion sind nicht alle einverstanden. Es ist durchaus vernünftig, beide als Aspekte der natürlichen Selektion zu betrachten. Aber wie man es auch ausdrückt: Letztlich gelangen männliche Gene für leuchtende Farben mit größerer Wahrscheinlichkeit in die nächste Generation, weil sie Weibchen anlocken. Von einem gewissen Nutzen sind sie auch, weil lebhafte Farben männliche Konkurrenten einschüchtern. Auch darauf legt Darwins Theorie der sexuellen Selektion großes Gewicht. Auf diese zweite Hälfte der Theorie werde ich in der Geschichte der Antilope zurückkommen. Hier beschäftigen wir uns erst einmal mit leuchtenden Farben und ihrer Funktion, Weibchen anzulocken.

Auch hier erfolgt sicherlich eine Abwägung. In der Biologie spricht man gern davon, dass ein »Selektionsdruck« in entgegengesetzte Richtungen wirkt, was zu einem Kompromiss führt. Die Augen eines Beutegreifers und einer potenziellen Partnerin haben viel gemeinsam. Was Weibchen anlockt, lockt auch Beutegreifer an, die Folgen sind allerdings andere. John Endler wies das nicht an Vögeln, sondern an Fischen nach, aber das Prinzip ist das gleiche.

Guppys sind kleine Süßwasserfische. Ihre Heimat sind Wasserläufe der neotropischen Region, sie sind aber auch beliebte Aquarienfische und heute auf der ganzen Welt verbreitet. Die Männchen sind mehr oder weniger stark bunt gefärbt, je nachdem, in welchem Gewässer sie leben. Das ist der Aufhänger für Endlers Geschichte. In manchen Wasserläufen gibt es natürliche Feinde, und die dortigen Guppys sind relativ unauffällig gefärbt. Die naheliegende Interpretation erwies sich als richtig: Leuchtende Farben locken nicht nur Weibchen an, sondern auch Räuber. Die Färbung der Männchen wird durch den Selektionsdruck der weiblichen Augen verstärkt, aber durch die Augen der Beutegreifer abgeschwächt – ein Musterbeispiel dafür, wie Selektionsdruck in unterschiedliche Richtungen wirken kann und zu einem Kompromiss führt.

Endler setzte Guppys in verschiedene Wasserläufe, von denen manche auch Räuber beherbergten, während andere frei davon waren. Bei Fischen, die in Bäche ohne natürliche Feinde gesetzt wurden, entwickelten sich im Laufe der Zeit buntere Farben. In den mit Räubern besetzten Wasserläufen dagegen entwickelten sich die männlichen Guppys in die andere Richtung und wurden in ihrer Färbung den unauffälligen Weibchen ähnlicher. Aus diesem Befund kann man einen allgemeinen Schluss ziehen, der sicher auch auf Kolibrimännchen zutrifft. Weibliche Augen drängen Männchen in Richtung einer leuchtenden Färbung, die Augen von Räubern haben die umgekehrte Wirkung. Übrigens sollte man sich von den leuchtend bunten Guppys, die man in Aquarienläden kaufen kann, nicht täuschen lassen. Sie sind das Ergebnis der künstlichen Selektion durch Menschen (siehe die Geschichte der Darwin-Tauben). Mit den farbenfrohen Mustern domestizierter, durch menschliche Augen ausgewählter Guppys können keine wilden, von weiblichen Guppyblicken selektierten Männchen mithalten. Das Prinzip ist aber das gleiche. Sowohl weibliche Guppys als auch Aquarienfreunde bevorzugen leuchtende Farben. Natürliche Feinde ebenfalls, aber mit gegenteiligen Folgen.

John Endler erzählte mir eine amüsante, gleichzeitig aber auch ziemlich bedrückende Geschichte. Auf einem Inlandsflug in Amerika kam er mit seinem Sitznachbarn ins Gespräch. Der Mann fragte ihn, was er beruflich mache, und Endler erzählte ihm von dem Experiment mit den umgesiedelten Guppys. Der Mann war fasziniert: »Oh, das ist wirklich interessant. Dahinter muss eine Theorie stecken.« Erst jetzt legte Endler die Karten auf den Tisch. »Das stimmt. Es ist Darwins Theorie der Evolution durch natürliche Selektion.« »Ach, daran glaube ich nicht«, blaffte der Mann zurück, wandte sich ab und beendete das Gespräch. John Endler ist übrigens der Autor des maßgeblichen, 1986 erschienenen Werkes *Natural Selection in the Wild.*

Aber warum bevorzugen Weibchen – ob Fische oder Vögel – überhaupt leuchtend bunte Männchen? Darwin nahm es einfach als gegeben hin, als schlichte Eigenschaft der Weibchen vieler Tierarten. Es mag intuitiv plausibel erscheinen, aber Alfred Russel Wallace, der Mitentdecker der natürlichen Selektion, mochte den Gedanken überhaupt nicht. Nach seiner Ansicht roch er nach Mystizismus – eine erstaunliche Abneigung, wenn man bedenkt, dass Wallace selbst im Gegensatz zu Darwin im höheren Alter zum Mystiker wurde, zu einem Spiritualisten, der überzeugt war, man könne sich mit Toten verständigen. Was aber sexuelle Selektion anging, wünschte sich Wallace trotz allem eine handfestere Erklärung. Wenn Weibchen tatsächlich bunt gefärbte Männchen bevorzugen, dann, so glaubte Wallace, müsse es daran liegen, dass leuchtende Farben bei einem Männchen auf irgendeine nützliche Eigenschaft hindeuten, die über die Schönheit um ihrer selbst willen hinausging. Helena Cronin zeichnet in ihrem liebenswürdigen Buch *The Ant and the Peacock* das Vermächtnis dieser beiden Ansichten über sexuelle Selektion – der »darwinistischen weiblichen Laune« und des »Wallace'schen Abzeichens für männliche Leistung« – auf seinem ganzen Weg vom 19. Jahrhundert bis zu heutigen Forschern auf dem Gebiet nach.

Wallaces Einwand wurde 1930 durch Ronald Fisher entkräftet, den großen Statistiker und mathematischen Genetiker. Er verschaffte der »weiblichen Vorliebe« wissenschaftliches Ansehen, indem er annahm, dass auch sie nicht weniger als die Qualitäten der Männchen unter genetischer Kontrolle steht. Um der Argumentation willen und mit den Kolibris im Hinterkopf gehe ich davon aus, dass wir über leuchtende Farben sprechen, aber die Aussage könnte ebenso auf auffällige Formen, laute Gesänge und anderes zutreffen. Fisher hatte die entscheidende Erkenntnis, dass Weibchen von ihrem Vater die Gene für die männliche Färbung erben, sie aber nicht ausprägen. Und Männchen erben von der Mutter die Gene für die Bevorzugung männlicher Farben, die sie aber ebenfalls nicht umsetzen. Daraus folgt, so Fisher, dass die Vorliebe des Weibchens für eine bestimmte Farbe der Männchen, die anfangs vielleicht nur schwach ausgeprägt ist, sich im Laufe der Evolution im Einklang mit der Evolution der männlichen Farben weiterentwickeln kann (wie gesagt: »Farbe« steht hier für auffällige männliche Eigenschaften im Allgemeinen). Welche Farbe anfangs bevorzugt wird, spielt keine Rolle, und die anfängliche Vorliebe ist unter Umständen nur schwach, verstärkt sich aber später. Unter geeigneten Voraussetzungen kann die gegenseitige Verstärkung außer Kontrolle geraten; dann läuft sie mit stetig zunehmender Geschwindigkeit ab, bis sie durch eine Gegenselektion, die Druck in der umgekehrten Richtung ausübt, eingefangen wird – was mit Sicherheit geschehen wird, denn eine Färbung, die für Weibchen auffallend attraktiv ist, lockt zwangsläufig auch natürliche Feinde an. Fisher formuliert es so: »Wie man leicht erkennt, wird die Entwicklungsgeschwindigkeit ohne solche Einschränkungen proportional zu der bereits erzielten Entwicklung sein, und demnach nimmt sie im Laufe der Zeit exponentiell oder in geometrischer Progression zu.« Das zu erkennen, ist durchaus nicht leicht, wenn man nicht mit Fishers Begabung für intuitive Mathematik gesegnet ist, die vielleicht wegen seines schlechten Sehvermögens aus der Not heraus sogar noch verstärkt wurde. Später aber konnte man sein »leichtes Erkennen« durch unzweideutige Mathematik bestätigen. Viele Biologen sind überzeugt, dass Fishers Überlegung ausreicht, um die leuchtende Färbung, wie wir sie von Kolibrimännchen und anderen kräftig gefärbten Tieren kennen, zu erklären.

Es gibt aber auch Neo-Wallaceaner, nach deren Ansicht die lebhafte Färbung und andere männliche Besonderheiten ehrliche Qualitätssignale sein müssen. Qualität ist in diesem Zusammenhang alles, womit man die Vorliebe eines Weibchens erringen kann. Nur ein qualitativ wahrhaft hochwertiges Männchen kann sich demnach den Aufwand für einen solchen auffälligen Schmuck leisten. Die Betonung kostspieliger Signale als Kennzeichen für echten Wert verbindet sich vor allem mit dem israelischen Zoologen Amotz Zahavi und seinem berühmten »Handikap-Prinzip«. Für Darwin und Fisher, aber vor Zahavis Auftritt auch für uns andere, stellen Männchen leuchtende Farben zur Schau, *obwohl* sie damit Räuber anlocken –

ein großes Handikap. Für Zahavi ist die Tatsache, dass sie natürliche Feinde anlocken, paradoxerweise gerade das Entscheidende. Männchen tun den Weibchen kund, dass es ihnen gelungen ist, zu überleben, obwohl sie so bunt gefärbt sind. »Sieh mich an, ich bin ganz offensichtlich ein wirklich fähiges Männchen, denn ich kann mir das kostspielige Handikap dieser leuchtenden Farben leisten.« Die Farben sind demnach ein Kennzeichen der Fähigkeit, das Handikap der Attraktivität für Räuber zu überwinden. Für Zahavi sind aufwendige Handikaps kein Bug, sondern ein Feature.

Eine etwas weniger paradoxe Version der Theorie, die aber immer noch ins Lager der »Wallaceaner« gehört, wurde von William Hamilton formuliert (den ich für Fishers größten Nachfolger halte, genau wie Fisher der größte Nachfolger von Darwin war). Hamilton äußerte die Vermutung, ein prächtiges Gefieder könne blühende Gesundheit kennzeichnen, eine Qualität, die von den Weibchen aus naheliegenden Gründen geschätzt wird. Ein kränkliches Männchen sieht schäbig, fadenscheinig und unscheinbar aus; das ist unvermeidlich und deshalb wichtig. Die natürliche Selektion begünstigt Weibchen, die sich mit gesunden Männchen paaren, und das beurteilen sie an der Leuchtkraft des Gefieders. Die sexuelle Selektion begünstigt Männchen, die den Versuch unternehmen, bunt zu leuchten und die Weibchen so davon zu überzeugen, dass sie gesund sind. Das ist in Fällen, in denen sie wirklich gesund sind, leicht zu verstehen. Die zentrale Aussage der Theorie lautet: Die Signale, um die es hier geht, sind ehrlich, und ihre Ehrlichkeit wird durch ihre Kostspieligkeit belegt. Nur wirklich gesunde Männchen können sich die Kosten – beispielsweise ein erhöhtes Risiko, Fressfeinden zum Opfer zu fallen – leisten und wirklich leuchtende, bunte Farben hervorbringen. Aber auch ungesunde Männchen werden den Versuch unternehmen. Das ist erst einmal rätselhaft. Warum soll ein wirklich nicht gesundes

Männchen diese Tatsache zur Schau stellen, indem es vergeblich versucht, bunt und farbenprächtig auszusehen? Warum sollte ein ungesundes Männchen die Mühe auf sich nehmen, wo doch die Weibchen es leicht durchschauen? Ich möchte hier versuchen, mit Worten die Gedanken meines Kollegen Alan Grafen zusammenzufassen, der mit seinen mathematischen Modellen das Paradox einhegte und die früher (unter anderem auch von mir) verspottete Theorie von Amotz Zahavi rehabilitierte.

Angenommen, es gibt bei den Männchen eine Rangfolge anhand einer Dimension von »Qualität«, zu der auch die Gesundheit gehört. Damit ist nicht nur Gesundheit im medizinischen Sinn gemeint, sondern auch eine Rangfolge unter dem Gesichtspunkt aller Qualitäten, die für ein Weibchen bei einem Partner nützlich sein könnten: medizinische Gesundheit plus beispielsweise Körperkraft oder schnelles Laufen als Maß für die Fähigkeit, natürlichen Feinden zu entkommen, oder Durchhaltevermögen als Maß für die Fähigkeit, Nahrung für die Jungen zu sammeln. Was die »Qualität« im Einzelnen ausmacht, braucht uns hier nicht zu interessieren. Wichtig ist nur, dass es einem Weibchen zum Vorteil gereicht, wenn es ein Männchen mit bestimmten Attributen wählt, die dieses als qualitativ hochwertig definieren. Grafen geht von der plausiblen Annahme aus, dass Männchen Informationen über ihre eigene Qualität in sich tragen, die sie aber vor den Weibchen, die sie beeindrucken wollen, verbergen. Natürlich sind es keine Informationen im kognitiven Sinne. Aber was dann? Der einfacheren Erklärung wegen bleibe ich bei der »Gesundheitsversion« der Theorie, aber das Prinzip gilt für eine allgemeinere Version genauso.

Um Ihren allgemeinen Gesundheitszustand zu beurteilen, nimmt Ihr Arzt oder Ihre Ärztin Ihnen von Zeit zu Zeit Blut ab und schickt es zur Analyse an ein Labor. Dann kommen die Ergebnisse: Eisengehalt, Serumkreatinin, Cholesterinspiegel, Zahl der roten Blutzellen und so weiter. Solche Befunde werden vertraulich behandelt. Im Computerzeitalter sind sie passwortgeschützt. Jeder von uns hat Zugang zu den eigenen Befunden, anderen bleibt der Zugang verwehrt. Grafens plausibler Vermutung zufolge hat ein Männchen, nicht aber das Weibchen, das er beeindrucken will, innerlich Zugang zu solchen Informationen über sich selbst. Er hat das Passwort. Das Weibchen hat nur die äußeren Signale, und die können ehrlich sein oder auch nicht.

Die äußeren Signale eines Männchens, beispielsweise Gefieder und Verhalten, könnten (natürlich unbewusst) durch innere privilegierte Informationen bedingt sein, wie sie ein Arzt erhält, wenn er Blut ins Labor schickt. Ein Weibchen »wünscht sich« vielleicht von jedem Männchen eine Blutprobe und will sie analysieren, aber das kann sie natürlich nicht. Das Männchen dagegen weiß (unbewusst) über seinen inneren Zustand und seine medizinische Verfassung Bescheid und könnte im Prinzip eine Entsprechung zu den Laborergebnissen zur Schau stellen. Die Vermutung besagt: So unvollständig die Informationen eines Männchens über seine eigenen Gesundheitszeichen auch sein mögen, sie sind wahrscheinlich zutreffender und detaillierter als die Informationen, die einem äußeren Beobachter – zum Beispiel einem Weibchen – zugänglich sind. Das Ausmaß seiner Werbung kann (unbewusst) durch innerlich verfügbare Informationen über seine Qualität bedingt sein. Die Frage lautet: Warum sollte er »innere Laborbefunde« ehrlich zur Schau stellen? Und warum sollten die Weibchen ihm glauben?

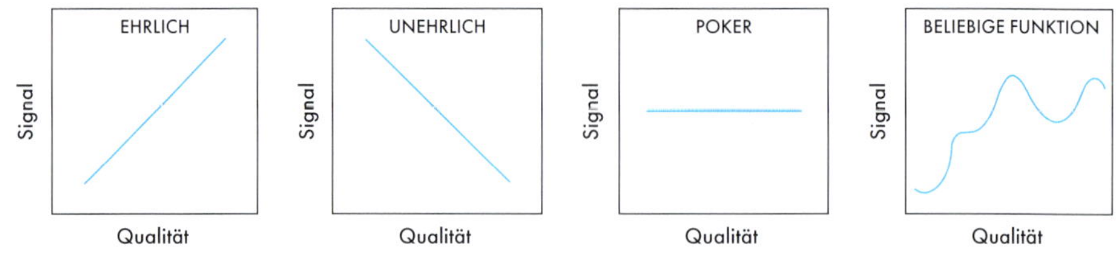

Angenommen, die Männchen unterscheiden sich aus genetischen Gründen in der Ehrlichkeit ihrer Signale. Das Spektrum reicht von tiefster Aufrichtigkeit bis zu dem skrupellosen Lügner, der genau das Gegenteil der Wahrheit erzählt, und vielleicht steht in der Mitte auch ein »Pokerface«. Die Signale unterscheiden sich zudem in anderer Hinsicht: Manche sind aufwendig (sodass nur ein qualitativ wirklich hochwertiges Männchen sie sich leisten kann), andere billig (wie Schulterpolster, die ein Männchen ungeachtet seiner wahren Qualität leicht anlegen kann). Gleichzeitig gibt es bei den Weibchen ein Spektrum genetischer Variationen, das von völliger Vertrauensseligkeit (den Signalen der Männchen wird automatisch vertraut) bis zur völligen Skepsis (geglaubt wird das genaue Gegenteil dessen, was das Männchen sagt) reicht, wobei in der Mitte die Haltung »Ignoriere die Signale der Männchen völlig« steht. Von einem »Spektrum« zu sprechen, ist zu einfach. Es könnte alle möglichen Regeln (Mathematiker nennen sie »Funktionen«) geben, die eine Beziehung zwischen dem Ausmaß der Zurschaustellung und der Ansprechbarkeit der Weibchen oder der männlichen Qualität herstellen (hypothetische Diagramme ganz rechts).

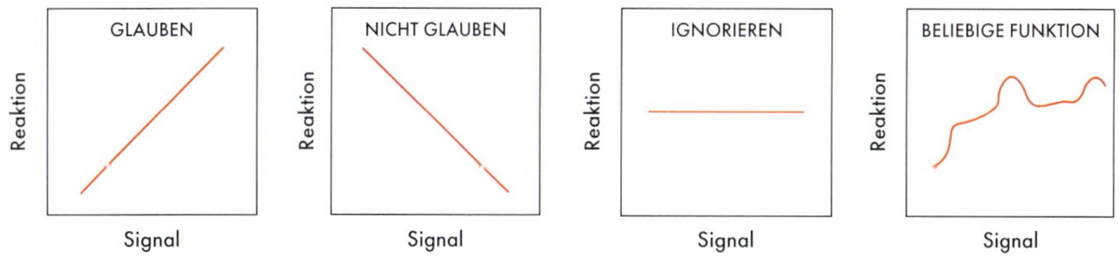

An dieser Stelle wird es mit der sprachlichen Wiedergabe schwierig. Grafens mathematische Modelle gelangen zu dem Schluss, dass die natürliche Selektion zu einem stabilen Gleichgewicht führt, in dem Männchen mit einem ehrlichen, aufwendigen Signalsystem dominieren, und neben ihnen existieren Weibchen, die nur kostspieligen Signalen Glauben schenken (sich also so verhalten, als würden sie ihnen glauben).

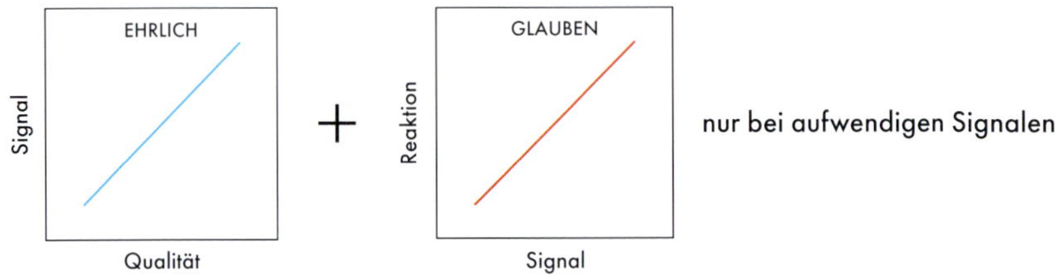

Intuitiv kann man sagen: Wenn ein Signal nicht aufwendig ist, kann jedes Männchen es aussenden (wieder die Schulterpolster), das heißt, das Signal ist als Anhaltspunkt für männliche Qualität nichtssagend. Die natürliche Selektion begünstigt Weibchen, die sich als Diagnoseärztinnen nicht täuschen lassen, wobei sie gleichzeitig Männchen begünstigt, die es ihnen leicht machen, Männchen, bei denen aus allen Körperöffnungen ehrliche Thermometer auffällig herausragen, Männchen, die demonstrativ an beiden Armen Blutdruckmanschetten tragen. Aber das ist noch nicht alles. Dass die Informationen, die Männchen den »Ärztinnen« zur Verfügung stellen, ehrlich sind, wird nur dadurch belegt, dass sie großen Aufwand erfordern.

Zahavi war kein Mathematiker und bediente sich gern anschaulicher Beispiele aus der Welt der Menschen: Wenn zwei Männer in einem Wettlauf gleichauf liegen, einer von ihnen aber einen Sack Kohle auf dem Rücken trägt, wird eine Frau in ihm den schnelleren Läufer sehen. Trotz des Handicaps hält er mit seinem unbelasteten Konkurrenten mit. Derartige bildhafte Vergleiche lösten starke Zustimmung wie auch heftige Ablehnung aus. Um die Angelegenheit in Zahavis Sinne beizulegen, bedurfte es der Mathematik von Alan Grafen.

In dem zuvor beschriebenen Bild kann man »Zurschaustellung guter Gesundheit« durch »Zurschaustellung der Fähigkeit, sich nicht von einem Fressfeind fangen zu lassen« ersetzen. In beiden Fällen ist die leuchtende Färbung ein Signal für hohe Qualität, und glaubwürdig ist es gerade deshalb, weil es großen Aufwand erfordert und sich deshalb nicht fälschen lässt.

Ich selbst gebe weder dem Modell des Darwin-Fisher-Typs noch dem neo-Wallaceanischen Modell des Zahavi-Hamilton-Grafen-Typs den Vorzug. Beide könnten stimmen. Vielleicht ist das Pendel in der Biologie in jüngster Zeit ein wenig zu weit in Richtung von Wallace ausgeschlagen, und genau das ist auch der Tenor von Matt Ridleys jüngstem Buch über sexuelle Selektion mit dem Titel *Birds, Sex and Beauty*.

In jedem Fall kann man aus der Geschichte des Kolibris den Schluss ziehen, dass Augen ein sehr wirksames Hilfsmittel der Selektion sind. In diesem Fall sind es die Augen der Kolibriweibchen, aber das Gleiche gilt auch für Menschen, die domestizierte Tiere und Pflanzen züchten. Sie wählen aus, welche Individuen sich fortpflanzen sollen und welche nicht, und damit haben Menschenaugen aus Wölfen die verschiedensten Formen gemacht, von Pekinesen und Dackeln bis zu Bernhardinern und Dänischen Doggen. Generationen von Menschenaugen haben wilden Kohl verlängert, dicker gemacht und zerteilt, bis daraus domestizierte Gemüsesorten wurden, vom Rosenkohl über Blumenkohl und Brokkoli bis zu Kohlrabi und Grünkohl. Darwin interessierte sich besonders für Haustauben. In seinem Buch *Das Variieren der Thiere und Pflanzen im Zustande der Domestication* verfolgte er die verschiedenen Taubenrassen, von denen manche sehr bizarr aussehen, zurück zu der wilden Felsentaube *Columba livia*.

Fig. 17.—The Rock Pigeon, or Columba livia.[6] The parent-form of all domesticated Pigeons.

Fig. 22.—African Owl.

Fig. 21.—English Fantail.

Fig. 20.—English Barb.

Fig. 19.—English Carrier.

Fig. 18.—English Pouter.

Fig. 23.—Short-faced English Tumbler.

3

DIE GESCHICHTE DER DARWIN-TAUBEN

Wo ist der experimentelle Beleg?

Bilder von Haeckel, die Haustiere zeigen, habe ich nicht gefunden. Deshalb beginnt diese Geschichte als einzige mit einer Abbildung aus einer anderen Quelle, nämlich aus Darwins *Das Variieren der Thiere und Pflanzen im Zustande der Domestication.* Charles Darwin war Haeckels großes Idol, und ich bin sicher, dass er zu dessen Ehren diese Abweichung von meiner Regel, jede Geschichte mit einem Bild von ihm selbst zu beginnen, billigen würde.

Haeckel nutzte Darwins Tauben in einer kraftvollen Erwiderung auf einen zeitgenössischen Kritiker des Darwinismus: auf Rudolf Virchow, einen angesehenen deutschen Mediziner, der als »Vater der modernen Pathologie« bekannt wurde. Virchow war zwar nicht religiös, aber er glaubte, die darwinistische Evolution sei nicht bewiesen. Seine Einwände waren anscheinend nicht durch wissenschaftliche Erwägungen motiviert, sondern durch politische, gesellschaftliche und moralische Überlegungen. Virchow verlangte Beweise in Form von »Experimenten als Überprüfung und höchstes Mittel des Belegs«.

Virchow hatte recht damit, den Experimenten eine so hohe

Stellung beizumessen. Aber damit spielte er Haeckel geradewegs in die Karten. Dieser erkannte, dass nur ein experimenteller Nachweis der natürlichen Selektion möglich war: die künstliche Selektion. Was sollte »Experiment« in diesem Fall sonst überhaupt bedeuten? »Experimentell« heißt, dass auf einen künstlichen Eingriff die Beobachtung des Ergebnisses folgt, vorzugsweise im Vergleich zu einer »Kontrolle«. Zwar hatte niemand künstliche Selektion zur experimentellen Überprüfung des Darwinismus verwendet, doch wurde sie von Landwirten, Gärtnern, Hundezüchtern, Taubenliebhabern und vielen anderen schon seit Jahrhunderten angewandt. Und das mit spektakulären Ergebnissen. Haeckel selbst formulierte es 1879 so:

> Nun, soweit diese Tatsache überhaupt durch das Experiment bewiesen werden kann, ist sie längst in umfassendster Weise wirklich experimentell bewiesen worden. Denn was sind die zahllosen Versuche der künstlichen Züchtung, die der Mensch seit Jahrtausenden bei der Zucht der Haustiere und Kulturpflanzen ausgeübt hat, anderes als physiologische Experimente, welche die Transformation der Spezies beweisen? [...] Hoftaube und Botentaube, Strupptaube und Kropftaube, Pfauentaube und Eulentaube, Burzeltaube und Blasstaube, Trommeltaube und Lachtaube usw., sie alle sind, wie Darwin überzeugend den Beweis geführt hat, Abkömmlinge von einer einzigen wilden Art, der Felstaube (*Columba livia*).

Was ich von der ein wenig irritierenden Tatsache halten soll, dass die Felsentaube, der mutmaßliche Urahn, aus dem die ganzen durch künstliche Selektion entstandenen bizarren Verzerrungen hervorgegangen sind, in Darwins Darstellung kopfüber an einem Nagel hängt, weiß ich nicht genau. Aber lassen wir das einmal beiseite: Liefert die (durch künstliche Selektion entstandene) englische Kropftaube nicht einen

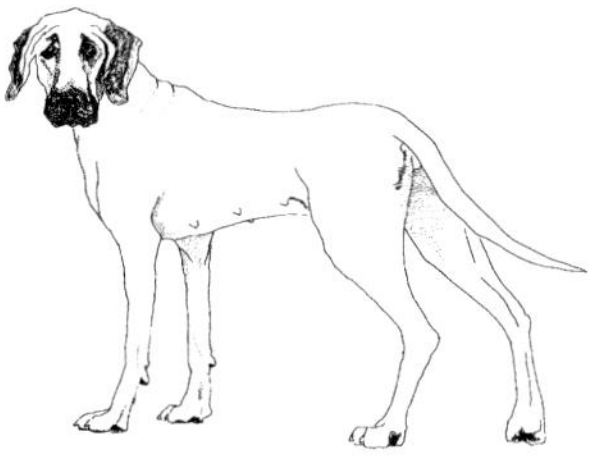

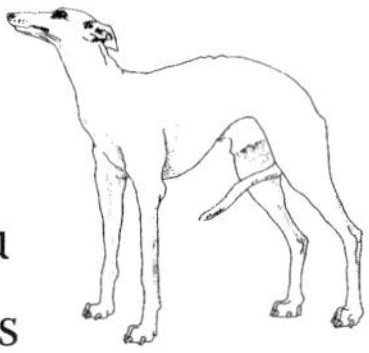

Eines dieser Tiere ist ein Wolf. Die anderen halten sich dafür.

Hinweis darauf, wie sich der aufrechte Stand der Pinguine in der Evolution entwickelt haben könnte (und zwar nicht durch künstliche, sondern durch natürliche Selektion)? Und der Englische Shortfaced Tümmler lässt vermuten, wie leicht der Kopf des Wellensittichs sich entwickeln konnte. Aus dem gleichen Grund könnten wir auch annehmen, die Pfautaube sei ein Schritt in Richtung eines Pfaus, aber in diesem Fall hätten wir unrecht. Der Schwanz der Pfautaube besteht tatsächlich aus Schwanzfedern. Beim Pfau ist das nicht der Fall: Hier besteht der Schwanz aus stark vergrößerten Rückenfedern des Vogels. Folglich sollten wir nicht vom Pfauenschwanz sprechen. »Schleppe« ist passender.

Aber solche Banalitäten sollten uns nicht von Haeckels wichtiger Aussage ablenken. Die Wirkung der künstlichen Selektion ist uns überall vertraut, und das schon seit Jahrtausenden; künstliche Selektion ist genau das, was wir tun sollten, wenn wir aufgefordert werden, Darwins Theorie experimentell zu belegen. Die Verwandlung eines Wolfs in einen Chihuahua oder eine Bulldogge ist ein so drastischer Nachweis, wie man ihn sich nur wünschen kann.

Was künstliche Selektion mit Tauben und Wölfen in Jahrhunderten oder Jahrtausenden erreicht, geschieht in großem Umfang durch die natürliche Selektion über Hunderte von Jahrmillionen.

Jahrhunderte oder Jahrtausende? Ein paar Jahrzehnte reichen. Seit Haeckel seine Entgegnung auf Virchow schrieb, hat man gezielte Experimente angestellt. Der längste derartige Versuch läuft seit 130 Jahren und ist immer noch nicht beendet: Er wurde 1896 von C. G. Hopkins am Landwirtschaftszentrum der University of Illinois begonnen und durch aufeinanderfolgende wissenschaftliche Arbeitsgruppen gewissenhaft fortgeführt. Sie arbeiten mit Mais (*Zea mays*), und zwar mit der Sorte »white burr«.

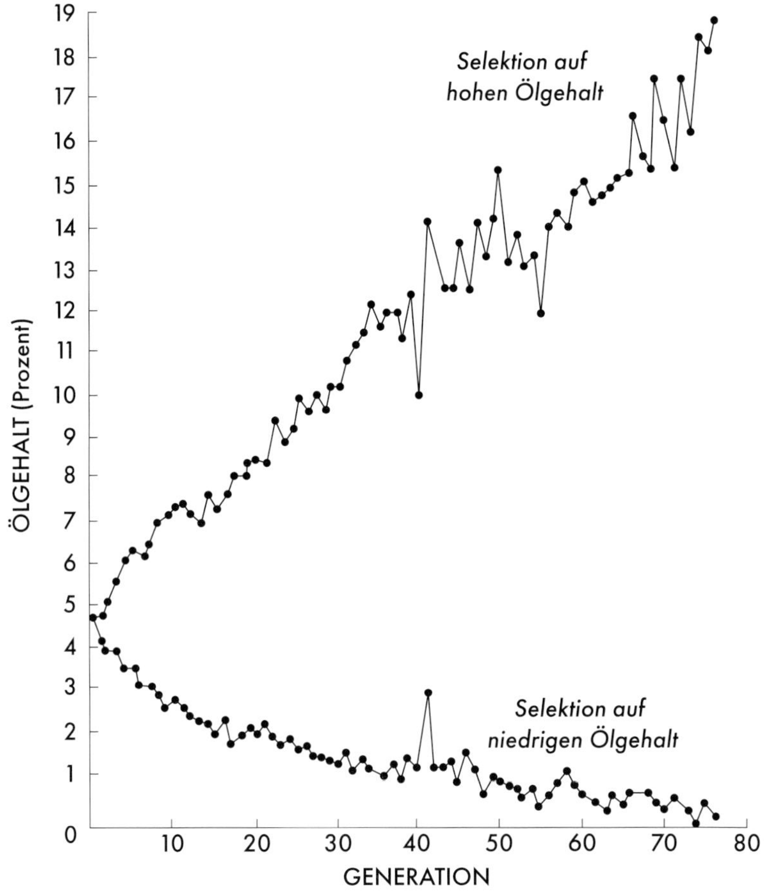

Die Arbeitsgruppen ermittelten in jeder Generation den Proteingehalt, und ein wenig später begannen sie auch, den Ölgehalt zu messen. In getrennten Abstammungslinien züchten sie die Pflanzen in Richtung eines hohen oder niedrigen Öl- oder Proteingehalts. Die Grafik zeigt die ersten 75 Generationen der Selektion auf niedrigen oder hohen Ölgehalt. Einen überzeugenderen experimentellen Nachweis dafür, wie der darwinistische Mechanismus den evolutionären Wandel antreibt, kann man sich nicht wünschen.

Solange Menschen für die Selektion sorgten, stand diese Wirkung nie infrage. Darwin und Wallace hatten die Erkenntnis, dass ein menschlicher Züchter nicht notwendig ist. Seine Funktion übernimmt die Natur selbst in Form der *natürlichen* Selektion, in der die Geeignetsten überleben: Es ist die unbewusste, ungeplante Entsprechung zur Kunst des menschlichen Taubenzüchters. Die sexuelle Selektion – die Kraft, die Kolibrimännchen zu einer lebhaften Färbung trieb – hätte eine reizvolle begriffliche Brücke sein können, wobei die Kolibriweibchen die Rolle der menschlichen Züchter übernehmen. Tatsächlich ging Darwin aber von den selektierenden Menschen in seinem »einen langen Argument« direkt zur natürlichen Selektion über.

Als Darwin später den Gedanken der sexuellen Selektion einführte, unterschied er zwischen zwei Kategorien, zwei Arten, wie Männchen um den Zugang zu Weibchen konkurrieren. Die Männchen stehen in Konkurrenz, wenn es darum geht, attraktiv für die Weibchen zu sein. Dieses Thema haben wir in der Geschichte des Kolibris behandelt. Es gibt aber auch die unmittelbaren Kämpfe zwischen Männchen oder den ritualisierten Ersatz für Kämpfe in Form von Herumstolzieren oder Posieren. Damit sind wir bei der Geschichte der Antilope. Antilopen gehören zu den vielen Tieren, bei deren Männchen übertrieben große Waffen wachsen, Waffen, die sie in die Lage versetzen, andere Männchen zu verletzen, zu bedrohen oder zu beeindrucken.

Antilopina. — Antilopen.

4

DIE GESCHICHTE DER ANTILOPE

Über Wachstum und Form

Haeckels Bild zeigt eine Auswahl von sechs Antilopen, außerdem drei andere Paarhufer (Artiodactyla), die keine Antilopen sind: einen Büffel, einen Hirsch und einen Gabelbock. Der Gabelbock (auf Haeckels Bild links in der Mitte) wird in Amerika tatsächlich als *antelope* bezeichnet, aber er ist keine echte Antilope und auch kein Hirsch, sondern enger (allerdings nicht sehr eng) mit den Giraffen verwandt. Er zeichnet sich dadurch aus, dass er nach dem Gepard das zweitschnellste heute lebende Säugetier ist. Antilopen und der Büffel werden zu den Rinderartigen oder Hornträgern gerechnet und besitzen ausnahmslos Hörner. Hirsche sind keine Rinderartigen, sondern gehören zur Gruppe der Cervidae und haben keine Hörner, sondern ein Geweih. Dieses ist im Gegensatz zu Hörnern in der Regel verzweigt, wird jedes Jahr abgeworfen und wächst wieder nach. Hörner und Geweihe sind Waffen, die gegen Angehörige der eigenen Spezies eingesetzt oder ihnen vorgezeigt werden, gelegentlich aber auch gegen natürliche Feinde.

Wie ich bereits in der Geschichte des Kolibris erwähnt habe, sehen manche Biologen im Gegensatz zu Darwin nur einen geringfügigen Unterschied zwischen natürlicher und sexueller Selektion. Für Darwin geht es bei der sexuellen Selektion ausschließlich um die Konkurrenz unter Angehörigen des gleichen Geschlechts im Hinblick auf den Zugang zum anderen Geschlecht. In der Praxis handelt es sich dabei fast immer um einen Wettbewerb zwischen Männchen. Die Evolution von Penis und Uterus erfolgte für Darwin nicht durch sexuelle Selektion, obwohl es sich um Geschlechtsorgane handelt. Der Grund: Sie sind kein Mittel der Konkurrenz (sie könnten es allerdings sein, wenn die Weibchen bei der Auswahl eines Partners die Penisse vergleichen würden). Die leuchtenden Farben eines Kolibrimännchens und das Geweih eines Hirsches sind dagegen durch sexuelle Selektion entstanden und dienen der Konkurrenz zwischen den Männchen um die Weibchen; die Färbung hat sich durch die Auswahlkriterien der Weibchen entwickelt, das Geweih durch die unmittelbare Konfrontation zwischen Männchen.

Wenn Tiere kämpfen, nutzen sie in vielen Fällen Waffen wie Zähne und Klauen, deren Hauptfunktion eine andere ist und die sich in der Evolution durch natürliche Selektion entwickelt haben, wie Darwin sie vorzugsweise nannte. Hörner und Geweihe sind ungewöhnlich, weil die Konkurrenz mit anderen Männchen ihren Hauptzweck darstellt: Sie sind durch sexuelle Selektion entstanden (auch wenn sie zugegebenermaßen sekundär auch gegen natürliche Feinde genutzt werden können – so hat man beispielsweise beobachtet, wie Büffel sie gegen Löwen einsetzten – mehr darüber in der Geschichte der Schildkröte). Meist dienen sie dazu, andere Männchen derselben Spezies zu bekämpfen oder einzuschüchtern, aber sie können auch durchaus für die Weibchen attraktiv sein – die andere Hälfte von Darwins Theorie über sexuelle Selektion. Dies konnte man bei Weißwedelhirschen nachweisen: Sie bewundern das große Geweih, vielleicht weil ein solcher Kopfschmuck ein Anzeichen für Alter und Gesundheitszustand ist. Wenn also eine Weißwedel-Hirschkuh einen Hirsch mit großem Geweih wählt, so die Vermutung, profitieren ihre Gene, weil ihre Söhne häufig das große Geweih des Vaters erben, womit sie wiederum attraktiv für die Weibchen der nächsten Generation sind.

Weder Hörner noch Geweihe eignen sich dafür, Rivalen zu *töten*; diese werden damit nur eingeschüchtert. Würden sie vor allem als Waffen zum Stechen, Verletzen oder Töten gebraucht, würden wir erwarten, dass sie die für diesen Zweck optimale Form annehmen und vielleicht gerade wie ein Dolch oder Schwert sind. In Wirklichkeit sind Hörner aber bei verschiedenen Arten sehr unterschiedlich geformt und oft spiralförmig, was vermuten lässt, dass sie eher zum Vorzeigen und weniger als tödliche Waffen dienen sollen. Wenn Huftiere kämpfen, stoßen sie manchmal mit den Köpfen aneinander oder verhaken ihre Hörner mit denen der Rivalen, statt sie in die verletzliche Flanke zu stechen. Männliche Dickhornschafe lassen die Stirn manchmal mit solcher Kraft zusammenprallen, dass ein menschlicher Schädel dabei brechen würde. Man sollte meinen, dass sie zwischen solchen Kollisionen die verletzlichen Flanken des Rivalen angreifen könnten. Stattdessen aber ziehen sie sich geduldig zurück und bereiten sich auf den nächsten Kopf-zu-Kopf-Angriff vor. Der Darwinist und Sozialanthropologe (eine recht seltene Gattung) Napoleon Chagnon dokumentierte ähnliche Kopfstoßduelle auch beim Volk der Yanomami im Amazonas-Regenwald. Ein Mann fordert einen Konkurrenten heraus, ihm mit seinem Knüppel auf den Kopf zu schlagen. Er bleibt stehen und lässt zu, dass es geschieht. Dann werden die Rollen getauscht, und die gegenseitigen Schläge auf den Kopf setzen sich fort, bis eine ernsthafte Verletzung oder eine gegenseitige Übereinkunft der Sache ein Ende macht. Ich muss zugeben, dass ich vor einem Rätsel stehe. Genießt der Mann, der den ersten Schlag führt, nicht einen großen Vorteil – ein kostenloses Geschenk? Zwei Bücher von Chagnon über dieses bemerkenswerte Volk tragen die Titel *The Fierce People* (»Das wilde Volk«) und *Noble Savages* (»Edle Wilde«).

Die Frage, warum potenziell tödliche Waffen nur selten zum Töten genutzt werden und stattdessen für rituelle Zweikämpfe oder Imponiergehabe reserviert sind, ist interessant und wird in der biologischen Wissenschaft vielfach diskutiert. Konrad Lorenz erklärte, dies sei gut für das Überleben der Spezies. Wäre das Überleben der Spezies das Entscheidende, würde die Tötung von Artgenossen nicht begünstigt. In der heutigen Biologie sind solche Erklärungen nicht mehr gebräuchlich, denn mittlerweile ist klar, dass die natürliche Selektion nicht zwischen Arten auswählt. Sie wählt unter verschiedenen Genen anhand ihrer Auswirkungen auf die Embryonalentwicklung der Individuen. Die beste Erklärung für die Funktion von Zurückhaltung und Ritual bei der Aggression von Tieren bedient sich der Spieltheorie und des von John Maynard Smith formulierten Prinzips der evolutionär stabilen Strategie (ESS). Eine ESS wird von allen übernommen und kann deshalb nicht durch eine Alternativstrategie verbessert werden. Mord ist keine ESS, denn falls jeder sie anwendet, schneidet eine Alternativstrategie der kontrollierten Ver-

Vergeltung der Rammböcke: Dickhornschafe testen ihre Zerstörungsfähigkeiten.

Ein Alphamann: D'Arcy Wentworth Thompson

geltung besser ab. Kontrollierte Vergeltung ist eine ESS. Wenn jeder sich ihrer bedient, ist Mord nicht besser. Aus dieser Theorie ergeben sich elegante Folgerungen. Ich habe das Thema an anderer Stelle behandelt und möchte mich hier nicht wiederholen. Stattdessen geht es im Rest dieser Geschichte um das Wachstum und die Form von Hörnern und Geweihen als solchen.

Die Formulierung »Wachstum und Form« lässt jeden Biologen sofort an ein Buch mit diesem Titel denken. Es stammt von dem großen schottischen Zoologen D'Arcy Wentworth Thompson. Sein Name wird in diesem Buch auch in mehreren anderen Geschichten auftauchen. Er war 32 Jahre lang Professor für Naturgeschichte an der Universität Dundee[5] und bekleidete dann während 31 weiterer Jahre den gleichen Posten an der Universität von Saint Andrews. Er war nicht nur ein herausragender Zoologe, sondern auch ein hervorragender Mathematiker und Altphilologe und interessierte sich weniger für evolutionäre als vielmehr für physikalische Erklärungen. Damit meine ich, dass er sich nicht auf den Selektionsdruck berief, um die Formen der Lebewesen zu erklären, sondern auf Physik und Mathematik. Beide Ansätze sind stichhaltig, und beide sind wichtig. Sie gelangen nur auf unterschiedlichen Wegen zur Erklärung. Wir werden auf D'Arcy Thompson und die beiden Erklärungsansätze in mehreren späteren Geschichten zurückkommen. Hier greife ich erst einmal mit vielem von dem, was ich über Form und Wachstum von Hörnern und Geweihen zu sagen habe, auf sein großartiges Buch zurück.

Ich nehme an, Haeckel hat nie ein Nashorn gezeichnet, aber das Tier hilft uns, die Form von Hörnern im Allgemeinen zu verstehen. Das Horn eines Nashorns ist gebogen und weist, im Profil betrachtet, nach hinten. Streng genommen handelt es sich um eine logarithmische Spirale, aber dass es eine Spirale ist, bemerkt man gar nicht, weil sie keine Zeit hat, eine ganze Umdrehung zu vollführen, bevor sie zu Ende ist. Andere Beispiele finden wir in der Geschichte des Ammoniten. Die Krümmung ergibt sich daraus, dass die vordere Seite schneller wächst als die hintere und dass die Wachstumsrate von vorne nach hinten abnimmt. Bei Nashörnern, die zwei Hörner besitzen, setzt sich dieser Verlauf entlang des Tieres nach hinten fort, und das ist nach meiner Vermutung der Grund, warum das hintere Horn kleiner ist als das vordere. Gäbe es einen funktionellen Grund dafür, dass das vordere Horn kleiner ist als das hintere, könnte die natürliche Selektion diejenigen Gene begünstigen, die die Richtung des Gradienten verändern. In diesem Fall wäre allerdings zu vermuten, dass sich beide Hörner eher nach vorn als nach hinten biegen.

Ein allgemeines Prinzip der evolutionären Embryologie besagt, dass die Form eines Tieres stark durch die unterschiedlichen Wachstumsgeschwindigkeiten seiner Teile beeinflusst wird (darauf werde ich in der Geschichte der Schnecke zurückkommen). So können wir beispielsweise sicher sein, dass der Unterschied zwischen dem Gesicht eines Schimpansen und unserer eigenen, unscheinbaren kleinen Schnauze durch die mathematischen Beziehungen zwischen Wachstumsfeldern in verschiedenen Knochen des Schädels entsteht. Das Gleiche gilt für den Unterschied zwischen unserem hohen Schädelgewölbe, das man am besten an einem kahlköpfigen Mann erkennt, und dem flachen Schädel eines Schimpansen mit seiner fliehenden Stirn.

Die Hörner eines Nashorns stehen auf der Mittellinie des Tieres, Unterschiede in der Wachstumsgeschwindigkeit zwischen linker und rechter Seite des Horns gibt es nicht. Antilopen und andere Rinderartige besitzen zwei Hörner, auf jeder Seite des Kopfes eines. Sie sind keine festen Brocken, und im Gegensatz zu dem Horn des Nashorns bestehen sie nicht aus verklebten Haaren. Es sind vielmehr hohle Röhren mit einem Knochenkern. Die beiden Hörner einer Rappenantilope sind – vermutlich aus ähnlichen Gründen wie beim Nashorn – nach hinten gebogen, bestehen aber aus anderem Material. Bei vielen Antilopen unterscheidet sich die Wachstumsgeschwindigkeit nicht nur zwischen vorn und hinten, sondern auch auf beiden Seiten der Röhre. Dies führt zu spiralförmigen Hörnern wie beim Großkudu oder der Mendesantilope, die im Englischen auch den zutreffenden Namen *screwhorn antelope* (»Schraubenhornantilope«) trägt. Kür-

Elchgeweih: Gebogene Fläche fehlt teilweise.

zere Spiralen findet man bei der Schirrantilope. Form, Windung und Richtung der Spirale sind bei den einzelnen Arten unterschiedlich, je nachdem, wie stark die von vorn nach hinten und von links nach rechts weisenden Gradienten sind. Deren Werte als solche stehen zweifellos unter genetischer Kontrolle und können sich in der Evolution durch natürliche Selektion verändern. Was in Haeckels Bild nicht vorkommt: Das Horn der Oryxantilope ist nahezu gerade, bei einem alten Schafbock dagegen ist es eng gewunden. Das Wachstum beschleunigt und verlangsamt sich je nach der Jahreszeit, weshalb die Hörner vieler Antilopen mehr oder weniger auffällige, ringförmige Vorsprünge tragen. Wie Baumringe kann man sie zählen und so (allerdings mit dem Risiko einer gewissen Ungenauigkeit) das Alter des Tieres feststellen.

Gebogene Fläche fehlt völlig.

Ein Geweih ist ganz etwas anderes als Hörner. Es wird jedes Jahr abgeworfen und wächst vor der Paarungssaison, der »Brunft«, wieder nach. Hier gibt es keine harte, abgestorbene Röhre, die einen Knochenkern umgibt, sondern der Knochen ist mit »Bast« bedeckt, lebendem Gewebe, dessen Durchblutung für die Ernährung des schnell wachsenden Knochens sorgt. Das Wachstumsprinzip ähnelt dem eines verzweigten Baumes, D'Arcy Thompson erkannte allerdings, dass es eher einer gebogenen Fläche ähnelt, in der Teile fehlen, als wären sie weggefressen. Die verbleibenden Teile sehen dann aus wie die Zweige eines Baumes. Beim Elch ist die »gebogene Fläche« gut zu erkennen. Ob sie »ausgefüllt« ist wie beim Elch oder im Wesentlichen »leer« wie bei einem Zwölfender, immer gilt aus Thompsons Sicht die gleiche Überlegung mit dem Wachstumsgradienten. Auch in der nächsten Geschichte wird der Einfluss von D'Arcy Thompson deutlich, allerdings eher indirekt.

Lacertilia. — Eidechsen.

5

DIE GESCHICHTE DER EIDECHSE

Warum Pferde galoppieren und Kängurus hüpfen

Alle acht Tiere in Haeckels Bild sind Eidechsen, aber keine davon würde man auf den ersten Blick als typisch erkennen. In seiner Auswahl der Echsen begab er sich geradewegs in das Gebiet »Hier sind die Drachen«. Die »Flugechse« (in Haeckels Bild auf der gegenüberliegenden Seite links fast ganz oben) heißt auf Lateinisch tatsächlich *Draco*. Sie fliegt eigentlich nicht, sondern gleitet auf Flügeln, die zwischen gespreizten Rippen aufgespannt sind. Nicht gezeigt ist der riesige Komodowaran. Er kann Blut aus acht Kilometern Entfernung riechen und mühelos schneller rennen als ein Mensch (sofern es nicht gerade Usain Bolt ist).

Die Geschichte der Eidechse handelt von der Evolution der Gangarten Gehen und Laufen. Bevor wir aber auf die Eidechsen selbst zu sprechen kommen, müssen wir abschweifen und ausführlicher auf die beiden Denkweisen eingehen, die in der Geschichte der Antilope erwähnt wurden. Die »Funktionalisten« unter den Biologen, zu denen ich mich in aller Bescheidenheit auch selbst rechne, sind beeindruckt von Fällen wie den Spannerraupen, die in ihrem äußeren Er-

Eine Spannerraupe: natürliche Selektion in Hochform.

scheinungsbild bis ins letzte Detail einen Zweig nachahmen, bis hin zu winzigen »Knospen« und anderen Wucherungen. Wir verbeugen uns vor dem großen Gott namens natürliche Selektion. Die »Strukturalisten« mit dem bereits erwähnten D'Arcy Thompson an der Spitze neigen dazu, die Form von Tieren mit den Gesetzen der Physik zu erklären und weniger auf die natürliche Selektion zurückzugreifen.

Extreme Funktionalisten gehen davon aus, dass alle Eigenschaften eines Tieres von der natürlichen Selektion geprägt wurden. Diese kann aber nur zwischen den verfügbaren genetischen Varianten wählen. Wie sieht die Sache aus, wenn sich diese nicht gleichmäßig über den Raum aller möglichen Formen verteilen, was wiederum den verfügbaren Mutationen und/oder den Gesetzen der Physik geschuldet ist? Was bedeutet das? Eine Analogie, mit der es sich erklären lässt, stammt von dem (im guten Sinne) verschrobenen Biologen Brian Goodwin (1931–2009), einem führenden modernen Vertreter der sogenannten strukturalistischen Biologie. Goodwin verglich die Form der Tiere mit einem Strudel, den man in verkleinerter Form sieht, wenn das Badewasser durch den Abfluss verschwindet. Entscheidend ist, dass solche Strudel nur zwei stabile Formen haben: eine Spirale im Uhrzeiger- und eine im Gegenuhrzeigersinn. Dazwischen gibt es nichts. Das verschwindende Badewasser wird in eines der beiden Spiralmuster »hineingezogen«. Die Spirale kann links- oder rechtsgängig sein – auf die Frage, welche Faktoren darüber bestimmen, müssen wir hier nicht eingehen; wir können sie vorläufig unter den Teppich kehren und als »Zufall« bezeichnen. Wenn Tiere solchen Strudeln ähneln und ungleichmäßig verteilte Formen

(»Attraktoren«) annehmen, kann die natürliche Selektion selbst dann keine Zwischenformen auswählen, wenn sie es »wollte«, denn stabile Zwischenformen, zwischen denen sie sich entscheiden könnte, gibt es nicht.

Wenn Brian Goodwin ein Strukturalist war, kann man John Maynard Smith (1920–2004), seinen ehemaligen Kollegen an der University of Sussex, als seinen funktionalistischen Gegenspieler betrachten. Die beiden respektierten einander, obwohl sie unterschiedlicher Ansicht waren. John brachte die Unterschiede zwischen den beiden Denkrichtungen auf eine Weise zum Ausdruck, die ich hilfreich fand und die zu einer Versöhnung einlädt. Wir können uns darauf einigen, so sagte er, dass die natürliche Selektion den Flügel eines Vogels in Richtung eines aerodynamischen Optimums gestaltet. Lange, schmale Flügel werden bei Albatrossen begünstigt, die in geringer Höhe über den Wellen dahingleiten, während kürzere, breitere Flügel sich am besten für den auf Aufwinden schwebenden Adler eignen, wobei beide Flügel zusätzlich auf subtile, der Funktion dienende Weise gestaltet sind. Nehmen wir aber nun einmal an, die Embryonalentwicklung würde die Flügel aus irgendeinem »strukturalistischen« Grund auf eine rechteckige Form beschränken. Der Unterschied zwischen Albatros und Adler bestünde immer noch, aber beide müssten rechteckige Flügel haben – beim Albatros wären es lange, schmale Rechtecke, beim Adler näherten sie sich eher der quadratischen Form. Natürlich sind Rechtecke eine absurde Übertreibung, aber sie verdeutlichen das Wesentliche. Die natürliche Selektion würde vielleicht ein bestimmtes Ideal »bevorzugen«, wenn es sich nur verwirklichen ließe. In Analogie zu den Wasserstrudeln erlauben Beschränkungen der Embryonalentwicklung aber vielleicht nur eine begrenzte Zahl von »Attraktoren«, und Zwischenformen gibt es nicht. Der Flügel wird im Laufe seiner Evolution folglich vielleicht zu dem bestmögli-

Albatros

chen Rechteck für die Lebensweise des Tieres, aber ein Rechteck muss er bleiben.

Nun sind rechteckige Flügel ein recht unplausibler Versuch, eine biologische Entsprechung zu Brian Goodwins Wasserstrudeln zu finden. Welches Beispiel wäre realistischer? Wir kommen gleich auf die Eidechsen zu sprechen, es gibt aber einen eindeutigeren Fall. Ameisenlöwen sind die furchterregend aussehenden Larven der eindeutig nicht furchterregenden Ameisenjungfern. Sie lauern im Sand am Boden trichterförmiger Gruben, die sie selbst graben. Ameisen fallen in die Grube, und an den steilen Seitenwänden wieder hinauszuklettern, ist schwierig. Wenn die Ameisen sich damit abmühen, werden sie von den wie aus einem Horrorfilm stammenden Kiefern des Ameisenlöwen geschnappt. Die Form des Trichters scheint für ihren Zweck, die Ameisen zunächst zu fangen und sie dann am Entkommen zu hindern, gut konstruiert zu sein. Man könnte meinen, die natürliche Selektion habe ein Grabverhalten begünstigt, das innerhalb eines kontinuierlichen Spektrums von Alternativen den optimalen Trichter produziert. In Wirklichkeit ist die Form aber nicht kontinuierlich variabel, sondern sie wird von den Gesetzen der Physik diktiert. Sie stellt sich automatisch ein, wenn man am Boden einer Vertiefung im Sand sitzt und den Sand nach außen schaufelt. Die Seitenwände nehmen von Natur aus den Winkel ein, in dem der Sand zur Ruhe kommt, was nichts anderes als ein physikalischer Attraktor ist. Das Verhalten des Ameisenlöwen braucht also keine fein abgestimmte genetische Festlegung. Die physikalisch erzwungene Form des Trichters ist eine lebensechte Entsprechung zu dem hypothetischen rechteckigen Flügel.

Ein weniger eindeutiges Beispiel finden wir bei den Gangarten der Tiere, und das ist das Hauptthema in der Geschichte der Eidechse. Landtiere, die sich schnell fortbewegen müssen, um Beute zu fangen oder selbst nicht gefangen zu werden, sind eingeschränkt und können sich nur eine begrenzte Anzahl von Gangarten zu eigen machen. Der *Gepardengalopp*, das *Hüpfen der Kängurus* und der *Lauf der Straußenvögel* sind, wenn sie ausreichend perfektioniert werden, höchst effiziente Methoden, um sich an Land mit hoher Geschwindigkeit fortzubewegen. Man kann sie als »Attraktoren« betrachten wie Brian Goodwins Strudel, jedenfalls in dem Sinne, dass alle Zwischenformen schlechter wären, aber diese Abgrenzung ist zugegebenermaßen schwächer als bei den Strudeln oder den Trichtern der Ameisenlöwen. Schwächer ist sie unter anderem deshalb, weil es bei jeder der drei Gangarten beträchtliche Abwandlungen gibt. Außerdem erklären wir die drei Attraktoren nicht ausschließlich mit Physik, sondern wir greifen auch auf die natürliche Selektion zurück. Mathematiker werden feststellen, dass es sich nur im Hinblick auf die Funktion um Attraktoren handelt, und das ist nicht genau das Gleiche wie die mathematische Bedeutung der Wasserstrudel oder der Ameisenlöwentrichter.

Alle landlebenden Wirbeltiere stammen von Fischen ab, und die schwimmen. Im Wasser begünstigen die Gesetze der Physik eine Bewegung, die in seitlicher Richtung wellenförmig über die gesamte Länge des Körpers verläuft, und tatsächlich bewegen sich die meisten Fische auf diese Weise fort; sie nutzen dazu die Muskelpakete der Segmente (von denen in der Geschichte des Wurms die Rede sein wird). Am Ende der Wellenbewegung übernimmt in der Regel der Schwanz den größten Teil der Anstrengung, sich am Wasser abzudrücken, aber letztlich bietet der ganze Körper im Wasser einen

Adler

gewissen »Widerhalt«, während die schlangenförmige Welle nach hinten läuft. »Schlangenförmig«? Ja, man kann tatsächlich sagen: Eine Schlange schwimmt über das trockene Land wie ein Fisch und bedient sich dabei der gleichen Methode mit Wellen, die am Körper entlanglaufen. Wie bei den Fischen, so liefert auch bei den Schlangen der ganze Körper einen Widerhalt für die Welle, aber statt gegen das Wasser zu drücken, nutzt sie die Reibung am Boden. Bei Eidechsen und den mit Beinen ausgestatteten Vorfahren der Schlangen wird der Halt vom ganzen Körper auf die Füße verlagert, aber Spuren der »fischartigen Welle« bleiben bestehen. Die wellenförmige Bewegung der Wirbelsäule führt dazu, dass das linke und das rechte Bein sich abwechselnd vorwärtsbewegen. Für die Arme gilt das Gleiche: Der rechte Arm bewegt sich nach vorn, während der linke Arm sich rückwärts und das linke Bein vorwärts bewegt. Dieses Bewegungsmuster der Gliedmaßen geht auf die Schwimmbewegung der Fischvorfahren zurück, die man noch an der seitlichen Biegung der Wirbelsäule erkennt; bis heute nutzt es die Gesetze der Physik aus, auch wenn es an Land statt im Wasser abläuft.

Nun aber kann sich der Gang des »Fisches an Land« in unterschiedliche Richtungen weiterentwickeln. Die Arme können schrumpfen, und die Beine können wachsen. Manche Eidechsen erheben sich auf die Hinterbeine. Diese behalten immer noch den alternierenden Gang bei, der letztlich auf den im Wasser schwimmenden Fisch zurückgeht, auch wenn die schlangenförmige Welle inzwischen mehr oder weniger verschwunden ist. Manche Echsen erreichen auf längeren zweibeinigen Laufstrecken eine hohe Geschwindigkeit. Genau betrachtet, verschiebt sich der Schwerpunkt durch die starke Beschleunigung nach hinten, was der Echse hilft, eine senkrechte Position einzunehmen. Der Helmbasilisk wird dabei so schnell, dass er auch dann, wenn er auf Wasser trifft, über dessen Oberfläche weiterlaufen kann (daher auch sein englischer Name *Jesus Christ lizard*). Ich nehme an, D'Arcy Thompson oder Brian Goodwin würden diese Tatsache in die Schublade des Strukturalismus einsortieren. Viele Dinosaurier gingen auf zwei Beinen, und diesen Gang haben auch ihre heutigen Nachkommen, die Vögel, geerbt. Ich habe mich für die Bezeichnung »Straußengang« entschieden, weil Straußenvögel ihn ins Extrem getrieben haben und Geschwindigkeiten von bis zu 70 Stundenkilometern erreichen.

Nachdem die Vordergliedmaßen der Vögel von ihrer Funktion beim Gehen oder Laufen befreit waren, wurden sie als Flügel zum Fliegen zweckentfremdet. Manche Vögel, darunter die Vorfahren der Strauße, verloren später die Flugfähigkeit, und ihre Vordergliedmaßen wurden kleiner. Buchstäblich bis auf Nichts schrumpften sie bei den Moas zusammen, jenen eindrucksvollen Riesen, die tragischerweise von den Maori-Eindringlingen in Neuseeland vor bedrückend wenigen Jahrhunderten aufgegessen und ausgerottet wurden. Strauße, Emus und Rheas nutzen ihre noch vorhandenen, verkümmerten Vordergliedmaßen, um das Gleichgewicht zu halten, aber auch als Segel oder Ruder beim schnellen Laufen oder zum Imponiergehabe. Das Gleiche galt wahrscheinlich auch für die riesigen Elefantenvögel in Madagaskar, die ebenfalls von menschlichen Eindringlingen auf ihrer Heimatinsel ausgerottet wurden. Bei allen diesen flugunfähigen Vögeln erreichte der alternierende Gang der Hinterbeine, der letztlich auf die wellenförmige Fortbewegungsmethode der Eidechsen und Fische zurückzuführen ist, einen hohen Entwicklungsstand.

Bei den Säugetieren wurde der Gang der Eidechsen in anderer Form abgewandelt. Sie lagen nicht mehr mit seitlich gespreizten Beinen auf dem Boden, sondern die Beine nahmen eine senkrechtere Position ein, während die Füße ihre Funktion, am Boden »Widerhalt« zu erzeugen, beibehielten. Die seitlich schlängelnde Bewegung der

Fische verflüchtigte sich, aber die vier Gliedmaßen behielten das eidechsenartige Prinzip der abwechselnden Links-rechts- und Vorne-hinten-Bewegungen sowohl beim Gehen als auch im Trab, der eher federnden Form, bei. Der Wirbelsäule stand es jetzt frei, sich in der anderen Ebene zu biegen – nicht mehr von einer Seite zur anderen, sondern auf und ab. Damit waren der Kanter und der Galopp geboren. Wenn ein Gepard, das schnellste aller Landtiere, galoppiert, ist die vertikale Biegung der sehr langen und höchst biegsamen Wirbelsäule die auffälligste aller Bewegungen. Der Rechts-links-Wechsel der Gliedmaßen ist bei galoppierenden Tieren mehr oder weniger verschwunden. Hier dominiert der Wechsel zwischen Vorn und Hinten. Der Vortrieb entsteht vor allem aus der Biegung und Dehnung der Wirbelsäule in einer Ebene, die im rechten Winkel zu der bei einem schwimmenden Fisch oder einer laufenden Eidechse steht.

Manche galoppierenden Tiere kehrten später ins Wasser zurück, etwa Delfine und Wale; nun könnte man meinen, sie hätten auch wieder die bewährte Seitwärtsbewegung der Fische angenommen. Ihre Wirbelsäule war inzwischen jedoch auf die Biegung von oben nach unten festgelegt. Der Schwanz übernahm zwar wieder die fischähnliche Rolle, den größten Teil des Widerhalts zu liefern, aber er bewegte sich nicht mehr seitlich, sondern auf und ab. Dies erforderte die Entwicklung horizontaler Flossen, die durch knochenloses Bindegewebe versteift wurden. Die Auf-und-ab-Bewegung der Wirbelsäule war jetzt tief verwurzelt. Delfine galoppieren sozusagen durchs Wasser.

Mit »tief verwurzelt« meine ich etwas ganz Bestimmtes. Hätte ein mutiertes Individuum einer Delfin-Vorläuferspezies einen ersten vorläufigen Schritt in Richtung der fischähnlichen Seitwärtsbiegung der Wirbelsäule unternommen, wäre es in der Konkurrenz mit Rivalen, die die vom Galopp übernommene Biegung nach oben und unten perfektioniert hatten, unterlegen gewesen. Es ist durchaus möglich, dass sich die fischartige Schwimmbewegung als überlegen erwiesen hätte, hätten die Delfinvorfahren nur diese ungelenke Zwischenphase überstehen können. Aber genau das war ihnen verwehrt. Die Delfine waren an die Gangart der Säugetiere gebunden, und so war das Beste, was sie tun konnten, dessen marine Variante zu vervollkommnen. Das taten sie mit beträchtlichem Erfolg, und doch werden sie in puncto Schnelligkeit von Fischen vergleichbarer Größe und Lebensweise übertroffen, so vom Schwarzen Marlin (*Istiompax indica*) und dem Schwertfisch (*Xiphias gladius*).

Aber zurück an Land: Wie ich bereits erwähnt habe, entwickelte sich der Gang der Straußenvögel durch Schrumpfung der Arme und Wachstum der Beine aus der wechselnden Rechts-links-Bewegung der Eidechsen. Etwas Entsprechendes spielte sich in der Evolution der Kängurus mit dem Galopp der Säugetiere ab. Der Straußengang kommt heraus, wenn man die Gangart der Eidechsen nimmt und die Arme weglässt; das Hüpfen der Kängurus kommt heraus, wenn man die Arme beim Galopp weglässt. Dieses Hüpfen ist ein anderer Weg zu sehr hohen Geschwindigkeiten, und ein großes Känguru kann mit einem Windhund mithalten. Nebenbei bemerkt, haben auch kleine Vögel das gleichzeitige Hüpfen auf zwei Beinen für sich entdeckt, allerdings nicht in der schnellen Version, die von den Kängurus perfektioniert wurde. Kängurus sind außerdem nicht die einzigen Säugetiere, die sich das Hüpfen zu Eigen gemacht haben. Afrikanische Springhasen sind weder Beuteltiere noch Hasen. Sie sind Nagetiere, aber man weiß, dass sie Menschen fälschlich zu der Annahme verleitet haben, sie seien kleine Kängurus.

Welche Verbindung besteht zu Brian Goodwins Wasserstrudeln? Dort gibt es für einen Wirbel zwei stabile Muster: die links- und rechtsgängige Spirale, die jeweils als eine Art magnetischer Attraktor fungieren, ohne dass es irgendeine Zwischenform gäbe. Ebenso kann man auch jede der erwähnten Gangarten als Attraktor bezeichnen. Zwischenformen wären instabil, allerdings nicht aus physikalischen Gründen, sondern aus funktionalen. Sowohl der Galopp der Antilope als auch das Hüpfen des Kängurus sind Attraktoren: Sie funktionieren gut und sind schnell. Aber man muss sich auf das eine oder andere spezialisieren. Wer irgendwas dazwischen versuchte, fiele buchstäblich auf die Schnauze. »Festlegung« ist in der Evolution ein echtes Thema. Möglicherweise kämen die Kängurus tatsächlich besser davon, wenn sie zum vierbeinigen Galopp wechseln würden. Dafür müssten sie sich aber von dem Hüpf-Attraktor entfernen und ein Zwischenstadium durchlaufen, das schlechter wäre als jeder der beiden Attraktoren. Dies ist also die erwähnte Versöhnung zwischen dem Goodwin'schen oder Thompson'schen Strukturalismus und Maynard Smith' Funktionalismus.

Talamophora. — Kammerlinge.

6

DIE GESCHICHTE DER FORAMINIFERE

Der Evolutionsindex

Angeregt durch Haeckels Zeichnungen dieser prachtvollen kleinen Lebewesen, wollte ich selbst Foraminiferengehäuse sehen. Also ging ich in das Naturgeschichtliche Museum der Universität Oxford und fragte nach entsprechenden Sammlungsstücken. Man drückte mir einen Haufen von Sand in die Hand, der dem Etikett zufolge aus der »Dog's Bay« stammte. Diese Bucht befindet sich, wie sich herausstellte, in Connemara ganz im Westen Irlands, einer wunderschönen Gegend, die ich seit meiner Jugend kannte und liebte.

Einige Wochen später stieß ich während eines Irlandurlaubs zufällig auf das erstmals 1937 erschienene Buch *The Way I Went* des irischen Botanikers und Reiseschriftstellers Robert Lloyd Praeger. Dort fand ich in dem Abschnitt über die Dog's Bay die folgenden verlockenden Worte:

> Der Sand ist überaus weiß und schon für sich selbst bemerkenswert, denn er wird nicht wie gewöhnlich von Quarzkörnern gebildet, sondern von Gehäusen – überwiegend sind es die winzigen,

vollkommenen Schalen der Foraminiferen (von welchen man hier nicht weniger als 124 Arten und Formen gefunden hat), der Rest sind zerkleinerte Gehäuse der vertrauteren Weichtiere. Sich mit dem Gesicht nach unten auf den Strand zu legen und diesen Sand mit einem starken Vergrößerungsglas zu untersuchen, ist für alle, die mit Foraminiferen nicht vertraut sind, eine Offenbarung, denn ihre nahezu mikroskopisch kleinen Gehäuse sind von großer Schönheit und weisen eine bemerkenswerte gestaltliche Vielfalt auf. Manche sind stärker spiralförmig gewunden, manche erscheinen abgeplattet, manche sehen aus wie eine Limonadenflasche, manche sind kugelförmig, manche flach, viele höchst grazil geformt. Nimmt man eine Probe mit nach Hause und untersucht sie unter einem Mikroskop, zeigt sich eine erstaunliche Bandbreite an wunderschönen Formen, die diese winzigen Lebewesen – bloße Klümpchen aus durchscheinendem Gelee – bei ihrer schützenden Umhüllung entwickelt haben.

Ich war tatsächlich verlockt. Dog's Bay war offensichtlich die Hauptstadt der Foraminiferen. Ich hatte gerade begonnen, diese Geschichte zu schreiben – wie konnte ich da nun auf eine Pilgerfahrt verzichten? An einem wilden, windigen Connemara-Tag im Juli 2024 sammelte ich Sandproben an verschiedenen Stellen des Strandes in der Dog's Bay und brachte sie in Marmeladengläsern nach Oxford. Hier belohnte mich mein Binokularmikroskop auf eine Weise, die mich an Praegers (im Vergleich zu meinem Erlebnis durch dichterische Freiheit überhöhte) Worte erinnerte. Im weiteren Verlauf zitierte er W. B. Carpenter:

Die von ihnen gebauten Hüllen (Gehäuse) halten in starker Vergrößerung dem Vergleich mit den kunstfertigsten Bauwerken des

> Menschen stand. Aus dem gleichen Sandboden entnimmt eine Spezies die gröbsten Quarzkörner, fügt sie mit einem eisenhaltigen Zement zusammen und konstruiert so eine flaschenförmige Hülle, welche einen kurzen Hals und eine einzige große Öffnung hat. Eine andere nimmt die feineren Körner und baut aus ihnen mit dem gleichen Zement vollkommen kugelförmige Gehäuse von höchst außergewöhnlicher Machart, welche von zahlreichen, in recht regelmäßigen Abständen angeordneten kleinen Poren durchlöchert sind. [...] In Gattungen und Arten kann man die Foraminiferen nur anhand ihrer Gehäuse einteilen, die ein außerordentliches Formenspektrum aufbieten: Woher das Geleeklümpchen seine eigene Identität kennt und weiß, was für eine Art von Gehäuse es aufbauen soll, ist das Rätsel aller Rätsel.

»Rätsel aller Rätsel«: Das Zitat scheint hier besser zu passen als in Darwins Original, wo es sich auf die Entstehung neuer Arten aus alten bezog – ein Rätsel, das wir im postdarwinistischen Rückblick nicht mehr so rätselhaft finden. Auf den ersten Blick ist es bemerkenswert, wenn diese winzigen Lebewesen ihre Hüllen durch ihr eigenes geschicktes Verhalten aufbauen und nicht wie erwartet durch die Prozesse der Embryonalentwicklung. In der Geschichte der Spinne werde ich jedoch darlegen, dass auch ein auf Verhalten gegründeter Aufbau von sich aus nicht bemerkenswerter ist. Es kommt uns nur so vor.

Foraminiferengehäuse sind die Skelette einzelliger, amöbenähnlicher Lebewesen. Sie bestehen entweder aus Kalziumkarbonat oder aus kleinen Steinen, die der Organismus zusammenklebt. Eine gewöhnliche Amöbe hat kein Skelett und keine genau definierte Form. Im Inneren ihrer Zellmembran besteht sie vor allem aus weichem Gelee, das in »Pseudopodien« – wörtlich »falsche Füße«, obwohl sie Füßen nicht ähnlich sehen – nach außen strömt und so Beuteorganismen einschließen kann. Eigentlich ist »weiches Gelee« eine irreführende, veraltete Formulierung. Amöben einschließlich der Foraminiferen sind wie die meisten lebenden Zellen mit einem komplizierten Netzwerk aus Fäden gefüllt, die sich selbst zusammensetzen und wieder auflösen; deren dynamisches Verhalten ist für die Ausstülpung der Pseudopodien und die Bewegungen des Tieres verantwortlich.

Anders als bei den Amöben sind die Pseudopodien der Foraminiferen lang und dünn. Sie ragen aus winzigen Löchern (»Foraminifera« bedeutet »Lochträger«) in dem formschönen Gehäuse, das bei der Amöbe völlig fehlt. Wie die Strahlentierchen oder Radiolarien (siehe die nächste Geschichte) fangen sie mit den Pseudopodien ihre Nahrung, beispielsweise Bakterien oder einzellige Algen. Nach heutiger Kenntnis geht man davon aus, dass es derzeit mindestens 6000 Foraminiferenarten gibt. Manche davon leben im Plankton, andere in der Tiefsee. Die Mehrzahl der Arten kennt man aber nur in Form von Fossilien – ungefähr 40 000 von ihnen wurden beschrieben. Man findet sie in allen Schichten seit dem Kambrium, und da sie so zahlreich sind, tragen sie entscheidend dazu bei, Gesteinsschichten und Ökosysteme zu identifizieren. Für die Geologen der Erdölkonzerne sind sie bei der Suche nach ölführenden Gesteinsschichten ungeheuer nützlich.

Die Kreidezeit, der letzte der drei großen Abschnitte des Dinosaurierzeitalters oder Mesozoikums, umfasst die Zeit vor ungefähr 145 bis 66 Millionen Jahren. Sie gliedert sich in zwölf Unterzeiträume, die vom ältesten zum jüngsten als Berriasium, Valanginium, Hauterivium, Barremium, Aptium, Albium, Cenomanium, Turonium, Coniacium, Santonium, Campanium und Maastrichtium bezeichnet werden. Vor dem Berriasium lag die Jurazeit. Das Maastrichtium endete damit, dass ein riesiger Himmelskörper auf der Erde einschlug, wobei die Dinosaurier ausgerottet wurden. Lassen Sie sich von den Namen nicht einschüchtern, und machen Sie sich erst recht nicht die

Mühe, sie im Kopf zu behalten. Ihre Bedeutung wird sich im nächsten Absatz zeigen, und ich verspreche, sie danach nie wieder zu erwähnen.

Angenommen, wir würden in Gestein aus der Kreidezeit nach Öl bohren: Woher wissen wir, bis in welche der zwölf Schichten wir vorgedrungen sind? Die Antwort: Wir sehen uns die Foraminiferen an. Da sie so zahlreich und weitverbreitet sind, liefern sie bequeme Zeitstempel. Ist das Gestein, durch das wir bohren, reich an *Ticinella primula*, wissen wir, dass wir im frühen Albium vor 106 bis 111 Millionen Jahren angekommen sind. *Ticinella praeticinensis* kennzeichnet rund 100 000 Jahre jüngeres Gestein aus dem mittleren Albium. Bis etwa in diese Zeit reicht die Gattung *Ticinella.* In der zweiten Hälfte des Albiums übernimmt *Rotalipora.* (Auch hier brauchen Sie auf die langen Namen nicht weiter zu achten. Es reicht, wenn Sie sie beim Lesen vor sich hin summen.) Zuerst *Rotalipora subticinensis,* dann *Rotalipora ticinensis* und anschließend *Praeglobotruncana appenninica* (früher *Rotalipora appenninica* genannt) führen uns zum Beginn des Cenomaniums vor etwa 100 Millionen Jahren. Während der älteren zwei Drittel des Cenomaniums ist *Globotruncana globotruncanoides* die charakteristische Spezies, während *Globotruncana cushmani* ein guter Hinweis auf große Teile des späten Cenomaniums ist. Dazwischen liegt ein Zeitraum von rund 300 000 Jahren, der durch *Globotruncana reicheli* gekennzeichnet ist. *Whiteinella archaeocretacea* überbrückt die Trennlinie zwischen Cenomanium und Turonium, das vor rund 93,9 Millionen Jahren begann. Es ist fast, als hätte eine hilfsbereite Gottheit auf der ganzen Welt kleine Etiketten in die Schichten eingebaut, um so Ölsuchern einen Gefallen zu tun. Ich bin nur dankbar für ihre Schönheit, und das bringt mich zu der Frage, wie sie entstanden ist. Die Frage kommt mit Macht zurück, wenn wir die Radiolarien oder Strahlentierchen betrachten, eine weitere Gruppe mit ausnehmend schönen winzigen Skeletten.

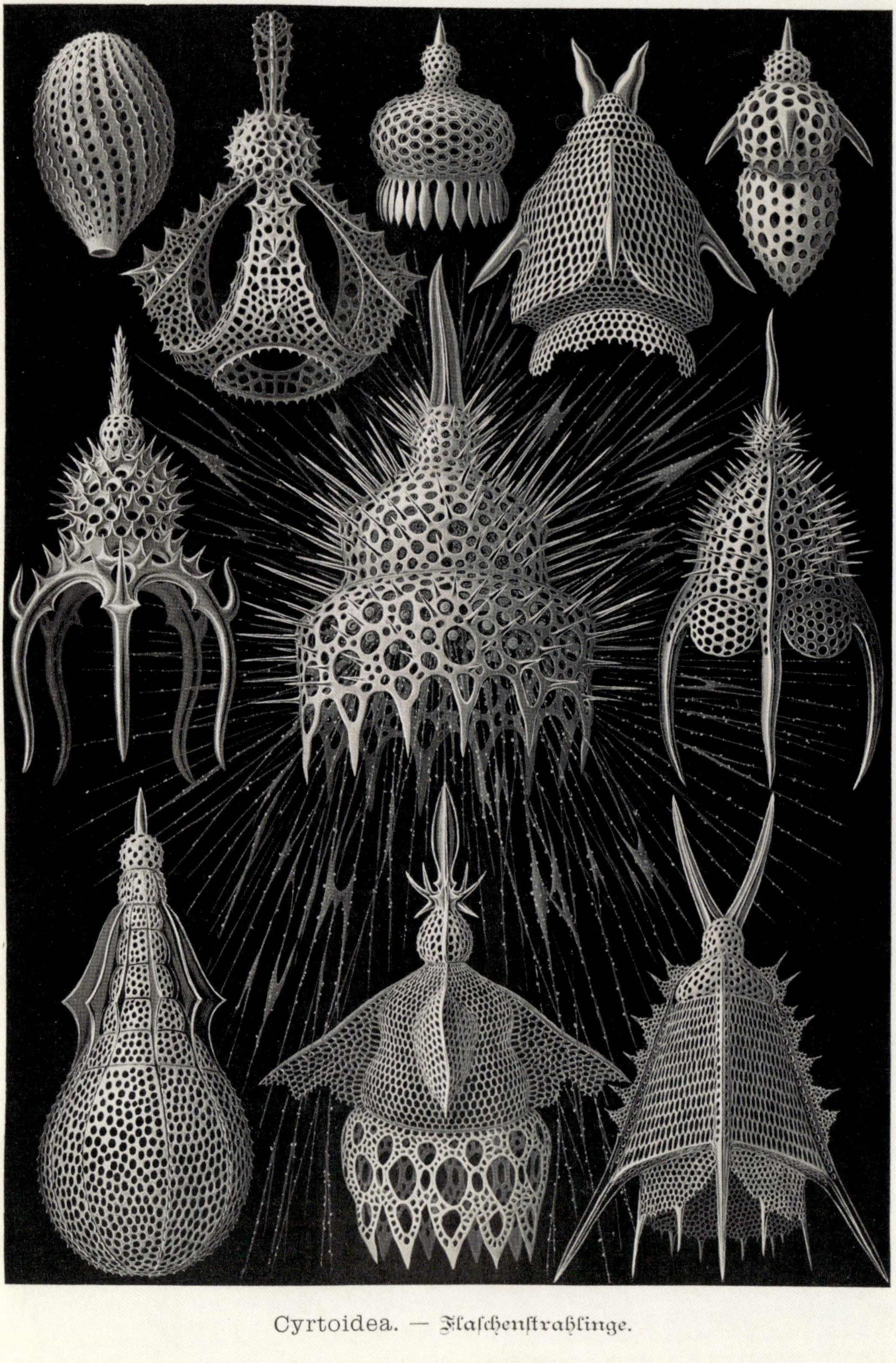

Cyrtoidea. — Flaschenstrahlinge.

7

DIE GESCHICHTE DES STRAHLENTIERCHENS

Lebende Schneeflocken?

Wären sie nicht so mikroskopisch klein, jede dieser erlesenen Formen könnte als Laterne den Palast eines Maharadschas schmücken. Wie wir in der Geschichte des Ernst Haeckel erfahren haben, lieferten sie tatsächlich die Anregung zu dem großen Portal der Pariser Weltausstellung von 1900. Aber sie sind zu klein, als dass das bloße Auge sich an ihnen erfreuen könnte. Es sind die Skelette der Strahlentierchen oder Radiolarien. Diese sind wie die Foraminiferen mikroskopisch kleine, einzellige, amöbenähnliche Lebewesen mit einem Durchmesser von höchstens zwei Millimetern – die meisten sind noch viel kleiner. Und wie die Foraminiferen unterscheiden sich auch die Strahlentierchen von gewöhnlichen Amöben, weil sie ein Skelett bilden, das in diesem Fall meist aus Siliziumdioxid besteht. Diese Verbindung ist übrigens äußerst vielseitig. Quarz ist kristallines Siliziumdioxid. In seiner nichtkristallinen (amorphen) Form ist Siliziumdioxid der Hauptbestandteil von Glas.

Strahlentierchen leben als Bestandteil des Planktons in den oberen Meeresschichten und fangen ihre noch kleineren Beuteorganismen mit ihren langen, dünnen Pseudopodien. Jedes Pseudopodium ist durch einen Stachel aus Siliziumdioxid verstärkt (diese Stacheln sind an der »Laterne« in der Mitte von Haeckels Bild deutlich zu erkennen). Die stacheligen Pseudopodien ragen vom Körper des Tieres in alle Richtungen und vergrößern damit das Fanggebiet wie ein Spinnennetz im Miniaturformat: Sie halten Beute fest und befördern sie mit einer Art Förderband zur Mitte.

So weit die Hintergrundinformationen über die biologischen Eigenschaften der Strahlentierchen. Im Mittelpunkt dieser Geschichte stehen ihre hinreißend schönen, raffinierten Skelette. Wie können solche außergewöhnlichen natürlichen Skulpturen entstehen? Das ist ein gewisses Rätsel. Mir bietet die Geschichte der Strahlentierchen die Gelegenheit, noch näher auf die bereits erwähnte Kontroverse zwischen Funktionalisten und Strukturalisten einzugehen.

Der Großvater des Strukturalismus in diesem Sinn ist der große D'Arcy Thompson, dem wir bereits in den Geschichten der Antilope und der Eidechse begegnet sind. Das Titelbild seines klassischen Werkes *On Growth and Form* zeigt das Foto eines Spritzers, der entsteht, wenn man einen Kieselstein in Milch fallen lässt. Thompson fühlte sich dabei an eine Seeanemone erinnert. Nicht dass er glaubte, irgendein Tier würde tatsächlich seine Form aus einem Spritzer beziehen. Er wollte nur sagen, dass die Physik – Schwerkraft, Oberflächenspannung und so weiter – allein und ohne Mithilfe der darwinistischen Selektion in der Lage ist, tierähnliche Formen zu erzeugen. Oder allenfalls mit Hilfe natürlicher Selektion, die zwischen stabilen »Attraktoren« wie den links- oder rechtsdrehenden Wasserstrudeln von Brian Goodwin auswählt (siehe die Geschichte der Eidechse).

Können solche Überlegungen uns tatsächlich helfen, die Strahlentierchen zu verstehen? Während Goodwin die Physik der Wasserstrudel heranzog, griff Thompson im Zusammenhang mit den

Rädertierchen auf das Bild von einem »Schaum« zurück. Nach den Gesetzen der Physik sorgt die Oberflächenspannung dafür, dass die Oberfläche jeder Blase in einem Schaum so klein wie möglich bleibt. Eine einzelne Blase wird zur Kugel, weil sich damit die kleinste Oberfläche herstellen lässt. Die Luft in der Blase übt auf die Innenfläche einen Druck aus. Dieser Druck verteilt sich gleichmäßig über die gesamte Innenfläche, die daraufhin eine Kugelform annimmt: Jede andere Form wäre mit einer ungleichen Druckverteilung verbunden. Eine kleine Blase ist eine vollkommene Kugel. Für große Seifenblasen gilt das nicht. Sie »blähen sich im Wind« wie der »Ballon des Geistes«, weil andere Kräfte sie verzerren, aber in dem winzigen Größenmaßstab der Strahlentierchen spielt so etwas keine Rolle. Thompson glaubte, in den Strahlentierchen würde sich ein System winziger Blasen oder »Vesikel« entwickeln, die den gleichen physikalischen Gesetzen der Oberflächenspannung unterliegen wie die Blasen in einem Schaum. Wenn wir annehmen, dass an den Verbindungsstellen zwischen diesen Bläschen Siliziumdioxid abgelagert wird, sind wir bei unserem Bemühen, die Skelette der Strahlentierchen zu verstehen, schon ein ganzes Stück vorangekommen.

Seifenblasen eignen sich als hilfreiches Modellsystem. Wenn zwei gleich große Seifenblasen zusammenstoßen, befindet sich an ihrer Verbindungsstelle eine flache Ebene. In beiden Blasen herrscht der gleiche Druck, sodass keine in die andere hineindrückt. Sind die Blasen aber ungleich groß, herrscht in der kleineren Blase der größere Druck, weshalb die Grenzfläche nicht flach ist, sondern sich in die größere Blase hineinwölbt. Im Endeffekt wird immer die gesamte Oberfläche der Seifenfilme minimiert. Vereinigen sich drei gleich große Blasen, sind die Ebenen zwischen ihnen ebenfalls glatt und nehmen zueinander einen Winkel von 120 Grad ein. Die Grenzflächen zwischen ungleichen Blasen dagegen sind nicht glatt, sondern gewölbt.

In einem Schaum aus vielen Blasen besteht das stabile Muster vorwiegend aus Sechsecken. Aus ähnlichen Gründen sind nach Ansicht von Thompson auch Bienenwaben sechseckig geformt. Es ist nicht nötig, so erklärt er, sich dabei auf natürliche Selektion zu berufen: Die Physik allein reicht aus. Packt man Wachszylinder mit flexiblen Wänden dicht zusammen, zwingt man sie, im Querschnitt sechseckig zu werden. Die Brutzellen mancher Wespennester sind ebenfalls Sechsecke, auch wenn sie nicht aus Wachs bestehen, sondern aus Papier (das die Wespen herstellen, indem sie Holz oder andere Pflanzenfasern kauen und zu einer Paste verarbeiten). Die Physik des Zusammenpackens ist immer gleich: Es entstehen Sechsecke. Wieder ein Punkt für D'Arcy Thompson.

Eine Honigwabe ist jedoch flach und nicht um eine Kugel gewickelt; das müsste sie aber sein, wenn man damit einige typische Skelette der Strahlentierchen erklären wollte. Mathematiker haben bewiesen, dass kein System aus ausschließlich Sechsecken sich fehlerlos um einen Raum herumwickeln kann. Dazu müssen auch Fünf- oder andere Vielecke beigemischt sein. Das ist der Grund, warum die zusammengenähten Einzelteile eines Fußballs eine Mischung aus Fünf- und Sechsecken sind. Buckybälle sind bemerkenswerte Moleküle aus reinem Kohlenstoff (Kohlenstoff$_{60}$): Alle ihre Atome sind rund um eine Hohlkugel angeordnet, und zwar nach genau dem gleichen Prinzip wie bei einem Fußball mit sowohl Fünf- als auch Sechsecken.

Solche Überlegungen gelten nicht unmittelbar auch für die komplizierteren, wunderschönen Strahlentierchen, die Haeckel zeichnete, aber unter den Skeletten dieser Tiere ist eine grobe Kugelform weitverbreitet. Das gleiche physikalische Gesetz zur Flächenminimierung, das diesmal nur auf einer höheren Ebene wirkt als bei den kleinen Bläschen, mit denen wir uns gerade beschäftigt haben, formt den gesamten Körper zu einer Kugel. Jeder von uns war einmal eine

Hohlkugel, nämlich als Blastula, die, wie Thompson sagen würde, aus dem gleichen physikalischen Grund kugelförmig ist. Das Skelett des Strahlentierchens *Aulonia hexagona* wird dem Artnamen *hexagona* am stärksten gerecht. Aber auch hier erkennt man zwischen den Sechsecken einige Fünfecke.

Für eine Kugel mag das gelten, schön und gut. Aber die von Haeckel gezeichneten »Maharadscha-Laternen«, die fast zu schön sind, um wahr zu sein, sind keine Kugeln. In den meisten Fällen zeigen sie Kurven, von denen wir vielleicht hoffen können, dass für sie irgendeine Variante des physikalischen Gesetzes zur Flächenminimierung gilt. Einen bemerkenswerten Punkt zugunsten einer mathematischen »Seifenblasentheorie« für die Form der Strahlentierchen erzielt D'Arcy Thompson mit folgender Beobachtung: Einer von Platons fünf regelmäßigen Festkörpern ist der Tetraeder. Taucht man ein tetraederförmiges Drahtgestell in Seifenwasser, erhält man an jeder der vier Oberflächen einen flachen, dreieckigen Film. Schiebt man dann einen Strohhalm hinein und bläst eine kleine Blase auf, entsteht in der Mitte eine hübsch geformte Kugel (A). Baut man nun ein Drahtgestell in der Form des gebogenen mittleren Teils von A, so erhält man etwas noch Schöneres (B). Und damit haben wir etwas, was so schön ist, dass Worte es nur unzureichend beschreiben können: das Skelett eines fossilen Strahlentierchens namens *Callimitra agnesae.* Spiel und Satz an D'Arcy Thompson.

Aber Sieg? Die schönen, hochkarätigen Formen, die »Maharadscha-Laternen«, sind nach wie vor verblüffend. Könnten sie durch eine Seifenblasenzauberei entstehen? Das ist schwer vorstellbar. Andererseits kann selbst ich als Erzfunktionalist mir ebenso schwer ausmalen, wie die natürliche Selektion solche erlesenen Formen hervorbringen konnte – oder besser: warum sie sich die Mühe machte.

In Diskussionen mit Kreationisten haben wir gelernt, uns von

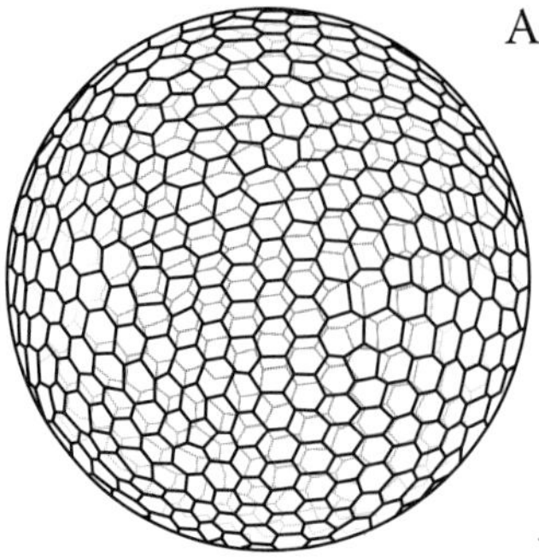

Skelett von
Aulonia hexagona

Argumenten à la »Ich kann mir nicht vorstellen, wie …« nicht beeindrucken zu lassen. Ich habe so etwas sarkastisch als »Argument der persönlichen Ungläubigkeit« bezeichnet. Erliege ich ihm jetzt selbst? Vielleicht ist meine Fantasie nicht lebhaft genug, oder sie ist zu schlecht informiert. Aber sei's drum! Sehen wir uns einfach das Wunderland von Haeckels Bild an.

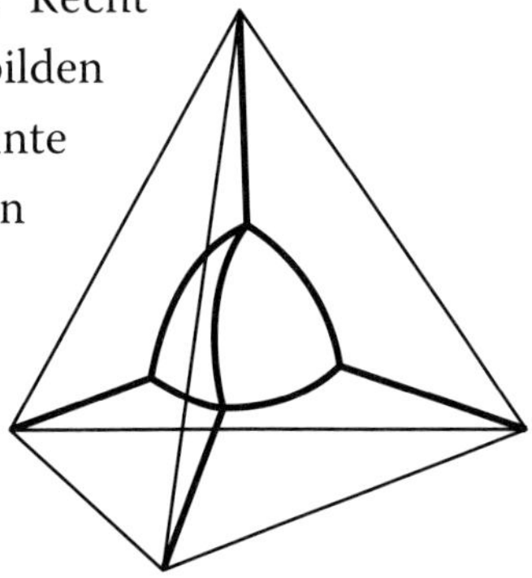

A: Blase im Tetraeder

D'Arcy Thompson war zu Recht erpicht auf Schneeflocken. Sie bilden ein eigenes hübsches Wunderland. Hier könnte vielleicht ein Anhaltspunkt liegen. Verfolgen wir ihn einmal weiter. Unter dem Mikroskop eines Nathan Myhrvold oder Kenneth Libbrecht lassen Schneeflocken eine erstaunliche Schönheit erkennen, die an jene der Strahlentierchen heranreicht. Von sehr seltenen Zufällen abgesehen, sind zwei Schneeflocken niemals gleich. Woher das kommt, wissen wir. Schneeflocken wachsen heran, indem sich Eiskristalle aneinanderlagern. Die Gesetze der Physik zwingen ihnen eine kaleidoskopische Sechsfachsymmetrie auf, und diese Symmetrie sorgt auch dafür, dass wir Schneeflocken so schön finden. Aber warum zeigen sie eine solche Vielfalt, und warum ist jede einzelne einzigartig? Die Antwort ist interessant. Wie sich die Kristalle im Einzelnen zusammenlagern, hängt von Umständen wie Temperatur und Feuchtigkeit ab. Wären diese überall konstant, würden auch alle Schneeflocken gleich aussehen.

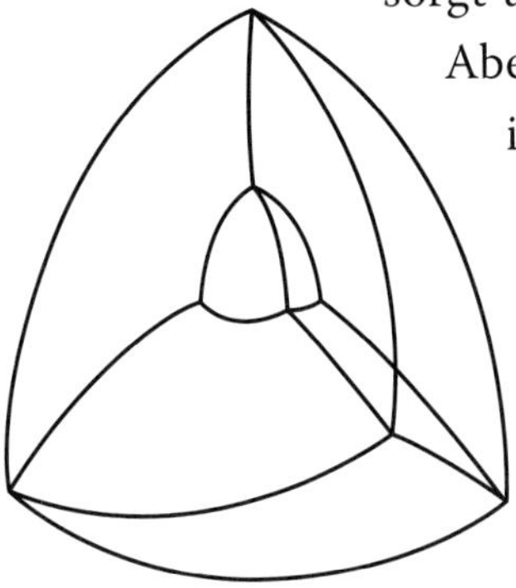

B: Blase in der Blase

Aber sie sind nicht konstant. Während eines Schneesturms ist die Atmosphäre ein Sammelsurium kleiner, lokaler Mikroklimata. Die sechsfach-symmetrische Zusammenlagerung einer Schneeflocke spielt sich nach und nach ab, während sie durch die Luft fällt und ihre eigene persönliche Abfolge einer Riesenmenge wechselnder Mikroklimata durchquert. Deshalb ist jede Schneeflocke einzigartig, und deshalb gibt es unter ihnen eine derart endlose Vielfalt. Jede Schneeflocke ist die Gestalt gewordene Geschichte einer einzigartigen Abfolge von Mikroklimata, die zuverlässig aufgezeichnet wurden, während die Flocke durch die Luft fiel.

Könnten die Skelette von Strahlentierchen in diesem Sinn wie Schneeflocken sein? Die Annahme, dass sie sich durch einen Kristallisationsprozess bilden, ist sicher plausibel. Wenn aber ihre Vielfalt ausschließlich nach Art der Schneeflocken zu erklären wäre, würden wir erwarten, dass jedes einzelne Tierchen einzigartig ist. Nach allen Berichten, die ich gelesen habe, gibt es offenbar Tausende von Arten, wobei die unterschiedlichen Formen die *Spezies* definieren und nicht das Individuum. Nach meiner Schneeflockentheorie sollte es absolut nicht so sein, dass Tausende von Individuen einer Spezies wie irgendeine von Haeckels hervorragenden Zeichnungen aussehen. Vielmehr sollte jedes so einzigartig sein wie eine Schneeflocke.

Ich wage es kaum, die Vermutung zu äußern, aber wäre es denkbar, dass Biologen mit Haeckel an der Spitze einfach ohne Überprüfung angenommen haben, dass es sich bei derart unterschiedlichen Formen auch um jeweils unterschiedliche Arten handeln müsse? Es wäre die naheliegende Annahme, wenn man ein Individuum eines Typus sieht, der einem noch nie zuvor begegnet ist. Aber könnte es sein, dass manche dieser wun-

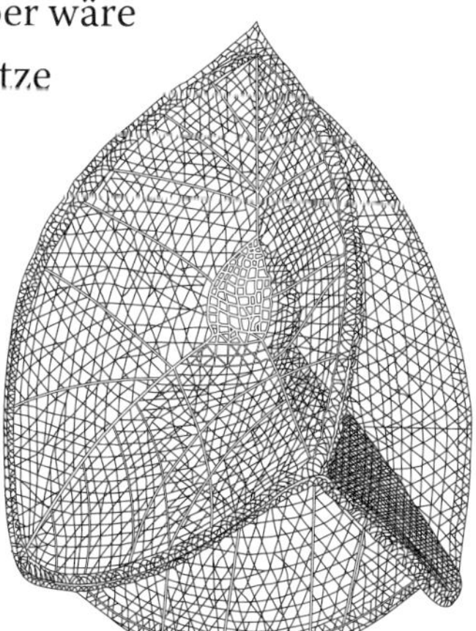

Skelett von Callimitra agnesae

Strahlentierchen von Ernst Haeckel

derschönen Bilder keine Arten darstellen, sondern einzigartige Individuen? Hegte D'Arcy Thompson selbst einen solchen Verdacht? Warum hätte er sonst das Wort »Spezies« in folgendem Satz in Anführungszeichen setzen sollen: »Wie Ernst Haeckel viele Hundert ›Arten‹ von Rädertierskeletten beschrieb und darstellte, so haben auch die Physiker Schneekristalle in mehreren Tausend verschiedenen Formen abgebildet.«

Weiteren Zuspruch erhält meine Theorie durch einen Brief, den Ernst Haeckel 1860 an seine Verlobte Anna Sethe schrieb. Darin behauptete er, er habe an einem einzigen Tag nicht weniger als zwölf neue Arten entdeckt. Konnte er wirklich an jenem einzigen Tag überprüfen, ob jede dieser zwölf bis dahin unbekannten Arten durch mehr als ein Individuum repräsentiert wurde? Nach meiner Vermutung sah er zwölf einzelne Formen, die alle so unterschiedlich waren, dass sie *nach den normalen zoologischen Maßstäben als neue Arten gelten konnten.* Sie unterschieden sich untereinander so stark, wie man es normalerweise von verschiedenen Arten erwartet. Wenn es sich aber in Wirklichkeit um »Schneeflocken« handelte, gehörten viele von ihnen vielleicht in Wirklichkeit zu derselben Spezies, wobei sie aber so unterschiedlich aussahen, dass sie nach herkömmlichen Maßstäben verschiedenen Arten hätten angehören können. »Damit sind nun 75!! neue Radiolarien-Arten entdeckt und hoffe fest, wenn ich nur noch ein paarmal solch Glück habe, binnen kurzem die 100 voll zu machen!« Haeckel selbst räumte ein, die Arten seien vielgestaltig und umfassten of-

Schneeflocke von Nathan Myhrvold

fensichtlich zahlreiche Übergangsformen. Genau damit sollte man bei »Schneeflocken« rechnen. Roger Anderson wiederum schreibt in seiner 1983 erschienenen Monographie *Radiolaria*:

> Haeckel identifizierte nicht weniger als 3508 neue Arten und beschrieb die beeindruckende Zahl von insgesamt 4318 Arten. Für manche von Haeckels Arten wurde die Authentizität mehr als einmal infrage gestellt, und das aus den verschiedensten Gründen – von schierer Skepsis gegenüber der überwältigenden Zahl und der verwirrenden Vielfalt geometrischer Variationen, in denen anscheinend jede nur mögliche Kombination geometrischer Formen zum Ausdruck kommt, bis zu Vorbehalten, ob es angemessen sei, eine Art auf der Grundlage eines einzigen Exemplars und oft nur eines Skeletts zu beschreiben. [...] Haeckel räumt im Hinblick auf seine Speziesbezeichnungen auf der Grundlage einzelner Exemplare gewisse Vorbehalte ein und gibt freimütig zu, dass es sich bei manchen Formen vielleicht nur um unterschiedliche Stadien der ontogenetischen Entwicklung handeln könnte.

Aber Schneeflocken? Im Ernst? Ich kann mich wirklich nicht entscheiden, ob ich es ernst meine oder nicht. Jedenfalls ist das für heute mehr als genug Ketzerei. Legen wir die Strahlentierchen also als wunderschönes Rätsel (wie im Idealfall alle wissenschaftlichen Rätsel nur vorübergehend) beiseite und wenden wir uns einer anderen Geschichte zu.

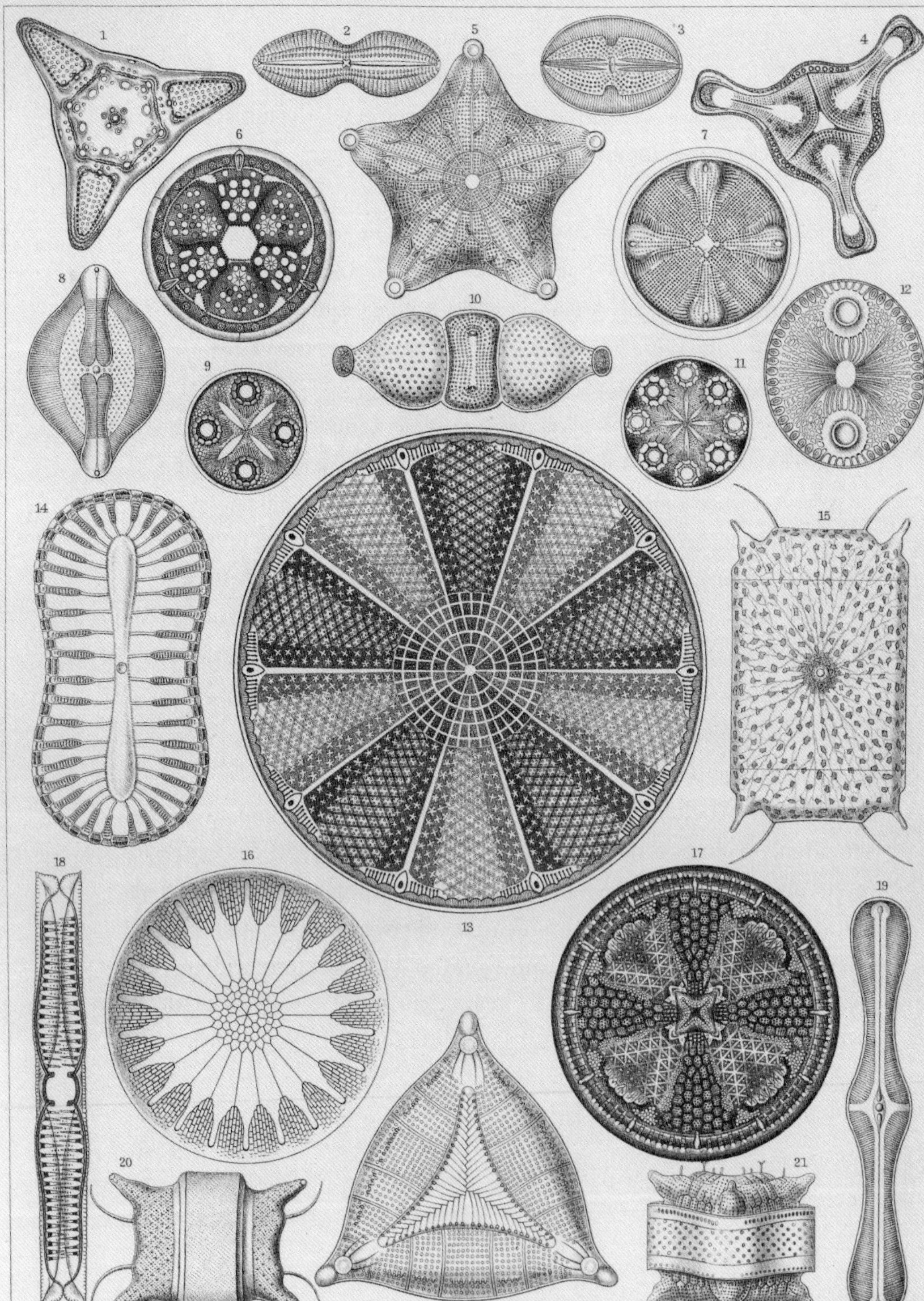

Diatomea. — Schachtellinge.

8

DIE GESCHICHTE DER KIESELALGE

Evolution, wie sie ist

Eine weitere Gruppe einzelliger Lebewesen mit winzigen Skeletten sind die Diatomeen oder Kieselalgen. Anders als Foraminiferen und Strahlentierchen fangen sie Sonnenlicht ein und betreiben Fotosynthese. Vielfach werden sie deshalb sogar als Pflanzen bezeichnet. Sie sind sowohl im Meer als auch im Süßwasser ungeheuer zahlreich, und ihre Siliziumdioxidskelette schimmern häufig in Strukturfarben. Siliziumdioxid bildet gern Fossilien – und das ist der Aufhänger für diese Geschichte.

In der Biologie spricht man von »Anagenese« (fortschreitenden Veränderungen einer Abstammungslinie im Laufe der Generationen) und »Kladogenese« (Aufspaltung einer Abstammungslinie in zwei Zweige). Normalerweise leben wir nicht so lange, als dass wir unmittelbar Zeugen der Anagenese werden könnten. Und die dokumentierten Fossilfunde sind lückenhaft – es ist, als wären in einem Film 90 Prozent der Einzelbilder herausgeschnitten, und wir müssten aus den restlichen 10 Prozent die Handlung zusammensetzen. Bei den meisten Lebewesen sind kontinuierliche Fossilablagerungen so selten, dass man den Ablauf des allmählichen Wandels nicht unmittelbar beobachten, sondern nur darauf schließen kann. Diatomeen sind allerdings in so üppigen Mengen vorhanden, dass man manchmal alle Zwischenstadien ihrer Anagenese vorfindet. Das ist ein sehr ungewöhnlicher Luxus. Man könnte die Diatomeen als Gottes Geschenk an die Fachleute für Anagenese bezeichnen, ganz ähnlich wie Foraminiferen es für die Ölindustrie sind.

Eine häufige, in den Teichen Nordamerikas weitverbreitete Spezies ist *Stephanodiscus niagarae.* Ihr Skelett erinnert ein wenig an einen Teekuchen,[6] eine dicke Scheibe mit vielen Löchern. Es gibt aber auch eine andere Spezies namens *Stephanodiscus yellowstonensis,* die, wie Sie vielleicht schon vermuten, auf den Yellowstone-See beschränkt ist. Die beiden Arten unterscheiden sich nur in wenigen Eigenschaften. So hat *yellowstonensis* am Rand dickere Stacheln. Vernünftigerweise würde man annehmen, dass *yellowstonensis* von der weiter verbreiteten *niagarae* abstammt. Aber in diesem Fall müssen wir keine Vermutungen anstellen, denn – Wunder über Wunder – wir verfügen über vollständige und lückenlose Fossilfunde zu jeder einzelnen der sich allmählich verändernden Zwischenformen.

Entnimmt man aus dem Schlamm am Seeboden einen Bohrkern, kann man darin von der Vergangenheit zur Gegenwart aufwärts wandern, als sähe man einen Film. Um die Zeit vor 14 000 Jahren ist der Schlamm voller *niagarae,* der allgegenwärtigen nordamerikanischen Spezies. Bewegt man sich weiter aufwärts, verändern die Fossilien allmählich ihre Form, bis sie vor 10 000 Jahren als *Stephanodiscus yellowstonensis* zu erkennen sind. In dieser Form bleiben sie im restlichen Bohrkern bis nach oben in die Gegenwart erhalten.

Kreationisten weisen oft mit fehlgeleiteter Schadenfreude auf »Lücken« in den Fossilfunden hin. Nun ja, *natürlich* gibt es Lücken. Eigentlich ist es bemerkenswert, dass wir überhaupt Fossilien besitzen. Kein Gesetz zwingt Tiere, zu versteinern. Die Turbellaria sind eine große Klasse frei lebender Plattwürmer, und viele von ihnen sind sehr schön. Es gibt etwa 4000 Arten von ihnen. Lebende Exemplare findet man auf der ganzen Welt, aber insgesamt hat man nur vier zweifelhafte Fossilien entdeckt. Und nicht nur das: Aus dem gesamten großen Stamm der Plattwürmer gibt es so gut wie keine Fossilien. Der Stamm der Platyhelminthes besteht aus ungefähr 25 000 Arten. Das sind fünfmal so viele, wie die Säugetiere vorzuweisen haben. Und doch hat man kaum ein einziges gut belegtes Fossil eines Plattwurms gefunden. Der »Fossilbericht« dieses sehr großen Stammes besteht aus einer einzigen großen Lücke. Niemand bezweifelt, dass es seit frühesten Zeiten Plattwürmer gegeben haben muss, die zur gleichen Zeit lebten wie die Tiere, von denen man Fossilien gefunden hat. Warum ist nicht die gesamte geologische Schichtenfolge eine einzige große Lücke? Irgendeine körperliche Eigenschaft der Plattwürmer (vielleicht die Tatsache, dass sie kein hartes Skelett haben) eignet sich nicht für die Fossilbildung. Wirbeltiere bringen die Voraussetzungen dafür mit, aber auch bei ihnen kommt es nur selten dazu. Es ist ein ernüchternder Gedanke: Wären alle Wirbeltiere, die jemals gelebt haben, versteinert, wir würden heute knietief in Fossilien waten.

> Die Armen werden schnell vergessen,
> Zahlreicher sind sie als die Lebenden, doch wo sind ihre Knochen?
> Auf jeden Menschen, der lebt, kommen Millionen Tote,
> Wurde ihr Staub zu Erde und darum niemals geseh'n?
> Er ist so dicht, es sollte keine Luft zum Atmen geben,
> Keinen Raum, wo Wind wehen und Regen fallen könnte,
> Die Erde sollte eine Staubwolke, ein Knochenboden sein,
> Und nicht einmal Platz für unsere Skelette bieten ...
>
> Sacheverell Sitwell

Glücklicherweise werden Kieselalgen sehr leicht zu Fossilien. Die Yellowstone-Diatomeen zeigen, was wir bei allen biologischen Abstammungslinien beobachten würden, wenn die Fossilfunde lückenlos wären. Dass gerade diese Fossilien so vollständig sind, hat mehrere Gründe: Der ununterbrochen abgelagerte Schlamm begünstigt die Fossilbildung, Kieselalgen haben ein Skelett, und Kieselalgen sind sehr zahlreich und klein. Hier hat die Evolution ausnahmsweise einmal eine durchgehende Spur hinterlassen.

Chaetopoda. — Borstenwürmer.

9

DIE GESCHICHTE DES WURMS

Segmentierung und Module

Solche Schönheiten fallen uns vielleicht nicht als Erstes ein, wenn wir das Wort »Wurm« hören. »Wurm« ist einer der ungenauesten Begriffe in der gesamten Zoologie. Der als Vater der Taxonomie verehrte Carl von Linné (1707–1778) schuf die Kategorie »*vermes*« (das lateinische Wort für Würmer) für alle Lebewesen, die lang und dünn sind und kein Rückgrat haben. Haeckel folgte ihm im Wesentlichen und ordnete sogar die Weichtiere in diese Gruppe ein, trennte aber die Ringelwürmer (Regenwürmer, Egel, Wattwürmer, Nereiden) als Verwandte der Gliederfüßer ab. Zu Linnés *vermes* gehörten die Ringelwürmer, die diese Geschichte erzählen und Gegenstand von Haeckels Bild sind. Unter dem großen Dach seiner *vermes* befanden sich aber auch die Plattwürmer (Bandwürmer, Saugwürmer und die hübschen Strudelwürmer), die Nematoden oder »Fadenwürmer«, die Nemertini oder Schnurwürmer (an der schottischen Küste fanden ein Schulkamerad und ich einmal ein fünf Meter langes Exemplar von *Lineus longissimus*) und verschiedene kleinere Stämme, darunter die Nematomorpha oder Saitenwürmer. Die Tatsache, dass die Namen aller drei Stämme mit »Nem–« beginnen, bedeutet nicht, dass sie eng verwandt wären. *Nema* ist einfach das griechische Wort für »Faden«.

Molekularbiologen sind von einem bestimmten Fadenwurm ganz begeistert, dem winzig kleinen *Caenorhabditis elegans.* Manche von ihnen – und das deutet erneut auf die von Würmern inspirierte Ungenauigkeit hin – bezeichnen *C. elegans* einfach als »den Fadenwurm« oder sogar nur als »den Wurm«. Ich hege dafür eine gewisse Sympathie, und das, obwohl er nur eine unter rund 25 000 beschriebenen Arten von Fadenwürmern ist (die Gesamtzahl ist noch viel größer). *C. elegans* war Gegenstand einer genialen Entscheidung des großen Molekularbiologen Sydney Brenner: Er erkannte darin das ideale Versuchstier für die genetische Erforschung des Nervensystems. Das winzige Lebewesen gesellte sich bald zu der Taufliege *Drosophila* (»der Fliege«) und der weißen Maus (»dem Säugetier«) als beliebter Bewohner genetischer und embryologischer Labors auf der ganzen Welt hinzu.

Gärtner verstehen unter »dem Wurm« wahrscheinlich eher den Gemeinen Regenwurm *Lumbricus terrestris.* Er gehört zu den Ringelwürmern und dort zur Klasse der Wenigborster oder Oligochaeta. In der Nähe von Melbourne habe ich riesige, drei Meter lange Regenwürmer gesehen, und in Afrika findet man noch größere Exemplare. Zu den Ringelwürmern gehören aber auch die blutsaugenden Egel (Klasse Hirudinea) und die hübschen, im Meer lebenden Vielborster (Klasse Polychaeta), die Haeckel, wenig überraschend, zu dem Gemälde am Beginn dieser Geschichte inspirierten. Haeckel hielt die Ringelwürmer für Vorfahren der Gliederfüßer, ein häufiger Fehler, der so lange Bestand hatte, dass er noch in den 1960er Jahren meine wöchentlichen Seminararbeiten als Studienanfänger der Zoologie würzte. Keiner meiner Dozenten erhob Einwände. Eigentlich hätten die »Trochophoren«, im Plankton lebende Larven mancher Meeresringelwürmer, die von den gleichnamigen Trochophorenlarven der Weichtiere kaum zu unterscheiden sind, unseren Zweifel wecken sollen. Aber wir und vor uns auch Haeckel wurden von dem Umstand in die Irre geführt, dass Ringelwürmer wie Gliederfüßer einen segmentierten Körperbauplan haben. Durch konvergente Evolution entstanden ist, wie sich herausgestellt hat, nicht die Trochophore, sondern die Segmentierung. Heute wissen wir, dass Ringelwürmer keine engen Verwandten der Gliederfüßer sind. Die molekulare Systematik teilt zweiseitig-symmetrische Tiere in drei Hauptgruppen ein (siehe das Kladogramm auf Seite 20), wobei Ringelwürmer und Gliederfüßer zu unterschiedlichen Gruppen gehören:

1. Lophotrochozoa: Weichtiere, Armfüßer, Ringelwürmer und einige weitere »Würmer«.
2. Ecdysozoa: große Gruppe mit Gliederfüßern und einigen »Würmern«, darunter die Fadenwürmer.
3. Deuterostomier: Stachelhäuter und Chordatiere (zu den Chordatieren gehören neben den Wirbeltieren auch einige wirbellose Verwandte, darunter die Seescheiden).

Interessanterweise gehören zu allen drei großen Gruppen auch einige segmentierte Tiere (in der Liste unterstrichen). Die Segmentierung wurde also unabhängig in mindestens drei herausragend erfolgreichen Tiergruppen erfunden, was angesichts ihrer Vorteile auch nicht verwunderlich ist. In den durch Unterstreichung hervorgehobenen Gruppen ist das ganze Tier von vorn bis hinten in Segmente unterteilt. Bei Stachelhäutern (siehe die Geschichte des Seesterns) gibt es kein Vorn oder Hinten, aber jeder der fünf Arme eines Schlangensterns ist ebenfalls segmentiert, und die Tiere erfreuen sich der damit verbundenen Vorteile, wenn sie auf ihre eigene, ganz besondere Weise gehen oder schwimmen.

Segmentierte Tiere wie Hundertfüßer, Schlangen oder einer von Haeckels Ringelwürmern sind aus Modulen aufgebaut wie ein Eisenbahnzug. Beim Zug sind die Module in einer Reihe aneinander gekoppelte Wagen. Das Skelett einer Schlange lässt die Segmentierung in mustergültiger Form erkennen. Die »Eisenbahnwagen« sind hier alle nahezu gleich. Es gibt mindestens 100 Wirbel, bei manchen Arten sind es auch mehrere Hundert. Jeder Wirbel ist der Knochenbestandteil eines Moduls, das seine eigenen, paarweise angeordneten Nerven, Arterien, Venen und Muskeln enthält, und diese Module wiederholen sich in identischer Form in (nahezu) jedem Segment. Der Schädel ist ein Sonderfall (auch in ihm lauert die Segmentierung, sie ist hier allerdings nicht sofort zu erkennen), aber der übrige Körper ist unverkennbar modular aufgebaut. Für die Meereswürmer in Haeckels Bild gilt das Gleiche. Was die Gliederfüßer angeht, so zeigt sich die Segmentierung in ihrer reinsten Form bei Hundertfüßern, Doppelfüßern und manchen Krebsen. Wie wir in der Geschichte des Zehnfußkrebses noch genauer erfahren werden, besteht der »Zug« bei manchen anderen Krebstieren aus einer Reihe unterschiedlicher »Waggons«. Das Gleiche gilt auch für viele Gliederfüßer und Wirbeltiere.

Skelett eines Schlangensterns

Dass eine solche modulare Konstruktion ökonomische Vorteile bietet, leuchtet einem Ingenieur sofort ein. Man muss nur ein Modul konstruieren und es dann in einer beliebigen Zahl »wiederholen«, wobei stellenweise

Segmentierung im Detail

vielleicht Anpassungen notwendig sind. Alle Tiere und Pflanzen bestehen aus Zellen, dem Inbegriff der Modularität. Nicht alle Zellen sind gleich, aber sie werden in Großserie zu Millionen produziert – Henry Ford, der Schutzheilige der Massenproduktion, hätte seine Freude gehabt. Segmentierung ist modulare Konstruktion auf einer höheren Ebene. Ganze anatomische Abschnitte wiederholen sich in regelmäßigen Abständen entlang der Körperlänge. Bei einem typischen Ringelwurm laufen der zentrale Nervenstrang und die großen Blutgefäße über die Länge des ganzen Körpers, aber von beiden gehen in jedem Segment paarweise Seitenäste aus. Jedes Segment hat seine eigenen, paarweise angeordneten Ausscheidungsorgane mit Öffnungen nach außen, eigene Muskelpakete und eigene Blutgefäße, die die Längsadern in Rücken und Bauch verbinden. Manche dieser Segment-Blutgefäße dienen als Herz (ein Regenwurm besitzt fünf Herzpaare, die manchmal auch vorsichtig als »Pseudoherzen« bezeichnet werden). Bei Vielborstern ragen im typischen Fall aus jedem Segment seitlich zwei Borsten heraus, die dem Tier beim Schwimmen oder Graben helfen. Diese sind in Haeckels Bild deutlich zu erkennen (alle dort dargestellten Würmer sind Vielborster). Auch die Segmente von Wirbeltieren enthalten Paare von Muskelpaketen, Blutgefäßen und Nerven, die mit den einzelnen Wirbeln verbunden sind.

Besonders nützlich sind segmentierte Muskelpakete, wenn wellenförmige Kontraktionen über die Körperlänge weitergegeben werden sollen. Im Meer lebende Ringelwürmer und Fische bewegen sich in der Regel mit solchen Wellen der Kontraktion und Entspannung fort, die geordnet durch die Muskeln der Segmente laufen. Das Gleiche gilt an Land für die Schlangen. Wenn ein Wurm kriecht oder gräbt, sind die Wellenbewegungen auf der linken und rechten Körperseite synchronisiert. Bei einem schwimmenden Wurm wechseln sie sich so ab, dass das Tier sich durch das Wasser schlängelt. Ohne Segmentierung wäre so etwas nur schwer zu bewerkstelligen. Manche (nicht segmentierten) Fadenwürmer können ebenfalls schwimmen, aber dann biegt sich der ganze Körper, und das ist für die Vorwärtsbewegung weniger effizient, als wenn Wellen durch den Körper laufen können, weil die Muskeln in unabhängig voneinander gesteuerten Segmenten liegen. Das Gleiche beobachten wir bei Fischen: Ihre segmentierten Muskelpakete sind deutlich zu erkennen, solange sie nicht unter *Sauce tartare* erstickt sind. Die Vielborster unter den Ringelwürmern schwimmen ebenfalls mit Hilfe wandernder Wellen, wobei sie mit den Borsten paddeln; auch diese Bewegung basiert auf der Segmentierung.

Das Hauptthema in der Geschichte des Wurmes ist die Evolution der Evolvierbarkeit. Aber das ist eine lange und recht schwierige Geschichte, deshalb reinigen wir den Gaumen zuerst mit einer polynesischen Delikatesse, dem im Südpazifik heimischen Palolowurm. Sehen wir uns einmal den Wurm an, dessen Kopf rechts oben in Haeckels Bild gezeigt ist. Es handelt sich um *Eunice magnifica*, einen faszinierenden Vielborster, der im offenen Meer schwimmt. Eine verwandte Spezies, *Eunice viridis* (oder *Palola viridis*), lebt auf Korallenriffen rund um Samoa, Tonga, Fidschi und anderen Inseln im Südpazifik, wo sie allgemein als »Palolowurm« bekannt ist und sehr geschätzt wird. An bestimmten Tagen im Jahr … Nun, hier übergebe ich an einen 1854 geschriebenen Brief des Rev. Mr Gill, Missionar auf Samoa:

> Eine der natürlichen Besonderheiten der Inseln im Südpazifik ist der Palolo. Diesen Namen geben die Inselbewohner von Samoa einem Meereswurm, der regelmäßig jedes Jahr auftaucht. [...] Er zeigt sich stets am Morgen des Tages, an dem der Mond ins letzte Viertel eintritt, und zwar entweder im Monat Oktober, wenn der Mond gegen Ende dieses Monats das Viertel erreicht, oder sonst im November; das geschieht jedes Jahr zur gleichen Zeit. Einige Palolos sieht man unter Umständen schon am vorhergehenden Morgen, aber der Tag des Viertelmondes ist der große Tag. Nach diesem Vormittag ist bis zu dem gleichen Tag im folgenden Jahr nicht der geringste Überrest zu sehen. Sie erscheinen in großer Menge im Morgengrauen und bleiben an der Meeresoberfläche, bis die Sonne ungefähr zwei Stunden hoch über dem Horizont steht; dann zerbrechen sie in kleine Bruchstücke, lösen sich zu einer gelben, schmierigen Masse auf und haben damit allem Anschein nach ihre Bestimmung erfüllt. [...]
>
> Die Einheimischen berechnen mit großer Genauigkeit, an welchem Tag der Palolo auftaucht, und irren sich in ihren Berechnungen nie. Sie fahren mit ihren Kanus hinaus, jeder hat einen Korb bei sich, und damit fangen sie die Tiere ein, wenn sie an der Oberfläche schwimmen. Sie werden gekocht und gelten als großer Leckerbissen. Die Einheimischen, die das Glück hatten, sich genug davon zu sichern, bringen es zu ihren Freunden rund um die Insel, die dort leben, wo der Wurm nicht auftaucht.

Der Name Palolowurm wird auf manchen Inseln gelegentlich auch für andere Würmer verwendet, meist bezeichnet er aber *Eunice viridis*, der in Höhlen an Korallenriffen lebt. Bei ihm entwickelt sich eine »Epitoke«, ein Hinterende, das abgeworfen werden kann und ungefähr genauso lang ist wie das Vorderende (die »Atoke«). Die Epitoke ist mit Samen- oder Eizellen gefüllt. Sie kann schwimmen, besitzt ein Auge und nimmt damit die Richtung des Lichtes wahr. Am Tag der hektischen Paarung brechen alle Epitoken von ihren Atoken ab und schwimmen, von den Augen geleitet, an die Meeresoberfläche, wo sie sich umeinanderwinden und ihre Keimzellen ins Wasser freisetzen. Diese Epitoken sind es, die der Missionar beschrieben hat und die die Inselbewohner sammeln, was alljährlich die Gelegenheit für ein großes Fest bietet.

Ende der Anekdote. Kommen wir jetzt zur Evolution der Evolvierbarkeit.

Natürliche Selektion ist das unterschiedliche Überleben von Genen in Genpools. Manche Biologinnen und Biologen vertreten eine Selektion auf mehreren Ebenen, wie sie sie nennen: die Selektion zwischen Gruppen, zwischen Arten, vielleicht auch zwischen Einheiten höherer Ordnung. Ich stand dieser Mode allgemein ablehnend gegenüber, insbesondere wenn sie genutzt wurde, um altruistische Selbstaufopferung von Individuen zum Wohle einer höheren Gruppierung zu erklären. Meinen eigenen Streifzug durch eine Form der Selektion höherer Ebenen unternahm ich jedoch, als ich 1989 den Begriff »Evolution der Evolvierbarkeit« prägte. Nach meiner Vorstellung führt die Evolution der Abstammungslinien von Tieren dazu, dass sie sich besser weiter *evolvieren* können; das wäre ein ganz anderer Vorgang als die darwinistische Selektion, durch die aufeinanderfolgende Generationen von Individuen immer besser *überleben*. Und es ist auch etwas ganz anderes als die sogenannte Gruppenselektion zur vermeintlichen Erklärung von Altruismus.

Die Evolution von Verbesserungen erfolgt bei allen Organismen durch ein Zwiegespräch zwischen zufälligen Mutationen und nicht zufälliger Selektion. Aber was bedeutet es eigentlich, wenn man sagt, eine Mutation sei Zufall? Zufällig ist sie nur in dem Sinn, dass sie nicht auf Verbesserung abzielt. Das bewerkstelligt nur die Selektion. In anderer Hinsicht jedoch sind Mutationen nicht zufällig. Sie werden nicht zufällig durch physikalische Ursachen wie Strahlung und bestimmte Chemikalien verursacht, die man deshalb »mutagen« oder »erbgutverändernd« nennt. Ebenso ist sie nicht zufällig in dem Sinn, dass bestimmte »Hotspots« im Genom besonders stark zu Mutationen neigen. Zufällig ist Mutation nur in dem Sinn, dass sie nicht »weiß«, was für das Tier gut ist. Sie zielt nicht systematisch auf Verbesserungen ab. Verbesserungen werden vielmehr erst im Rückblick durch die natürliche Selektion beurteilt. In ihrer Mehrzahl sind Mutationen schlecht für das Tier. Jede zufällige Veränderung in einem bereits angemessen funktionierenden Mechanismus ist mit größerer Wahrscheinlichkeit schädlich als nützlich. Schlechter zu werden, gelingt auf viel mehr Wegen, als besser zu werden. Natürliche Selektion ist die nicht zufällige Kraft, die gegen die ansonsten unausweichliche Verschlechterung ankämpft.

Darwinistische Selektion wählt nicht zufällig zwischen Genen in Genpools, und zwar auf dem Weg über ihre Auswirkungen auf die einzelnen Organismen. Diese Wirkungen üben sie über die Embryonalentwicklung aus. Worum es mir hier nun geht: Neben dem Prozess, durch den *Individuen* besser *überleben* und ihre Gene weitergeben können, können auch *Abstammungslinien* ihre *Evolutionsfähigkeit* verbessern. Das Leben selbst wird, was seine Evolution angeht, immer besser. Das meinte ich mit der Formulierung »Evolution der Evolvierbarkeit«. Evolvierbarkeit ist eine Eigenschaft großer systematischer Gruppen bis hin zu Klassen und Stämmen, genau wie Überlebensfähigkeit eine Eigenschaft von Organismen ist. Für solche großen systematischen Gruppen brauchen wir ein Wort, und das prägte Julian Huxley 1957: *Klades* (von dem griechischen Wort für »Zweig«). Vögel, Säugetiere und Insekten sind Klades (die Säugetiere allerdings nur, wenn man auch die säugetierähnlichen Reptilien hinzunimmt, wie man sie früher nannte). Es gibt auch Klades innerhalb von Klades: zum Beispiel die Nagetiere innerhalb der Säugetiere, Käfer innerhalb der Insekten, Insekten innerhalb der Gliederfüßer. Wie die Überlebensfähigkeit, die einem Organismus durch gut gestaltete Organe – Beine zum Laufen, Flügel zum Fliegen, ein schlagendes Herz – verliehen wird, so verleiht die charakteristische *Embryonalentwicklung* einer Klades wie den Ringelwürmern ihre Evolvierbarkeit.

Ich möchte einen Weg nennen, wie eine Klades »gut evolvierbar« sein könnte. Umgangssprachlich ausgedrückt, ist ihre Embryonalentwicklung so eingeschränkt, dass keine Evolutionszeit vergeudet wird. Das muss ich erklären, und dazu bediene ich mich eines Vergleichs. Stellen Sie sich vor, Sie designen Teppiche oder Tapeten und versuchen ein angenehmes Muster zu »züchten«, indem Sie auf die Auswahl zufälliger, auf einem Computerbildschirm erzeugter Muster zurückgreifen. Nach der uneingeschränkten Methode würde man den Computer so programmieren, dass er eine vollkommen zufällige Pixelanordnung hervorbringt (a in der Abbildung auf Seite 115) und den Vorgang so lange wiederholt, bis ein ästhetisch befriedigendes Muster auftaucht. Wiederholt man den Prozess oft genug, kann man damit alle erdenklichen Bilder erzeugen, auch die *Mona Lisa* (und die *Mona Lisa* mit Schnauzbart), aber das würde bis zum Ende der Zeiten dauern. Offensichtlich müssen wir also eine stärker eingeschränkte »Embryonalentwicklung« anwenden. Eine geringfügige Einschränkung könnte beispielsweise eine »Irrfahrt« (so der mathematische Fachterminus) sein: Man zwingt die Pixel, in Reihen nebeneinander zu erscheinen (b). In einer weiteren Einschränkung würde man nur Linien zulassen, die von einer einfachen mathematischen Funktion bestimmt werden (c). Eine unter ästhetischen Gesichtspunkten wichtige Einschränkung wäre die zweiseitige Symmetrie.

Jede Linie auf der linken Seite muss auf der rechten gespiegelt werden (d). Ein Sonderfall sind die Tintenflecken, die im psychologischen Rorschach-Test verwendet werden: Bei ihnen entsteht die Spiegelwirkung, weil man das Papier, auf dem sich ein Tintenfleck befindet, faltet. Muster des Typs (d) – und auch (d) selbst ist da keine Ausnahme – wirken auf uns oft unbestimmt biologisch, und das nach meiner Vermutung deshalb, weil zweiseitige Symmetrie ein so weitverbreitetes biologisches Merkmal ist. Im Bild (e) kommt zur Rechts-links-Spiegelung noch eine Oben-unten-Spiegelung hinzu. Ein Kaleidoskop nutzt die Spiegel ganz buchstäblich, um aus nicht sehr viel versprechenden Anfängen angenehme Bilder zu erzeugen. Jetzt sind wir endlich bei einem Muster angelangt, das Sie auf eine Gardine oder einen Teppich übertragen könnten. Wie Einschränkungen den ästhetischen Reiz verstärken, obwohl sie Grenzen setzen, erkennt man leicht. Das Gleiche gilt auch für Embryonalentwicklungen, in denen Mutationen gezwungen werden, sich in verschiedenen Symmetrieebenen zu spiegeln: Allerdings verstärken sie nicht den ästhetischen Reiz, sondern die Evolution.

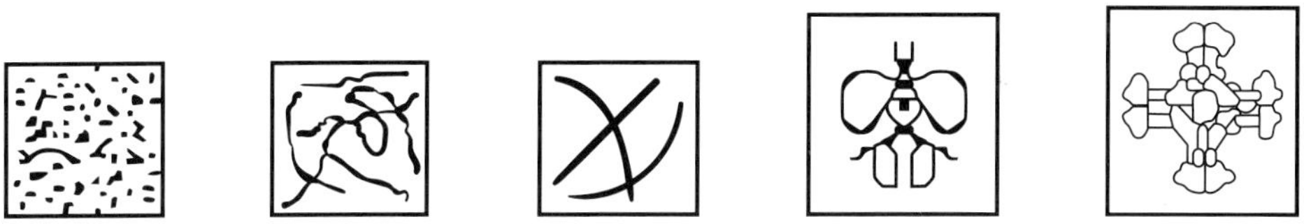

(a) (b) (c) (d) (e)

Mutationen üben ihre Wirkung auf die Embryonalentwicklung aus. In deren Evolution können sich Einschränkungen für die Arten von Mutationen entwickeln, die sie zulassen. »Einschränkungen« klingt negativ, aber wie in dem Beispiel mit der Tapete können sie etwas Positives sein, und an dieser Stelle kommt der Gedanke der Zeitvergeudung ins Spiel. Sehen wir uns noch einmal Haeckels Bild mit den

Borstenwürmern zu Beginn dieser Geschichte an. Alle sind zweiseitig symmetrisch: Ihre rechten und linken Seiten sind Spiegelbilder. Die zweiseitige Symmetrie hat, was das individuelle Überleben angeht, ohne Zweifel tief verwurzelte Vorteile (siehe die Geschichte des Sanddollars). Stellen wir uns jetzt einmal zwei Embryonalentwicklungen A und B vor. Die Entwicklung A enthält eine Beschränkung auf zweiseitige Symmetrie, die Entwicklung B dagegen nicht. A kann von der Rechts-links-Symmetrie nicht abweichen, aber diese Einschränkung erweist sich als Vorteil.

Auf den ersten Blick scheint B, was die Evolvierbarkeit angeht, im Vorteil zu sein. Sie kann eine größere Formenvielfalt hervorbringen, auf die dann die Selektion wirkt. Jede Form, die A hervorbringt, kann B ebenfalls liefern, umgekehrt gilt das aber nicht. Scheinbar ein Punkt für B. Jetzt nehmen wir aber unsere frühere Annahme hinzu, wonach die zweiseitige Symmetrie einen überragenden Vorteil bietet. Wie man dann sofort erkennt, braucht die Embryonalentwicklung B eine größere Zahl von Generationen, um eine nützliche evolutionäre Veränderung zu erreichen. Die Embryonalentwicklung A gewährleistet automatisch, dass eine Mutation, die sich auf die linke Seite auswirkt, gleichzeitig ein Spiegelbild auf der rechten Seite hat. Kladen mit der Embryonalentwicklung B verschwenden Zeit, denn nach jeder nützlichen Mutation, die auf einer Körperseite wirksam wird, muss die andere Seite warten, bis sie mit einer ähnlichen Mutation »aufholen« kann. Außerdem wird sich die vorübergehende Asymmetrie eindeutig als Nachteil erweisen.

In der Embryonalentwicklung der Stachelhäuter ist die Fünffachsymmetrie offensichtlich tief verwurzelt. Wir können also annehmen, dass sie gewisse Vorteile bietet. Auch wenn an der Zahl 5 im Vergleich beispielsweise zu 6 nichts Besonderes ist, erkennt man leicht, dass es Vorteile hat, wenn die Arme immer gleich sind. Die Embryonalentwicklung der Seesterne ist kaleidoskopisch darauf beschränkt, Mutationen symmetrisch in allen fünf Armen zu spiegeln. Bedenken wir einmal, wie viel langsamer evolutionäre Verbesserungen ablaufen würden, wenn eine vorteilhafte Mutation in einem Arm darauf warten müsste, dass alle vier anderen Arme einer nach dem anderen aufholen und die gleiche Mutation hervorbringen. Eine kaleidoskopische Embryonalentwicklung, in der alle Mutationen automatisch fünffach gespiegelt werden, ist also von Vorteil.

Sie sehen bestimmt, wie ich mich bei der Embryonalentwicklung in Richtung einer Theorie der Selektion höherer Ordnung bewege, die Entwicklungen mit Beschränkungen begünstigt, wenn sie Zeitvergeudung vermeiden: Allgemeiner gesagt, ist es eine Theorie darüber, wie Kladen eine immer bessere Evolution durchmachen können, während die Individuen in kürzeren Zeitmaßstäben immer besser überleben.

Das Argument »Vergeudet nicht die Zeit der natürlichen Selektion« lässt sich nicht nur auf die Symmetrie, sondern auch auf die Segmentierung anwenden. Betrachten wir noch einmal die Vielborster in Haeckels Abbildung. *Eunice magnifica* (oben rechts) hat kürzere Borsten als *Hermione hystricella* (unten in der Mitte). Irgendetwas in der Lebensweise von *Hermione* begünstigt lange Borsten, und wir können uns vorstellen, wie die natürliche Selektion unter ihren Vorfahren die Individuen mit längeren Borsten über eine Reihe von Generationen hinweg bevorzugt hat. Die Embryonalentwicklung der Vielborster gehört zweifellos zum Typ A: Eine Mutation wirkt sich gleichzeitig auf eine größere Zahl von Segmenten aus. Stellen wir uns einmal vor, wie quälend langsam die evolutionäre Verlängerung der Borsten verlaufen wäre, wenn die Ringelwürmer eine Embryonalentwicklung des Typs B hätten, in der jedes Segment warten muss, bis seine eigene, private Mutation daherkommt.

Genau wie ein Flügel sich gut oder schlecht zum Fliegen eignen kann und die natürliche Selektion Flügel durch das unterschiedliche Überleben der Individuen verbessert, so verbessert auch die Kladenselektion die Evolutionsfähigkeit in einer Klade. Das erste segmentierte Tier konnte vielleicht besonders gut überleben oder auch nicht. Aber bei seinen Nachkommen zeigte sich eine besonders gute Evolutionsfähigkeit. Das Leben beherrschte die Kunst der Evolution im Laufe der Erdzeitalter immer besser. Der Ablauf der Evolution ist durch das auffällige Aufblühen erfolgreicher Kladen gekennzeichnet, die sich wieder und wieder verzweigten. Ein herausragendes Beispiel sind die Käfer: Sie veranlassten J. B. S. Haldane zu der geistreichen Bemerkung, Gott müsse »eine außerordentliche Vorliebe für Käfer« gehabt haben, eine Vorliebe, die übrigens auch Charles Darwin teilte. Als er einmal unterwegs war, um welche zu sammeln, hatte er in jeder Hand einen Käfer, als er plötzlich eine dritte Spezies entdeckte, die er unbedingt haben wollte. Also blieb ihm nichts anderes übrig, als einen der beiden Käfer in den Mund zu stecken, damit er mit der freien Hand den dritten fangen konnte.

Die Segmentierung ist eine großartige Neuerung und leistete vermutlich einen wichtigen Beitrag zum Evolutionserfolg aller drei Gruppen, die sich ihrer bedienen: Gliederfüßer, Wirbeltiere und Ringelwürmer. Ich werde das Thema in den Geschichten des Trilobiten und des Zehnfußkrebses noch einmal aufgreifen.

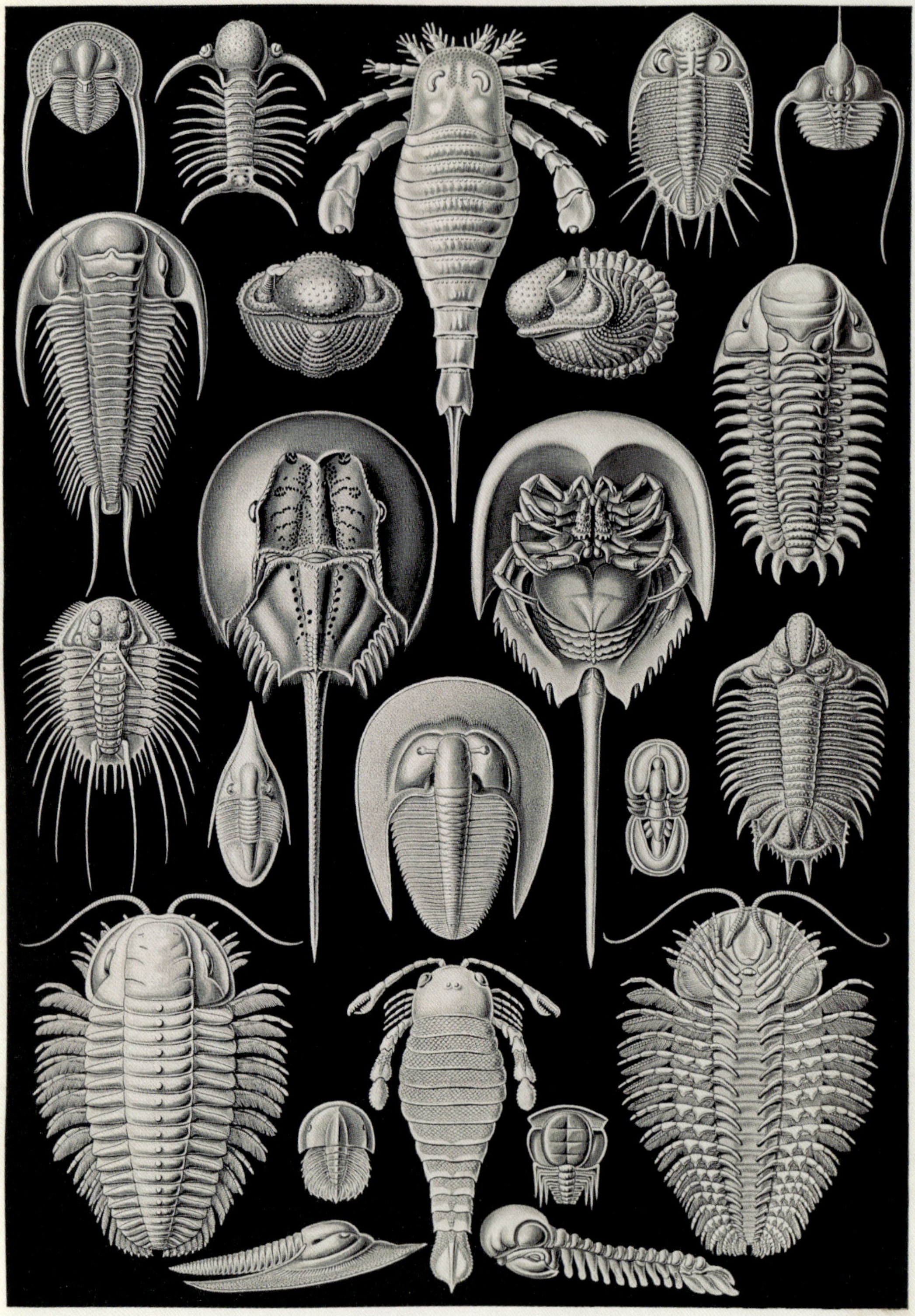

Aspidonia. — Schildtiere.

10

DIE GESCHICHTE DES TRILOBITEN

Segmentierung reicht weit zurück

Haeckels Abbildung ist mit »Aspidonia – Schildtiere« beschriftet, seiner eigenen Wortschöpfung. Der Name ist heute nicht mehr gebräuchlich und gilt auch nicht als eigenständige zoologische Kategorie. Die meisten Tiere auf dem Bild sind Trilobiten, die einst im Meer ungeheuer zahlreich waren, heute aber ausgestorben sind. Außerdem nahm Haeckel auch *Limulus* hinzu, den noch heute lebenden »Pfeilschwanzkrebs« (Mitte links und rechts in der Abbildung), der aber nicht mehr als noch lebender Trilobit gilt, sondern allein auf einem einsamen Podest steht und nur entfernt mit den Spinnen verwandt ist. Was immer er auch sein mag, ein Krebs ist er nicht. Oben und unten in der Mitte von Haeckels Illustration sind zwei Eurypteriden zu sehen, riesige »Seeskorpione«. Die größten derartigen Tiere erreichten eine Länge von zweieinhalb Metern, was beängstigend gewesen wäre, hätte es sich wirklich um Skorpione gehandelt. Das war aber nicht der Fall, auch wenn sie mit dieser Gruppe entfernt verwandt waren. Sie starben gegen Ende der Permzeit zusammen mit den Trilobiten und der großen Mehrzahl aller anderen Tierarten im Zuge des sogenannten Großen Sterbens aus, das Platz für das Dinosaurierzeitalter machte. Was die Ursache des Großen Sterbens war, weiß niemand genau – anders als bei der kleineren Katastrophe, die sich 200 Millionen Jahre später am Ende der Dinosaurierzeit ereignete und durch den Einschlag eines großen Asteroiden ausgelöst wurde.

Wir können diesen wunderschönen Trilobiten nachtrauern und sie gleichzeitig mit den Ringelwürmern aus der vorherigen Geschichte vergleichen. In beiden Gruppen ist die Segmentierung deutlich zu erkennen. Der wichtigste Unterschied besteht darin, dass die Segmente bei Ringelwürmern in der Regel auf der gesamten Körperlänge die gleiche Größe haben. Bei Trilobiten ähneln sich die Segmente hinter dem Kopf in den meisten Aspekten, aber oft findet man einen charakteristischen Größengradienten, wenn man sich am Tier nach hinten bewegt. In vielen Fällen sieht man, wie die Segmente in Richtung des Hinterendes kleiner werden. Es ist nach wie vor ein modularer Körperbauplan mit allen technischen Vorteilen, die in der Geschichte des Wurmes erwähnt wurden. Die zusätzliche, fortschreitende lineare Verkleinerung ist höchst einfach zu bewerkstelligen. In der Computersprache der Ingenieure ist es nur eine einzige zusätzliche Codezeile. Nach den Begriffen der Embryonalentwicklung ist es ein einfacher chemischer Gradient. Das ist eine stichhaltige Vermutung, die wir allerdings nicht überprüfen können, denn die letzten Trilobiten verwandelten sich schon vor einer Viertelmilliarde Jahren in Stein. Opulentere Variationen des Segmentierungsthemas findet man häufig bei Krebstieren. Sie sind das Thema in der Geschichte des Zehnfußkrebses.

Decapoda. — Zehnfußkrebse.

11

DIE GESCHICHTE DES ZEHNFUSSKREBSES

Serial Toolkit

Betrachten wir einmal diese mechanischen Roboter, gepanzerte Automaten, die ihre röhrenförmigen, durch Scharniere verbundenen Hardwarekomponenten über den Meeresboden schieben und die Subroutinen ihrer eingebauten Software ausprägen, einer Software, die letztlich das Ziel hat, Kopien ihrer selbst fortzupflanzen. Roboter sind sie in demselben Sinn wie alle anderen Tiere einschließlich unserer selbst, aber ihre gegliederten Extremitäten legen davon besonders beredtes Zeugnis ab. Und wenn man sie auch Roboter nennt, leugnet man damit natürlich keineswegs die Möglichkeit, dass sie leiden können. Die Praxis, Hummer bei lebendigem Leib zu kochen, lässt sich kaum verteidigen.

Tatsächlich handelt es sich bei Haeckels Decapoda um echte Krebse und zwei Garnelen. Links in der Mitte seines Bildes steht die Gebänderte Scherengarnele *Stenopus hispidus*. Die Bänder bilden mit ihrem lebhaften Rot einen Kontrast zu dem typischen einheitlichen Weiß einer Putzergarnele (siehe die Geschichte der Koralle). Auffällig sind die sehr langen Scheren am dritten Beinpaar (die nicht zum gleichen Segment gehören wie die gewaltigen Scheren eines Hummers); sie dienen zum Reinigen, zur Aasverwertung und auch zur Abwehr gegen Revierkonkurrenten. Das zweite Tier, das kein Krebs ist, ist in der Mitte der Abbildung rechts zu sehen: die Sägegarnele *Palaemon serratus.* Im kulinarischen Bereich werden Garnelen auch als Shrimps bezeichnet, aber das ist kein zoologischer Begriff. Alle anderen dargestellten Tiere sind Krebse.

Sehen wir uns zuerst im Licht der beiden vorangegangenen Geschichten die zwei Garnelen an. Ihre Segmentierung ist noch zu erkennen, allerdings insbesondere am Vorderende ein wenig versteckt. Der Hinterleib ist eindeutig segmentiert. Die fünf dort ansetzenden Anhänge werden als Pleopoden oder Schwimmfüße bezeichnet und tun, was ihr Name sagt: Sie dienen als Schwimmpaddel. Sie bewegen sich mit hohem Tempo, und das nicht synchron, sondern nacheinander: Zunächst paddelt das hinterste Paar, dann das Paar davor, dann wiederum das Paar davor und so weiter bis zum vordersten Paar, das gleichzeitig mit dem hintersten Segment schlägt, womit der nächste Zyklus beginnt. Auch hier haben wir es mit einem segmentalen Gradienten zu tun, diesmal einem zeitlichen.

Die Beine der Garnelen ähneln einander eindeutig stärker als den dahinterliegenden Schwimmfüßen, aber alle Extremitäten sind nach dem gleichen Modulprinzip aufgebaut und nutzen damit den »technischen« Vorteil der Segmentierung. Allgemein ragt bei Krebstieren aus jedem Segment ein Extremitätenpaar heraus. Diese Extremitäten sind ursprünglich »biram«: Sie gabeln sich am Ende in zwei Äste, von denen einer allerdings bei manchen Arten verloren gegangen ist. Bei den Verzweigungen der Schwimmfüße handelt es sich um gefiederte Paddel, die Beine dagegen enden mit kleinen Scheren. Am dritten Beinpaar der Gebänderten Scherengarnele sind sie gar nicht so klein, aber immer noch weitaus kleiner als die Scheren einiger dargestellter

Krebse oder der noch gewaltigeren Hummerscheren. Gliederfüßer und Wirbeltiere haben unabhängig voneinander das Gelenk erfunden, und dafür ist die Schere des Hummers ein wunderschönes Beispiel. Ein Hummer ist eine Art Riesengarnele, gewissermaßen ein Riesengarnelen-Kraftmeier.

Wenn ein Ringelwurm ein Eisenbahnzug mit vielen identischen Waggons ist, während die Waggons bei einem Trilobiten allmählich kleiner werden, sonst aber ähnlich sind, ist ein Hummer oder eine Garnele ein Zug mit einer vielgestaltigen Kette spezialisierter Wagen. Ich führe hier eine typische Liste der Extremitäten von Zehnfußkrebsen vom vordersten bis zum hintersten Segment auf. Stellen Sie sich diese Liste als ein Thema vor, auf dem Variationen aufbauen. In allen Segmenten sind die Extremitäten spiegelbildlich auf beiden Seiten angeordnet.

1. Antennula (kleine Antenne)	
2. Hauptantenne	
3. Mandibel 4. Maxillula 5. Maxilla	Mundwerkzeuge zum Zerkleinern, Kauen oder Zermahlen der Nahrung
6. Erster Maxilliped (Kieferfuß) 7. Zweiter Maxilliped 8. Dritter Maxilliped	Werkzeuge zur Handhabung der Nahrung
9. Erste Schere (beim Hummer stark vergrößert) 10. Zweite Schere 11. Dritte Schere (bei der Gebänderten Scherengarnele verlängert)	Dienen bei manchen Arten zum Gehen
12. Laufbein	
13. Laufbein	
14. Erster Schwimmfuß	

15. Zweiter Schwimmfuß
16. Dritter Schwimmfuß
17. Vierter Schwimmfuß
18. Fünfter Schwimmfuß
19. Uropode (ähnelt einem großen Schwimmfuß, dient aber nicht zum Vorwärtsschwimmen, sondern zur schnellen Rückwärtsflucht und wird durch eine Zuckung des ganzen Hinterleibs angetrieben)

Die Vorteile des modularen Aufbaus erstrecken sich auf alle Gelenke aller Extremitäten, welche im Wesentlichen bei allen Krebstieren die gleichen sind. Und ziemlich gleich sind sie auch bei den Gliederfüßern insgesamt. Ein Körperabschnitt, in dem benachbarte Segmente zu einer Einheit verbunden sind, wird als Tagma bezeichnet. Auch Insekten sind in Tagmata unterteilt. Die drei wichtigsten derartigen Abschnitte sind bei ihnen der Kopf (sechs Segmente mit Antennen und Mundwerkzeugen), die Brust (drei Segmente, alle mit Beinen, die beiden hinteren meist auch mit Flügeln, die keine Extremitäten mit Gelenken sind, sondern Auswüchse des Brustbereichs) und der Hinterleib (in der Regel elf Segmente, manchmal je nach Geschlecht unterschiedlich). Um noch einmal zu den Krebstieren zurückzukommen: Krebse treiben die Tagmabildung ins Extrem. Ein typischer Krebs sieht mit seinem Panzer oder Carapax wie ein einziges großes Tagma aus. Dreht man ihn um, so erkennt man die nach Segmenten angeordneten Gliedmaßen. Der Hinterleib von Krebsen ist in der Regel klein, flach und diskret unter dem Carapax versteckt, wo er einen Teil der Körperwand bildet. Das gilt aber nicht in allen Fällen. Sehen wir uns beispielsweise den Palmendieb an, einen landlebenden Krebs, dessen Hinterleib man auch von oben erkennt (Mitte unten in Haeckels Abbildung am Anfang dieser Geschichte). Die Lebensweise der Krebse hat sich wie die damit verbundene Anatomie in der Evolution der Zehnfußkrebse mehrfach unabhängig voneinander entwickelt – ein konvergenter Prozess, dem man sogar einen eigenen Namen gegeben hat: *Carzinisierung.*

Die modulare Konstruktion hat große Vorteile, aber die Module müssen nicht genau gleich sein. Man kann den Nutzen der Wiederholung bewahren und gleichzeitig die Grundkonstruktion der Module für eine Reihe ganz bestimmter Zwecke abwandeln. Eine Garnele oder ein Hummer ist ein Schweizer Taschenmesser voller nützlicher Anhänge – mit der zusätzlichen »Ringelwurm-Einschränkung«, dass die Werkzeuge hintereinander am Körper angeordnet sind.

Asteridea. — Seesterne.

12

DIE GESCHICHTE DES SEESTERNS

Die Klempner der Natur

Im Jahr 2001 schrieb ich einen Beitrag zu einem kurzen Buch, in dem eine Reihe von Oxford-Absolventen ihre Gedanken über das *Oxford Tutorial* äußerten. Ich erinnerte mich darin an meine eigenen Erlebnisse als Studienanfänger und erklärte, warum ich sie so hoch schätzte. In dem nachfolgenden, gekürzten Auszug wählte ich absichtlich ein – zumindest vielleicht auf den ersten Blick – sehr abgelegenes, schwer verständliches Thema: das hydraulische System der Seesterne.

> Ich habe nicht die leiseste Erinnerung daran, ob wir eine Vorlesung über das Wassergefäßsystem der Seesterne hörten. Vermutlich war es so, aber zu meinem Glück kann ich sagen, dass die Tatsache keine Auswirkungen auf die Entscheidung meines Tutors hatte, mir einen Aufsatz über das Thema zuzuweisen. Das Wassergefäßsystem der Seesterne ist in der Zoologie eines von vielen Spezialthemen, an die ich mich heute aus dem gleichen Grund erinnere: Ich schrieb darüber eine Seminararbeit. Seesterne haben weder

Blutgefäße noch einen Kreislauf. Dafür enthalten sie aber Röhren voller Meerwasser und ein raffiniertes Hydrauliksystem [...].

Die Unterstützung durch das wöchentliche Seminar hatte zur Folge, dass man über die Hydraulik der Seesterne oder was das Thema auch gerade war, nicht nur etwas las. Ich weiß noch, wie ich während dieser einen Woche mit der Hydraulik der Seesterne schlief, aß und davon träumte. Hinter meinen Augenlidern wanderten die Saugfüßchen, hydraulische Pedicellarien waren auf der Suche, und Meerwasser pulsierte in meinem schläfrigen Gehirn. Die Seminararbeit zu schreiben, brachte die Läuterung, und das Seminar war die Rechtfertigung für eine ganze Woche. In der nächsten Woche gab es dann ein neues Thema und ein neues Fest der Bilder, die in der Bibliothek heraufbeschworen wurden. Wir wurden ausgebildet, und die Triebkraft für unsere Ausbildung waren die Tutorien.

Ich frage mich, ob ich heute noch etwas von der Begeisterung meines verlorenen Studienanfänger-Ichs vermitteln kann, die später durch meine eigenen Erfahrungen als Tutor verstärkt wurde. Auch wenn ich es durchaus bezweifle, möchte ich es dennoch versuchen.

Zunächst einmal ist die Anatomie der Seesterne völlig anders als alles, was Sie sonst wahrscheinlich kennen. Die meisten Tiere sind zweiseitig-symmetrisch und haben ein Vorder- und Hinterende sowie eine linke und rechte Seite. Seesterne sind radialsymmetrisch. Sie besitzen fünf gleiche Arme, die von einem Körper in der Mitte ausgehen, und in ihrer Anatomie spiegelt praktisch alles diesen fünffach-symmetrischen Körperbauplan mit Speichen und einer zentralen Nabe wider. (Fünf ist die übliche Zahl, manche Arten haben aber auch mehr als fünf Arme.) Die Nabe ist zum größten Teil vom Magen ausgefüllt. Unter dem Magen liegt der Mund, der mit dem

Meeresboden in Kontakt steht. Nach oben weist der Darmausgang in Richtung des Himmels. Vom Magen führt eine Sackgasse in jeden der fünf Arme; sie gabelt sich in zwei Äste und enthält Drüsen, die bei der Verdauung mithelfen. Ein Gehirn gibt es nicht. Das Zentralnervensystem besteht aus einem Ring, der um den Körper in der Mitte verläuft, und von ihm gehen fünf Radialnerven aus, die sich bis in die Spitzen der Arme ziehen.

Seesterne kriechen über den Meeresboden oder über Felsen. Das tun sie sehr langsam, ganz im Gegensatz zu ihren Verwandten, den Schlangensternen, die ihre langen, dünnen, segmentierten Arme auch zum lebhaften Schwimmen benutzen können. Wenn man ein Gefühl dafür bekommen will, wozu Seesterne in der Lage sind, ist es hilfreich, sich Zeitrafferfilme anzusehen. Das Gehen erfordert auf diese oder jene Weise immer Muskeln. Muskeln müssen an etwas ziehen, und dieses Etwas ist im typischen Fall ein steifes Skelettelement – entweder ein Knochen oder im Fall der Gliederfüßer ein starres Rohr. Harte Skelette sind indes nicht die einzige Möglichkeit. Eine Alternative ist hydraulischer Druck. Hydraulik kann sogar Festigkeit erzeugen, wie wir von der Erektion des Penis wissen. Würmer haben kein hartes Skelett, sondern bedienen sich stattdessen des hydraulischen Drucks. Bei Regenwürmern laufen Muskeln ringförmig um den Körper, den man sich als Schlauch mit einer nicht komprimierbaren Flüssigkeit vorstellen kann. Ziehen sich die Ringmuskeln im Körper zusammen, zwingt der Druck den Schlauch, länger zu werden. Es gibt auch Längsmuskeln, die ihn wieder verkürzen, und kleine Haken, mit denen sich das Vorderende des Wurmes festhalten kann, während er das Hinterende nachzieht. Ganz so einfach ist die Sache in Wirklichkeit nicht, aber ich möchte es dabei belassen: Diese Geschichte handelt nicht vom Wurm, sondern vom Seestern.

Wie nutzen Seesterne den hydraulischen Druck? Die Antwort:

Saugfüßchen eines Seesterns

nicht so wie ein menschlicher Penis, und auch nicht so wie die Würmer. Seesterne tun etwas Seltsames und vollkommen Einzigartiges. Sie besitzen Tausende kleine, wassergefüllte Gliedmaßen, und jede dieser winzigen Röhren, jedes »Saugfüßchen«, arbeitet mit hydraulischem Druck. Die fünf Arme des Seesterns tragen an ihrer Unterseite jeweils zwei (oder manchmal auch vier) parallele Reihen mit Saugfüßchen. Der große Seestern in der Mitte von Haeckels Bild am Anfang dieser Geschichte lässt zahlreiche solche Füßchen erkennen, die alle scheinbar herumtasten und nach etwas suchen, woran sie sich festheften können.

Jedes Saugfüßchen trägt am Ende einen kleinen Saugnapf, der sich mit einer Art Klebstoff an Gegenständen festhält. Am oberen Ende des Saugfüßchens, im Arm des Seesterns, liegt die sogenannte Ampulle, eine wassergefüllte, elastische Blase. In dem Saugfüßchen und seiner Ampulle befindet sich Meerwasser, das durch ein einzigartiges, ausgeklügeltes Rohrsystem dorthin geleitet wird. Das Meerwasser dringt durch die Madreporen- oder Siebplatte, eine Öffnung an der Oberseite des Seesterns, in das Tier ein. Ein als Steinkanal bezeichnetes Rohr leitet das Meerwasser abwärts in einen ringförmigen Schlauch, der sich in der Mitte des Sterns um das ganze Tier zieht. Von dort verlaufen fünf Zweige, die »Radialkanäle«, durch die einzelnen Arme. Die Radialkanäle liefern Meerwasser nach links und rechts in die beiden Ampullenreihen des Armes, wo jede Ampulle am oberen Ende eines Saugfüßchens sitzt.

Wenn sich die Ampulle zusammenzieht, streckt sich das Saugfüßchen unter dem Druck aus, und der Saugnapf heftet sich an einen

Gegenstand, beispielsweise einen Felsen oder eine Muschelschale. Muskeln, die längs in dem Saugfüßchen verlaufen, ziehen sich zusammen, verkürzen es wieder und ziehen damit an dem jeweiligen Gegenstand. Ein einzelnes Saugfüßchen ist nicht so stark, dass es den ganzen Seestern bewegen könnte, aber wenn alle in die gleiche Richtung ziehen, wandert der Körper mit beträchtlicher Kraft, ganz ähnlich wie eine Ameisenkompanie ein großes Beutetier transportieren kann, das für eine Ameise allein viel zu schwer wäre. Im Gegensatz zu Ameisen sind die Saugfüßchen keine genetisch getrennten Individuen. Dennoch ähneln sie den Ameisen ein wenig, denn sie arbeiten, wie wir im Laufe dieser Geschichte noch genauer erfahren werden, zumindest teilweise autonom und halb unabhängig. Zwar können sie tatsächlich den ganzen Seestern in gemeinsamer Arbeit in eine Richtung ziehen, aber wenn sie nach etwas suchen, woran sie sich festheften können, wirken die Saugfüßchen ziemlich selbstständig: Sie wedeln herum, als hätten sie nichts miteinander zu tun. Anscheinend kann man die Saugfüßchen unter bestimmten Voraussetzungen als Population unabhängiger Gebilde betrachten, die aber in der Lage sind, manchmal koordiniert zusammenzuarbeiten.

Was die Koordination der Saugfüßchen von Seesternen angeht, gibt es zwei Denkschulen. Die erste Theorie spielt die Rolle des Zentralnervensystems herunter. Danach sind die Saugfüßchen eines wandernden Seesterns sich über die Bewegungsrichtung einig, weil alle den gleichen Belastungen unterliegen, die durch die bestehende Körperbewegung des Seesterns verursacht werden. Sie »schwimmen mit dem Strom«. Offen bleibt die Frage, wie »der Strom« beginnt. Es könnte mit dem Geruch von Nahrung zu tun haben. Wie alles andere in einem Seestern, so konzentriert sich auch der Geruchssinn nicht auf eine Nase oder ein ähnliches Organ, sondern er verteilt sich über sämtliche Saugfüßchen, vor allem über die besonders langen

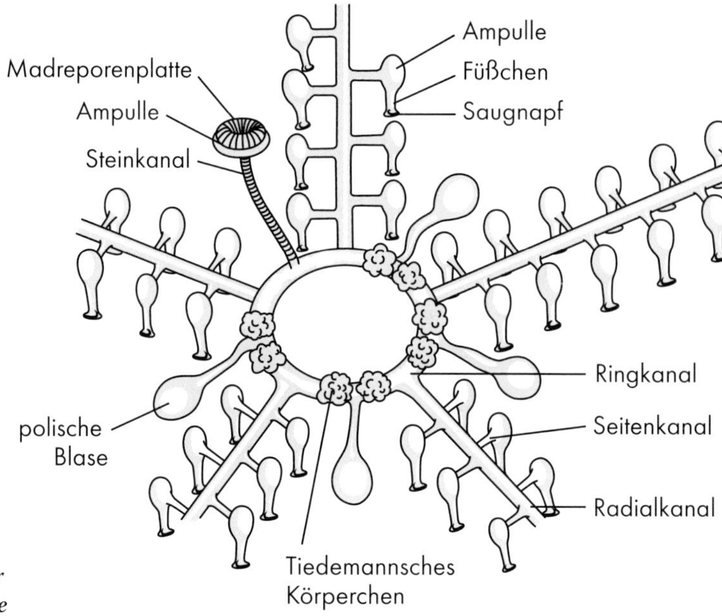

Meerwasser in der Röhre

Exemplare an der Spitze der einzelnen Arme. Vermutlich treten die Saugfüßchen, die der Geruchsquelle am nächsten sind, als Erstes in Aktion, und dann gewinnt das »Schwimmen mit dem Strom« an Eigendynamik: Die anderen vier Arme machen mit.

Die Theorie des »Schwimmen mit dem Strom« könnte man ebenso gut als »Starenschwarm-Theorie«, als »Theorie der Konsensdemokratie« oder als »Honigbienentheorie« bezeichnen, wobei man jeweils einen anderen Aspekt des gleichen Gedankens benennt. Der Formationsflug der Stare ist der spektakuläre Höhepunkt des allgemeinen Phänomens, dass Vögel in Formationen fliegen. Tausende von Staren kreisen und kurven am Himmel, als wäre der Schwarm ein einziger Organismus. Das Schauspiel sollte man einmal im Leben gesehen haben – es sieht aus wie eine fliegende Amöbe im Zeitraffer. Man denkt unwillkürlich, es müsse einen Anführer geben, einen

Dirigenten, einen Meisterchoreografen. Aber dem ist nicht so, und genau darum geht es: Es ist der Grund, warum ich das Beispiel im Zusammenhang mit der Theorie des »Schwimmens mit dem Strom« für die Koordination der Saugfüßchen anführe. Wie man mit Computersimulationen überzeugend gezeigt hat, *erwächst* die koordinierte Bewegung daraus, dass jeder einzelne Vogel unabhängig von den anderen einige einfache Regeln befolgt: Sie besagen, wie er fliegen und wann er sich zu seinen Nachbarn hinwenden muss. Es ist »Schwimmen mit dem Strom« in großer, großartiger Ausprägung.

Wie steht es mit der »Demokratie« und den Honigbienen – wo liegt hier der Zusammenhang? Diese Frage ist so interessant, dass sie eine längere Abschweifung verdient. Vielleicht sollte ich mich entschuldigen, aber wer sich von Abschweifungen irritieren lässt, liest hier vielleicht das falsche Buch. Ein Honigbienenvolk pflanzt sich während des Sommers fort: Es entlässt – wenn es dem Volk gut geht, auch mehrmals – einen Tochterbienenschwarm. Dabei fliegen Bienen einschließlich einer Königin – aber nicht unter ihrer Führung – massenhaft aus dem heimischen Nest. Der Schwarm lässt sich vorübergehend an einem Ort nieder, eine schwirrende, braune, feste Masse aus Bienen, die an einem Ast oder auch einem Dachüberstand hängt und im Begriff steht, sich ein neues, dauerhaftes Zuhause zu suchen, beispielsweise einen hohlen Baum. Über diese neue Dauerbehausung wird demokratisch entschieden – ein anderes Wort dafür gibt es tatsächlich nicht. Einige Bienen fliegen davon und kundschaften verschiedene Alternativen aus. Findet eine solche Kundschafterin eine gute Stelle, kehrt sie zurück zum Schwarm und »setzt sich dafür ein«; dafür bedient sie sich des berühmten, von Karl von Frisch (1886–1982) entdeckten Bienentanzes.

Die Tatsache ist so bemerkenswert, dass sie berühmt wurde: Honigbienen-Arbeiterinnen verfügen über einen raffinierten Code, mit dem sie ihre Mitbewohnerinnen im Bienenstock über Richtung und Entfernung von Nahrungsquellen informieren. Der Code ist ein Tanz in Form einer 8, der im dunklen Inneren des Bienenstocks auf der senkrechten Oberfläche einer Wabe ausgeführt wird. Der Winkel der mittleren Laufstrecke in der Acht im Verhältnis zu der von der Schwerkraft festgelegten Senkrechten kennzeichnet den Winkel, den man im Verhältnis zur Sonne in der waagerechten Ebene fliegen muss. Neben der Richtung übermittelt der Tanz auch die Entfernung der Nahrungsquelle vom Stock. Verschiedene Aspekte in der Geschwindigkeit des Tanzes sind umgekehrt proportional zum Logarithmus dieser Entfernung. Winkel und Entfernung reichen aus, um auf eine Stelle hinzuweisen, auch wenn das Wort »hinweisen« die Genauigkeit des Tanzes übertreibt. Er weist in die allgemeine Umgebung einer guten Nahrungsquelle. Kommen die so informierten Bienen ihr nahe, lassen sie sich von Anblick und Geruch leiten.

Das ist der Hauptzweck des Bienentanzes: Bienen teilen anderen Bienen mit, wo Nahrung zu finden ist. Der Tanz wird aber auch dazu genutzt, um die anderen Bienen in einem Schwarm, der den Stock verlassen hat und nun im Freien hängt, auf einen neuen guten Nistplatz hinzuweisen. An dieser Stelle kommt die Demokratie ins Spiel: Anders als eine gute Nahrungsquelle, die individuelle Entscheidungen erfordert, setzt die Entscheidung für ein gutes neues Zuhause eine gemeinschaftliche Übereinkunft voraus. Der Schwarm muss als Ganzes abfliegen und zu dem neuen Nistplatz umziehen.

Wenn eine Kundschafterbiene von einem neuen Zuhause – vielleicht einem hohlen Baum – »begeistert« ist (ein besseres Wort fällt mir nicht ein), tanzt sie in diesem Sinne lange und hartnäckig. Andere Arbeiterinnen verstehen den Tanz, machen sich in die angegebene Richtung auf und untersuchen denselben hohlen Baum (oder was es auch sonst ist). Gefällt er ihnen, setzen sie sich nach ihrer

Rückkehr ebenfalls mit ihrem Tanz dafür ein. Damit veranlassen sie wieder andere, loszufliegen und sich die Sache anzusehen, sodass die Zahl der »Stimmen« für einen bestimmten hohlen Baum unter Umständen schnell ansteigt. Ist eine Biene nicht begeistert, tanzt sie nicht oder nur kurz, und damit bewegt sie entsprechend weniger »Anhänger« dazu, die Stelle zu besichtigen. Für einen wirklich beliebten hohlen Baum finden sich immer mehr Unterstützerinnen, die mit ihren Tänzen weitere hinzuziehen und so weiter. Da die Sonne ihre Richtung am Himmel ändert, bedeutet das auch, dass die Richtung der geraden Tanzstrecke sich bei einem beliebten Tanz im Laufe des Tages mit der halben Geschwindigkeit des Stundenzeigers einer Uhr weiterdreht. Am Ende lassen die Tänze zugunsten weniger beliebter Stellen nach, und der ganze Schwarm setzt sich entsprechend der gemeinschaftlichen Entscheidung in Bewegung. Ist damit klar, was ich mit »Demokratie« meine? In meinem Vergleich stehen die einzelnen Bienenarbeiterinnen für einzelne Saugfüßchen eines Seesterns.

Martin Lindauer, ein früherer Schüler von Karl von Frisch, schilderte einmal eine bemerkenswerte Gelegenheit, bei der keine Übereinkunft erzielt wurde. Zwei verschiedene Orte erwiesen sich als gleichermaßen beliebt. Für jeden setzte sich die gleiche Zahl begeisterter Tänzerinnen ein. Keine Seite zog sich zurück. Nach einem langen, turbulenten »Wahlkampf« teilte sich der Schwarm, und jeweils eine Hälfte flog zu einem der beiden vorgesehenen Nistplätze. Die Königin konnte sich nur in einem davon befinden. Der andere war zum Untergang verdammt.

Da Seesterne radialsymmetrisch sind und kein Vorderende haben, können sie sich in alle Richtungen bewegen. Jeder der fünf Arme kann irgendwann einmal die Führung übernehmen. So funktioniert die »Starenschwarm«- oder »Bienentanz«-Theorie für die Demokratie der Saugfüßchen: Die Füßchen am Ende eines Armes neigen vielleicht ein wenig stärker dazu, in dessen jeweilige Richtung zu ziehen. Zieht aber ein Arm geringfügig stärker als die anderen vier, spüren die Saugfüßchen in diesen anderen Armen die Zugkraft und schließen sich an. Sie wechseln ihre »Loyalität«, je nachdem, welcher Arm sich als dominierend erweist. Daraufhin bewegt sich der Seestern in die im Konsens beschlossene Richtung. Es passt zu der Honigbienentheorie und erinnert düster an Lindauers ungewöhnliche Beobachtung des sich aufspaltenden Bienenschwarms, dass bekanntermaßen auch der Körper von Seesternen der Gattung *Linkia* zerreißen kann, wenn die Saugfüßchen an verschiedenen Armen hartnäckig in unterschiedliche Richtungen ziehen.

Aber die Honigbienen/Stare-Theorie hat nicht alle Indizien auf ihrer Seite. Die konkurrierende Theorie legt besonderes Gewicht auf das Zentralnervensystem. Danach sind die Saugfüßchen koordiniert, weil alle ihre Anweisungen von dem gemeinsamen Nervensystem erhalten. Dafür spricht eine aufschlussreiche experimentelle Beobachtung. Ein Seestern, den man versuchsweise auf den Rücken legt, sodass die Saugfüßchen nicht mehr an einer Oberfläche ziehen können, koordiniert dennoch auf irgendeine Weise deren Bewegungsrichtung. Die Füßchen weisen entschlossen in die gleiche Richtung wie zuvor. Der Seestern bewegt sich dabei nicht – er liegt ja auf dem Rücken. Die Saugfüßchen haben keine Unterlage, an der sie sich festhalten könnten. Es gibt keine bevorzugte Richtung, die zum Ausgangspunkt für einen Konsens werden könnte, keinen »Strom«, mit dem man »schwimmen« könnte. J. E. Smith, der diesen einfachen Versuch anstellte, gelangte zu dem Schluss, das Zentralnervensystem müsse eine Rolle spielen. Nach meiner Vermutung könnte ein Vertreter der Honigbienentheorie im Rückzugsgefecht eine Art »Beharrungsvermögen« postulieren: Die unabhängigen Saugfüßchen »erinnern« sich an das, was sie gerade getan haben, und machen damit einfach stur weiter.

Außerdem sollte die Honigbienentheorie noch etwas anderes vorhersagen: Wenn einer der fünf Arme weniger Saugfüßchen enthält als die anderen, sodass ihm »Stimmen« fehlen, sollte er nicht die Führung übernehmen. Diese Vorhersage wurde aber widerlegt. Wieder ein Punkt für die »Zentralnervensystem-« oder »ZNS-Theorie«. Andererseits bewegen sich die Saugfüßchen entgegen den Erwartungen nach der ZNS-Theorie nicht erkennbar im Einklang. Im Einzelnen sind ihre Bewegungen nicht synchronisiert, auch wenn sie den Seestern in die gleiche Richtung ziehen. Wenn das ZNS also Befehle erteilt, handelt es sich dabei nicht um detaillierte Anweisungen, wann im Einzelnen gezogen werden soll. Wenn überhaupt, müssen es allgemeine Anweisungen über die Bewegungsrichtung sein, wobei die Einzelheiten an die eigenständigen Saugfüßchen als solche delegiert werden.

Die Belege, so scheint es, weisen in gegensätzliche Richtungen und sprechen zuerst für die eine, dann für die andere Theorie, ganz wie die rivalisierenden Saugfüßchen, die einen *Linkia*-Körper zerreißen. Im Jahr 1953 bemühte sich G. A. Kerkut in einem gewissenhaft verfassten Aufsatz, die Unstimmigkeit beizulegen. Er definierte den dominanten Arm eines wandernden Seesterns als denjenigen, in dessen Richtung sich das Tier bewegt. Kein Arm ist ständig dominant. Zu verschiedenen Zeitpunkten dominieren unterschiedliche Arme und übernehmen die Führung. In der Mehrzahl seiner Experimente beschäftigte sich Kerkut mit Seesternen, die auf dem Rücken lagen und nicht wandern konnten. Wie bereits erläutert, bewegte sich die Mehrzahl der Saugfüßchen weiterhin in dieselbe Richtung, aber sie arbeiteten im leeren Raum, denn die Saugnäpfe konnten sich nirgendwo festhalten. Die dominante Richtung, die man an allen Armen beobachten konnte, war eindeutig durch die Saugfüßchen definiert, die sich auf halber Länge des Armes befanden: Jene an der Spitze wiesen bevorzugt nach außen in Richtung ihres eigenen Armes, jene in der Nähe des Mundes wiesen mit größerer Wahrscheinlichkeit nirgendwohin. Wenn alle Arme eine gemeinsame Lieblingsrichtung hatten, dann lag sie parallel zur Hauptachse eines Armes, der vorübergehend zum dominanten Arm bestimmt war. Die Saugfüßchen konnten also in fünf Hauptrichtungen weisen. Weniger häufig lag die vorherrschende gemeinsame Richtung in dem Winkel zwischen zwei Armen, sodass die Gesamtzahl stabiler Richtungen auf zehn stieg. Andere Richtungen als diese zehn waren sehr selten.

Kerkut machte Serienaufnahmen von auf dem Rücken liegenden Seesternen und konnte damit nachweisen, dass die Dominanz bei jedem Wechsel auf einen Nachbararm überging, aber nie auf einen weiter entfernten Arm. Bezeichnet man die Arme im Uhrzeigersinn von A bis E, kann C die Dominanz an B oder D abgeben, aber an keinen anderen Arm; B kann sie an A oder C abgeben, aber nicht an D oder E und so weiter. Ein solcher Wechsel der Dominanz fand manchmal schon nach 15 Sekunden statt, in der Regel waren die zeitlichen Abstände aber größer.

In den entscheidenden Experimenten, mit denen Kerkut die ZNS-Theorie überprüfte, durchtrennte er Nerven. Die Tiere wurden zunächst betäubt. Wurde ein Radialnerv auf halber Länge seines Armes durchtrennt, beteiligten sich sämtliche Saugfüßchen jenseits der Schnittstelle nicht mehr an der gemeinsamen Orientierung aller anderen Füßchen einschließlich derer auf der körpernahen Seite des operierten Armes. Genau das ist nach der ZNS-Theorie zu erwarten, aber nicht nach der Theorie des »Schwimmens mit dem Strom«. Und was noch besser war: Kerkut konnte auch das ergänzende Experiment anstellen. Er durchtrennte alle Gewebe eines Armes *mit Ausnahme* des Radialnerven, der somit als Einziger noch die beiden Hälften des Armes verband. In diesem Fall behielten die Saugfüßchen am äußeren Ende des Armes noch die gemeinsame Ausrichtung bei, einschließlich der Wellen der Veränderung, die über das Tier liefen, wenn der dominante Arm wechselte. Mit weiteren strategisch angeordneten Schnitten konnte Kerkut nachweisen, dass es bei Seesternen, die ja kein einzelnes Gehirn besitzen, gleichwohl an jeder der fünf Verbindungen zwischen dem um den Mund verlaufenden Nervenring und den zu den Armen führenden Radialnerven ein Steuerungszentrum gibt. Wenn man überhaupt sagen kann, dass ein Seestern so etwas wie ein Gehirn besitzt, dann hat er fünf davon!

Warum haben Stachelhäuter keinen Kopf? Sie sind mit uns verwandt, und wir sind auf unseren Kopf stolzer als auf jeden anderen Körperteil. Tiere *sollten* einen Kopf haben. Der Kopf ist der Sitz der Intelligenz und all dessen, was uns zu Menschen macht. Wie können es die Seesterne wagen, ohne ihn zurechtzukommen? Anscheinend haben wir es mit einer Art Skandal der Evolution zu tun. Durch die folgende Überlegung wird das Problem nach meiner Überzeugung immerhin ein wenig abgemildert, ohne jedoch ganz zu verschwinden. Die Bewegungen der Stachelhäuter sind die Summe der winzigen Ziehbewegungen einer riesigen Population winziger Gliedmaßen, der Saugfüßchen. Wie ein Wähler in Kalifornien (aber anders als ein Wähler in Wyoming) hat jedes Saugfüßchen nur geringfügige Auswirkungen auf das, was das Tier als Ganzes tut. Damit ein Seesternkopf auch nur ansatzweise hoffen kann, über die Politik zu bestimmen, müsste das ganze System der halbautonomen Saugfüßchen abgeschafft werden. Dann würden Muskeln die großen Bewegungen des ganzen Körpers steuern. Damit wäre eine Richtung vorgegeben – ein Vorne und ein Hinten. Wenn es so wäre, hätten wir es nicht mit einem Seestern zu tun, sondern mit einem Fisch. Aber dieses kleine

Argument reicht nicht aus, um das Problem zu lösen. Außerdem leidet es ein wenig darunter, dass wir damit den Wagen vor das Pferd spannen. Auch die Molekularbiologie bietet keine Lösung für das Problem, aber sie bringt auf eine provokative, verschrobene Weise Licht in die Sache: Wie sich herausstellt, fehlt einem Seestern keineswegs der Kopf, sondern er besteht nur aus Kopf. Zumindest kann man so den folgenden bemerkenswerten Befund formulieren.

Zunächst ein wenig Hintergrund. Die Gene eines besonderen Typs, Hox-Gene genannt, liegen in einer geordneten Reihe auf einem Chromosom und werden in einem typischen Tierkörper von vorn nach hinten ausgeprägt. In einem segmentierten Tier, beispielsweise einem Hummer oder einer Garnele, legen die Hox-Gene fest, ob es sich bei den Körperanhängen eines bestimmten Segments um Antennen, verschiedenartige Mundwerkzeuge, Klauen, Beine oder Schwimmfüßchen handelt. Bei Taufliegen kann eine Mutation in einem bestimmten Hox-Gen dazu führen, dass eine Antenne an einer Stelle wächst, an der sich eigentlich ein Bein entwickeln sollte. Eine andere Hox-Mutante trägt nicht die bei Fliegen üblichen zwei Flügel, sondern vier.

Was zumindest für einen Zoologen meiner Generation erstaunlich ist: Wie sich herausgestellt hat, erfüllt eine parallele Reihe ähnlicher Hox-Gene bei uns Wirbeltieren die gleiche Aufgabe. Und das nicht nur in offensichtlich segmentierten Körperteilen wie Wirbelsäule und Rippen, sondern sogar im Kopf. Es war einer der großen Triumphe der vergleichenden Anatomie im 19. und frühen 20. Jahrhundert: Man konnte zeigen, dass der Wirbeltierkopf ebenfalls segmentiert ist, auch wenn komplizierte Verhältnisse diese Tatsache bei Säugetieren weitgehend verschleiern. Ähnliche Hox-Gene findet man im gesamten Tierreich und sogar bei Tieren, die nicht segmentiert sind.

Hox-Gene erkennt man überall im Tierreich wieder, von solchen, die im Kopf ausgeprägt werden (»Hox 1«), über solche, die auf dem Weg entlang des Körpers ihre Wirkung entfalten, bis zu solchen im Schwanz. Damit sind wir bei der erwähnten bemerkenswerten Entdeckung. Bei Seesternen (und vermutlich allen Stachelhäutern) werden im gesamten Körper die Kopf-Hox-Gene exprimiert.[7] Und Hox-Gene, die normalerweise weiter hinten ihre Wirkung entfalten, fehlen. So kommt es zu der Schlussfolgerung, dass der gesamte Körper eines Stachelhäuters ein einziger großer Kopf ist. Einen Seestern könnte man als Kopf ohne Körper bezeichnen, der sich langsam über den Boden zieht und den Mund eng an die Gesteinsunterlage drückt.

Die nächste Geschichte handelt von einer weiteren großen Gruppe von Stachelhäutern, den Seeigeln. Genauer gesagt von den Sanddollars, einer ganz besonderen Gruppe, denn Haeckel entschloss sich, sie zu zeichnen. Eine besondere Gruppe sind sie, weil sie sekundär von der normalen Radialsymmetrie der Stachelhäuter abweichen; damit bringen sie gute Voraussetzungen mit, um die Geschichte der Symmetrie im Allgemeinen zu erzählen.

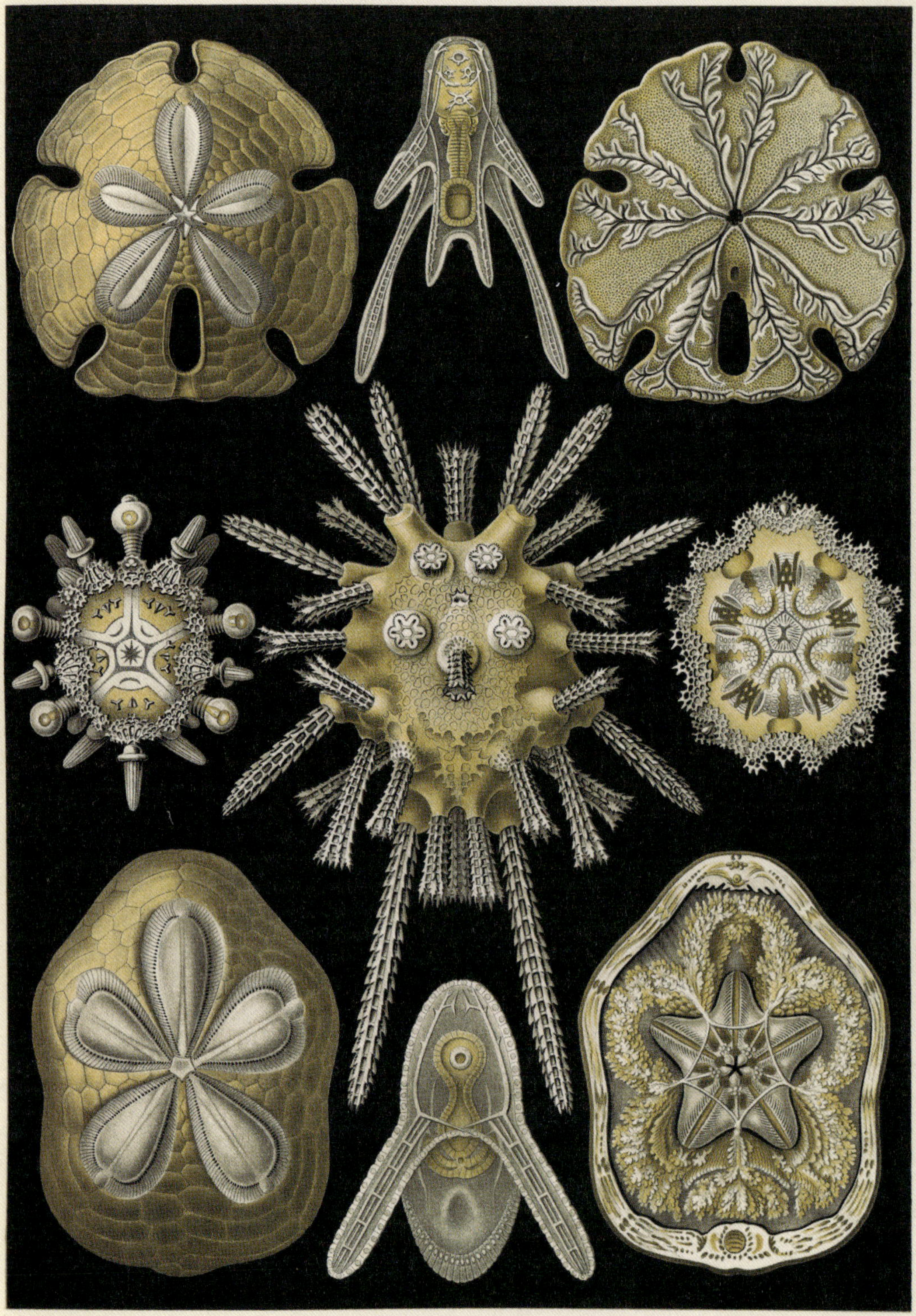

Echinidea. — Igelsterne.

13

DIE GESCHICHTE DES SANDDOLLARS

Spieglein, Spieglein …

Angenommen, wir stolpern bei einem Strandspaziergang über eines der Tiere, die in Haeckels Abbildung oben oder unten links zu sehen sind: Vielleicht würden wir es einen kurzen Augenblick lang fälschlich für eine Golddublone oder einen Silberdollar aus dem vergrabenen Schatz eines Piraten halten. Sanddollars sind abgeflachte Seeigel. Im Gegensatz zu Seesternen haben Seeigel keine Arme, aber auch bei ihnen sind Saugfüßchen in fünf Reihen angeordnet, die von der Mitte ihrer steifen Körperhülle nach außen führen. Während ein typischer Seeigel jedoch wie seine Seesternvettern radial symmetrisch und nahezu kugelförmig ist, haben Sanddollars und unabhängig davon die Tiere einer anderen Gruppe, die Herzigel, einen kleinen Schritt in Richtung einer sekundären Form der zweiseitigen Symmetrie vollzogen. Sie unterscheidet sich allerdings von der zweiseitigen Symmetrie, die sich durch den größten Teil des Tierreiches zieht. Eigentlich ist es eine Art verzerrte Radialsymmetrie. Außerdem hat die Geschichte einen Dreh, den ich mir bis zum Ende aufhebe; seinetwegen ist es doppelt angemessen, die Symmetrie zum Thema der

Geschichte über den Sanddollar zu machen. Zunächst müssen wir aber über verschiedene Symmetrieebenen sprechen, und dabei beschäftigen wir uns nicht gezielt mit Seeigeln, sondern mit Tieren im Allgemeinen. Auf die Sanddollars werde ich am Ende zurückkommen.

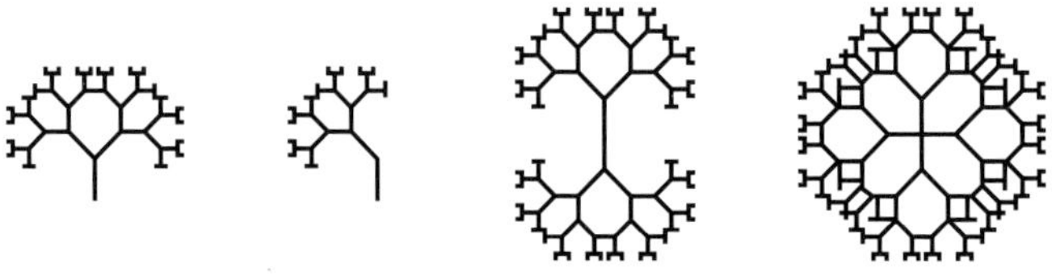

(a) (b) (c) (d)

Symmetrie kann man auf zweierlei Weise betrachten: als Spiegelbild und als Rotation. Das Bild (b) ist asymmetrisch; (a) ist zweiseitigsymmetrisch. Man kann sich vorstellen, dass (a) durch einen von vorn nach hinten verlaufenden Spiegel zweigeteilt wird. Jetzt betrachten wir die biradial-symmetrische Form (c). Hier haben wir zwei Symmetrieebenen oder zwei Spiegel, die im rechten Winkel zueinander stehen. Der Körper ist von vorn nach hinten und von links nach rechts gespiegelt. Das Gleiche kann man auch unter dem Gesichtspunkt der Drehung betrachten. Drehen wir die biradiale Form (c) um 180 Grad, sieht sie wieder genauso aus. Das zweiseitige Bild (a) muss man um 360 Grad drehen, um das gleiche Ergebnis zu erzielen. Und wie steht es mit radialsymmetrischen Objekten (d)? Um wie viele Grad muss man sie drehen? Das kommt darauf an. Eine feststehende Antwort gibt es nicht. Wir können nur sagen: Es sind weniger als 180 Grad. Unter der Überschrift »radial« wird ein ganzes Spektrum von Symmetrieformen zusammengefasst. Für (d) sind es 90 Grad. Genauso verhält es sich mit der Ohrenqualle, die an britischen Stränden häufig angespült wird. Bei der braunen Qualle rechts in Haeckels Bild, mit dem die Geschichte der Qualle beginnt, ist nur eine Rotation um 22,5 Grad erforderlich. Bei einem typischen Seestern oder Seeigel sind es wegen der Fünffachsymmetrie stets 72 Grad. Ich habe lange nachgegrübelt, ob mir ein Tier mit einer Dreifachsymmetrie (120 Grad) einfällt, und ja, es gibt eines. Oder gab es. Mit der Betonung auf »gab«. Ein solches »gab« haben nur Fossilien zu bieten: *Tribrachidium heraldicum*, ein Tier aus dem Kambrium, ist so alt wie die Hügel, und zwar insbesondere die Ediacara-Hügel; damit ist es zu alt, als dass irgendjemand auch nur die geringste Ahnung haben könnte, mit wem es verwandt war oder wie es sein dreiseitiges Leben fristete.

Um die Liste der Symmetrien zu vervollständigen, müssen wir schließlich noch die (in dem Diagramm oben nicht gezeigte) Kugelsymmetrie erwähnen. Eine Qualle mag, von oben gesehen, wie ein vollkommener Kreis erscheinen, aber ihre Oberseite ist völlig anders als die untere. Ein kugelsymmetrisches Tier sieht immer gleich aus, ganz gleich, wie man es dreht, auch in der Richtung von oben und unten. Kugelförmige Tiere gibt es nicht, jedenfalls dann nicht, wenn wir damit vielzellige Tiere meinen. Anders sieht die Sache bei einzelligen Lebewesen aus (die wir heute nicht mehr Tiere nennen). Es gibt wunderhübsche kugelförmige Strahlentierchen, von denen viele von Ernst Haeckel entdeckt und benannt wurden.

Können wir in den verschiedenen Symmetrieebenen einen Sinn im Hinblick auf die Funktion erkennen? Auch wenn die Einzelheiten von Tier zu Tier höchst unterschiedlich sind, legt der gesunde Menschenverstand doch einige allgemeine Vermutungen nahe. Erstens sind praktisch alle Tiere, wie wir gerade erfahren haben, in der Richtung von oben nach unten (fachsprachlich in dorsoventraler Richtung) asymmetrisch. Die obere Fläche eines Tieres muss sich mit einer anderen Welt auseinandersetzen als die untere – beide sind so unterschiedlich wie Tag und Nacht. Die Nacht unterscheidet sich vom Tag so stark, dass kein Tier an beide vollkommen angepasst sein kann. Es ist sinnvoll, sich auf eines von beiden zu spezialisieren und das andere zum Schlafen zu nutzen. Eine ähnliche Überlegung gilt auch für die verschiedenen Körperteile eines Tieres. Von oben scheint die Sonne, unten ist der Erdboden. Oben ist Freiheit, unten ist Reibung, Widerhalt für die Füße, wenn man welche hat, oder für Schuppen, wenn man eine Schlange ist (»Auf deinem Bauche sollst du kriechen«). Unten sind der Meeresboden und die Haie, oben sind die Wasseroberfläche und die räuberischen Fregattvögel. Nach unten zieht die Schwerkraft mit allem, was daraus folgt. Asymmetrie in der dorsoventralen Richtung versteht sich also von selbst.

Wie steht es mit der Richtung von vorn nach hinten? Wenn ein Tier die Gewohnheit hat, sich umherzubewegen (man denke an Würmer, Fische oder Hummer), muss der Teil, der zuerst auf die Welt trifft, für dieses Zusammentreffen besondere Qualitäten besitzen. Den Mund am Vorderende anzubringen, ist sinnvoll, denn dieses Ende erreicht die Nahrung zuerst. Abfälle werden dagegen am Hinterende ausgeschieden, denn niemand möchte noch einmal auf sie treffen, nachdem sie entleert wurden. Sinnesorgane überall am Körper zu tragen, ist zwar nützlich, aber auch hier liegt es nahe, das Vorderende zu bevorzugen, denn dieses Ende stößt als Erstes mit Hindernissen zusammen und

Fossil von Tribrachidium heraldicum, *gefunden auf der Isle of Man*

trifft als Erstes auf Gefahren, Nahrung, Partner und Rivalen. Damit haben wir die Notwendigkeit eines Kopfes definiert. Wir haben Vorn und Hinten im Tier definiert. Die Stromlinienform liefert zusätzlich Druck zugunsten einer Asymmetrie von vorn nach hinten, insbesondere wenn es sich um ein schnell bewegliches Tier handelt.

Eine Asymmetrie von vorn nach hinten definiert in Verbindung mit einer dorsoventralen Asymmetrie automatisch eine linke und eine rechte Seite. Aber warum sollten sie Spiegelbilder sein? Warum die zweiseitige Symmetrie? Die kurze Antwort lautet: warum nicht? Aber formulieren wir es einmal positiver. Ein Tier, das in der Ebene von rechts nach links asymmetrisch wäre, würde dazu neigen, sich im Kreis zu bewegen, statt den schnellsten Weg von hier (jedem beliebigen Hier) nach dort (jedem beliebigen Dort) einzuschlagen. Für die Gesamtform des Körpers gilt das nicht, wohl aber für jede Asymmetrie bei Muskelkraft, Länge der Extremitätenknochen, allen Teilen des Fortbewegungsapparats. Asymmetrie zwingt das Tier nicht, im Kreis zu laufen, aber es fällt ihm schwer, sich der Neigung zu widersetzen, und die natürliche Selektion kümmert sich tatsächlich noch um die kleinste zusätzliche Arbeitsbelastung, um jedes Bisschen unnötigen Energieaufwand. Für innere Organe, die nichts mit der Fortbewegung zu tun haben, gilt diese Argumentation nicht, und tatsächlich beobachten wir dort auch Asymmetrie. Das Herz der Säugetiere ist einseitig, und der rechte Lungenflügel ist größer als der linke. Unsere beiden Nieren nehmen keine einander entsprechenden Positionen ein. Vögel haben nur einen Eierstock. Übrigens: Rechts-links-Symmetrie ist in der äußeren Anatomie zwar die Regel, man findet aber einige auffallende Ausnahmen. Die Meister in diesem abgelegenen Bereich sind die männlichen Winkerkrabben. Bei ihnen ist eine Schere, gelinde gesagt, ungeheuer viel größer als die andere. Ob diese Einseitigkeit bei ihnen zu einer Neigung führt, im Kreis herumzulaufen, weiß ich nicht, aber da Krebse sich ohnehin seitwärts bewegen, besteht hier vielleicht ein gewisser Spielraum für eine Ausnahme, welche die Regel bestätigt.

> Die Krabbe gab dem Junior-*Cancer* einen Rat:
> »Wisse, was du willst, mein Sohn, und laufe
> Geradewegs zur Seite, denn so hat es Gott gesagt:
> Fortschritt geht seitwärts; möge das genügen.
>
> Julian Huxley

Aber zur Sache: Der Winkerkrabbe geht es nicht um Nützlichkeit, sondern darum, Eindruck zu schinden gegenüber anderen Individuen, insbesondere den Weibchen; allerdings nutzen die Männchen ihre Schere manchmal auch für Wettbewerbe im Armdrücken. Manchmal sind soziale Aspekte wichtiger als Nützlichkeitsüberlegungen. Aber warum ist dann nur eine Schere vergrößert und nicht beide? Ihre Produktion ist vermutlich mit Aufwand verbunden, und der geringfügige Nutzen einer weiteren Vergrößerung der einen, ohnehin bereits großen Schere ist größer als der Nutzen, wenn man zwei mittelgroße Scheren zur Schau stellt, die den gleichen Aufwand erfordern würden. Nebenbei bemerkt, gibt es bei Winkerkrabben anders als bei uns eine gleich große Zahl von Rechts- und Linkshändern. Und wenn ein Männchen die große Schere verliert, wächst die kleinere auf der anderen Seite heran und übernimmt ihre Funktion. Während der Entwicklung einer jungen Krabbe zieht sich diejenige Schere, die zufällig zu Beginn ein wenig kleiner ist, aus dem Wachstumsrennen zurück und überlässt das Feld der anderen. Ohnehin ist die kleinere Schere

Männliche Winkerkrabbe

keineswegs nutzlos. Sie dient dazu, Nahrungsbrocken aufzusammeln und zum Mund zu befördern. Die große Schere könnte zwar ebenfalls Nahrung aufheben, aber wegen ihrer Größe kann sie den Mund nicht erreichen. Eine Krabbe, die ihre große Schere verloren hat, beeindruckt vielleicht eine Partnerin nicht mehr. Eine Krabbe ohne kleinere Schere verhungert. Hier zeigt sich auf dramatische Weise ein Gegensatz, der uns bereits in der Geschichte des Kolibris begegnet ist: der Gegensatz zwischen sexueller und nützlichkeitsorientierter natürlicher Selektion. Die vergrößerte Schere der Winkerkrabbe ist nicht nur relativ nutzlos; in einem nützlichkeitsorientierten Sinn ist ihre Nützlichkeit sogar eindeutig negativ.

Kommen wir jetzt auf die Radialsymmetrie zu sprechen. Seeanemonen gehen nirgendwohin. Sie sitzen fest auf einem Felsen. Die Welt stürmt aus allen Richtungen mit gleicher Wahrscheinlichkeit auf sie ein, also ist die Radialsymmetrie sinnvoll. Quallen sind nicht am Meeresboden verankert (auch wenn sie es in unserem Zusammenhang ebenso gut sein könnten), sondern sie treiben meist ziellos im Plankton. Und wenn sie schwimmen, dann ebenfalls ohne Ziel. Hier besteht kein Bedarf für ein ausgesprochenes Vorderende des Körpers, denn er bewegt sich nicht in eine bestimmte Richtung. Auch hier gibt es Ausnahmen, zum Beispiel die tägliche Wanderung von *Mastigias* in dem Quallensee auf der Pazifikinsel Mercherar (auch El Malk genannt, siehe die Geschichte der Qualle). Über die biradiale Symmetrie im Gegensatz zur Radialsymmetrie im Allgemeinen habe ich nichts zu sagen. Die meisten Kammquallen sind genau genommen biradial, nähern sich aber, wie Haeckels Abbildung auf Seite 256 zeigt, stark der Radialsymmetrie an; nach meiner Vermutung gelten für sie die gleichen Argumente wie für andere Quallen.

Seesterne und die meisten Seeigel sind radialsymmetrisch. Sie bewegen sich, allerdings so langsam, dass die Stromlinienform kein

Thema ist. Sie haben kein Vorderende, das regelmäßig die Führung übernimmt, sich durch einen Kopf und den Löwenanteil der Sinnesorgane auszeichnet. Wie wir in der Geschichte des Seesterns erfahren haben, übernimmt bei einem wandernden Seestern, der durch einen Schwarm locker kooperierender Saugfüßchen vorangezogen wird, einer der Arme die Führung, aber diese Führungsrolle wechselt ständig zwischen den Armen. Jeder Arm übernimmt irgendwann einmal die Führungsrolle. Es gibt eine Art von oben nach unten gerichteter Steuerung, die von dem rund um den Mund angeordneten Nervenring ausgeht, aber die Saugfüßchen arbeiten offenbar auch demokratisch zusammen, und der Nervenring bevorzugt keinen der fünf Arme. Für Seeigel gilt das Gleiche. Jedenfalls für normale Seeigel. Aber nicht für Sanddollars. Damit sind wir endlich beim Erzähler dieser Geschichte, bei der besonderen Art abgeflachter Seeigel, die man Sanddollars nennt.

Wie man in Haeckels Bild am Anfang dieser Geschichte erkennt, zeigen Sanddollars nur eine geringfügige Neigung zur zweiseitigen Symmetrie. Es handelt sich nur um eine kleine Abweichung von der Radialsymmetrie; der Mund befindet sich nach wie vor strikt an der Unterseite. Der Anus liegt zwar wie bei allen Seeigeln oben, ist aber ein wenig zum Hinterende verschoben. Anders als ein normaler Seeigel haben Sanddollars nämlich ein Vorder- und ein Hinterende. Sieht man sich die fünf Furchen an, die bei einem von Haeckels Sanddollars von der Mitte ausgehen, so fällt auf, dass eine allein steht und keinen spiegelbildlichen Partner hat (in Haeckels Bild ganz oben). Sie weist darauf hin, in welche Richtung die Tiere durch den Sand pflügen. Wandern sie dagegen über einen Felsen, können sie sich wie andere Seeigel in alle Richtungen bewegen. Das steht im Einklang mit der zuvor erwähnten Theorie der Stromlinienform. Um langsam über eine Oberfläche zu wandern, muss man nicht stromlinienförmig sein, aber eine bestimmte Variante einer solchen Form braucht man, wenn man sich – und sei es nur langsam – durch den Sand schiebt. Das Gleiche gilt für die Herzseeigel. Wie es ihrem zweiten Namen als »Meereskartoffeln« entspricht, sind sie klobiger als die Sanddollars. Wie diese weichen sie geringfügig von der Radialsymmetrie ab, und das aus dem gleichen Grund, aber ihre Evolution haben sie unabhängig von den Sanddollars durchlaufen. Auch sie pflügen durch den Sand. Beide Gruppen ungewöhnlicher Seeigel ernähren sich von Überbleibseln, die sie dort finden.

Nun zu der besonderen Wendung am Ende dieser Geschichte. Ich habe gesagt, diese zweiseitig-symmetrischen, sogenannten unregelmäßigen Seeigel, darunter Sanddollars und Herzigel, würden von dem radialsymmetrischen Zustand ihrer Vorfahren abweichen. Das stimmt. Sie stammen von radialsymmetrischen Urahnen ab. Aber in Wirklichkeit sind sie zu einer noch viel älteren zweiseitigen Symmetrie zurückgekehrt. Ganz früher, in der Periode des Kambrium vor einer halben Milliarde Jahren, gab es viele Gruppen zweiseitig-symmetrischer Stachelhäuter. Und man nimmt an, dass alle heutigen Stachelhäuter von solchen zweiseitig-symmetrischen Vorfahren abstammen.

In einem früheren Buch habe ich in der Tatsache geschwelgt, dass die Schildkröten im Laufe ihrer Evolution eine doppelte Kehrtwende vollzogen haben. Ihre ältesten Vorfahren waren wie die aller Tiere im Meer zu Hause. Später stiegen sie zusammen mit den Vorfahren von Säugetieren, Vögeln und allen Reptilien an Land. Dann kehrten sie wie Wale und Seekühe als Meeresschildkröten ins Meer zurück. Und schließlich tauchten sie im Rahmen der »doppelten Kehrtwende«, wie ich sie genannt habe, als Landschildkröten wieder

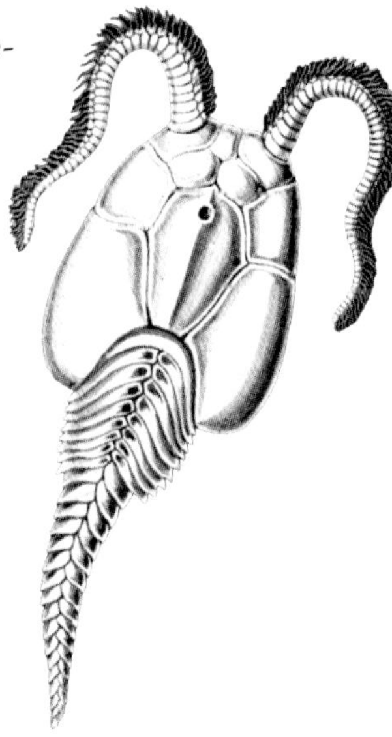

Als Stachelhäuter noch wussten, wo rechts und links ist.

auf. Als ich damals geschrieben habe, ich könne mir keine weiteren Beispiele für eine solche doppelte Kehrtwende ausmalen, hatte ich die Sanddollars und Herzigel vergessen. Wir Tiere, einschließlich der Stachelhäuter, gehen vermutlich alle auf einen radialsymmetrischen Vorfahren wie die Nesseltiere zurück (und diese haben ihre frühere Radialsymmetrie beibehalten). Die Stachelhäuter machten dann eine zweiseitig-symmetrische Phase durch und kehrten anschließend zur Radialsymmetrie zurück, sodass heute nahezu alle Stachelhäuter radialsymmetrisch sind. Dann aber wandten sich Sanddollars und Herzigel wiederum einer Form der zweiseitigen Symmetrie zu. Ein weiteres Beispiel für eine doppelte Kehrtwende. Es könnte noch mehr davon geben. Fällt jemandem eine ein?

Actiniae. — Seeanemonen.

14

DIE GESCHICHTE DER SEEANEMONE

Winzige Harpunen

Wenn wir der Argumentation aus der Geschichte des Sanddollars folgen, hat die radialsymmetrische Form der Seeanemonen damit zu tun, dass sie sich im Gegensatz zu den meisten anderen Tieren, die uns vertraut sind, im Wesentlichen nirgendwohin bewegen. Ihre Unterseite ist nahezu unwiderruflich an einem Felsen befestigt, und sie begeben sich nicht auf die Suche nach Nahrung, sondern warten darauf, dass diese zu ihnen kommt. Auf der Oberseite, von einem Ring aus Tentakeln umgeben, liegt der Mund. Ich sage »Mund«, er dient aber auch als Anus, denn er ist die einzige Öffnung, die in das hohle Körperinnere führt, und dieser Hohlraum erfüllt die Funktion von Magen und Darm. Die Seeanemone ist ein prachtvoller Beutel, dessen einzige Öffnung von Tentakeln gekrönt ist. Die Tentakel sind mit tausenden winzigen Giftwaffen ausgestattet, den Nesselzellen (Cnidocyten oder Cnidoblasten). Alle Mitglieder des Stammes, zu dem Seeanemonen, Quallen und Polypen gehören, sind mit solchen Zellen ausgestattet und heißen deshalb Cnidaria oder Nesseltiere (das griechische Wort *knide* bedeutet »Nessel«).

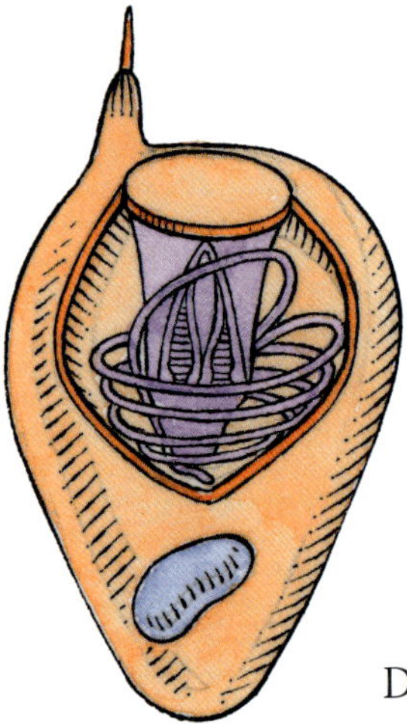

Cnidocyte vor Abschuss der Nematocyste

Die Cnidocyte ist eine Zelle und enthält eine winzige Harpune, die Nematocyste. Ich bezeichne sie nicht als Gewehr, sondern als Harpune, denn wenn sie abgefeuert wird, bleibt die Spitze mit der Cnidocyte verbunden: Sie hängt am Ende einer langen Leine, die vor dem Schuss aufgerollt in der Nematocyste liegt. Der Schussmechanismus ist aber anders als bei einer Harpune: Das Innere stülpt sich explosiv nach außen. Die Tentakel, die den Mund der Anemone umgeben, sind von ganzen Nematocystenbatterien gesäumt. Haben die Nematocysten eines Tentakels ein Beutetier – beispielsweise einen kleinen Krebs – gefangen, befördert der Tentakel es zum Mund. Einen Kaumechanismus gibt es nicht. Die Beute landet geradewegs im Ganzen im »Magen«.

Gegen die kleinen Beutetiere wirkt das Seeanemonengift gut. Einem Menschen tut es in den meisten Fällen nicht weh. Das ist bei den Quallen und insbesondere bei Würfelquallen ganz anders: Ihre Nematocysten veranlassen selbst hartgesottene Australier, schützende Schwimmanzüge zu tragen. Berührt man den Tentakel einer typischen Seeanemone, bleibt er am Finger kleben, weil die vielen kleinen Harpunen sich mit den Widerhaken an ihren Spitzen in der Haut festhalten, ohne sie vollständig zu durchdringen. Es schmerzt nicht, sondern fühlt sich nur klebrig an; bei manchen Menschen kann das Gift

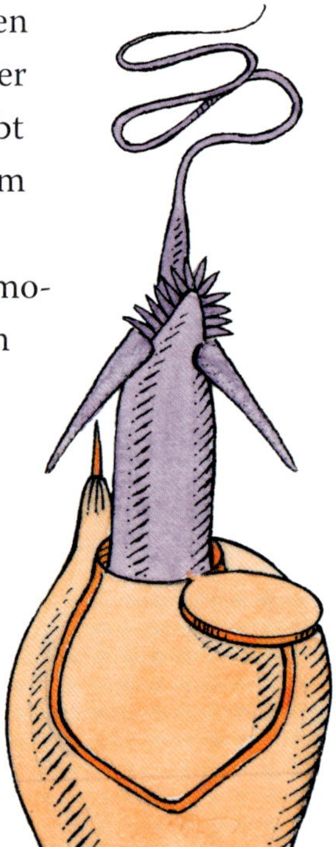

Cnidocyte nach dem Abschuss

der Anemonen allerdings allergische Reaktionen auslösen. Ein oder zwei Arten verursachen einen Ausschlag, und einige weitere richten größere Schäden an.

Seeanemonen sind »Polypen«: Sie sitzen mit ihrer Unterseite fest und können keine anderen Bewegungen ausführen, als mit den Tentakeln zu wedeln oder sie zurückzuziehen. Quallen sind »Medusen« – sie sind nicht verankert, sondern lassen sich treiben oder schwimmen gemächlich. Bei Seeanemonen gibt es zwar kein Medusenstadium, in der Regel kommen Nesseltiere aber in verschiedenen Lebensstadien als Polyp oder Meduse und oft sogar in beiden Formen vor. Jetzt haben wir das Harpune-schleudernde Nesseltier in seiner verankerten Spielart kennengelernt. Um es im Wasser treiben zu sehen, wenden wir uns der Geschichte der Qualle zu.

Discomedusae. — Scheibenquallen.

15

DIE GESCHICHTE DER QUALLE

Gestatten: Medusa

Eine Qualle ist eine Meduse und gehört damit zum zweiten großen Formentypus, den die Nesseltiere zu bieten haben. Sie ist gewissermaßen eine große, kopfstehende Seeanemone, deren Mund/Anus sich auf der Unterseite befindet. Außerdem ist sie nicht an einem Felsen verankert, sondern sie schwebt frei im Meer, während die Tentakel unter ihr hergleiten. Diese können sehr lang sein – der Rekord liegt bei mehr als 30 Metern. Der ganze runde Körper pulsiert sanft und treibt das Tier langsam vorwärts, und das meist ohne festgelegte Richtung. Das Pulsieren hat weniger den Zweck, irgendwohin zu gelangen, sondern dient vor allem dazu, eine Wasserströmung an den Tentakeln vorüberzutreiben, sodass die Qualle häufiger auf ihre Beute trifft, die kleinen Planktonorganismen. Die Tatsache, dass das ganze Tier sich bewegt, steht nicht im Widerspruch zu meinen Überlegungen über die Radialsymmetrie. Eine Qualle verfolgt nicht aktiv ihre Beutetiere, und ebenso wenig flüchtet sie aktiv vor Räubern.

Sofern die Fortbewegung von Quallen überhaupt mit einem gewissen Maß an aktiver Zielgerichtetheit verbunden ist, erfolgt sie in der Regel in der senkrechten Dimension von oben nach unten. Die Planktonorganismen, von denen sie sich ernähren, unternehmen jeden Tag eine vertikale Wanderung. Dies fiel erstmals im Zweiten Weltkrieg auf, als Marinesoldaten mit dem Echolot feindliche U-Boote aufspüren wollten. Es sah so aus (oder hörte sich vielmehr so an), als würde der ganze Meeresboden jeden Abend in Richtung der Oberfläche steigen, um dann am folgenden Morgen wieder abzusinken. In Wirklichkeit handelte es sich um eine große Wand aus Planktonorganismen, die stiegen und fielen wie das Zwerchfell eines langsam atmenden Riesen. Die Nahrung konzentriert sich in der obersten Meeresschicht, die vom Sonnenlicht getroffen wird. Dort lauern aber auch Räuber, die ihr Sehvermögen zur Jagd nutzen. Kleine Planktonorganismen fressen nachts in der Nähe der Oberfläche und ziehen sich tagsüber in die sichere Dunkelheit der Tiefe zurück. Quallen jagen nicht visuell, sondern durch zufällige Zusammenstöße ihrer Tentakel mit den Beutetieren, und in vielen Fällen folgen sie dem Plankton bei seiner täglichen senkrechten Wanderung.

Zielgerichtete Fortbewegung ist bei Quallen nicht allgemein üblich, sie kommt aber gelegentlich vor. Die »Würfelquallen« haben sogar Augen, mit denen sie ihre Beute verfolgen können, aber sie gehören nicht zu den normalen Quallen, sondern zu einer eigenen Gruppe. Das beste Beispiel für zielgerichtete Fortbewegung, das ich bei echten Quallen kenne, ist ein seltsamer Fall auf der Pazifikinsel Mercherdar. Auf der Insel gibt es einen See, der tatsächlich Quallensee genannt wird. Er enthält Salzwasser, steht unterirdisch mit dem Meer in Verbindung und ist die Heimat von rund 20 Millionen Quallen der Gattung *Mastigias*. Der See erstreckt sich über 2,5 Kilometer von Osten nach Westen. Die Quallen folgen jeden Tag der Sonne: Sie wandern morgens zum östlichen Ende des Sees, am Abend zum westlichen. In beiden Fällen halten sie kurz vor dem Ende an, weil

Bäume dort die Sonne abschirmen. Warum tun sie das? Wie Korallen enthalten sie symbiontische Grünalgen, die Licht brauchen. Es gibt die Vermutung, ihre tägliche Wanderung sei im Interesse der Algen.

Campanariae. — Glockenpolypen.

16

DIE GESCHICHTE DES POLYPEN

Der Vielköpfige

Betrachtet man Haeckels Abbildung einer *Obelia* (Mitte unten in dem Bild zu Beginn dieser Geschichte), so könnte man glauben, man habe es mit einer Pflanze zu tun. Ihr Hauptstamm wiegt sich hin und her und verzweigt sich wie eine Pflanze. Sie ist verankert wie eine Pflanze. Manche Zweige enden in Gebilden, die wie Blüten aussehen. Bei anderen ähneln sie Samenschoten. Würden Sie eine echte und gesunde *Obelia* sehen, wäre Ihnen schnell klar, dass es sich um ein Tier handelt. Sie hat aber noch eine andere, grundsätzlichere Eigenschaft mit den Pflanzen gemeinsam: den Generationswechsel. Wie bei vielen anderen Nesseltieren, so wechselt der Lebenszyklus auch bei *Obelia* zwischen einem ungeschlechtlichen Polypenstadium und einer geschlechtlichen Meduse. Im Lebenslauf vieler Tiere gibt es zwei oder mehr unterschiedliche Stadien – man denke nur an Raupen und Schmetterlinge oder Kaulquappen und Frösche –, aber bei ihnen handelt es sich jeweils um dasselbe Individuum, auch wenn sie ganz unterschiedlich aussehen und sich in ihrer Lebensweise stark unterscheiden. Die Raupe verwandelt sich tatsächlich in einen Schmetterling, wobei sie sich allerdings im Wesentlichen auflöst und zu einer Masse von Rohstoffen wird, aus denen dann der Schmetterling neu entsteht. Das ist kein Akt der Fortpflanzung, sondern eine individuelle Umgestaltung oder »Metamorphose« (von der in der Geschichte des Frosches genauer die Rede sein wird). Schmetterlinge pflanzen sich fort. Sie paaren sich und legen Eier. Die Raupen fressen und fressen und fressen, wachsen und wachsen und wachsen, bis sie groß genug sind, um sich in einen Schmetterling zu verwandeln, der dann nicht mehr wächst und nur so viel frisst, dass er seine Flugmuskulatur antreiben kann, während er sich dem Geschäft der Fortpflanzung widmet. So unterschiedlich die Lebensweisen auch sind, bei Raupe und Schmetterling handelt es sich um dasselbe Individuum. Polypen und Medusen dagegen sind verschiedene Individuen – sie unterscheiden sich voneinander so stark wie ein Tier von seinen Eltern und seinen Nachkommen. Das eine bringt in einem Fortpflanzungsakt das andere hervor; dieser ist ungeschlechtlich, wenn Medusen aus Polypen hervorgehen, die Meduse dagegen pflanzt sich geschlechtlich fort und lässt Polypen entstehen.

Medusen schwimmen frei herum oder treiben im Plankton. Polypen wandern in der Regel nirgendwohin, aber zugegebenermaßen können *Hydren* sich mit hübschen kleinen Purzelbäumen vorwärtsbewegen. Seeanemonen sind an einem Felsen oder einem anderen festen Untergrund angeheftet (wenngleich sie sehr langsam kriechen können). Der Generationswechsel ist für den Stamm der Nesseltiere charakteristisch; manche Gruppen legen das Schwergewicht auf das Polypenstadium, andere auf die Meduse und wieder andere auf beides. Seeanemonen sind Polypen, Medusen

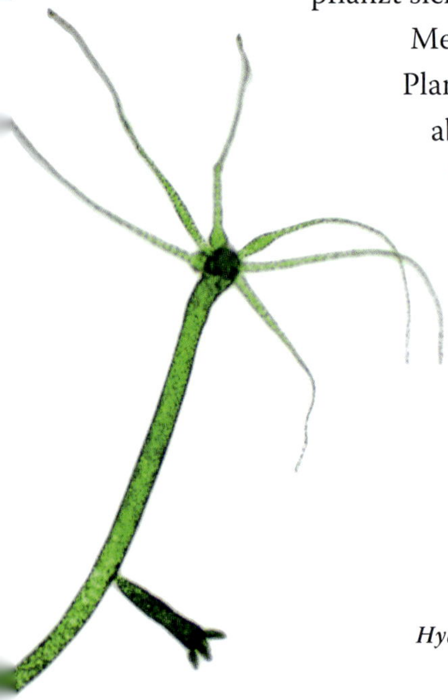

Hydra mit zweitem Polypen

gibt es bei ihnen überhaupt nicht. Quallen sind große Medusen. Verschiedene Quallenarten bringen zwar Polypen hervor, diese sind aber klein und unauffällig. Die meisten Hydrozoen (eine Klasse der Nesseltiere) legen auf Polypen und Medusen das gleiche Gewicht.

Quallen produzieren Eier, aus denen sich Larven entwickeln. Eine solche Larve lässt sich am Meeresboden nieder und wird zu einem kleinen Polypen. Wie ein Cricket-Schiedsrichter, der mehrere Hüte übereinander trägt, so bildet auch der Polyp einen Stapel heranwachsender Gebilde aus, die sich in kleine Medusen verwandeln. Diese werden nacheinander abgeschnürt – ein Vorgang, den man Strobilation nennt; dann schwimmt jede allein davon und entwickelt sich zu einer ausgewachsenen Qualle.

Aber ist *Obelia* ein einzelnes Tier? Oder ist sie eine Kolonie aus miteinander verbundenen Tieren? Was ist überhaupt ein Individuum? Wie definieren wir es? Hier hilft es, wenn wir einen anderen Polypen betrachten, der mit *Obelia* verwandt ist, aber von Haeckel nicht dargestellt wurde. *Hydra* lebt im Gegensatz zu den meisten anderen Nesseltieren im Süßwasser. Ihr Körperbauplan ähnelt stark dem einer Seeanemone, sie ist aber kleiner und länglicher geformt. Aber was ist sie nun? Sie sieht aus wie eine einzelne *Hydra*, aber dann wächst ein zweiter Polyp als Knospe heran. Dieser Tochterpolyp löst sich irgendwann ab und heftet sich selbst genau wie seine »Mutter« mit seiner Unterseite fest. Manchmal rechtfertigt eine *Hydra* ihren mythologischen Namen und lässt viele Knospen gleichzeitig heranwachsen. Da diese Auswüchse sich irgendwann ablösen und selbstständig werden, liegt es nahe, jeden davon als Individuum zu betrachten. Aber was ist, wenn die Knospen sich nicht lösen? Dann haben wir etwas wie *Obelia* oder *Ophiodes*. Und tatsächlich: Wenn wir noch einmal einen Blick auf *Ophiodes* werfen (auf Haeckels Bild rechts in der Mitte), stellen wir fest, dass drei seiner Zweige wie eine *Hydra* aussehen. Handelt es sich also um ein Individuum? Oder um eine Kolonie? Dieselbe Frage kann man auch bei *Obelia* stellen.

Eine verzeihliche Antwort lautet: »Wen kümmert das schon? Es hängt von der Definition ab. Es ist eine Frage der Semantik. Wörter sind nicht unsere Meister, sondern unsere Diener.« Verzeihlich, wie gesagt, aber ich glaube, wir können es besser. Ich werde die Frage in der folgenden Geschichte der Staatsqualle noch einmal aufgreifen.

Siphonophorae. — Staatsquallen.

17

DIE GESCHICHTE DER STAATSQUALLE

Was ist ein Individuum?

Eine Staatsqualle ist vielleicht das komplizierteste aller Nesseltiere. Ihre Komplexität entsteht, weil viele einzelne »Zooide« – Polypen oder Medusen – sich unwiderruflich vereinigen. Im Gegensatz zu den Knospen einer *Hydra* lösen sich die Zooide nie ab und gehen nie getrennter Wege. Sie sind so auf unterschiedliche Funktionen spezialisiert, dass sie nicht unabhängig überleben könnten. Jedes ist auf die anderen angewiesen.

Haeckel entschied, sie nicht darzustellen, aber die bekannteste Staatsqualle ist *Physalia*, die Portugiesische Galeere. Über Wasser sieht man von ihr einen gasgefüllten Schwimmkörper, der von einem Segel überragt wird – er wirkt tatsächlich als Segel, allerdings nicht gelenkt wie bei einem Segelboot. Unter dem Schwimmkörper liegen mehrere spezialisierte Typen von Zooiden, abgewandelte Polypen oder Medusen. Der erste ist das Pneumatophor, das, wie der Name vermuten lässt, für die Schwimmfähigkeit verantwortlich ist. Dann gibt es Gastrozooide, Polypen, die für die Verdauung der Nahrung sowie die Aufnahme der Nährstoffe sorgen und damit alle Zooide füttern. Die Gonophoren sind Medusen, die aber nicht frei schwimmen, sondern angeheftet bleiben. Sie kümmern sich um die geschlechtliche Fortpflanzung. In vielen Staatsquallen gibt es Nectophoren, medusenähnliche Schwimmglocken. Auch sie sind angeheftet und paddeln, um die ganze Staatsqualle anzutreiben, schwimmen aber nie allein davon. Bei *Physalia* selbst gibt es allerdings keine Nectophoren, und sie schwimmt auch nicht, sondern lässt sich unter ihrem Segel treiben. Dann findet man Dactylozooide, Polypen, die Tentakel bereitstellen. Diese hängen unter dem Schwimmkörper herunter und können bis zu 30 Meter lang werden. Berührt ein Beutetier – beispielsweise ein Fisch – einen Tentakel, wird es mit einem Stich gelähmt, und dann zieht der Tentakel ihn in Richtung des Schwimmkörpers. Der Stich ist schmerzhaft, und gelegentlich wurden Portugiesische Galeeren für Todesfälle bei Menschen verantwortlich gemacht, belegte Vorfälle dieser Art sind aber selten. Verschlimmert werden die Schmerzen, weil die Tentakel dazu neigen, sich um die Beine zu wickeln, und dann nur schwer wieder zu entfernen sind.

Ich habe versprochen, auf die Frage von »Kolonie« oder »Individuum« zurückzukommen. In der Zoologie hat man sich damit häufig schwergetan, und das insbesondere im Zusammenhang mit den Staatsquallen. Eine Staatsqualle besteht nämlich aus einer ganzen Reihe voneinander abhängiger Einheiten, die wir mit Vergnügen als *Organe* bezeichnen würden, gäbe es nicht eine unbestreitbare Tatsache. Jedes »Organ« zeigt eine deutliche Ähnlichkeit mit einem Gebilde, das wir ebenso vergnügt als Individuum bezeichnen würden, wenn es uns in Form einer Qualle oder Seeanemone begegnete. Die »Organe« einer Staatsqualle sind eindeutig Polypen und Medusen, genau wie jene Polypen und Medusen, die wir an anderen Stellen im Stamm der Nesseltiere als unabhängige Individuen kennengelernt haben. So betrachtet, ist die Staatsqualle eine Kolonie.

Portugiesische Galeere

Was ist ein Individuum? Als Studienanfänger war ich von einem kleinen Buch gefesselt: *The Individual in the Animal Kingdom* (»Das Individuum im Tierreich«) von Julian Huxley. Es wurde 1912 veröffentlicht, als Huxley erst 25 Jahre alt war. Ich glaube, aus irgendeinem Grund identifizierte ich mich teilweise mit ihm, und so freute ich mich darüber, dass ich ungefähr im gleichen Alter die Stelle erhielt, die er als junger Mann einst bekleidet hatte: Tutor für Zoologie am New College in Oxford. Leider bestand zwischen uns aber keine ernst zu nehmende Ähnlichkeit: Julian Huxley stand in dem beneidenswerten Ruf, als letzter Tutor für Zoologie in Oxford das gesamte Fachgebiet unterrichten zu können.

Huxley hob die Arbeitsteilung unter voneinander abhängigen, heterogenen Körperteilen als definierendes Merkmal eines Individuums hervor. Einen Schleimpilz kann man in zwei Hälften schneiden, und beide verfügen über die notwendigen Teile, um weiterhin ihren Tätigkeiten nachzugehen. Der Schleimpilz ist homogen. Ein Kaninchen dagegen ist heterogen. Bei ihm liegen lebenswichtige Teile in unterschiedlichen Regionen des Körpers. Schneidet man es durch, überlebt keine der beiden Hälften. Nach Huxleys Definition ist eine Staatsqualle ein Individuum, die Polypen und Medusen sind seine Organe. Es sind »heterogene Teile«, und zwischen ihnen besteht Arbeitsteilung: Sie sind voneinander abhängig.

Huxley schrieb sein Buch, bevor in der Biologie vollständig klar war, wie wichtig die genetische Verwandtschaft ist. Wenn die Zooide einer *Physalia* genetisch unterschiedlich wären, würde ich von einer Kolonie sprechen. Aber das ist nicht der Fall. Sie sind genetisch identisch. Das Gleiche gilt für Polypen wie *Obelia*. Genetisch betrachtet, sind alle Verzweigungen von *Obelia* ein einziger Klon. Bei den Knospen einer *Hydra* ist es genauso. Ebenso bei allen Zooiden einer Portugiesischen Galeere. Welche Definition man auch bevorzugt, nach meiner Auffassung sollte man eine »koloniale« Staatsqualle als Individuum betrachten.

Was aber ist mit einem Klon, dessen Einzelelemente physisch getrennt sind? Eine Gruppe weiblicher Blattläuse auf einer Pflanze ist ein Klon genetisch identischer Individuen. Ist die ganze Gruppe ein Individuum? Wie steht es mit einem Ameisennest – ist das ein Individuum? Auch hier sind Worte nicht unsere Herren, sondern unsere Diener. Wenn wir ein Individuum definieren müssen, lautet mein eigenes, bevorzugtes Urteil: Ein vollständig ausgeprägtes, eindeutiges Individuum muss mindestens zwei der drei folgenden Kriterien erfüllen:

1. Seine Teile sind physisch verbunden.
2. Das Kriterium von Julian Huxley: Wenn man das mutmaßliche Individuum in zwei Hälften schneidet, überlebt es nicht. Die Teile arbeiten im Sinne eines gemeinsamen Ziels zusammen. Sie sind voneinander abhängig.
3. Die Teile sind ein genetisch identischer Klon.

Die Gruppe der weiblichen Blattläuse erfüllt das Kriterium 3, nicht aber die Nummer 1 und 2. Eine Kolonie sozialer Insekten erfüllt das Kriterium 1 nicht, beim Kriterium 2 ist es zweifelhaft, und das Kriterium 3 ist nahezu vollständig erfüllt (die Mitglieder der Kolonie sind genetisch nicht genau gleich, kommen dem aber sehr nahe). Die Portugiesische Galeere erfüllt alle drei Kriterien. Sie ist ein Individuum. Andererseits sind ihre »Organe« eindeutige Entsprechungen zu Polypen und Medusen aus anderen Gruppen der Nesseltiere. Deshalb hege ich nach wie vor eine gewisse Sympathie für jene, die dazu neigen, sie als Kolonie zu bezeichnen. Was meinen Sie?

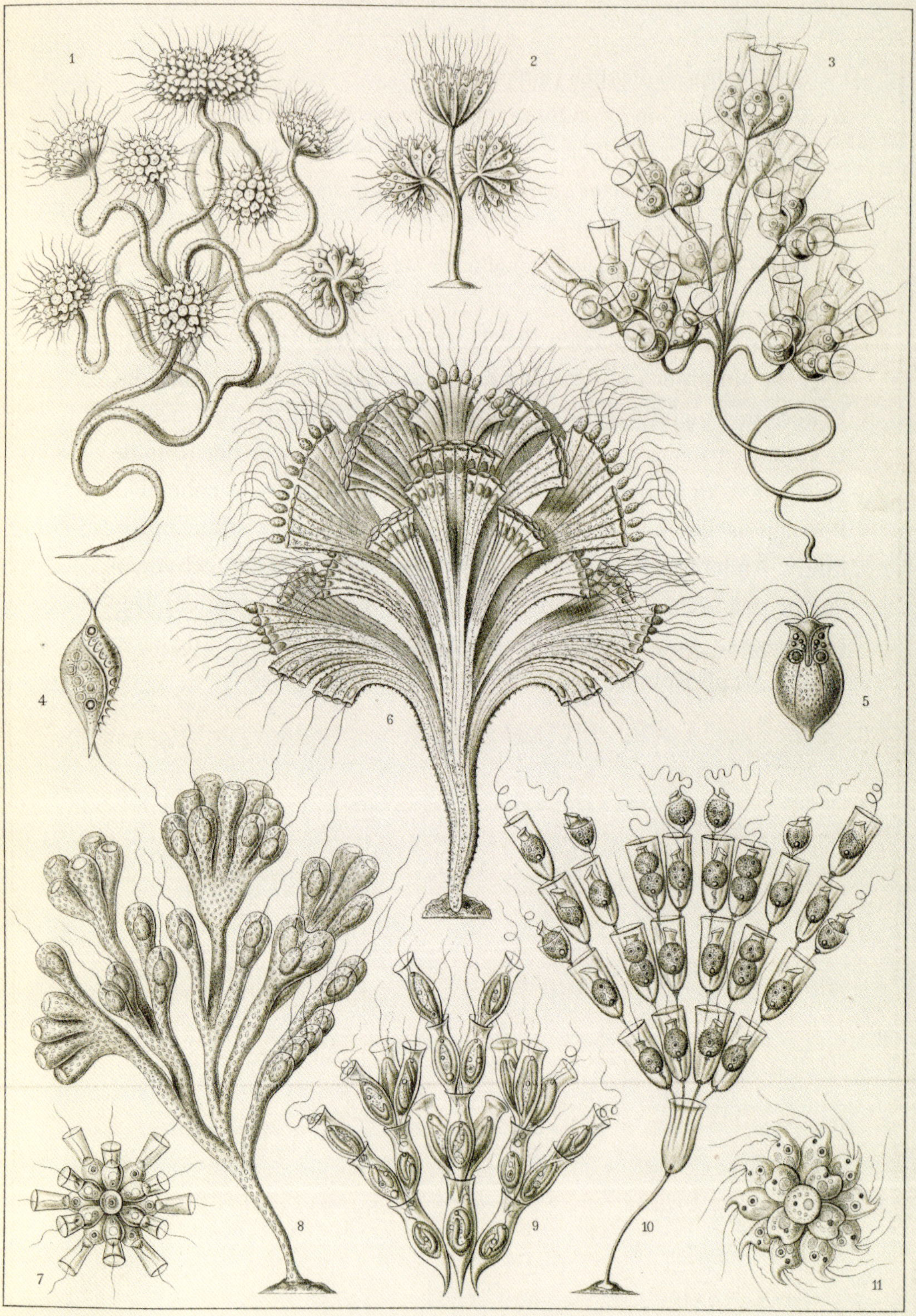

Flagellata. — Geißlinge.

18

DIE GESCHICHTE DES KRAGENGEISSELTIERCHENS

Neun plus zwei

Die Geschichte des Kragengeißeltierchens ist sehr kurz, hat aber eine wichtige Funktion. Sie dient dazu, uns mit den *Geißeln* oder Flagellen (und den *Cilien* oder Wimpern) bekanntzumachen, die im gesamten Tierreich allgegenwärtig sind. Kragengeißeltierchen (auch Choanoflagellaten genannt) sind einzelne Zellen und tragen typischerweise ein Gebilde, das wie eine lange Peitsche aussieht und aus einem Trichter herausragt. Das griechische Wort *choane* bedeutet »Trichter«, und *flagellum* ist im Lateinischen eine »Peitsche« oder »Geißel« (denken wir beispielsweise an die Flagellanten). Manche Kragengeißeltierchen schwimmen frei im Wasser und nutzen die Geißel als kleines Paddel oder kleinen Propeller. Andere, darunter die meisten von Haeckel dargestellten Lebewesen, bilden Kolonien und halten sich mit der Unterseite irgendwo fest. Bei ihnen dienen die Flagellen dazu, Wasser in den Trichter zu befördern, wo kleine Beutetiere dann geschluckt werden.

Geißeln wie die der Kragengeißeltierchen findet man im gesamten Tierreich, und immer haben sie die gleiche charakteristische

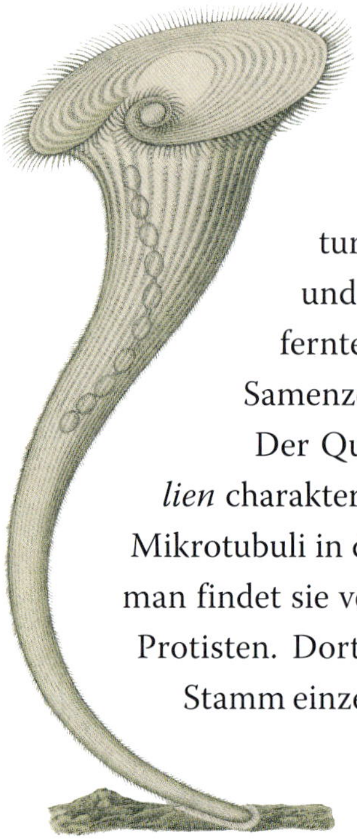

Stentor

Struktur. Im Inneren der Peitsche befinden sich elf Mikrotubuli. Zwei davon ziehen sich durch die Mitte und sind von einem Ring aus neun Mikrotubuli umgeben, die ihrerseits Doppelstrukturen sind. Dieses 9+2-Muster ist so charakteristisch und allgegenwärtig, dass es sicher von einem weit entfernten Vorfahren abstammt. Selbst der Schwanz einer Samenzelle ist nach dem gleichen Muster aufgebaut.

Der Querschnitt mit dem 9+2-Muster ist auch für die *Cilien* charakteristisch, hier fehlen allerdings manchmal die beiden Mikrotubuli in der Mitte. Cilien sind Flagellen im Kleinformat, und man findet sie verbreitet sowohl im Tierreich als auch im Reich der Protisten. Dort gibt es die Wimpertierchen oder Ciliaten, einen Stamm einzelliger Lebewesen, die eine Riesenzahl von Wimpern tragen. Der von Haeckel gezeichnete *Stentor* links auf dieser Seite ist eines der größten davon. Seine Cilien bilden im typischen Fall eine große Anordnung wie die Borsten, die man am Rand des Trompetentrichters von *Stentor* erkennt. *Cilium* ist das lateinische Wort für »Wimper«. Übrigens ist mir gerade aufgefallen, dass *supercilium* auf Lateinisch »Augenbraue« bedeutet. Das ist nett – welche Geste könnte wohl Hochnäsigkeit (engl.: *superciliousness*) besser zum Ausdruck bringen als eine hochgezogene Augenbraue?

9+2-Querschnitt durch ein einzelnes Cilium

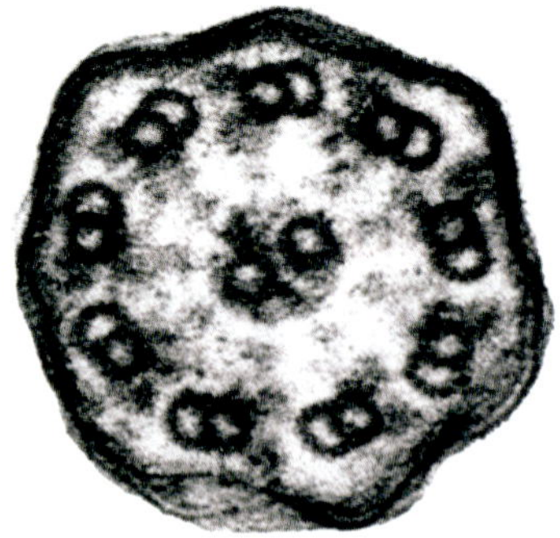

Peridinea. — Geißelhütchen.

(19)

DIE GESCHICHTE DES DINOFLAGELLATEN

Lebenswichtige Partner der Korallen

Eine insgesamt asymmetrische Körperform ist unter Tieren selten. Pflanzen wuchern vielleicht, ohne viel Mühe auf Symmetrie zu verwenden. Ihre Asymmetrie ist nicht von vornherein festgelegt, sie sind nur schlicht nicht sonderlich symmetrisch. Betrachten wir aber jetzt einmal die Dinoflagellaten in Haeckels Bild. Sie sind Einzeller, leben in ihrer Mehrzahl im Meer, sind oft auffallend asymmetrisch und sehen so aus, als meinten sie es wirklich ernst! Die Mitglieder einer Spezies sind stets auf die gleiche eigentümliche Weise asymmetrisch: Sie zeigen eine *regelmäßige* Asymmetrie. Und sind sie nicht unglaublich? Manche von ihnen würden auch als Krone auf dem Kopf eines Helden von Homer nicht deplatziert wirken.

Puristen haben etwas gegen Wörter, die aus lateinischen und griechischen Wurzeln zusammengesetzt sind. Nun, Pech gehabt. »Dinoflagellat« ist eine Kombination aus einem griechischen Wort, das »Wirbel« bedeutet, und dem lateinischen Wort für »Peitsche«. Dinoflagellaten besitzen zwei Peitschen; beide sind Flagellen und nach dem charakteristischen 9+2-Prinzip gebaut, das uns in der

Geschichte des Kragengeißeltierchens bereits begegnet ist. Wie die beiden Rotoren eines Hubschraubers stehen die beiden Flagellen in der Regel im rechten Winkel zueinander, und wenn beide schlagen, hat dies zur Folge, dass der Körper herumwirbelt und sich – im Gegensatz zu einem funktionierenden Hubschrauber – wie ein Korkenzieher fortbewegt. Die Asymmetrie der Dinoflagellaten hängt vermutlich mit dieser einzigartigen Fortbewegungsmethode zusammen.

Sie ist nicht ihr einziges ungewöhnliches Merkmal. Ich kann mich noch an eine zauberhafte Nacht an einem Strand in Florida erinnern, in der eine Freundin für mich am Rand des Wassers tanzte, wobei ihre nackten Füße elegante Bögen aus schnell verblassendem blauem Licht in den Sand zeichneten. Was war die Erklärung? Dinoflagellaten. Sie sind für ihre Biolumineszenz bekannt, für die spektakulären Lightshows, die sie im Meer aufführen. Wenn sie beispielsweise durch Wellen oder Ruder gestört werden – oder durch tanzende Füße an einem nassen Strand –, geben sie ein geisterhaftes blaues Licht ab. Dinoflagellaten erzeugen Licht durch ihre eigenen chemischen Vorgänge, ohne dass symbiontische Bakterien mithelfen – im Gegensatz etwa zu leuchtenden Tiefseefischen oder Kalmaren.

Etwa die Hälfte aller Dinoflagellatenarten betreibt Fotosynthese und enthält zu diesem Zweck jeweils unterschiedliche Licht sammelnde Farbstoffe. Nicht alle diese Fotosynthesepigmente sind grün wie Chlorophyll. Peridinin ist rot – es gehört zu derselben chemischen Familie wie die Carotinoide, die den Karotten ihre Farbe verleihen. Die berüchtigte Rote Flut wird durch eine hohe Konzentration roter Dinoflagellaten verursacht. Manche Fotosynthese betreibenden Dinoflagellaten leben symbiontisch als sogenannte Zooxanthellen: Sie teilen ihr Leben eng mit verschiedenen Partnern, darunter Quallen, Riesenmuscheln, Nacktkiemern, Seeanemonen und – am bekanntesten – Korallen.

Hexacoralla. — Sechsstrahlige Sternkorallen.

20

DIE GESCHICHTE DER KORALLE

Inselbaumeister

Korallen stehen in dem Ruf, neben den Menschen die einzigen Tiere zu sein, welche die Landkarte der Welt neu gezeichnet haben. Unter den vielen tausend Inseln, die sich über die Weltmeere verteilen, ist ein beträchtlicher Anteil Koralleninseln – und auf einem beträchtlichen Anteil von diesen haben sich Menschen dauerhaft niedergelassen. Jede derartige Insel liegt auf dem Gipfel eines Korallenberges, der von dem viel tiefer liegenden Meeresboden in die Höhe ragt. Das Große Barriereriff ist ein bedeutendes geographisches Merkmal, das weithin dafür gepriesen wird, dass es vom Weltraum aus zu sehen ist.

Korallen werden zu den Blumentieren oder Anthozoa gerechnet, der gleichen Gruppe der Nesseltiere, zu der auch die Seeanemonen gehören. Sie gliedern sich ihrerseits in die Steinkorallen mit einem kalkhaltigen Skelett und die Weichkorallen, die kein solches Gerüst besitzen. In der Geschichte der Staatsqualle haben wir darüber nachgedacht, wann eine Kolonie zum Individuum wird (und umgekehrt). Bei den Korallen kommt das Dilemma mit Wucht zurück. Eine Koralle ist ein Klon aus Hunderten oder manchmal Tausenden von Polypen; jeder davon ähnelt einer kleinen Seeanemone, ernährt sich auch ähnlich und fängt kleine Tiere mit seinen Nematocysten. Ergänzt wird die Ernährung der Korallenpolypen aber in der Regel durch Zooxanthellen (meist Dinoflagellaten), die in ihrem Gewebe zu Hause sind und Fotosynthese betreiben.

Ein Korallenriff ist ein Ökosystem wie ein Wald. Sowohl der Wald als auch das Riff stellen eine gewaltige Oberfläche zur Verfügung, die Tiere zum Anheften oder zum Verstecken nutzen können. Es heißt, Korallenriffe beherbergten ein Viertel aller Arten von Meeresbewohnern, obwohl sie nur weniger als ein Zehntelprozent der gesamten Meeresfläche einnehmen. Lebende Korallen und die Gemeinschaft der von ihnen versorgten Tiere und Pflanzen liegen dicht unter der Oberfläche auf dem Gipfel eines Berges aus den Skeletten ihrer toten Vorfahren. Da der Gipfel sich so dicht an der Oberfläche befindet, fängt er Sonnenenergie ein, die das gesamte Ökosystem antreibt.

Einer von Charles Darwins ersten Beiträgen zur Wissenschaft war eine geistreiche »Subsidenztheorie« über die Entstehung von Korallenriffen. Nach seiner Vorstellung sinkt der unterseeische Berg aus toten Korallenskeletten allmählich ab. Die lebenden Korallen auf dem Gipfel halten mit dem Absinken Schritt und behalten so ihre Lage in der nährstoffreichen Zone nahe am Licht bei. In einer anderen Version funktioniert Darwins Theorie genauso gut, wenn man statt der Subsidenz eine Veränderung des Meeresspiegels unterstellt. Als die Gletscher, Eisberge und Packeismassen am Ende der Eiszeit schmolzen, stieg der Meeresspiegel stetig an. Auch hier postuliert die Theorie, dass die lebenden Korallen damit Schritt hielten und in der Zone des Sonnenlichts blieben, während die Ske-

Feuerfisch

lette ihrer Toten den Berggipfel ständig wachsen ließen. Wenn der Meeresspiegel nicht steigt, sondern sinkt, bleiben einige einzelne Gipfel der Korallenberge auf ihrer Höhe und werden zu trockenen Inseln, die von lebenden Riffen in flachem Wasser umgeben sind. Zu gegebener Zeit werden die Inseln durch Bäume und andere Pflanzen besiedelt, weil Samen mit dem Wind herangeweht oder unabsichtlich von Vögeln abgelegt werden.

Mandarinfisch

Fische, die an Korallenriffen leben, sind oftmals leuchtend bunt gefärbt, während solche im offenen Meer meist einfarbig oder silbrig sind. Warum ist das so? Wie wir in anderen Geschichten bereits erfahren haben, sind leuchtende Farben ein Signal. Oft richten sie sich an Angehörige derselben Spezies – an eine potenzielle Partnerin oder an einen potenziellen Eindringling gleichen Geschlechts. Sie können aber auch auf potenzielle natürliche Feinde abzielen und sie vor einem Angriff warnen. Warnfarben sind bei Fischen nicht sehr weitverbreitet. Ebenso schmecken nur wenige Fische schlecht, einige sind allerdings stark giftig. Leuchtende Farben richten sich bei Fischen in der Regel – aber nicht immer – an Artgenossen.

In der Geschichte des Kolibris war bereits davon die Rede, dass in der Evolution meist ein Kompromiss geschlossen wird: Auf der einen Seite steht der Druck von Artgenossen zugunsten einer leuchtenden Färbung, auf der anderen der Druck von natürlichen Feinden oder Beutetieren, der eine unauffällige Tarnung begünstigt. Erinnern wir uns an John Endler: Er studierte diesen Kompromiss an Süßwasser-Guppys. Bei den Fischen an den Korallenriffen verschiebt sich das Gleichgewicht anscheinend in Richtung der Farbenpracht, bei

Fischen im offenen Meer dagegen in die entgegengesetzte Richtung. Warum ist das so? Ich könnte spekulieren, aber das können Sie auch, also lasse ich es als interessante Frage zum Nachdenken im Raum stehen.

Bevor wir das Thema der leuchtenden Farben verlassen, möchte ich noch einen weiteren Gesichtspunkt hinzufügen, der nur für Korallenriffe gilt. Ich fasse mich dabei kurz, denn ich habe ihn an anderer Stelle bereits ausführlicher erörtert. Nach einer neueren Schätzung haben 208 Arten von Fischen an den Korallenriffen und auch 51 Arten dort lebender Krebse eine einzigartige Funktion: Sie sind professionelle Reinigungskräfte. Größere Fische stehen Schlange, um sich Parasiten und abgestorbene Schuppen von solchen Putzern entfernen zu lassen, von denen jeder seine persönliche Reinigungsstation betreibt. Die Putzer sind klein und gefährdet, denn sie könnten von den größeren Kunden ohne weiteres gefressen werden. Das tun die Kunden aber nicht, denn sie müssen später wiederkommen und sich an derselben Reinigungsstation erneut putzen lassen.

Diese Ortstreue ist sowohl für die Putzer als auch für ihre Kunden wichtig. Wenn einzelne Putzer ihr Geschäft einfach irgendwo am Riff betreiben würden und/oder wenn die Kunden wechselnde Putzer hätten, bestünde für die Kunden keine Veranlassung, einen Putzer nach der Dienstleistung nicht zu fressen. Darauf zu verzichten, würde aber allen Kunden nützen und nicht nur dem einzelnen Kunden, der verzichtet. Deshalb würde es von der natürlichen Selektion nicht begünstigt. Es muss eine individuelle Partnerschaft zwischen Kunde und Putzer geben. Sie wäre theoretisch durch individuelle Erkennung zu bewerkstelligen, in der Praxis geschieht es aber durch die Ortstreue. Um erkannt und nicht

Königin-Engelfisch

gefressen zu werden, haben die Putzer eine besondere Uniform: Sie besteht in der Regel aus einem auffälligen Streifen, der sich beiderseits rund um den Körper zieht. Diese »Uniform für freies Geleit« vermittelt einen so zuverlässigen Schutz, dass die Putzer sich sogar zwischen die geöffneten Kiefer eines großen Raubfisches begeben und seine Zähne reinigen. Putzerkrebse sind mit der gleichen farbigen Livree gekennzeichnet, die ich deshalb als weiteren, recht ungewöhnlichen Grund für die leuchtenden Farben an Korallenriffen aufführen muss. Ich war nie ein großer Freilandbiologe, aber einmal war ich beim Schnorcheln in indonesischen Gewässern fasziniert, als ich einen Putzerfisch an seiner »Uniform« erkannte und ihn mehrere Minuten lang beobachten konnte, während er seiner Tätigkeit nachging.

Zwischen Korallen und ihren einzelligen »Zimmerpflanzen« – den Zooxanthellen, die buchstäblich in ihrem Inneren leben – besteht eine äußerst enge Beziehung, und die bietet eine gute Einleitung für das Thema der Symbiose – was wörtlich »Zusammenleben« bedeutet. Die Zooxanthellen nutzen die Sonnenstrahlung und stellen Zuckermoleküle her, die sie an ihren Wirt, die Koralle, weitergeben. Ein Nebenprodukt der Fotosynthese ist Sauerstoff, und auch der nützt der Koralle. Für die Fotosynthese ist Kohlendioxid erforderlich, und den beziehen die Zooxanthellen als Abfallprodukt von den Korallen. Als zusätzlichen Nutzen bietet die Koralle ihnen eine geschützte Zuflucht in dem flachen, von der Sonne beschienenen Wasser.

Zooxanthellen können auch ohne Korallen leben, aber die Korallen haben umgekehrt Schwierigkeiten, ohne sie zurechtzukommen. Schon eine Erwärmung des Meerwassers um ein bis zwei Grad kann dazu führen, dass die Zooxanthellen ihre Korallen verlassen, die daraufhin »ausbleichen«. Können die Korallen keine neuen Zooxanthellen für sich gewinnen, sterben sie. Seit 1950 sind weltweit schätzungsweise 50 Prozent der Korallenriffe durch Ausbleichen und andere Ursachen, darunter die Wasserverschmutzung, verloren gegangen. Das Ganze ist eine Tragödie, und wenn die Entwicklung sich bis zu 100 Prozent fortsetzt, wird sie zur Katastrophe werden. Seit 2023 sind wir beim Anteil der Riffe, die durch Temperaturbelastung auszubleichen drohen, bei 80 Prozent angelangt. Dass eine so kleine Temperaturveränderung solche drastischen Auswirkungen haben kann, ist doch erstaunlich, nicht wahr? Es lässt darauf schließen, dass die Symbiose alles andere als robust ist. Die gleichen Zooxanthellen – sie gehören zur Dinoflagellatenfamilie der Symbiodiniaceae – vertragen die Temperatursteigerung, wenn sie sich in anderen Wirtsorganismen befinden. Der Kipppunkt ist im Wesentlichen nicht eine Eigenschaft der Alge als solcher, sondern der jeweiligen symbiontischen Partnerschaft mit den Korallen. Eine kürzlich erschienene gründliche Untersuchung zu der Frage legt die Vermutung nahe, dass die Symbiose mit den Korallen instabil ist, weil sie auf beiden Seiten nicht vollkommen einvernehmlich eingegangen wird. Und die Annahme, dass eine ohnehin bereits unbehagliche Partnerschaft leicht aus dem Gleichgewicht gebracht werden kann, ist plausibel. Wenn die Situation so bleibt, dürfte die von den Korallen gezeichnete Landkarte in aller Stille und unwiderruflich verblassen.

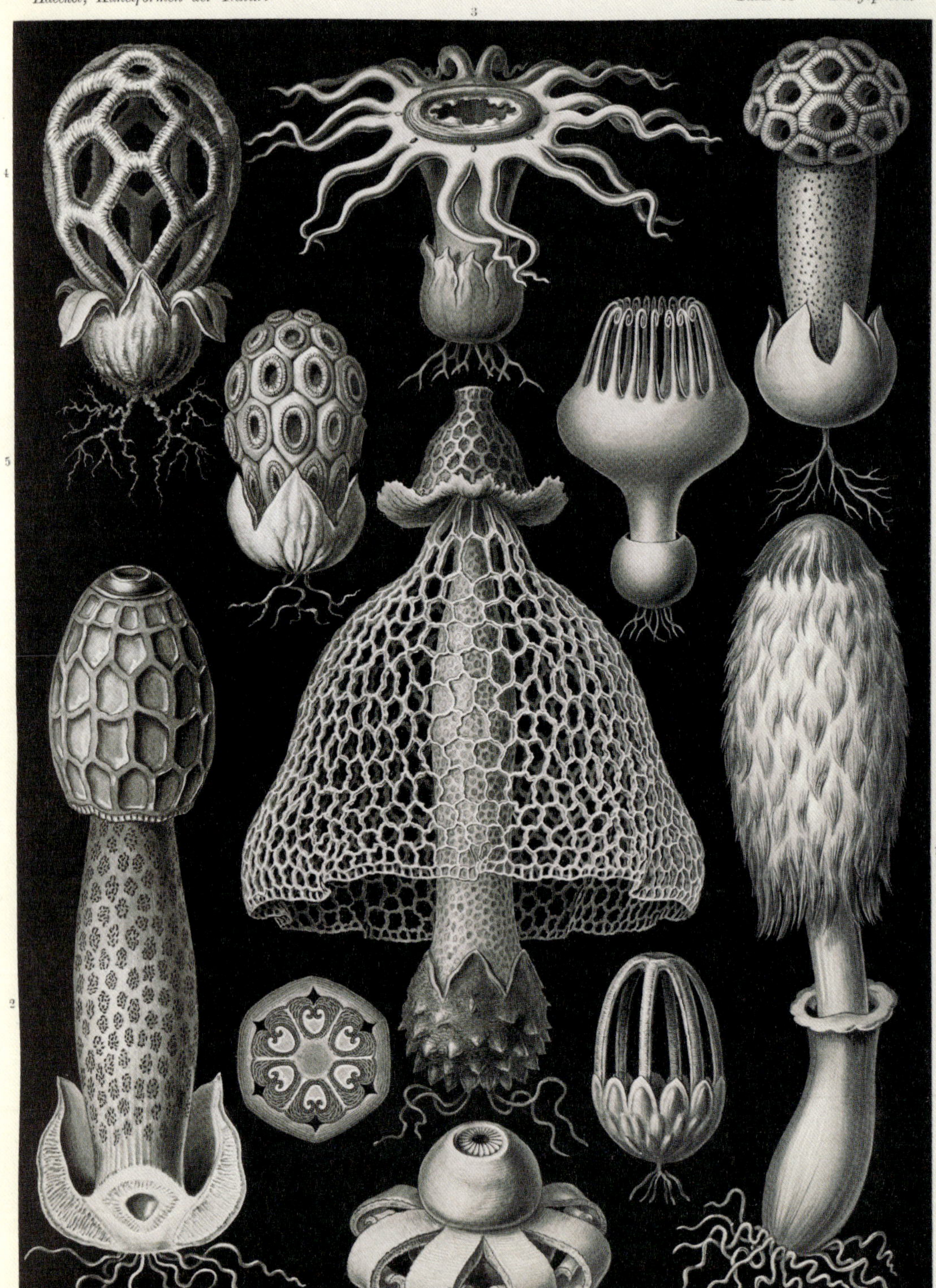

Basimycetes. — Schwammpilze.

21

DIE GESCHICHTE DES PILZES

Das Wood Wide Web

Pilzforscher sind in der Regel in botanischen Instituten untergebracht, dabei sind Pilze gar keine Pflanzen. Wenn überhaupt, sind sie eher mit den Tieren verwandt, aber sonderlich eng ist die Verbindung auch hier nicht. Sie bilden ein eigenes Organismenreich und stehen auf einer Stufe mit Tieren, Pflanzen, Protisten, Bakterien und Archaea. Diese Geschichte hat dem großartigen Buch *Verwobenes Leben* von Merlin Sheldrake viel zu verdanken.

In der Sprache meiner Kindheit meinte man mit *mushrooms* den essbaren Wiesenchampignon *Agaricus campestris*, den größeren weißen Anis-Champignon *Agaricus arvensis* oder ihre Kulturform, den Zucht-Champignon *Agaricus bisporus*. *Toadstools* dagegen waren ungenießbar und in manchen Fällen tödlich giftig. Einer der gefährlichsten, der grüne Knollenblätterpilz *Amanita phalloides*, wird leider manchmal mit dem köstlichen *Agaricus campestris* verwechselt. Wie ein altes Sprichwort sagt: Man kann alle Pilze essen, manche allerdings nur einmal. Viele sind Delikatessen, so die Trüffel (verschiedene Arten von *Tuber*), der Austern-Seitling *Pleurotus ost-*

reatus oder der Falten-Tintling *Coprinopsis atramentaria*, von dem es allerdings heißt, man solle ihn nicht zusammen mit Alkohol zu sich nehmen. Dann gibt es die »Zauberpilze« oder *magic mushrooms*, in denen der halluzinogene Wirkstoff Psilocybin enthalten ist.

Ohnehin sind die essbaren Pilze und alle Exemplare in Haeckels Bild nur die Spitze des Eisberges. Der oberirdisch sichtbare Teil des Lebewesens wird als Fruchtkörper bezeichnet und ist ein Organ, das Sporen freisetzt. Solche Fruchtkörper entspringen von Zeit zu Zeit aus dem Hauptteil des Organismus, und der sieht überhaupt nicht aus wie ein Champignon, ein Knollenblätterpilz, ein Porling oder irgendein anderer Fruchtkörper. Er ist vielmehr ein »Mycel«, ein großes Netzwerk aus dünnen Fäden, die sich unter der Erde verbergen und sich manchmal über eine Fläche von der Größe eines riesigen Tennisschlägers verbreiten. Wie weit sich ein solches unterirdisches Mycel ausdehnen kann, zeigen die »Hexenringe« aus Pilzen. Das Mycel eines einzigen Hallimaschs kann einen Durchmesser von über einem Kilometer erreichen. Die Fäden eines Mycels nennt man Hyphen.

*Die Gemeine Stinkmorchel (*Phallus impudicus*)*

Die Fruchtkörper von Pilzen bestehen aus verwobenen und zusammengefalteten Hyphen und wachsen unter Umständen in einer Geschwindigkeit heran, die alles, was eine Pflanze bewerkstelligt, weit übertrifft. Ein Wiesenchampignon kann über Nacht aus dem Boden schießen. Der Druck eines wachsenden Pilzes schiebt manchmal schwere Pflastersteine in die Höhe. Pflanzen und Tiere wachsen durch Zellteilung. Pilze wachsen, indem sie Wasser aufnehmen und sich aufrichten wie ein Ballon. Oder – ja, wirklich – wie ein Penis. Das Bild auf dieser Seite zeigt die Gemeine Stinkmorchel *Phallus impudicus*. Die Ähnlichkeit, die der Gattungsname zum Ausdruck bringt, ist im doppelten Wortsinn amüsant – unterhaltsam und unbedeutend zugleich. Das lateinische Wort *impudicus* bedeutet »schamlos«. Haeckel stellte (in der Mitte seiner Bildtafel am Anfang dieser Geschichte) die verwandte Art *Phallus indusiatus* dar, die ein hübsches zartes »Röckchen« oder *indusium* trägt. Wozu es dient, weiß ich nicht.

Während Pflanzen sich von Sonnenlicht ernähren und Tiere Pflanzen (oder andere Tiere, die sich letztlich von Pflanzen ernähren) fressen, haben Pilze ihre eigenen Wege der Nahrungsbeschaffung. Ein typisches Tier, beispielsweise eine Kuh oder ein Löwe, findet Nahrung, macht sie durch Kauen zu einem Brei und schiebt diesen durch ein Rohr, den Darm, dessen Auskleidung und Länge so konstruiert sind, dass die Kontaktfläche sich vergrößert. Ein Pilzmycel ist eine Art umgekehrter Darm. Die Hyphen dringen in die Nahrung ein, wobei ihre große Zahl und ihr geringer Durchmesser die notwendige große Kontaktfläche herstellen. Oder, wie Merlin Sheldrake es formuliert: »Sie verdauen ihre Umwelt an Ort und Stelle und nehmen sie erst dann auf.«

Neben Bakterien sind die durchdringungsfähigen Pilzhyphen auf der Welt das wichtigste Mittel der Verwesung. Schimmel ist ein Pilz. Der Brotschimmel *Penicillium* greift Bakterien an und ist deshalb für uns von unschätzbarem medizinischem Wert. Nebenbei bemerkt, ist das Wort »Antibiotika« unglücklich gewählt. Hätte man sie »Antibakteria« genannt, den Ärzten würden die lästigen Anfragen von Patienten, die eine vollkommen unwirksame Arznei gegen virusbedingte Beschwerden fordern, erspart bleiben.

Viele Pilze sind Parasiten – das gilt beispielsweise für den Fußpilz. Die von Pilzen hervorgerufene Dermatophytose ist eine Art dermatologischer Hexenring. Die einzelligen Hefepilze vergären Wein und

Bier, lassen aber auch Brot aufgehen. Andere Hefepilze, beispielsweise *Candida*, leben auf dem menschlichen Körper und sind harmlos, es sei denn, sie breiten sich bei unangenehmen Krankheiten wie Candidose oder Windeldermatitis aus. Manche Pilze fressen Fadenwürmer; um sie zu fangen, nutzen sie verschiedene Kunstgriffe, die sich in der Evolution unabhängig entwickelt haben. »Hausschwamm« (*Serpula lacrimans*) und die von verschiedenen Arten hervorgerufene »Nassfäule« sind zwei gefürchtete Pilzinfektionen von Holzbauteilen in Häusern.

Viele Termiten fressen ebenfalls Holz, aber sie können es nicht verdauen. Dazu ist kein Tier in der Lage, es sei denn, Mikroorganismen helfen ihm dabei. Termiten mehrerer Gattungen züchten in ihren riesigen Burgen eigene Pilzgärten: Sie verfüttern gekautes Holz an die Pilze, die das Material dann verdauen und in eine Form verwandeln, mit der die Termiten etwas anfangen können. Die Fruchtkörper der Pilze sind auf der Außenseite von Termitenbauten ein vertrauter Anblick.

Etwas Ähnliches tun auch die Blattschneiderameisen der neuen Welt:[8] Sie sammeln große Mengen an frischen Blättern und verarbeiten sie im Inneren ihrer riesigen unterirdischen Nester zu Kompost. Auf diesen Kompostbeeten züchten sie Pilze, und die sind die eigentliche Nahrung der Ameisen. Pilzanbau ist bei sozialen Insekten eine äußerst erfolgreiche Lebensweise. Eine Blattschneiderameisenkolonie zählt unter Umständen mehrere Millionen Einzeltiere und reicht damit an eine Großstadt wie London heran. Sie ist aber auch ein landwirtschaftliches Kollektiv, ein Bauernhof in der Stadt, eine Agrarmetropole. Die Pilzarten, die dort gezüchtet werden, wachsen sonst nirgendwo. Es sind »Nutzpflanzen« wie unser Weizen, aber sie wurden von den Ameisen schon vor vielleicht 10 Millionen Jahren domestiziert, und diese Ameisen fressen auch nichts anderes.

Pflanzen ernähren sich von Sonnenlicht, und dabei dienen ihnen die Blätter als Solarkollektoren. Sie müssen aber auch Wasser und verschiedene lebenswichtige Substanzen aus dem Boden aufnehmen – Phosphate, Nitrate, Kaliumverbindungen und so weiter; zu diesem Zweck haben sie in ihrer Evolution ein stark verzweigtes Wurzelgeflecht entwickelt. Die feinsten Äste dieser Wurzeln sind die Wurzelhaare. Bei fast allen Landpflanzen erhalten die Wurzelhaare aber ungeheuer starke Unterstützung durch Pilze, die sogenannten Mykorrhiza. Ihre dünnen Hyphenfäden sehen wie Wurzelhaare aus und verhalten sich auch so. Ihre oberirdischen Fruchtkörper sind uns in vielen Fällen vertraut. Unter der Erde bleibt ihr Myzel eng an die verzweigten Wurzeln einer Pflanze gebunden, wobei die Hyphen als zusätzliche Wurzelhaare dienen. In den meisten Fällen sind sie sogar weitaus zahlreicher als die pflanzeneigenen Wurzelhaare. Manche Pflanzen, beispielsweise die Orchideen, haben die eigenen Wurzelhaare völlig aufgegeben und verlassen sich ausschließlich auf die Mykorrhiza. Diese versorgen die Pflanze mit Phosphaten und anderen mineralischen Nährstoffen. Im Gegenzug erhalten sie Kohlenstoffverbindungen, die Produkte der Fotosynthese.

Ein großer Teil aller Pilzarten ist in der Lage, Mykorrhiza zu bilden. Und ein großer Teil der Pflanzenarten ist auf sie angewiesen. Sowohl Pilze als auch Pflanzen sind in ihrer Treue zu einzelnen Mykorrhiza nicht festgelegt: Pilze sind nicht allzu wählerisch in der Frage, mit welchen Pflanzenarten sie sich als Mykorrhiza zusammentun, und ähnlich wenig pingelig sind auch Pflanzen, wenn es darum geht, von

Blattschneiderameisen

welchen Pilzarten sie profitieren. Der Waldboden beherbergt ein ungeheuer umfassendes Netzwerk aus Mykorrhiza, das einen Baum mit dem anderen, Bäume verschiedener Arten und verschiedene Arten von Pilzen verbindet. Deshalb hat man auch vom Wood Wide Web gesprochen.

Das Wood Wide Web hat sich in manchen Kreisen einen geradezu mystischen Ruf erworben. Die symbiontische Zusammenarbeit zwischen einem Baum und seinen Mykorrhiza ist dafür nicht der einzige Grund. Das umfassende Geflecht der Mykorrhiza-Verbindungen hat auch zu Vermutungen geführt, es gebe eine altruistische Kooperation zwischen Bäumen, darunter auch solche unterschiedlicher Arten. Angeblich werden »Warnungen« vor Insektenbefall von Baum zu Baum weitergegeben. Ich muss sagen: Da bin ich skeptisch. Angeblich gibt es Indizien, wonach ein Baum, der es schwer hat und um sein Leben kämpft, von Bäumen, die gerade im Überfluss leben, auf dem Weg über die gemeinsamen Mykorrhiza Nährstoffe geschenkt bekommt. Der »Gefallen« wird dann erwidert, wenn das Schicksal sich umkehrt. Auch hier bin ich skeptisch, und Merlin Sheldrake ist es auch. Nach seiner Auffassung sind wir in die Irre gegangen, weil wir uns zu sehr auf die Bäume und zu wenig auf die Pilze konzentriert haben. Betrachtet man vorwiegend die Bäume, so hält man die Pilze für Kanäle altruistischer Gefälligkeiten. Wer *Das egoistische Gen* gelesen hat, wird einschätzen können, warum sich hier meine theoretischen Nackenhaare sträuben. Sheldrake stellt – nach meiner Ansicht zu Recht – die Mykorrhiza als aktive Beteiligte in den Mittelpunkt. Sie sind keineswegs passive Kanäle, sondern sie haben das Sagen. Wenn ein Pilz sich einer symbiontischen Beziehung mit zwei Bäumen erfreut, liegt es im Interesse dieses Pilzes, beide Bäume am Leben zu erhalten. Das Hin- und Herschieben von Substanzen zwischen beiden ist genau das, was ein Beteiligter im eigenen Interesse tun würde. Die Bäume tun sich nicht untereinander irgendwelche Gefallen. Vielmehr verwalten die Pilze in ihrem eigenen Interesse die unterirdische Wirtschaft, belegen reiche Bäume mit Steuern, um so arme zu unterstützen. Und wenn sich dann die Rollen umkehren und wir etwas beobachten, was wie Gegenseitigkeit aussieht, deuten wir die Sache falsch. Das Gleiche gilt für Behauptungen, Bäume würden einander vor Insektenangriffen »warnen«. Auch hier geht die Warnung von den Pilzen aus, und sie tun es zu ihrem eigenen Nutzen.

Das Buch von Merlin Sheldrake war für mich eine Erleuchtung. Eine Geschichte wie diese ist ein viel zu kurzes Format, um den außerordentlichen Leistungen des unterirdischen Reiches der Pilze Gerechtigkeit widerfahren zu lassen. In der Überleitung zur nächsten Geschichte kann ich jedem nur nachdrücklich empfehlen, *Verwobenes Leben* zu lesen. Man erfährt darin etwas über bemerkenswerte Vermutungen, wonach Nachrichten in einer Form, die Nervenimpulsen ähnelt, über die Oberfläche eines Myzels laufen. Man erfährt etwas über Religionen, die sich um halluzinogene »Zauberpilze« drehen. Wir werden zu Spekulationen über Zukunftsprojekte verleitet, in denen Häuser und sogar Computer aus Myzel gebaut werden. Wenn es darum geht, wie Pilze uns verblüffen können, gibt es offensichtlich keine Grenzen.

Pilze können sehr gut symbiontische Beziehungen zu anderen Lebewesen eingehen. Viele von ihnen haben den gleichen Kunstgriff entdeckt wie die Korallen und nehmen Algen oder Bakterien auf, die Fotosynthese betreiben. Das Ergebnis ist eine neue Art von Organismus, der sich von einem Pilz als solchem so stark unterscheidet, dass er deshalb als etwas vollkommen Neues anerkannt wird: eine Flechte.

Lichenes. — Flechten.

22

DIE GESCHICHTE DER FLECHTE

Die höchste Form des Zusammenseins

Eine Flechte ist ein Pilz, der durch einen Fotosynthese betreibenden Partner – eine Grünalge und/oder blaugrüne Bakterien – umgestaltet wurde. Wir haben schon mehrere Fälle von Symbiose kennengelernt. In der Geschichte der Koralle kam die Beziehung zwischen Putzerfischen und geputzten Fischen vor, aber auch die ausgeprägtere Gegenseitigkeit der Korallenpolypen und ihrer Fotosynthesealgen. Flechten jedoch verlagern die Symbiose auf eine noch viel tiefer gehende Ebene.

Wenn ein Pilz (der »Mykobiont«) einen fotosynthetisch aktiven Partner (den »Photobionten«) an Bord holt, profitieren beide Seiten auf die gleiche Weise, wie wir es aus der Geschichte der Koralle kennen. Und in der Geschichte des Pilzes haben wir erfahren, dass die Wurzeln der meisten Pflanzen durch symbiontische Pilze gestärkt werden. Trotz ihrer Abhängigkeit von Mykorrhiza ist die Pflanze jedoch noch immer als Pflanze zu erkennen. Auch die Koralle ist weiterhin erkennbar ein Nesseltier aus der Gruppe der Anthozoa, gewissermaßen eine Seeanemone im Kleinformat. Eine Flechte dagegen sieht nicht entfernt wie ein Pilz aus. Sie sieht auch nicht entfernt wie

eine Alge aus. Sie wirkt wie ein ganz neuer Typus von Lebewesen. Oder besser gesagt, wie ein ganzes Spektrum verschiedener Typen, denn Flechten gibt es in den unterschiedlichsten, wunderbaren Farben – schwarz, orange, grau, rosa, weiß, rot, grün, gelb – und Formen: »Blattflechten«, »Strauchflechten«, »Krustenflechten« oder »Gallertflechten«, um die anschauliche Fachsprache zu benutzen. Flechten erhalten Artnamen, und zwar immer den lateinischen Namen des Pilzpartners (den es unter Umständen auch in »nicht zur Flechte gewordener« Form gibt), auch wenn die Flechte selbst ihrem Aussehen nach einer vollkommen anderen Art oder sogar einem ganz anderen Organismenreich anzugehören scheint. Ich habe die Fotos von Flechten, die sich in dieser Geschichte verteilen, nicht beschriftet. Es geht nur darum, einen Eindruck von der Bandbreite der Farben und Formen zu vermitteln und insbesondere deutlich zu machen, dass sie wie keiner der beiden Symbiosepartner aussehen.

Und als wäre das noch nicht genug, sind die meisten Flechten nicht nur ein Myko- und ein Photobiont, sondern kompliziertere Lebensgemeinschaften. Ich habe sogar gehört, wie eine einzelne Flechte nicht nur als symbiontische Gemeinschaft, sondern als ein ganzes Ökosystem bezeichnet wurde. Eine Flechte ist die Heimat anderer Pilze, Bakterien, mikroskopisch kleiner Würmer und der charismatisch-bezaubernden Bärtierchen oder Tardigrada.

Bärtierchen sind winzige, ungefähr einen Millimeter lange Tiere mit acht Beinen und einem liebenswürdig-entspannten Verhalten. Sie sind mit keinem anderen Tier eng verwandt und bilden einen eigenen Tierstamm. Berühmt wurden sie als Extremophile, die extreme Kälte und extreme Hitze überleben. Wenn ein Tier eine Chance hat, die Einwirkung des interplanetaren Weltraums zu überleben, dann ein Bärtierchen. Tatsächlich hat man

sie zehn Tage in den Weltraum gebracht, ohne Luft, ohne Wasser und mit (normalerweise) tödlichen Strahlungsdosen, und sie haben es mit ihrer charakteristischen Sorglosigkeit überlebt. Außerhalb des Tierreiches dürfte eine Flechte der heißeste (vielzellige) Kandidat für die Auszeichnung »extremophil« sein. Viele Flechten werden selbst dann, wenn sie vollständig ausgetrocknet sind, nach dem Kontakt mit Wasser sofort wieder lebendig. Flechten der Spezies *Parmelina tiliacea* konnte man sogar wiederbeleben, nachdem man sie zunächst getrocknet und dann eine Woche in flüssigen Stickstoff von minus 196 Grad getaucht hatte. Flechten gedeihen an Orten, an denen nichts anderes wächst. Sie leben auf nacktem Fels und bauen ihn zu Erde ab. Sie vertragen Radioaktivität, die 12 000-mal so stark ist wie die für Menschen tödliche Dosis. Wenn die Pläne, den Mars zu besiedeln, jemals Früchte tragen sollten, sind Flechten vielversprechende Pioniere. Auch in dem unwahrscheinlichen Fall, dass eine vielzellige Lebensform von der Erde einen anderen Planeten verunreinigen sollte, sind Flechten höchstwahrscheinlich die Schuldigen. In der Arktis stellen sie einen wichtigen Nahrungsbestandteil für Rentiere dar. Manche Flechten wachsen außerordentlich langsam und leben sehr lange. Manche existieren Schätzungen zufolge schon seit über 8000 Jahren. Bisher. Ein Bekannter stellte eine Studie zur Wachstumsgeschwindigkeit der Flechten auf Grabsteinen an, da diese eine bequeme Datierung ermöglichen.

Flechten können herausragend gut überleben, und die Evolution all ihrer Spielarten ist mit Sicherheit der darwinistischen natürlichen Selektion zu verdanken. Manche Flechten überleben besser als andere und pflanzen sich besser fort. Natürliche Selektion ist das unterschiedlich gute Überleben von Genen, doch Flechtengene als solche gibt es nicht. Die Genome der Symbiosepartner bleiben im

Körper der Flechte getrennt. Diesen können wir als einen erweiterten Phänotyp betrachten. Aber wessen Phänotyp? Er ist nicht allein der des Pilzes und auch nicht allein der des Photobionten. Es ist ein erweiterter Phänotyp von Pilz- wie auch von Photobiontengenen: Beide haben in Gegenwart des jeweils anderen Einfluss auf den gemeinsamen Phänotyp, den wir Flechte nennen.

Die beiden Genströme fließen insofern unabhängig durch die Generationen, als dass jeder Partner sich eigenständig fortpflanzt. Der Pilz setzt Sporen frei; diese keimen, und dann muss der junge Mykobiont auf irgendeine Weise mit einem geeigneten Photobionten in Kontakt treten. Mit anderen Worten: So eng die Symbiose in einer Flechte zweifellos ist, in einer wichtigen Hinsicht ist sie weniger eng als die zwischen Mitochondrien und den Zellen, in denen sie zu Hause sind. Mitochondrien sind symbiontische Bakterien mit eigenen Genen, die in unseren Zellen leben und für unseren Stoffwechsel eine vollkommen unentbehrliche Rolle spielen. Diese Beziehung ist so eng, dass man in ihr erst im 20. Jahrhundert eine Symbiose erkannte. Zuvor war nie jemand auf die Idee gekommen, dass die Mitochondrien ursprünglich Bakterien waren.

Ich habe in mehreren Büchern darauf hingewiesen, dass die engsten symbiontischen Beziehungen entstehen, wenn die Partner ihre Fortpflanzungseinheiten teilen – Samenzellen, Eizellen oder Sporen. Jeder Parasit, dessen Hoffnung auf einen Weg in die Zukunft in den Fortpflanzungseinheiten seines gegenwärtigen Wirtes liegt, verhält sich nicht mehr als Parasit und wird zu einem altruistischen Symbionten. Der Grund: Im Gegensatz beispielsweise zu einem Virus, das mit einem Niesen in einen neuen Wirt gelangt, hat er genau die gleichen Interessen wie der Wirt: Beide »wollen«, dass der Wirt sich fortpflanzt – dass er überlebt, einen Sexualpartner anlockt, ein sicheres Nest baut, ein

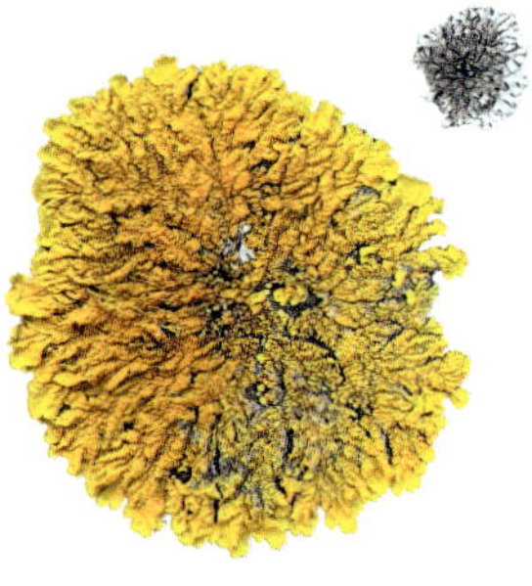

guter Vater oder eine gute Mutter ist. Mitochondrien entsprechen dieser Vorhersage voll und ganz. Widerstrebend muss ich jetzt allerdings feststellen, dass dies für Flechten nicht gilt. Um aus dem großartigen, bei Yale University Press erschienenen 800-seitigen Werk *Lichens of North America* zu zitieren: »Der Pilz kann Millionen von Sporen produzieren, aber eine neue Flechte bildet sich nur, wenn eine keimende Spore auf einen geeigneten Photobionten trifft, und wenn die Kombination sich bis zum ausgewachsenen Zustand fortsetzen soll, muss dies in dem richtigen Lebensraum geschehen.« Für mich ist es ein wenig rätselhaft, dass die enge Verbindung, die den Phänotyp einer Flechte ausmacht, nicht durch eine vereinigte Fortpflanzungseinheit in die Zukunft getragen wird. Warum pflanzen sich Mykobiont und Photobiont nicht gemeinsam fort und geben ihre Gene an die nächste Generation weiter?

Manche tun das, aber nur, wenn sie sich vegetativ – ungeschlechtlich – fortpflanzen. Dafür gibt es zwei Methoden: durch *Isidien* und *Soredien.* Isidien sind fingerförmige Auswüchse an der Oberfläche einer Flechte. Sie reißen als Flechten im Kleinformat ab und können vom Wind an einen neuen Ort getragen werden. Dort wachsen sie zu einer neuen Flechte heran, und in ihr ist jeder Partner ein Klon seines Gegenstücks in der Ausgangsflechte. Soredien sind kleine Körperchen, die sich wie Staub auf der Oberfläche einer Flechte sammeln. Jedes Soredium enthält einige Zellen des Photobionten, die in Pilzhyphen eingewickelt sind. Auch sie reisen mit dem Wind, lassen neue Flechtenklone entstehen und umgehen damit die Notwendigkeit, neue Partner für die Symbiose zu finden. Meistens jedoch gehen die beiden Partner, die eine Flechte bilden, bei der Fortpflanzung getrennte Wege. Für mich ist das eine beunruhigende Ausnahme von meiner Regel, wonach die engsten symbiontischen Gemeinschaften eine Folge gemeinsamer Erwartungen an die Fortpflanzung sind.

Haeckel, Kunstformen der Natur. Tafel 93 — Arcyria.

Mycetozoa. — Pilztiere.

23

DIE GESCHICHTE DES SCHLEIMPILZES

Ein hirnloser Mathematiker?

Schleimpilze sind ein ziemliches Kuddelmuddel. Damit meine ich nicht, dass sie wie ein Kuddelmuddel aussehen, auch wenn manch einer das sagen würde. Ich meine ein taxonomisches Kuddelmuddel. Der Name »Schleimpilz« ist ein vager Sammelbegriff und vereint ein buntes Gemisch von Lebewesen mit unterschiedlicher evolutionärer Herkunft, bei denen sich eine ähnliche, sehr bemerkenswerte Lebensweise entwickelt hat. Haeckel hielt sie für Protozoen, einzellige Lebewesen mit Ähnlichkeiten zu Tieren. Spätere Autoren ordneten sie als Pilze ein, und tatsächlich ernähren sie sich ähnlich wie Pilze (siehe die Geschichte des Pilzes). Heutige Autoren klassifizieren sie als eine Art Amöben, und das mit gutem Grund – damit hatte schon Haeckel die ganze Zeit recht. Die frühere falsche Einteilung hat ihre Spuren in Namen hinterlassen, die auf das griechische Wort für »Pilz« zurückgehen, wie »**Mycet**ozoa« und »Myxo**myceten**«. Wie Pilze verbringen sie einen großen Teil ihres Lebens im Boden, wo wir sie nicht sehen; nur gelegentlich sprießen *Sporangien* oder »Fruchtkörper« über der Erde, und vor allem sie waren es, die Haeckel zeichnete: Ich nehme an, einen Schleimpilz zu zeichnen, wäre für einen Künstler eine gewisse Vergeudung von Talent.

Es gibt zwei Gruppen von Schleimpilzen: die zellulären Schleimpilze oder Dictyostelia, die wahrlich vielzellige Körper bilden können, und die nichtzellulären Schleimpilze oder Myxomyceten, die »Syncytien« bilden, große Körper mit vielen Zellkernen. Diese kann man entweder als einzelne Zellen mit Tausenden von Zellkernen betrachten, oder aber auch als Vielzeller, bei denen sich Tausende von Zellmembranen aufgelöst haben. Beide Typen haben – vermutlich durch konvergente Evolution – so ähnliche biologische Eigenschaften, dass es leicht zu Verwirrung kommt. Zufällig sind alle 20 Arten in Haeckels Bild nichtzellulär, und auf sie soll sich diese Geschichte konzentrieren. Ich kann die zellulären Schleimpilze (Dictyostelia) aber auch nicht ganz außen vor lassen, denn sie sind ebenfalls ungeheuer faszinierend.

Die Amöben der Dictyostelia suchen im Boden als unabhängige, einzellige Lebewesen nach Bakterien als Nahrung. Wenn sie aber feststellen, dass ihnen die Nahrung ausgeht, werden sie sozial. Eine einzelne Amöbe scheidet einen Lockstoff aus, in der Regel zyklisches Adenosinmonophosphat (cAMP), das wie ein beliebtes Mem oder ein deftiges Gerücht in die Umgebung diffundiert. Andere Amöben nehmen es wahr, und dann hat es auf sie zweierlei Wirkungen. Es veranlasst sie, sich in Richtung der Quelle zu bewegen, und gleichzeitig scheiden sie ihrerseits die Substanz aus, das heißt, sie verbreiten das Gerücht weiter. Dies wird wiederum von den Nachbarn wahrgenommen, die ebenfalls zur Quelle des zyklischen AMP wandern und den Stoff selbst ausscheiden. Die bisher getrennten Amöben verschmelzen zu einer einzigen Masse, dem »Slug« (wörtlich »Nacktschnecke«), der auf der Suche nach besseren Jagdgründen herumkriecht. Der Slug kann bis zu einem Zentimeter lang werden und besteht dann aus etwa 100 000 Amöben. Im Gegensatz zu den nichtzellulären Schleimpilzen behalten die Zellen des Slug ihre Membranen. Das Ganze kann man sich als alternative Form der Vielzelligkeit vorstellen. Es erinnert im Aussehen ein wenig an eine kleine Nacktschnecke, kriecht aber eher wie eine Raupe. Der Slug kann sich schneller fortbewegen als eine einzelne Amöbe, und das dürfte der Grund sein, warum die natürliche Selektion die Neigung der Amöben, sich zusammenzutun, begünstigt hat. Ist er eine angemessene Strecke gewandert, richtet er sich als Sporangium oder Fruchtkörper auf und ähnelt nun ein wenig einem kleinen Pilz. Das Sporangium setzt Sporen in alle Himmelsrichtungen frei, jede Spore wird zu einer eigenständigen Amöbe, und der Kreislauf beginnt von vorn.

Das also waren die zellulären Schleimpilze. Die nichtzellulären Formen (Myxomyceten), die manchmal recht snobistisch auch »echte« Schleimpilze genannt werden, nutzen kein cAMP, und die Amöben strömen nicht zusammen, um einen Slug zu bilden. Stattdessen teilt sich der Zellkern einer Amöbe unter den richtigen Voraussetzungen immer wieder, ohne dass sich zwischen den Tochterkernen Zellmembranen ausbilden. Das Ergebnis ist ein riesiges »Syncytium«, eine Art ausgebreitete Matte aus vielkernigem Schleim, die auch als »Plasmodium« bezeichnet wird. Der Begriff ist unglücklich gewählt, denn man kann ihn mit dem Gattungsnamen des Malariaparasiten *Plasmodium* verwechseln, eines Protozoons, welcher aber kursiv geschrieben wird. Dennoch haben wir nur diesen. Das Plasmodium sieht überhaupt nicht nach einem Slug aus, sondern verhält sich eher wie eine einzige riesige, abgeflachte Amöbe. Während eine normale Amöbe jedoch einen Zellkern hat, sind es beim Schleimpilz-Plasmodium Tausende. Damit entspricht es der Definition eines »Syncytiums«. Nebenbei bemerkt, sind die Glasschwämme (siehe die Geschichte des Schwammes) ebenfalls Syncytien und damit unter den Tieren etwas Ungewöhnliches.

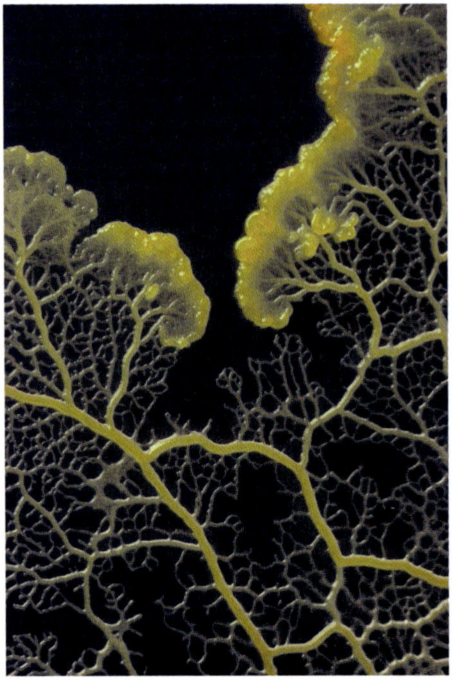

Ein nichtzellulärer Schleimpilz

Wenn man das Plasmodium als einzelne Zelle betrachtet, ist sie riesengroß und breitet sich über mehrere Quadratmeter aus. Ein wenig sieht sie wie eine wachsende Pflanze aus, in Wirklichkeit bewegt sie sich aber wie eine Amöbe und streckt wie diese »Pseudopodien« aus. Sie ist eine halb flüssige, gelatineartige Platte, die von einer Membran umhüllt wird. Die Membran kräuselt sich und bildet schmale, aderförmige Kanäle, die sich kreuz und quer über die Platte ziehen; in diesen Röhren fließt das halb flüssige Cytoplasma und breitet sich an der Vorderkante wie ein Delta aus, während sich das Plasmodium auf der Suche nach Nahrung vorwärtsbewegt. Es kommt dabei viel schneller voran als eine einzelne kleine Amöbe. Man hat Geschwindigkeiten zwischen einem und fünf Zentimetern in der Stunde gemessen.

In dem Bild sieht man es nicht, aber das ganze Plasmodium ist von vielen – manchmal Millionen – Zellkernen durchsetzt, von denen jeder einen diploiden Chromosomensatz enthält (das heißt, er ist doppelt wie in unseren Körperzellen). Anfangs ist das Plasmodium ein Klon identischer Zellkerne, aber das gilt unter Umständen irgendwann nicht mehr, wenn es zufällig auf ein anderes Plasmodium trifft: Dann können beide verschmelzen und zu einer Chimäre werden. Das geschieht aber nur, wenn sie sich an bestimmten entscheidenden

Genorten vertragen. Dass sie ihre Kräfte bündeln können, ist aus verschiedenen Blickwinkeln erstaunlich, es scheint aber eine allgemein akzeptierte Tatsache zu sein.

Wie der Slug der zellulären Schleimpilze, so reagiert auch das Plasmodium der nichtzellulären Arten auf Nahrungsmangel, indem es Sporangien (Fruchtkörper) hervorbringt. Die diploiden Zellkerne in der knollenförmigen Spitze eines Sporangiums durchlaufen die Meiose (Reduktionsteilung) und erzeugen haploide Sporen (die wie unsere Samen- oder Eizellen nur einen Chromosomensatz enthalten); jede Spore ist von einer Schutzhülle umgeben, in der sie – manchmal jahrzehntelang – schlummern und widrige Bedingungen überstehen kann. Jede Spore sprengt ihre Schutzhülle auf, um eine haploide Zelle freizusetzen. Davon gibt es zwei Typen. Landet die Spore zufällig im Wasser, entwickelt sie sich zu einer »biflagellaten« Zelle mit zwei Schwänzen (Flagellen). Ansonsten wird sie zu einer Amöbe ohne Flagellen. Beide haploiden Zelltypen können als Geschlechtszellen aktiv werden und sexuell verschmelzen – Amöbe mit Amöbe oder biflagellate mit biflagellater Zelle. Die so entstehende Zygote ist ebenfalls eine Amöbe – eine diploide Amöbe, die auf der Nahrungssuche durch den Boden wandert. Aufeinanderfolgende Teilungen des Zellkerns lassen daraus das vielkernige Plasmodium heranwachsen, das, wie wir bereits erfahren haben, gewaltige Ausmaße haben kann.

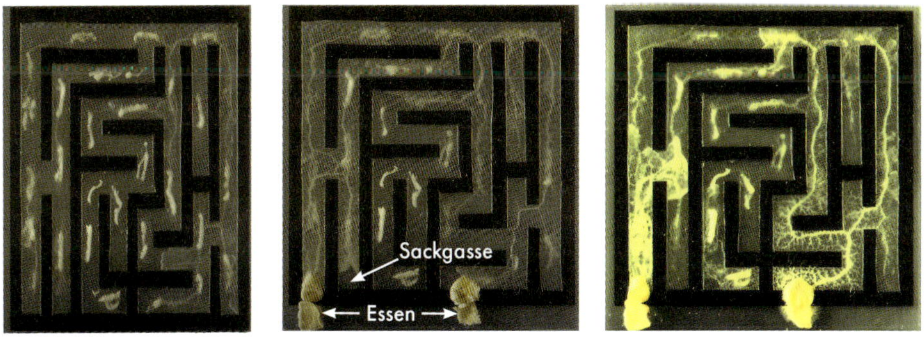

Plasmodien orientieren sich in einem Labyrinth

Haeckels Bild am Anfang dieser Geschichte zeigt links unten ein Bündel von Sporangien, die zu *Physarum didermoides* gehören. Oben in der Mitte erkennt man ein Plasmodium von *Physarum plumbeum*. Eine dritte Spezies von *Physarum, P. polycephalum*, ist zu einem beliebten Versuchsobjekt geworden. Die typische Versuchsanordnung ist dabei eine Petrischale, die man mit einer geleeartigen Unterlage aus Agar ausgekleidet hat. Ein *Physarum*-Plasmodium, das man auf diese Agarfläche bringt, breitet sich auf der Suche nach Nahrung aus. Als beliebtes Futter dienen in solchen Experimenten Haferflocken. Legt man kleine Klumpen davon in Abständen auf die Agarfläche, wird das kriechende, sich ausdehnende Plasmodium sie aller Wahrscheinlichkeit nach finden. Seine röhrenförmigen Adern bilden ein Netzwerk, das die Haferflocken verbindet und aus ihnen Nährstoffe saugt. Diese experimentelle Anordnung wurde auf unterschiedliche Weise abgewandelt und lieferte ziemlich erstaunliche Ergebnisse. Beispielsweise in Labyrinthen.

Die drei Standbilder auf Seite 213 stammen aus einem Film, den japanische Forschende aufgenommen haben. Auf den Agar legt man Barrieren in Form eines Labyrinths, die die Bewegungen des Plasmodiums behindern. Anfangs wurden Klumpen aus kleingeschnittenem *Physarum*-Plasmodium in das Labyrinth ausgesät. Manche Klumpen erkunden die Umgebung. Die Adern der wachsenden Plasmodien sind gut zu erkennen. Nach einiger Zeit legten die Forschenden in dem dargestellten Experiment an zwei Stellen Nahrung in das Labyrinth. Die Plasmodien entdeckten beide. Sie erkundeten aber auch die Sackgassen. Am Ende des Experiments hatten sie offensichtlich die Sackgassen größtenteils verlassen und konzentrierten sich auf die wichtigsten Wege zur Nahrung. Kann man sagen, dass sie sich daran erinnern, wo die Sackgassen sind, um sie dann zu vermeiden? Nun, in gewisser Weise vielleicht schon. Aber was für eine Weise ist das?

Das Plasmodium hat kein Nervensystem und kein Gehirn. Wenn es ein Gedächtnis besitzt, liegt es in dem Schleim, der bei früheren Erkundungen zurückgeblieben ist.

Dies wurde auch experimentell nachgewiesen. Dazu diente die kleinstmögliche Sackgasse, auch »U-förmige Falle« genannt. Auf der üblichen Agarfläche bringt man eine U-förmige Barriere an, eine Art Minisackgasse. Das »Ziel« ist ein glucosereicher Futterklumpen. Befindet sich der Schleimpilz in der U-förmigen Falle, liegt das Futter jenseits der Mauer. Es ist nur zu erreichen, indem der Pilz sich aus der Falle zurückzieht. Das Agargel ermöglicht der Glucose, von dem Ziel aus in alle Richtungen zu diffundieren, sodass sich ein Konzentrationsgradient ergibt. Die U-förmige Barriere hemmt die Glucose nicht, denn die wandert in dem Agar unter ihr hindurch.

Für die Wanderung des Schleimpilzes gibt es eine einfache Regel. Trifft seine Vorderkante auf einen attraktiven Reiz, verstärkt sich in seinem Inneren die Strömung in der betreffenden Richtung. Ist der Reiz unattraktiv, verläuft die Strömung rückwärts. Diese Regel sorgt dafür, dass der Schleimpilz sich entlang des Gradienten in Richtung der höheren Glucosekonzentration bewegt. Wo er gewandert ist, bleibt Schleim zurück, und es gibt eine zweite Regel, die gegenüber der ersten den Vorrang hat: »Meide Gebiete, in denen du bereits warst und die an der Schleimspur zu erkennen sind.« Diese zweite Regel führt dazu, dass er sich rückwärts zur Öffnung der U-förmigen Falle bewegt. Danach muss er nur noch dem Gradienten folgen. Dass dies geschieht, konnte man belegen. Die Versuchsleiter beschmierten den Agar mit Schleim. Dies hatte zur Folge, dass der Schleimpilz länger brauchte, um der Falle zu entkommen. Wohin er auch ging, der experimentell hinzugefügte Schleim sagte ihm fälschlich: »Hier warst du schon, also kehre um.«

Auch hier können wir den Schleim als eine Art äußeres Gedächtnis betrachten. Als Intelligenz lässt sich so etwas kaum bezeichnen, aber es kann zu einigen offensichtlich schlauen Ergebnissen führen. In Japan gibt es ein hoch entwickeltes Eisenbahnnetz, und in die Planung des Netzes der Zugverbindungen zwischen 36 Städten im Großraum Tokio floss viel Gehirnschmalz. Forschende nahmen eine Landkarte mit Tokio in der Mitte und legten auf jede der 36 Satellitenstädte einen Futterklumpen. Dann platzierten sie ein Stückchen Plasmodium in das Zentrum von Tokio und sahen zu, wie sich sein Adernetz ausbreitete. Anfangs bedeckten die Adern das gesamte Gebiet. Sie beschrieben ein ausgedehntes Netz zwischen jeder Stadt und ihren Nachbarstädten. Später schrumpften viele dieser Wege zu Nichts zusammen, und es blieb nur eine Minderheit von Hauptverbindungswegen. Als die Forschenden sich diese besonderen Routen ansahen, stellten sie zu ihrem Entzücken fest, dass sie den Wegen ähnelten, die zuvor von den menschlichen Planern des Eisenbahnnetzes mühsam ausgearbeitet worden waren. Ein solches Verhalten der Schleimpilze wird manchmal als »dezentrale Informationsverarbeitung« bezeichnet.

Ein Klassiker, der den Mathematikern lange Kopfzerbrechen bereitet hat, ist das »Problem des Handlungsreisenden«. Der Handlungsreisende muss nacheinander eine Reihe von Städten besuchen, ohne dass sich eine wiederholt, und dann zum Ausgangspunkt zurückkehren. Man kennt die Lage der Städte, aber das Problem besteht darin, die wirtschaftlichste Reihenfolge zu ermitteln, also die, bei der die Reisezeit und damit auch der Kraftstoffverbrauch so gering wie möglich sind. Mit einer kleinen Zahl von Städten ist das Problem leicht zu lösen. Wenn die Zahl der Städte aber wächst, steigt die Zahl möglicher Routen exponentiell an. Bei zwölf Städten gibt es bereits 20 Millionen Alternativen. Wenn der Handlungsreisende also eine Route nach der anderen betrachtet, wird das Problem mit steigender Anzahl der Städte sehr schnell unlösbar. Es sieht aber so aus, als könnte ein Schleimpilz es besser. Setzt man kleine Stapel aus Haferflocken an die Stelle der Städte, findet er offensichtlich effiziente Routen ohne die explosionsartige Zunahme der Kombinationen, unter der die Holzhammermethode des Durchzählens leiden würde. Dank seines Gießkannenverfahrens, das ganze Gebiet zu bedecken und sich dann von weniger vielversprechenden Wegen zurückzuziehen, nähert sich die Zeit der Suche einer einfachen Funktion der Zahl der »Städte« an und folgt keiner exponentiellen Zunahme mehr. Um den Mathematikern Gerechtigkeit widerfahren zu lassen: Auch sie sind nicht an die Brute-Force-Methode gebunden, alle möglichen Reihenfolgen zu untersuchen. Man hat auch mehr oder weniger eleganten Ersatz vorgeschlagen. Dennoch ist die Leistung des hirnlosen Schleimpilzes beeindruckend. Natürlich haben Schleimpilze nichts Magisches. Wie ihre Methode zur Lösung des Problems des Handlungsreisenden und ähnlicher Fragen auch aussehen mag, ein Computer könnte sie simulieren.

In einer vorherigen Geschichte haben wir Weichtiere aus der Gruppe der Kopffüßer als »Marsbewohner« bezeichnet. Tintenfische und Kraken haben aber immerhin Gliedmaßen und Augen. Wir erkennen eindeutig, dass sie »von dieser Welt« sind. Bei den Schleimpilzen bin ich mir da nicht so sicher. Die Möglichkeit, dass sie im wörtlichen Sinne Außerirdische sind, ist allerdings aufgrund ihres DNA-Codes ausgeschlossen. Und doch: Könnte sich auch der fantasievollste Science-Fiction-Autor etwas Fremdartigeres ausmalen als einen langsam fließenden, kriechenden, sich ausbreitenden, pulsierenden Fluss aus Schleim?

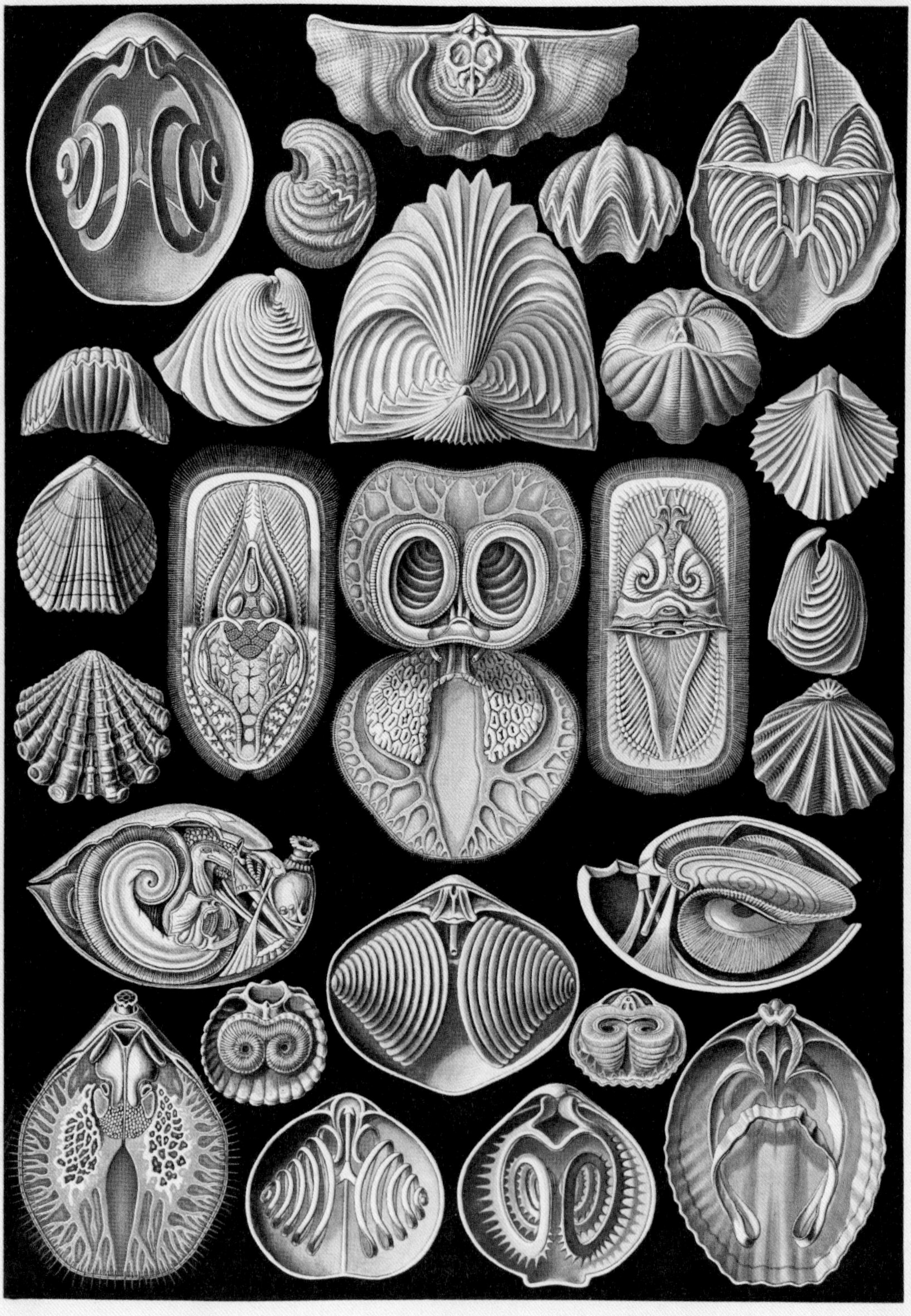

Spirobranchia. — Spiralkiemer.

24

DIE GESCHICHTE DES ARMFÜSSERS

Explosion der Irrtümer

Sehen wir uns einmal die hübsche Gehäuseschale auf dieser Seite an. Sie stammt aus Haeckels Bild. Stimmt daran etwas nicht? Für eine Muschel ist sie zu symmetrisch. Und es ist auch keine. Es ist nicht einmal ein Weichtier und steht auch in keinem Zusammenhang mit den Weichtieren. Die Ähnlichkeit ist durch konvergente Evolution entstanden. Es handelt sich um einen Armfüßer oder Brachiopoden, einen Angehörigen eines vollkommen anderen Tierstammes. Früher waren die Armfüßer äußerst zahlreich und konnten es mit den Weichtieren, denen sie ähnlich sahen, aufnehmen. Zur gleichen Zeit, als die Trilobiten und viele andere Tiere ausstarben, wurden sie stark dezimiert, sodass nur die Weichtiere weiter ins Mesozoikum marschieren konnten.

Übrigens ist die Ähnlichkeit mit den Weichtieren oberflächlicher, als ich bisher zugegeben habe. Die beiden Hälften eines zweischaligen Weichtiers, beispielsweise einer Herz- oder Jakobsmuschel, liegen auf der linken und rechten Seite des Tieres. Die beiden

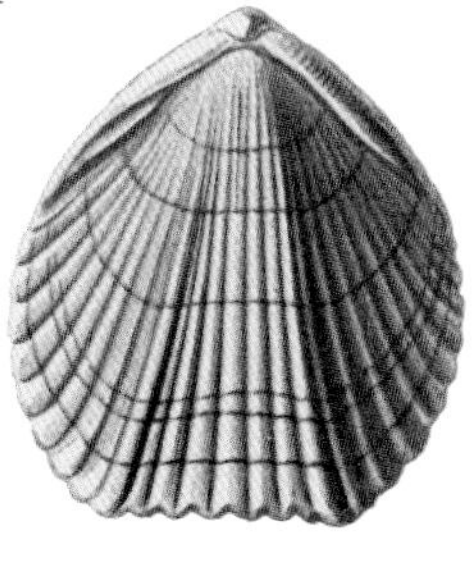

Haeckels Armfüßer

Ein weiterer Armfüßer von Haeckel

Schalenhälften eines Armfüßers liegen auf der oberen (dorsalen) und unteren (ventralen) Seite, das heißt, das oben dargestellte Gehäuse ist links-rechts-symmetrisch. Und die scheinbare Ähnlichkeit mit dem Weichtier ist sofort zu Ende, wenn man das Gehäuse öffnet. Betrachten wir einmal den zweiten Armfüßer links, der ebenfalls aus Haeckels Bild stammt. Kein Weichtier hat jemals auch nur entfernt so ausgesehen. Lange wurden die Armfüßer mit zwei anderen Stämmen in Verbindung gebracht, den Hufeisenwürmern oder Phoroniden und den Moostierchen oder Bryozoa, weil alle ein ähnliches Filterorgan besitzen, den Lophophor. Diese Einordnung ist aber umstritten (manche Systematiker bringen die Armfüßer mit den Ringelwürmern in Verbindung), und auch ich habe dazu nichts Neues zu sagen. Stattdessen möchte ich über eine ganz bestimmte Gattung sprechen: *Lingula* ist vielleicht das extremste Beispiel dessen, was Charles Darwin ein »lebendes Fossil« nannte.

Lingula sieht aus wie eine Muschel. Aber auch hier ist die Ähnlichkeit nur sehr oberflächlich. In Wirklichkeit erinnert *Lingula* an *Lingulella*, eine Gattung fossiler Armfüßer, die mehr als 500 Millionen Jahre in die Vergangenheit reicht, nämlich bis zum Burgess-Schiefer in Kanada und der ebenso alten Fundstätte Chengjiang in China. Ein charmanter Bericht über die Entdeckung eines Exemplars von *Lingulella* zitiert (zugegeben mit skeptischem Unterton) »meinen Freund Mr. Davidson, in dessen Scharfsinn und Begabung ich tiefes Vertrauen habe«: Er habe »*Lingulella* mit *Lingula* verschmolzen«. Das heißt, er

Lingula

ordnete eine Spezies aus dem Kambrium und eine Spezies von heute derselben Gattung zu. Damit unterstellte Mr. Davidson, nur eine halbe Milliarde Jahre hätten einer möglichen Kreuzung im Weg gestanden. Heutige Fachleute stimmen der Skepsis des Autors gegenüber der Systematik von Mr. Davidson zu: *So* eng sind die Tiere nun doch nicht verwandt. Aber schon die Tatsache, dass ein angesehener Geologe überhaupt auf den Gedanken kommen könnte, beide Tiere derselben Gattung zuzuordnen, obwohl sie durch 500 Millionen Jahre getrennt sind, ist ein verblüffendes Zeichen dafür, wie langsam Evolution manchmal verläuft, wenn ein Tier ein angenehmes, anspruchsloses Dasein fristen kann. Es ist tatsächlich ein lebendes Fossil, allerdings nicht ganz so, wie Mr. Davidson glaubte. Das 500 Millionen Jahre alte, in China gefundene Fossil *Diandongia* aus dem Kambrium sieht aus, als könnte man es heute auf einer Meeresfrüchteplatte servieren.

Diandongia, *ein Fossil aus dem Kambrium*

Das Kambrium ist die älteste der traditionell anerkannten großen fossilführenden Schichten; gekennzeichnet ist es durch das plötzliche – für Darwin peinlich plötzliche – Auftauchen vielfältiger, bereits hoch entwickelter Tiere, darunter Trilobiten und Armfüßer. Zu Darwins Zeit fanden sich auch unter gebildeten Menschen noch viele biblische Kreationisten, und die waren Darwins wichtigste Gegner. Komplex gebaute Tiere wie die Armfüßer ohne erkennbare Vorläufer waren für sie ein gefundenes Fressen. Darwin konnte nur erklären, ihre Vorfahren – denn Vorfahren hatten sie mit Sicherheit gehabt – seien aus irgendeinem Grunde nicht zu Fossilien geworden.

Wie alt sie waren, wusste niemand. Methoden zur Datierung von

Fossilien, wie wir sie heute durch die Physik der radioaktiven Isotope besitzen, gab es damals nicht. In der Geologie kannte man aber die offizielle Liste der benannten Gesteinsschichten – Kambrium, Ordovizium, Silur, Devon und so weiter –, die jeweils durch ihre charakteristische Fauna gekennzeichnet waren und zuverlässig überall auf der Welt in der gleichen *Reihenfolge* auftauchten. Natürlich liegen neuere Schichten über älteren, und so konnten die Geologen der viktorianischen Zeit den *relativen* zeitlichen Ablauf ihrer mit Namen versehenen Schichtungen feststellen, nicht aber die absoluten Zeitpunkte. Devongestein, das man ursprünglich nach dem alten roten Sandstein in der englischen Grafschaft Devon benannt hatte, glich dem alten roten Sandstein aus Ohio, und in beiden waren rund um die Welt die gleichen charakteristischen Fossilien eingebettet, was dem Devon auch den Spitznamen »Zeitalter der Fische« eintrug. Die älteste dieser benannten Schichten, das Kambrium, kommt nicht nur in Cambria (Wales) vor, sondern auch in Kanada, China, Australien und vielen anderen Regionen. Fossilien aus der Zeit vor dem Kambrium kannten Darwin und seine Zeitgenossen nicht. Das Gestein des Kambriums war offensichtlich sehr alt,[9] aber wie alt, wusste niemand.

Heute – und das ist ein wichtiger Fortschritt im Vergleich zu Darwins Zeit – kennen wir die Halbwertszeit radioaktiver Isotope und können deshalb Fossilien genau datieren. Nun ja, das heißt, wenn man »auf ein paar Millionen Jahre genau« als »genau« bezeichnet – und ein paar Millionen Jahre sind tatsächlich einigermaßen präzise, wenn es insgesamt um Hunderte von Jahrmillionen geht. Heutige Schätzungen verlegen den Beginn des Kambriums in die Zeit vor 541 Millionen Jahren.

Armfüßer und Trilobiten waren nicht die Einzigen, die im Kambrium mit einem Knall – einem explosiven Knall – auf der Bildfläche erschienen. Auch die ersten Weichtiere, die wir kennen, die ersten Stachelhäuter und die ersten Chordatiere gehen auf das Kambrium zurück. Außerdem gab es exotische Lebewesen, die mit keiner heutigen Form erkennbar verwandt waren. In den Funden taucht jedenfalls plötzlich ein ganzes Spektrum offenkundig neuer Tiergruppen auf, ohne dass wir Vorfahren entdeckt hätten. Zu den meisten kennen wir bis heute keine fossilen Vorfahren aus der Zeit vor dem Kambrium, obwohl sie natürlich solche Vorfahren gehabt haben müssen. Vielzellige Fossilien in Form der sogenannten Ediacara-Fauna gibt es auch aus der Zeit vor dem Kambrium, aber sie waren anscheinend nicht mit den Trilobiten, Armfüßern und anderen großen Tiergruppen verwandt, die im Kambrium plötzlich die Bühne betraten.

In dieser Geschichte geht es vor allem um den Nimbus, der sich rund um die sogenannte kambrische Explosion und das plötzliche Auftauchen fossiler Tiere ohne bekannte Vorläufer entwickelt hat. Die hübschen Plattwürmer, die ich in der Geschichte der Kieselalge angeführt habe, erinnern uns daran, dass wir uns glücklich schätzen können, überhaupt über irgendwelche Fossilien zu verfügen. Dass Plattwürmer nicht zu Fossilien werden, hat eine naheliegende Ursache: Ihr ganzer Körper ist weich. Sie haben kein Skelett. Bei der überwältigenden Mehrheit aller Tierfossilien handelt es sich um Gliederfüßer, Korallen, Weichtiere, Armfüßer, Stachelhäuter und Wirbeltiere, und das aus einem sehr einfachen Grund: Bei ihnen war ein hartes Skelett vorhanden. Es ist absolut plausibel, anzunehmen, dass ihre präkambrischen Vorläufer kein hartes Skelett besaßen – also gibt es von diesen auch keine Fossilien. Das zwingt uns dazu, die Frage nach der kambrischen Explosion neu zu formulieren. Wenn sich bei einer Fülle von Tieren mit weichem Körper ungefähr zur gleichen Zeit erstmals ein hartes Skelett entwickelte, gilt es zu fragen: warum?

Zunächst einmal enthält die Formulierung »ungefähr zur gleichen

Zeit« das Wort »ungefähr«, und das erstreckt sich in diesem Fall über rund 20 Millionen Jahre. Wenn wir heute, eine halbe Milliarde Jahre später, zurückblicken, mag es uns als »plötzlich« erscheinen. Evolution kann jedoch sehr schnell ablaufen, und in 20 Millionen Jahren kann eine Menge geschehen. Dennoch bleibt es auch vor diesem Hintergrund eine interessante Frage, ob sich im Kambrium irgendetwas veränderte und die Neuerung der Skelettentwicklung auslöste. Dazu wurden verschiedene Vermutungen geäußert, die sich alle nicht gegenseitig ausschließen. Eine, die durch Belege gestützt wird, ist die Theorie der steigenden Sauerstoffkonzentration.

Am Anfang gab es keinen freien Sauerstoff. Der gesamte freie Sauerstoff in unserer Atmosphäre stammt aus der Fotosynthese. Ein Drittel davon wird heute von Landpflanzen geliefert, der Rest vorwiegend durch mikroskopisch kleine Meereslebewesen, die Fotosynthese betreiben. Im Kambrium und davor gab es keine Landpflanzen (und auch keine Landtiere). Nachdem das Leben herausgefunden hatte, wie man Fotosynthese betreibt, stieg der Sauerstoffgehalt. Belege dafür stammen aus mühseligen Arbeiten von Geologen. Heute schwankt der Sauerstoffgehalt der Meere je nach Region und insbesondere auch in unterschiedlichen Wassertiefen stark, und vieles spricht dafür, dass sowohl die Formenvielfalt als auch die Menge der Lebewesen in gut mit Sauerstoff versorgten Regionen höher sind. Geologen maßen die chemischen Eigenschaften von Gestein und konnten so die Sauerstoffmenge zu der Zeit, als das Gestein abgelagert wurde, abschätzen. Ungefähr zu Beginn des Kambriums stieg die Sauerstoffkonzentration demnach deutlich an. Es sieht so aus, als hätte die Zunahme des Sauerstoffgehalts in der Luft während des Kambriums und unmittelbar davor zur kambrischen Explosion beigetragen.

Ein weiterer Faktor war wahrscheinlich die zunehmende Verfügbarkeit von Kalzium in der Phase unmittelbar vor dem Kambrium.

Kalzium trägt entscheidend dazu bei, dass Skelette hart werden. Ein räuberisches Tier ohne harte Teile hat es schwer. Und ein hartes Gehäuse – ein Exoskelett – ist gegen Räuber eine gute Abwehr. Durch den Aufschwung der grünen Pflanzen stieg der Sauerstoffgehalt, und der regte seinerseits üppiges Leben an. Als die verfügbaren ökologischen Nischen sich füllten, wuchs der Druck auf die Tiere, neue zu entwickeln: neue Wege, um sich nicht nur von Pflanzen zu ernähren, sondern auch von anderen Tieren, die ihrerseits Pflanzen fressen. Und dann Tiere zu fressen, die Tiere fressen, die Pflanzen fressen. Die Nahrungsketten wurden immer länger und komplizierter. Räuberisches Verhalten wurde wichtig. Das *evolutionäre Wettrüsten* zwischen Beutegreifern und Beutetieren nahm an Intensität zu.

Was genau aber ist eigentlich ein evolutionäres Wettrüsten? Wenn ein Luchs einen Hasen jagt, ist es einfach ein Wettlauf, ein Wettrennen im Zeitmaßstab von Sekunden und Sekundenbruchteilen. Das evolutionäre Wettrüsten findet zwischen einer Abstammungslinie von Luchsen und einer Abstammungslinie von Hasen statt, und der Zeitmaßstab sind Jahrmillionen. Wenn eine Abstammungslinie von Hasen sich durch die Evolution eines weißen Fells an eine Eiszeit anpasst, handelt es sich nicht um ein Wettrüsten gegen den Schnee, denn das sich wandelnde Klima reagiert nicht auf die Evolution der Hasen. Es wandelt sich vielmehr aus Gründen, die nichts mit den Hasen zu tun haben. Es schneit einfach mehr. Die Kälte mag sich wie ein »Feind« anfühlen, aber anders als Beutegreifer ist sie nicht »darauf aus, dich zu kriegen«. Dagegen wird die evolutionäre Verbesserung von Beutegreifern durch die evolutionäre Verbesserung von Beutetieren provoziert, und umgekehrt. Ebendiese gegenseitige Eskalation macht das Ganze zu einem Wettrüsten.

Jede evolutionäre Verbesserung der Fähigkeit von Luchsen, Beute zu fangen, übt auf die Hasen einen Druck aus, eine Gegenmaßnahme zu entwickeln. Und jede Verbesserung in der Fähigkeit der Hasen, dem Beutegreifer zu entgehen, übt auf die Luchse einen Druck in Richtung einer Verbesserung aus. Auf diese Weise eskaliert das Wettrüsten. Verbesserungen sind auf beiden Seiten wirtschaftlich aufwendig. Sie werden auf Kosten anderer Aspekte in der Ökonomie des Tieres erkauft. Eine wachsende Laufgeschwindigkeit geht beispielsweise vielleicht auf Kosten der Milchproduktion. Genau so etwas meine ich mit wirtschaftlichen Kosten.

Kann die eine oder andere Seite ein Wettrüsten »gewinnen«? Das aus den Fabeln von Äsop entlehnte »Prinzip von Leben und Abendessen« legt die Vermutung nahe, dass die Abstammungslinie der Beutetiere einen etwas zweifelhaften Vorteil hat. Der Hase läuft um sein Leben, der Luchs läuft nur für sein Abendessen. Wenn also beide Abstammungslinien ihre jeweilige wirtschaftliche Bilanz ziehen (Wie viel soll ich für das Wettrüsten im Vergleich zu anderen Teilen meiner Wirtschaft aufwenden?), wird der Hase eher mehr in das Wettrüsten (Laufgeschwindigkeit und so weiter) investieren. Als Gegenstück zum Prinzip von Leben und Abendessen könnten wir aber auch das Prinzip »Gras läuft nicht weg« formulieren. Jede Mahlzeit, die der Luchs einnimmt, hat für ihn den Preis einer anstrengenden Jagd, die viel Energie und Gehirnschmalz erfordert, um die Haken schlagende Beute auszutricksen. Für den Hasen besteht jede Mahlzeit aus Gras oder anderen Pflanzen, und Pflanzen laufen nicht weg. Der Hase muss nicht gewaltige Energiemengen aufwenden, um hinter flüchtenden Grashalmen herzulaufen, und Gras muss auch nicht auf erfindungsreiche Weise überlistet werden. Zugegeben: Tempo und Erfindungsreichtum braucht der Hase, wenn ein Luchs oder ein anderer Beutegreifer auftaucht. Aber das kommt relativ selten vor. Das Prinzip »Gras läuft nicht weg« legt also die Vermutung nahe, dass Beutetiere im Vergleich zu anderen Teilen ihrer jeweiligen Wirtschaft weniger in das Wettrüsten investieren müssen. Das widerspricht der Vorhersage des Prinzips von Leben und Abendessen. Offensichtlich ist das Ergebnis eines Wettrüstens also kompliziert und lässt sich nur schwer vorhersagen. Eines aber ist sicher: Das Wettrüsten in all seinen Formen ist in der Evolution von großer Bedeutung.

Wo immer wir in der Biologie eine raffinierte oder komplexe Gestaltung sehen, die mit den Worten von David Hume, dem angesehensten Sohn von Edinburgh, »jeden, der sie betrachtet, in die höchste Bewunderung versetzt«, können wir darauf wetten, dass dahinter ein evolutionäres Wettrüsten steckt. Entweder ist es ein Wettlauf zwischen Räuber und Beute oder zwischen Parasiten und Wirten. Und es sieht so aus, als wäre der Wettlauf zwischen Räuber und Beute im Kambrium für die Zunahme der harten Rüstungen bei Tieren verantwortlich gewesen, weil diese so in evolutionären Zeiträumen auf die wachsende Fähigkeit der Räuber, sie zu durchdringen, reagierten. Das Wettrüsten dürfte auch für die Zunahme der Schwimmgeschwindigkeit bei Räubern und Beute verantwortlich gewesen sein, und die wiederum begünstigte einen modularen Aufbau: die Segmentierung (siehe die Geschichten von Wurm, Trilobit und Zehnfußkrebs). Das gleiche Wettrüsten übte außerdem Druck aus, Sinnesorgane zu verbessern, darunter die Augen, mit denen man Räuber oder Beute erkennen kann. Die Trilobiten, auch solche im frühen Kambrium, besaßen bereits große, auffällige Komplexaugen. Ich werde in Kürze auf eine interessante Theorie zurückkommen, die insbesondere von Andrew Parker in seinem Buch *In the Blink of an Eye* vertreten wird: Danach löste die Erfindung der Augen die kambrische Explosion aus.

Nach meiner Vermutung war die kambrische Explosion ein evolutionäres Wettrüsten zwischen Beutegreifern und Beute, in Gang gesetzt durch einen Anstieg des Sauerstoffgehalts in der Atmosphäre, der zu einer schnellen Vermehrung ökologischer Nischen führte. Ich möchte jetzt aber zu einem amüsanten großen Missverständnis zurückkehren, das seine Ursache in dem poetischen Begriff einer evolutionären »Explosion« hat. Die kambrische Explosion ist zu einem modernen Mythos geworden. Das *Oxford English Dictionary* nennt für »myth« zwei Definitionen; die zweite lautet: »Eine weitverbreitete, aber unwahre oder falsche Geschichte oder Glaubensüberzeugung; eine allgemein verbreitete falsche Vorstellung; eine falsche Darstellung der Wahrheit.« Der Mythos der kambrischen Explosion lautet: Die Evolution war im Kambrium ein vollkommen anderer Prozess als der stetige Vorgang, der später einsetzte. Er war so anders, dass im Kambrium ganz plötzlich neue Tierstämme entstanden.

Der Stamm ist in der Systematik vielzelliger Tiere traditionell die größte, oberste Kategorie. Stämme sind beispielsweise Armfüßer, Gliederfüßer, Weichtiere, Stachelhäuter oder Ringelwürmer. Selbst die Wirbeltiere sind nur ein Unterstamm der Chordatiere. Auch wenn sich die Stämme heute sehr stark unterscheiden, muss es in der Frühzeit der Evolution eine Zeit gegeben haben, in der sie einander viel näher standen. Irgendwann gehörten die Vorfahren zweier beliebiger Stämme sogar derselben Spezies an. Der angesehene theoretische Biologe Stuart Kauffman sagt dazu:

> Naheliegend wäre die Annahme, dass die ersten Vielzeller einander sehr ähnlich waren und sich erst später von der Basis her in unterschiedliche Gattungen, Familien, Ordnungen, Klassen und so weiter aufspalteten. Genau dies würde der streng orthodoxe Darwinist erwarten. Darwin, der stark von der zeitgenössischen Theorie des geologischen Gradualismus beeinflusst war, glaubte, die Evolution vollziehe sich allein durch die schrittweise Ansammlung vorteilhafter Varianten.

Hätte Kauffman es dabei belassen, ich hätte seine Aussage mit Beifall aufgenommen. Verfolgt man beispielsweise die Vorfahrenlinie einer Schnecke und eines Hummers weit genug zurück, so trifft man irgendwann auf einen gemeinsamen Vorfahren, ja sogar auf ein einzelnes Individuum, auch wenn das nicht allgemein gewürdigt wird. Dieser unbekannte Urahn brachte zwei Arten hervor, die sich später in verschiedene Gattungen auseinanderentwickelten, noch später in verschiedene Familien, dann verschiedene Ordnungen, verschiedene Klassen und schließlich verschiedene Stämme, in diesem Fall Weichtiere und Gliederfüßer. Aber leider beließ Kauffman es nicht dabei. Er ergänzte den vorangegangenen Absatz folgendermaßen:

> Doch dies war offenbar nicht der Fall. Eines der erstaunlichen und rätselhaften Merkmale der kambrischen Explosion besteht darin, dass das taxonomische System gleichsam von oben nach unten aufgefüllt wurde. Die Natur brachte in einem plötzlichen kreativen Schub eine Fülle höchst unterschiedlicher Baupläne – die Phyla – hervor und feilte diese Grundmodelle dann weiter zu Klassen, Ordnungen, Familien und Gattungen aus.

»Von oben nach unten« kann nur bedeuten, dass die höheren Kategorien gleichsam »ins Dasein sprangen« in dem Sinn, dass plötzlich neue Stämme erfunden wurden, ohne dass sie nach und nach die Zwischenstadien der Gattungen, Familien, Ordnungen und Klassen durchliefen. Woher hatte er diese absurde Idee? Die Quelle kann man leicht erraten, und tatsächlich nennt Kauffman sie auch ausdrücklich: »In seinem Buch *Zufall Mensch* meint Stephen Jay Gould, die ›Auffüllung von oben nach unten‹, die damals stattgefunden habe, grenze an ein Wunder.« Stephen Gould war ein betörend guter Autor. Das musste er auch sein, um einen Wissenschaftler vom Kaliber eines

Stuart Kauffman in die Irre zu führen, den Empfänger eines begehrten MacArthur-»Genie«-Stipendiums. Kauffman schrieb auch:

> Bereits zu einem frühen Zeitpunkt des Verzweigungsprozesses stoßen wir auf eine Vielzahl von »Weitsprung«-Mutationen, die sich drastisch von der Stammform und voneinander unterscheiden. Diese Spezies weisen so grundlegende morphologische Unterschiede auf, dass man sie als Begründer eigener Stämme klassifizieren kann. Diese Gründer verzweigen sich nun ebenfalls, aber mit Hilfe von Varianten, die etwas kürzere »Weitsprünge« machen; auf diese Weise entstehen Verzweigungen, die von jedem Gründer eines Stammes zu einander unähnlichen Tochterarten führen, die ihrerseits neue Klassen begründen. Im weiteren Verlauf werden besser angepasste Varianten in immer näheren Gegenden angetroffen, sodass nacheinander die Gründer von Ordnungen, Familien und Gattungen auftreten.

Für ihn bringen »Weitsprung-Mutationen« in einem einzigen Schritt Arten hervor, die »so grundlegende morphologische Unterschiede« aufweisen, »dass man sie als Begründer eigener Stämme klassifizieren kann«.

Wie bitte? Meint er das ernst?

Auch mein Freund, der große Anthropologe Richard Leakey, ließ sich auf ähnliche Weise zu einem gewaltigen Irrtum verleiten, vermutlich ebenfalls durch Goulds poetische Prosa. Gemeinsam mit Roger Lewin schrieb er:

> Es war, als wäre die Fähigkeit zu entwicklungsgeschichtlichen Sprüngen, die größere Neuerungen der Funktion hervorbrachten und damit die Voraussetzungen für neue Stämme schufen, am Ende

> des Kambriums irgendwie verloren gegangen und als habe die Triebfeder der Evolution einen Teil ihrer Kraft verloren [...]. Deshalb konnte die Evolution im Kambrium größere Sprünge machen; später wäre sie demnach stärker eingeschränkt gewesen, sodass nur noch kleinere Schritte auf der Ebene der Klassen möglich waren.

Es war, »als habe die Triebfeder der Evolution einen Teil ihrer Kraft verloren«, nachdem das Kambrium zu Ende war. Überlegen wir einmal, welche Folgerungen sich daraus ergeben würden. Es ist, als würde ein Gärtner sich einen Baum ansehen und feststellen: »Das ist doch seltsam. Heute beschränkt sich das neue Wachstum ausschließlich auf die Ebene der Zweige. Seit Jahrzehnten sind keine neuen Äste mehr aufgetaucht. Irgendetwas am Klima muss anders gewesen sein, als der Baum jung war. Damals hat er neue Äste hervorgebracht. Heute sind es nur noch kleine Zweige.«

Absurd! Aber man erkennt leicht, wie Goulds Rhetorik in *Zufall Mensch* den Nährboden für eine solche wissenschaftliche Lachnummer bilden konnte. Stuart Kauffman ist auch selbst ziemlich gut darin, mit rhetorischen Bildern den Mythos der kambrischen Explosion zu erläutern: »Bald nach der Erfindung vielzelliger Lebensformen ereignete sich ein gewaltiger Ausbruch evolutionärer Innovation. Man gewinnt geradezu den Eindruck, als hätten die vielzelligen Lebensformen in einer Art von unbändigem Erkundungsrausch alle möglichen Verästelungen ausprobiert.«

Ich habe den Gedanken an einen »Sprung auf der Ebene der Stämme« als absurd bezeichnet. Da ich dabei zwei Wissenschaftler mit ungeheurem Ansehen zitiert habe, während ich die Anregung einem Dritten zuschreibe, sollte ich mir meiner Kritik wirklich sicher sein.

Warum ein Sprung auf der Ebene der Stämme eine absurde Idee

ist, kann man auf unterschiedliche Weisen erklären. Eine Möglichkeit ist der knorrige alte Baum, den ich zuvor als Beispiel herangezogen habe. Ein anderer Weg betont die ungeheure statistische Unwahrscheinlichkeit jedes einzelnen existierenden Lebewesens. Die Zahl der Arten, lebendig zu sein, wird durch die Zahl der Arten, nicht lebendig zu sein, bei weitem übertroffen. Ein Lebewesen, insbesondere ein großer Vielzeller wie eine Schnecke, ein Hummer oder ein Tiger, ist ein Gebilde von außerordentlicher Komplexität, und das bedeutet: von statistischer Unwahrscheinlichkeit. Oder, wie ich es einmal formuliert habe: Man kann Tiere, die leben können, als weit voneinander entfernte Inseln in einem vieldimensionalen Raum aller vorstellbaren Gebilde betrachten, die in ihrer Mehrzahl nicht lebensfähig sind. Oder, wenn es einem lieber ist: weit entfernte Oasen in einer riesigen Wüste. Die Tigeroase liegt in einer grenzenlosen Wüste der Lebensunfähigkeit. In der unmittelbaren Nachbarschaft der Tigeroase gibt es enge Varianten: In einer Richtung in die Wüste sind es geringfügig längere Zähne, in einer anderen ein geringfügig kürzerer Schwanz, in einer dritten geringfügig breitere Streifen. Weiter von der Oase entfernt finden wir groteske Monster: In einer Richtung dieses mathematischen Raumes ist der Schwanz zehn Meter lang, in einer anderen liegen die Augen unter dem Kinn. Begeben wir uns noch weiter in die Wildnis zwischen den Oasen, sind die hypothetischen Gebilde, auf die wir treffen, derart missgestaltete Monstrositäten, dass wir in ihnen überhaupt keine Tiger mehr erkennen. Oder dass sie gar nicht existieren könnten. Worum es mir geht: Die Oasen der Lebensfähigkeit sind zwar zahlreich (denn es gibt viele Arten), aber sie machen nur einen winzigen Bruchteil des gewaltigen Volumens der Möglichkeiten aus. Die Wahrscheinlichkeit, dass eine größere »Weitsprung-Mutation« auf eine Oase der Lebensfähigkeit trifft, ist äußerst gering und de facto gleich null. Die einzigen Mutationen, bei denen eine Hoffnung auf das Überleben besteht – von einer Verbesserung ihrer Ursprungsoase ganz zu schweigen –, sind Veränderungen sehr geringer Größenordnung, die sich nur in eine geringe Entfernung von der sicheren Zuflucht einer vorhandenen Oase vorwagen.

Ronald A. Fisher bediente sich eines berühmten Vergleichs mit dem Mikroskop und wies nach, dass Mutationen, die immer kleiner werden, auf eine Verbesserungswahrscheinlichkeit von 50 Prozent hinauslaufen. Je größer sie dagegen werden, desto mehr nähern sie sich einer Wahrscheinlichkeit von 100 Prozent, schädlich zu sein; ihre Produkte werden sogar zu absurden Monstrositäten. In dem Vergleich wird die Verbesserung durch ein Mikroskop dargestellt, das immer genauer scharf gestellt wird. Eine Mutation ist danach eine Drehung am Fokussierungsknopf. Zu Beginn ist das Mikroskop nahezu scharf gestellt: Das muss so sein, denn es repräsentiert die Generation vor der Mutation, und die muss so lange überlebt haben, dass sie sich überhaupt fortpflanzen konnte. Durch eine Drehung am Fokussierungsknopf bewegt sich das Objektiv mit einer Wahrscheinlichkeit von 50 Prozent in die richtige Richtung. Eine starke Drehung schießt allerdings selbst dann, wenn sie sich in die richtige Richtung bewegt, über den Punkt des Fokus hinaus (und kann auch durchaus den Objektträger durchstoßen). Die Wahrscheinlichkeit, dass sie eine Verbesserung mit sich bringt, ist gleich null. Eine sehr geringfügige Drehung nähert sich hingegen einer Wahrscheinlichkeit von 50 Prozent, den Fokus zu verbessern.

Der Vergleich mit dem Mikroskop betrachtet Mutationen nur in einer Dimension: Das Objektiv bewegt sich aufwärts oder abwärts – der Schwanz des Tigers wird beispielsweise länger oder kürzer. In Wirklichkeit können sich Mutationen in zahlreichen verschiedenen Dimensionen abspielen. Fishers Vergleich mit dem Mikroskop gilt für sie alle und unterstützt damit das Argument, dass eine große Mutation nicht lebensfähig ist. Und eine Weitsprung-Mutation auf Ebene der Stämme ist ein heftiger Sprung in die leblose Wildnis der Wüste. Die Chance, dass es sich dabei um eine Verbesserung handelt, ist weit geringer als nur vernachlässigbar. Sie könnte sich nur abspielen, wenn Mutationen durch einen intelligenten Konstrukteur gelenkt würden und auf wundersame Weise von einer Oase zu einer weit entfernten anderen sprängen wie ein Lenkflugkörper. Und übernatürliche Wunder sind, gelinde gesagt, nicht das, was Kauffman oder Leakey oder Lewin und Gould im Sinn hatten. Oder im Sinn gehabt hätten, wenn sie die Folgerungen aus ihren eigenen Worten bis zum Ende durchdacht hätten.

Darwin wies, scharfsinnig wie immer, in verschiedenen Schriften selbst darauf hin, als er den Gedanken kritisierte, Evolution könne sich in großen Sprüngen vollziehen (das Wort »Mutation« war damals noch nicht in den Wortschatz der Biologen vorgedrungen):

> Man kann sich unmöglich vorstellen, dass so viele gemeinsame Anpassungen alle zufällig mit einem Schlag gebildet werden.
>
> Wenn ich überzeugt wäre, dass ich solcher Hinzufügungen zur Theorie der natürlichen Selektion bedürfte, würde ich diese als Unsinn zurückweisen [...]. Ich würde nichts auf die Theorie der natürlichen Selektion geben, wenn sie in irgendeinem Stadium der Abstammung wundersame Ergänzungen erfordern würde.

Weitsprünge waren für Darwin »überhaupt keine Erklärung« und hatten keinen größeren wissenschaftlichen Wert als die Schöpfung »aus dem Staub der Erde«.

Das empörendste mir bekannte Beispiel für diesen Fehlschluss steht fast am Anfang des Buches *In the Blink of an Eye* von Andrew

Parker. Zunächst muss ich Parker das Verdienst für seine interessante Theorie einräumen, die ich zuvor erwähnt habe und die die zentrale Aussage seines Buches darstellt: Danach setzte die Erfindung der Augen das Wettrüsten in Gang, das wir in Form der kambrischen Explosion beobachten. Es gab einen Augenblick des »Es werde Licht«. »Dunkelheit lag auf dem Antlitz der Erde«, aber nicht, weil es kein Licht gegeben hätte, sondern weil keine Augen existierten, die es hätten sehen können. Plötzlich – jedenfalls nach geologischen Maßstäben – entwickelten sich bei Beutetieren und Räubern die Augen. »Es ward Licht.« Die Tiere sahen, dass es gut war. Und das Wettrüsten nahm an Fahrt auf. Das ist nun wirklich keine schlechte Idee.

Aber nachdem ich nun die wichtigste Aussage seines Buches gelobt habe, kann ich nicht umhin, den erstaunlichen Fehlschluss zu zitieren, mit dem es beginnt. Parker spricht erschreckend deutlich aus, was die anderen zitierten Autoren nur andeuten. Ihnen war vielleicht nicht vollständig klar, welch verheerende Tragweite ihre Erklärungen haben. Parker hingegen muss man zugutehalten, dass er es genau wusste. Und er sprach es erbarmungslos aus, wobei er auch sich selbst gegenüber keine Gnade walten ließ.

Parker legt zu Recht großen Wert auf die grundlegenden Unterschiede im Körperbauplan der Tierstämme (er sagt, es seien 38, und da will ich nicht kleinlich sein). Der Bauplan der Stachelhäuter unterscheidet sich tatsächlich stark von dem der Gliederfüßer, und beide sind grundlegend anders als der Bauplan der Weichtiere. So weit, so gut. Aber er glaubt, gewöhnliche, schrittweise darwinistische Evolution könne solche Unterschiede auf der Ebene der Stämme nicht erklären. Neue Stämme müssten über Nacht entstanden sein. Und zwar buchstäblich über Nacht, nicht über Nacht nach geologischen Maßstäben. Die großen Äste der Weichtiere und Gliederfüßer könne man nicht auf eine Verzweigung auf der Ebene der kleinen Zweige zurückführen. Sie seien seit ihrer plötzlichen Entstehung große Äste gewesen. In Parkers eigenen Worten klingt das so:

> Es besteht ein gewaltiger Unterschied zwischen den Mechanismen, die über innere Körperbaupläne und äußere Teile bestimmen. Ein Stachel auf der Außenseite eines Tieres kann zunächst eine kleine Verdickung sein und dann verschiedene Zwischenstadien von einer großen Verdickung bis zu einer langen, spitzen Wirbelsäule durchlaufen. Wichtig ist dabei, dass alle Zwischenstadien eigenständig existieren können, weil sie ihrem Wirt einen gewissen Vorteil verleihen. Bei einer Veränderung im Körperbauplan [...] kann es aber keine Zwischenstadien geben. Innere Körperbaupläne können nicht schrittweise konstruiert werden und werden deshalb weniger von der Umwelt beeinflusst. Eine Konvergenz innerer Körperbaupläne findet deshalb nicht statt. Wenn wir 1000 Würfel werfen, liegt die Wahrscheinlichkeit, dass alle eine Sechs zeigen, bei 1000 000 000 000 000 000 zu 1 – es ist also extrem unwahrscheinlich [...]. Auf der Erde haben sich 38 Tierstämme entwickelt. Es haben also nur 38 monumentale genetische Ereignisse stattgefunden, die zu 38 unterschiedlichen inneren Organisationsplänen geführt haben.

Parker vermutet, dass es zu Beginn des Kambriums nur drei Stämme gab. Dann brachten angeblich 38 monumentale genetische Ereignisse in einem Augenblick 38 Stämme hervor. Nicht einfach durch ungewöhnlich schnelle darwinistische Evolution (was durchaus möglich wäre, wenn man »schnell« nach geologischen Maßstäben definiert, das heißt, es würde vielleicht 20 Millionen Jahre dauern). Vielmehr meint er wirklich: in einer einzigen Generation. Eigentlich sagt er damit, dass ein Elternpaar, das zu einem Stamm gehörte, sich paarte und ein Kind hervorbrachte, das zu einem anderen Stamm gehörte. Ein so monumentales genetisches Ereignis, als würden zwei Tintenfische sich paaren und einen Hummer zur Welt bringen. Darwin hatte recht. Solche »monumentalen genetischen Ereignisse« wären gleichbedeutend mit Wundern, Märchen oder Erzählungen über Frösche, die sich in Prinzen verwandeln. Anders lässt sich die Aussage »Innere Körperbaupläne können nicht schrittweise konstruiert werden« nicht interpretieren.

Auch hier müssen wir nicht lange suchen, um die Quelle des Fehlers zu finden. Ich glaube nicht, dass Stephen Gould solche Ansichten vertreten hätte. Aber die poetische Rhetorik seines Buches *Zufall Mensch* ist eine machtvolle Versuchung, einen monumentalen Fehler zu begehen. Der inzwischen verstorbene Daniel Dennett berichtete mir von einem Gespräch mit einem amerikanischen Philosophenkollegen, der glaubte, *Zufall Mensch* würde aussagen, dass jeder Tierstamm aus einem unabhängigen, neuen Ursprung des Lebens hervorgegangen sei. Als Dennett ihm geduldig erklärte, dass dies nicht Goulds Intention gewesen sei, rief der Philosoph aus: »Na gut, aber wozu dann das ganze Getue?« Ja, in der Tat: wozu?

Hexactinellae. — Glasschwämme.

25

DIE GESCHICHTE DES SCHWAMMS

Was ist primitiv?

Der Dichter Coleridge besuchte naturwissenschaftliche Vorträge an der Royal Institution, um seinen Metaphernschatz zu vergrößern. Der Schwamm ist als Metapher so allgegenwärtig, dass es schon fast an ein Klischee grenzt. »Er quetscht mich aus wie einen Schwamm«, »Das Mädchen saugt Wissen auf wie ein Schwamm«, »Mit ihm zu diskutieren, ist, als würde man einen nassen Schwamm ausdrücken«.

Unter einem Schwamm stellen wir uns häufig einen weichen, elastischen Gegenstand vor, der im Bad das Wasser aufsaugt. Seine »schwammartige« Konsistenz verdankt er einem Protein namens Spongin (das mit dem Kollagen unserer Sehnen und Bänder verwandt ist). Es bildet eine Art elastisches Skelett, das sich durch den Körper des Schwammes zieht und gewöhnlich durch kleine Nadeln aus Kalziumkarbonat (Kalk) oder Siliziumdioxid (Glas) verstärkt wird, je nachdem, um welche Gruppe von Schwämmen es sich handelt. Haeckels Abbildung auf Seite 240 zeigt nur Glasschwämme. Dass ein Badeschwamm das Wasser aufsaugen und festhalten kann, liegt daran, dass er voller Hohlräume ist. Ein lebender Schwamm saugt, wie wir noch genauer erfahren werden, das Wasser eigentlich nicht auf, sondern er zieht einen stetigen Wasserstrom durch alle Löcher in seiner Oberfläche, die »Ostia« (von dem lateinischen Wort für »Eingänge«), ein und stößt es durch ein großes Loch, das »Osculum« (lateinisch »kleiner Mund«) wieder aus.

Haeckel entschloss sich, in seinen *Kunstformen der Natur* keine Schwämme des Typs darzustellen, den wir in unserem Badezimmer benutzen. Den grundlegenden Aufbau eines Schwammes erkennt man am besten an kleinen Exemplaren wie *Sycurus primitivus*, den Haeckel in einem anderen seiner Werke mit teilweise aufgeschnittener Körperwand gezeichnet hat. Er ist nur zwei bis sieben Zentimeter lang – wer sich mit ihm waschen wollte, würde nicht weit kommen. Und wie man sieht, ist er hohl und hat wie eine Vase am oberen Ende eine Öffnung – das Osculum.

Mit ihrer Unterseite sind Schwämme am Meeresboden verankert, vielleicht an einem Felsen oder einem Korallenvorsprung. Sie besitzen keinen Darm, kein Gehirn, kein Nervensystem, keine erkennbaren Organe. Ihre Körperwand sieht überall mehr oder weniger gleich aus. Sie ist von zahlreichen Ostien oder Poren durchlöchert, was dem Stamm seinen Namen Porifera eingetragen hat. Viele Zellen, die im Inneren der zentralen Körperhöhle dieses kleinen Schwammes liegen und sie auskleiden, tragen Flagellen, wie sie in der Geschichte des Kragengeißeltierchens beschrieben wurden. Tatsächlich sehen sie wie die Zellen der Kragengeißeltierchen (Choanoflagellaten) aus, mit Trichter und allem Zubehör. Und natürlich werden die Zellen auch als Choanocyten bezeichnet. Die Flagellen in den Choanocyten eines Schwammes schlagen gemeinsam und sorgen dafür, dass ein stetiger Wasserstrom durch die Poren

Sycurus primitivus,
gezeichnet von Haeckel

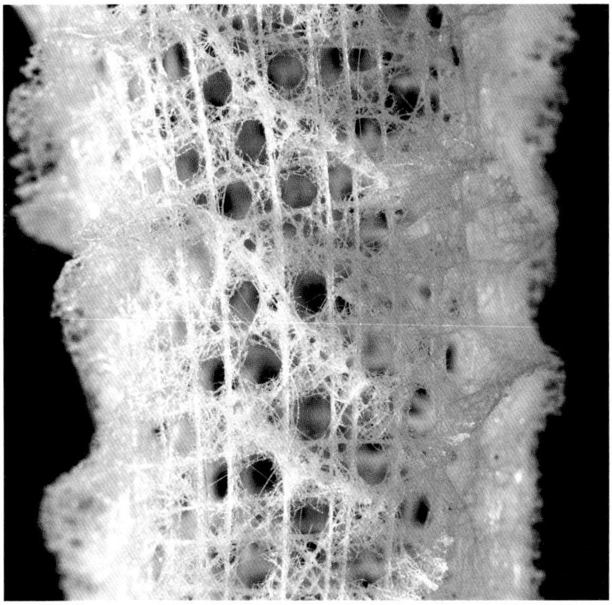

Ein Gießkannenschwamm

in den Schwamm hinein- und durch das Osculum wieder hinausfließt. Dieser Wasserstrom trägt kleine Beutetiere heran, die genau wie bei den Kragengeißeltierchen in den Trichter eingeschlossen werden. Man kann Schwämme sogar mit gutem Grund als Kolonien von Kragengeißeltierchen betrachten. Zugegeben: Nicht alle Zellen eines Schwammes sind Choanocyten, aber für die meisten, die sein Inneres auskleiden, trifft dies zu.

Größere, »schwammigere« Schwämme müssen den Choanocyten eine größere Fläche zur Verfügung stellen. Zu diesem Zweck ist ihre Körperwand rund um den zentralen Hohlraum stark verdickt. Aber fest ist sie nicht. Die Körperwand ist voller winziger Hohlräume, die untereinander, mit den Ostia an der Außenseite und mit dem Hohlraum im Inneren durch Röhren verbunden sind. Durch die Ostia strömt Wasser ein. Bevor es aber in den zentralen Hohlraum gelangt, wird es durch ein verwinkeltes Netz kleiner Röhren geleitet, und diese verbinden mehr oder weniger kugelförmige *Choanocytenkammern*, die jeweils mit Choanocyten ausgekleidet sind. Ein typischer Badeschwamm enthält Tausende solcher Kammern. Damit steigt die Zahl der Gelegenheiten, mikroskopisch kleine Beuteorganismen festzuhalten, stark an: Diese müssen zwischen den Choanocyten, die eine Kammer nach der anderen auskleiden, spießrutenlaufen.

Zwischen den Kammern mit den Choanocyten liegt ein elastisches Skelett aus Spongin, in das, wie bereits erwähnt, bei manchen Schwämmen Nadeln aus Kalziumkarbonat und bei anderen solche aus Siliziumdioxid eingelagert sind. Manche sogenannte Glasschwämme haben die schönsten Skelette im Tierreich. Der Gießkannenschwamm *Euplectella* (auch Venuskörbchen genannt) kauert sich unauffällig in die untere rechte Ecke von Haeckels Abbildung am Anfang dieser Geschichte. Das Foto auf Seite 241 zeigt seinen zarten Aufbau. Sein kreuz und quer verlaufendes Gerüst verleiht ihm eine außerordentliche Stabilität. Aber ist er nicht auch schön?

Aber zurück zu *Sycurus primitivus*, dem einfachen Schwamm, den ich zuvor beschrieben habe. Benannt wurde er von Haeckel, der seinen Gattungsnamen von Zeit zu Zeit revidierte (*Sycetta primitiva, Sycettaga primitiva*, aber keiner davon ist heute noch gültig). Der Artname dagegen hält sich hartnäckig: primitiv. Was bedeutet das? »Primitiv« gehört zu jenen Wörtern, die viele Menschen klischeehaft benutzen, ohne eine klare Vorstellung davon zu haben, was sie eigentlich sagen wollen. Ich glaube, man kann ihm eine genaue Bedeutung geben, und werde darauf in der nächsten Geschichte zurückkommen.

Oft hört man, Tiere würden auf der »Evolutionsleiter« höher oder tiefer stehen. Unter allen Tierstämmen gehören die Schwämme zu denen, die am häufigsten als »niedere Tiere« bezeichnet werden. Für mich ist ein Tier niemals »niedriger« oder »höher«, und auch den Begriff »Evolutionsleiter« verwende ich nicht. Die Geschichte der alten Eiche ist ein Versuch, das logische Durcheinander rund um diese Begriffe zu entwirren. Auf die angebliche Primitivität der Schwämme werde ich in der Geschichte der Rippenqualle zurückkommen. Vorerst reicht der Hinweis, dass man das Wort »primitiv« misstrauisch betrachten sollte: So recht Coleridge auch damit hatte, in der Naturwissenschaft nach guten Metaphern zu suchen – diese gehört nicht dazu.

PEDIGREE OF MAN.

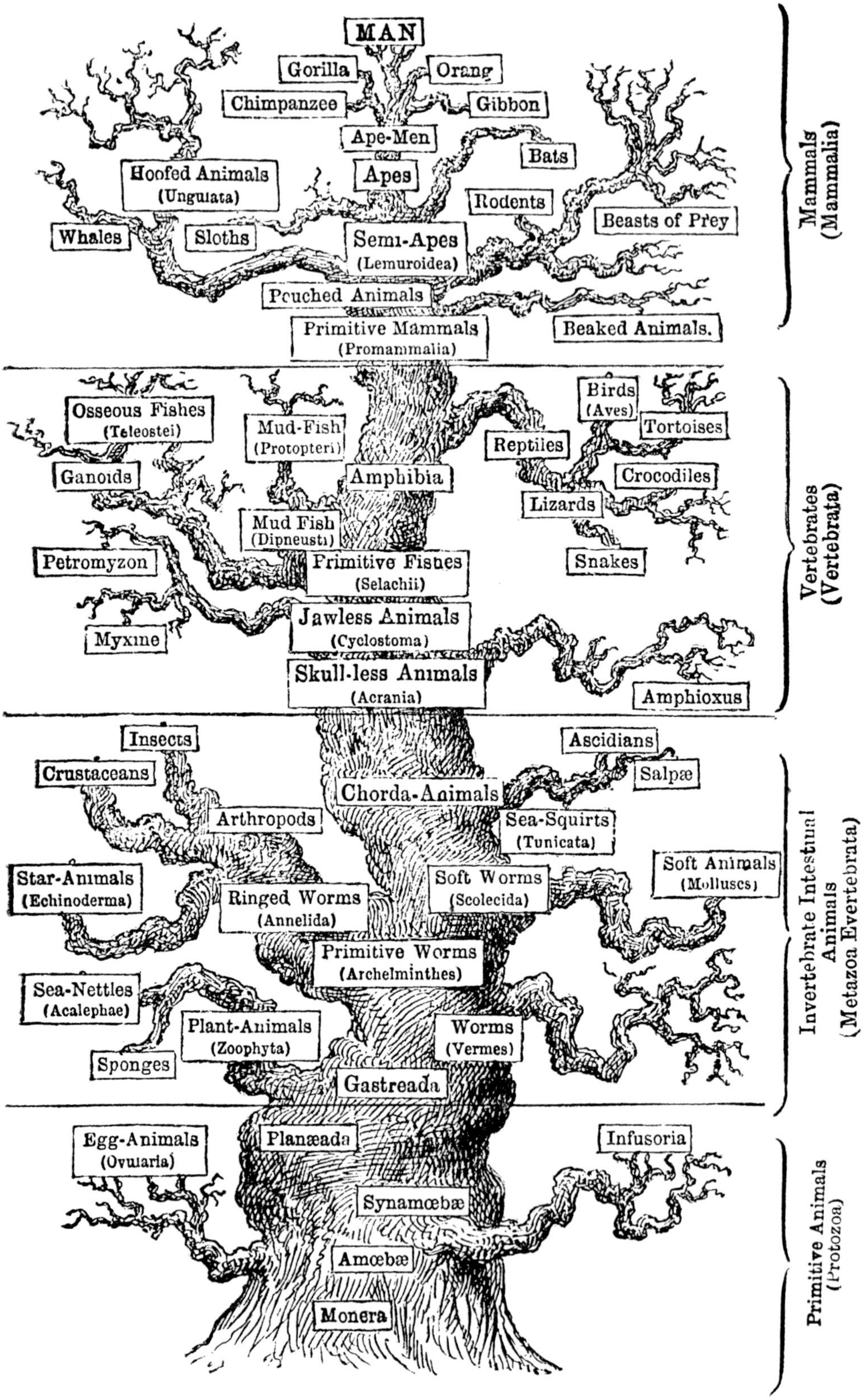

26

DIE GESCHICHTE DER ALTEN EICHE

Weg mit der Leiter!

Ernst Haeckel war meines Wissens der Erste, der den gesamten Stammbaum des Lebens als verzweigten Baum zeichnete, und diese Zeichnung arbeitete er viele Male um. Die Abbildung, mit der diese Geschichte beginnt, ist eine von vielen ähnlichen Darstellungen, denen Haeckel die Form eines knorrigen Eichenbaumes gab. Horizontale Linien stellen eine Leiter dar, die an dem Baum hinaufführt: Ganz unten stehen unbelebte Elemente und Mineralien, dann kommen einzellige Tiere, dann Wirbellose, dann Wirbeltiere und schließlich die Säugetiere mit dem Menschen an der Spitze. Haeckel fand auch Worte, die zu seinem Baum passten:

> Der Stamm der Wirbeltiere, aus welchem unser Geschlecht als eine der jüngsten und vollkommensten Früchte des biogenetischen Naturprozesses entsprossen ist, wird mit Recht an die Spitze des Tierreichs gestellt. Dieser Vorrang gebührt ihm nicht allein deshalb, weil tatsächlich der Mensch alle anderen Tiere weit überflügelt und sich zum »Herrn der Schöpfung« emporgeschwungen hat; sondern

> auch, weil der Organismus der Wirbeltiere an Körpergröße, an Zusammensetzung des Körperbaues und Vollkommenheit der Lebenstätigkeiten alle anderen Tierstämme bei weitem übertrifft.

Manchmal liest man den Ausdruck »Subprimaten-Säugetiere«. Das ist ein Skandal. Oder, ebenso schlimm: »Subsäuger-Wirbeltiere«. *Webster's Dictionary* definiert »sub-primate« als Säugetier, das kein Primat ist. Warum also nicht gleich »Nicht-Primat« sagen? Zu meiner Freude sehe ich, dass das *Oxford English Dictionary* die Existenz von »Subprimaten« nicht anerkennt. Steht ein Delfin oder ein Hund »unter« einem Lemuren? Eine absurde Vorstellung. Zu viele Autoren, die es eigentlich besser wissen müssten, bedienen sich gern des Begriffs der »Evolutionsleiter«, beispielsweise mit Formulierungen wie »Aufwärts auf der Evolutionsleiter …« oder »Wie weit reicht das Lernen durch Nachahmung oder die Werkzeugverwendung auf der Evolutionsleiter nach unten?«. Es gibt keine »Evolutionsleiter«, keine Skala, auf der man die lebenden Tiere anordnen könnte. Sie ist ein Mythos.

Wer glaubt, man könne Tiere auf einer Art Leiter entlang einer Dimension von »niedriger« bis »höher« anordnen, bringt gedanklich in der Regel mindestens vier Kriterien für »niedrig« und »hoch« durcheinander, die sinnvoll sein können oder auch nicht und untereinander im Zusammenhang stehen mögen oder auch nicht. Sie lauten:

1. Ist das Tier primitiv oder hoch entwickelt?
2. Ist es einfach oder komplex?
3. Wie schlau ist es?
4. Inwieweit ähnelt es dem Menschen?

Beginnen wir mit »primitiv«, wobei wir das Stichwort von Haeckel und seinem *primitiva* aus der Geschichte des Schwammes übernehmen. Ich habe mich sehr negativ über Leitern geäußert, und nun unternehme ich einen großherzigen Versuch, »primitiv« streng zu definieren. Es bedeutet »den Vorfahren ähnlich«. Die Formulierung »Ein Schwamm ist primitiver als ein Hummer« bedeutet: »Wenn wir ihren gemeinsamen Vorfahren sehen könnten (und einen solchen gemeinsamen Vorfahren muss es – vielleicht vor einer Milliarde Jahren – gegeben haben), würde er eher wie ein Schwamm als wie ein Hummer aussehen.« Vielleicht war er sogar ein Schwamm, aber das ist kein notwendiger Bestandteil der Definition. In der Praxis wissen wir nicht, wie der gemeinsame Vorfahre aussah, aber zumindest haben wir definiert, was wir wissen müssten, um entscheiden zu können, ob eines der beiden Tiere primitiver ist, und wenn ja, welches. Eine naheliegende Tatsache muss ich dabei betonen: Die heutigen Schwämme waren niemals Vorfahren der Hummer. Nach der Definition ist das primitivere von zwei Tieren dem gemeinsamen Vorfahren schlicht *ähnlicher* als das weniger primitive. Das Gegenteil von primitiv ist demnach »hoch entwickelt«, das heißt, es unterscheidet sich stark von dem mutmaßlichen Vorfahren.

Der letzte gemeinsame Vorfahre von Menschen und Lungenfischen lebte in der Devonzeit. Er ähnelte stärker einem Lungenfisch als einem Menschen, deshalb bezeichnen wir den Lungenfisch als primitiver. Natürlich setzen wir dabei voraus, dass sich Ähnlichkeit auf irgendeine Art messen lässt. Dafür gibt es mathematische Methoden, und die sind höchst interessant. Aber auch ohne sie reicht die subjektive Beurteilung manchmal aus. In der Praxis wissen wir natürlich nicht immer, wie der gemeinsame Vorfahre aussah. Im Fall des Urah-

Tiktaalik

nen von Lungenfischen und Menschen besitzen wir einschlägige Fossilien. Wenngleich *Tiktaalik* aus dem späten Devon kein echter Vorfahre der Menschen ist, kommt er ihm zumindest nahe. Und er ähnelt weitaus stärker einem Lungenfisch als einem Menschen. Deshalb ist der Lungenfisch primitiver. Wie der gemeinsame Vorfahre von Hummern und Schwämmen aussah, wissen wir nicht, aber es ist eine plausible Vermutung, dass er eher wie ein Schwamm aussah. In meinem Zusammenhang reicht die Feststellung, dass »primitiv« eine grundsätzliche Bedeutung hat, auch wenn die Anwendung nicht immer einfach ist. Das muss ich allerdings gleich relativieren. Manchmal kann man zwar entscheiden, welches von zwei Tieren das primitivere ist, es besteht aber kein Grund zu der Annahme, dass es immer möglich ist. Unter Umständen ist das eine Tier in der hinteren Hälfte primitiver, das andere am Vorderende.

So viel zu dem Begriff »primitiv«. Kommen wir jetzt zu »einfach oder komplex«. Die beiden Begriffe stehen an den entgegengesetzten Enden eines kontinuierlichen Spektrums, einer Dimension, die man wiederum mehr oder weniger streng definieren kann. Meine Definition lautet: Angenommen, wir betrachten zwei Tiere, beispielsweise einen Tausendfüßer und einen Hummer, und dann wollen wir messen, ob das eine komplexer ist als das andere. Das Wort »Tausendfüßer« ist übrigens übertrieben – die Tiere haben nicht tausend Beine, sondern eher um die hundert, aber der Name »Hundertfüßer« ist bereits besetzt; deshalb habe ich die Marotte, es in eine andere Sprache zu übertragen. In dem Teil Afrikas, in dem ich meine Kindheit verbrachte, dominierte Chinyanja[10], die »Sprache des Sees«. Der Tausendfüßer heißt auf Chinyanja »Bongololo« – ist das nicht ein reizendes Wort, das dem Tier gerecht wird? Was also ist komplexer, der Hummer oder der Bongololo? Die Intuition sagt: der Hummer, und mein Maßstab stimmt damit überein. Das kommt so:

Wir verfassen ein Buch, in dem wir den Hummer beschreiben, und in einem weiteren Buch beschreiben wir den Bongololo. Wichtig ist, dass beide Bücher in gleichem Maße ins Detail gehen. Jetzt zählen wir in beiden Büchern die Wörter. Ist eines nennenswert länger, ist das darin beschriebene Tier komplexer. Ich habe die beiden Bücher in Wirklichkeit nicht geschrieben, aber in diesem besonderen Fall steht der Gewinner fest. Beide Tiere sind segmentiert (siehe die Geschichte des Wurmes), das heißt, sie sind weitgehend wie ein Eisenbahnzug aufgebaut: aus vielen hintereinander aufgereihten Waggons. Der Bongololo besteht aus viel mehr Segmenten, aber die meisten davon sehen mehr oder weniger gleich aus. Das Buch über den Bongololo enthält also ein Kapitel über ein typisches Segment. Anschließend heißt es einfach »und dies wiederholt sich hundertmal« (oder der Zahl identischer Segmente bei der jeweiligen Spezies entsprechend oft). Die Segmente des Hummers sind dagegen nahezu alle verschieden (siehe die Geschichte des Zehnfußkrebses). Die meisten von ihnen brauchen jeweils ein eigenes Kapitel. Obwohl also der Hummer nur aus 21 Segmenten besteht, wird das Buch über ihn beträchtlich länger sein als jenes über den Bongololo. Der Bongololo ist also einfacher und der Hummer komplexer.

Nach diesem Maßstab steht der Schwamm nahe am einfachen Ende des Spektrums. Das Buch über den Schwamm wäre weitaus kürzer als die über den Hummer und den Bongololo, ja eigentlich kürzer als jedes Buch über irgendein anderes vielzelliges Tier. Wenn wir die Dimension »niedriger bis höher« mit der Dimension »einfach bis komplex« gleichsetzen, sind Schwämme niedere Tiere. Das Gleiche gilt auch für die davon getrennte Dimension »primitiv bis hoch entwickelt«.

Damit haben wir zwei unserer vier Wege, eine Achse von niedrig zu hoch zu definieren, abgehandelt: die Primitivität und die Einfachheit. Beide hängen nicht zwangsläufig zusammen. Und selbst wenn sie es täten, hätten wir kein Recht, es zu unterstellen. Der Fuß eines Pferdes ist einfacher als ein menschlicher Fuß, aber der menschliche Fuß ist primitiver. Wir haben noch die urtümlichen fünf Zehen, das Pferd dagegen hat alle mit Ausnahme des mittleren verloren. Das Pferd hat sich weiter von der Anatomie der Vorfahren entfernt und ist einfacher geworden, aber gerade deshalb ist es weniger primitiv und höher entwickelt. Unser komplizierter Fuß hat größere Ähnlichkeit mit dem komplizierten Fuß des gemeinsamen Vorfahren und ist deshalb primitiver, sprich weniger hoch entwickelt.

Parasiten werden im typischen Fall einfacher als ihre Vorfahren. Ihre Vettern, die keine Parasiten sind, haben sich seit der Zeit des gemeinsamen Vorfahren weniger stark verändert und sind deshalb definitionsgemäß primitiver. Andererseits sind sie aber komplexer. Allein damit ist schon gesagt, dass »höher oder niedriger« keine Dimension ist, über die man im Zusammenhang mit Tieren sprechen sollte. Diese beiden messbaren Kriterien, Komplexität und Primitivität, stehen in keinem engen Zusammenhang.

Und es kommt noch schlimmer. Komplexität und Primitivität sind nur zwei Bedeutungen, die sich in den Köpfen der Menschen lose mit »höher oder niedriger« verbinden. Neben Primitivität und Komplexität könnte man Tiere auch auf verschiedenen Skalen der Schlauheit einordnen. Wie schnell lernen sie eine Standardaufgabe? Können sie Werkzeuge benutzen und herstellen? Erkennen sie sich selbst im Spiegel oder bekämpfen sie das Spiegelbild, weil sie es für einen Eindringling halten? Damit haben wir eine dritte hypothetische Dimension, in der wir Tiere anordnen könnten, und es besteht kein Grund zu der Annahme, dass die drei mehr als nur lose im Zusammenhang stehen.

Zu bestimmten, eng gefassten Zwecken ist es legitim, Arten entsprechend diesen drei Dimensionen anzuordnen, aber das gilt nur, solange man

1. deutlich benennt, welche Dimension man gewählt hat und wie man sie misst.
2. sich darüber im Klaren ist, dass die verschiedenen möglichen Dimensionen in keiner engen Beziehung zueinander stehen.
3. sich darüber im Klaren ist, dass man, nur weil man manche Artenpaare relativ zueinander anordnen kann, nicht gleich allen einen solchen Rang zumessen kann. Wie soll man ein Kaninchen im Verhältnis zu einem Papagei einstufen?
4. sich darüber im Klaren ist, dass manche Teile eines Tieres nach jedem dieser drei Kriterien einen anderen Rang einnehmen könnten als andere. Ein Tier kann von der Gürtellinie an aufwärts komplex und von der Gürtellinie an abwärts einfach sein.

Es wird immer noch schlimmer. Manchmal haben Menschen vage ein viertes Kriterium im Kopf, wenn sie von »höheren« Tieren sprechen. Die vierte Dimension des Leitermythos dreht sich um die Menschheit als Gipfelpunkt, und damit wird die Dimension des »höher oder niedriger« zu einer Einstufung der Tiere je nachdem, wie stark sie uns ähneln. Dieses ziemlich hochnäsige Kriterium betrachtet die Evolution so, als würde sie »aufwärts« in Richtung des prachtvollen Höhepunktes namens *Homo sapiens* verlaufen (man beachte das »sapiens«). Nach dieser Sichtweise ist die Evolution eine Hauptstraße von den Bakterien über Schwämme, Fische und Affen bis zu den Menschen. Aber von Hauptstraßen sollten wir lieber nicht sprechen. Wenn Mauersegler, Sperber oder Geparde sprechen könnten, würden sie dann die Arten danach einordnen, wie schnell sie sich fortbewegen? Könnten Elefanten wohlwollend auf Tapire, Rüsselspringer oder See-Elefanten blicken, weil sie vielversprechende Anfänge der Schnellstraße zur voll ausgeprägten Rüsseligkeit zeigen?

Könnte vielleicht selbst der bescheidene Schwamm für sich so etwas in Anspruch nehmen? Gibt es eine Dimension, in der Schwämme im gesamten Tierreich eine Spitzenposition einnehmen? Nun, eigentlich gibt es sogar zwei. Schwämme besitzen eine hervorragende Fähigkeit, Schäden zu reparieren. Außerdem – und hier besteht vielleicht eine Verbindung – reicht kein anderes Tier an ihre Rekordlebensdauer heran. Schwämme leben nach heutiger Kenntnis Jahrhunderte oder sogar Jahrtausende. Den Beleg liefert ihre Wachstumsgeschwindigkeit. Ein Schwamm von einem Meter Breite braucht fünf Jahre, um einen Millimeter zu wachsen. Bei dieser Geschwindigkeit hat es also 5000 Jahre gedauert, bis er einen Meter erreicht hat, und doch wird er so groß. Die Wachstumsgeschwindigkeit ist wahrscheinlich nicht konstant, deshalb sollten wir uns nicht auf 5000 Jahre festlegen, sondern von »sehr langer Zeit« sprechen.

Die Regeneration – die Reparatur von Schäden – beherrschen wir Säugetiere nicht besonders gut. Oberflächliche Wunden werden durch ziemlich unansehnliches Narbengewebe mehr schlecht als recht verschlossen. Bei Salamandern kann immerhin eine ganze abgeschnittene Extremität nachwachsen. Der Hauptpreis für eine umfassende Schadensreparatur muss aber an einen Schwamm gehen. Der amerikanische Biologe Henry Van Peters Wilson presste 1907 einen Schwamm mit Gewalt durch ein feines Sieb aus Seide. Der gesiebte Schwamm bestand nur noch aus einer trüben Wolke aus einzelnen Zellen. Wilson beließ die Zellen in Meerwasser und sah zu, was als Nächstes geschah. Allmählich verbanden die Zellen sich wieder zu kleinen Klumpen. Dann waren es größere Klumpen, dann noch größere, bis sie schließlich wieder eine Gruppe lebensfähiger Schwämme bildeten. Das Ganze hat eine erfreuliche, aber rein zufällige Ähnlichkeit mit dem Vorgang, durch den die Erde und andere Planeten sich bildeten, weil Staub und Gestein sich unter dem Einfluss der Schwerkraft in einer Umlaufbahn um die Sonne zusammenfanden.

Ich kann diese Geschichte nicht beenden, ohne eine wichtige Einschränkung vorzunehmen. Mein Einwand gegen »höhere und niedere« Tiere gilt für Tiere, die füreinander Zeitgenossen sind – zum Beispiel heute lebende Arten. Begriffe wie »Subprimaten-Säugetiere« oder »Subsäugetier-Wirbeltiere« sollte man aus den genannten Gründen vermeiden. Damit kritisiere ich aber ausdrücklich nicht den Gedanken, dass Evolution voranschreitet, wenn man Vorfahren und Nachkommen betrachtet. Nach meiner Überzeugung kann man gut begründen, dass die Evolution vom Vorfahren zum Nachkommen oft mit Fortschritt verbunden ist; einen solchen Fortschritt erwartet man sogar geradezu. In der Geschichte des Armfüßers haben wir das evolutionäre Wettrüsten erörtert. In meinem hypothetischen Beispiel wurden Luchse in evolutionären Zeiträumen immer besser darin, Hasen zu jagen, und Hasen immer besser darin, zu entkommen. »Besser werden« heißt nicht, dass man effizienter wird, denn die andere Seite wird in dem Rüstungswettlauf ebenfalls besser. Beide Seiten verbessern sich parallel zueinander, sodass ihre tatsächliche Effizienz die gleiche bleibt. Das ist der sogenannte Effekt der Roten Königin. In ihrem Land, so erklärt es die Rote Königin Alice, muss man laufen, so schnell man kann, nur um am gleichen Ort zu bleiben. Aber die Ausrüstung der Luchse zum Hasenfang wird im Laufe der Generationen besser, und die Ausrüstung der Hasen zum Flüchten wird ebenfalls besser. Auf beiden Seiten findet eine fortschreitende Verbesserung statt. Könnte man also mit einer Zeitmaschine einen früheren Hasen gegen einen heutigen Luchs antreten lassen, würde der Luchs ohne weiteres gewinnen. Und ein moderner Hase könnte einem vorzeitlichen Luchs ohne Probleme davonlaufen.

Die Evolution jedes komplexen Körperteils, ob Auge, Herz oder Hüftgelenk, muss ein Fortschritt sein, denn der Ausgangspunkt ist in jedem Fall einfach und relativ ineffizient, während am Ende genau das Gegenteil steht. Das Wirbeltierauge ist bei all seiner Unvollkommenheit ein erstaunlich leistungsfähiges Werkzeug und zeigt deutlich seine komplexen Konstruktionsmerkmale. Kein vernünftiger Mensch würde glauben, seine Ursprünge in der Evolution könnten irgendetwas anderes als einfach und relativ ineffizient sein. Der allmähliche Übergang vom einen zum anderen kann nichts anderes als ein Fortschritt sein. Das meine ich, wenn ich von evolutionärem Fortschritt spreche, und auch Haeckel selbst, darauf weist Ronald Jenner in seinem Buch *Ancestors in Evolutionary Biology* hin, verstand es richtig. Aber um es noch einmal zu sagen: Wenn wir heutige Tiere mit anderen heutigen Tieren vergleichen, unterliegt ihre Einstufung als höher oder niedriger allen Einschränkungen, die ich in dieser Geschichte erläutert habe. Mein ernst gemeinter Rat lautet: Tun Sie es nicht!

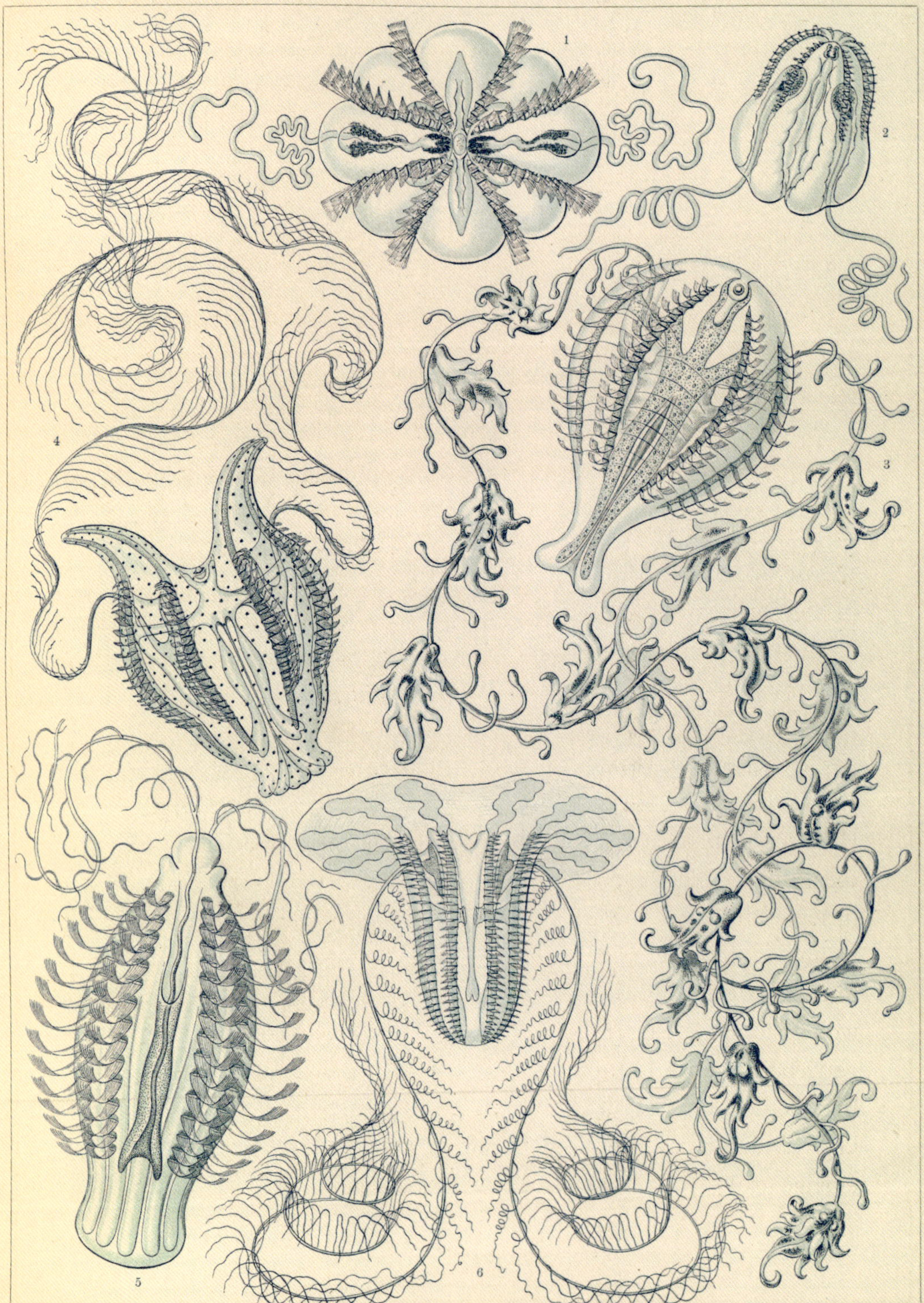

Ctenophorae. — Kammquallen.

27

DIE GESCHICHTE DER KAMMQUALLE

Wer ist unser aller Schwester?

Würde uns eines dieser schönen Lebewesen beim Baden im Meer in die Quere kommen, wir würden es vermutlich für eine Qualle halten und einen großen Bogen darum machen. Die Kammquallen (auch Rippenquallen oder Ctenophora genannt) sehen wie Quallen aus und wurden in der Regel mit ihnen zusammen in den Stamm der Hohltiere oder Coelenterata eingeordnet. Heute herrscht allgemein Einigkeit, dass die Ähnlichkeit reiner Zufall ist. Statt von Hohltieren spricht man heute von Nesseltieren oder Cnidaria, und die Kammquallen bilden einen eigenen Stamm namens Ctenophora (griechisch für »Kammträger«), der völlig von den Nesseltieren getrennt ist. Sie sind vorwiegend durchsichtig, oftmals leuchten sie und schlängeln sich in überirdischer Schönheit durch das Plankton, wobei sie von irisierenden Reihen (»Kämmen«) aus Cilien vorangetrieben werden (siehe die Geschichte des Kragengeißeltierchens). Ihre Beute fangen sie mit »Colloblasten«, Zellen mit einzigartigen klebrigen Fäden, die sich auf den Tentakeln aneinanderreihen. Als einzige große Tiere bedienen sie sich der Cilien zur Fortbewegung.

Ein anderer Unterschied zu den Nesseltieren besteht darin, dass sie keine Nematocysten besitzen – eine Ausnahme bildet nur *Haeckelia*, die wie manche Weichtiere aus der Gruppe der Nacktkiemer (siehe die Geschichte des Nacktkiemers) die Nematocysten gefangener Quallen zweckentfremdet. Haeckel benannte *Haeckelia* übrigens nicht nach sich selbst. Den Namen vergab jemand anderes zu seinen Ehren.

In der Geschichte des Schwammes haben wir uns mit dem Gedanken befasst, Schwämme würden am »unteren Ende« des Tierreiches liegen. Sie werden manchmal als »primitiv« bezeichnet, was nur bedeutet, dass sie einem entfernten Vorfahren ähneln (in der Geschichte der alten Eiche war davon die Rede, warum ein solcher Sprachgebrauch in die Irre führen kann). Die Geschichte der Kammqualle stellt ein ähnliches, aber noch strengeres Konzept vor, nämlich das der »Schwestergruppe«. Kammquallen gelten heute als Schwestergruppe des ganzen übrigen Tierreiches (was aber sehr umstritten ist). Was bedeutet das? Was ist eine Schwestergruppe?

Betrachten wir einmal den Stammbaum der heute noch lebenden Menschenaffen. Hier sind die Verwandtschaftsbeziehungen unumstritten. Die Schnecke lassen wir für den Moment beiseite.

Schimpansen und Bonobos spalteten sich erst vor ungefähr 1,5 bis 2 Millionen Jahren von einem gemeinsamen Vorfahren ab. Unter allen heute lebenden Arten sind wir ihre engsten Vettern, ihre

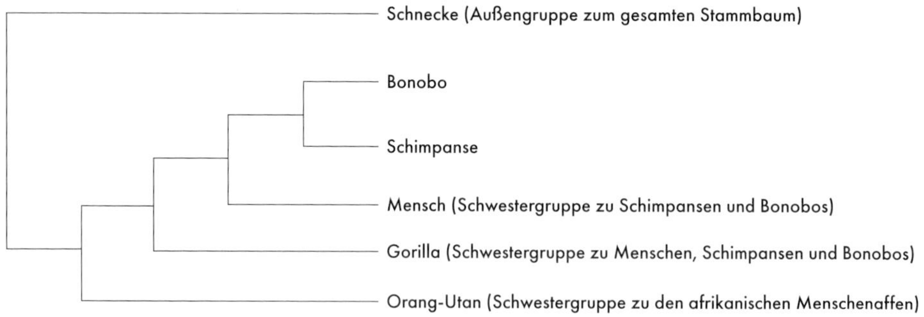

»Schwestergruppe«. Die Schwestergruppe unseres kleinen Trios sind die Gorillas. Die Schwestergruppe aller afrikanischen Menschenaffen sind die Orang-Utans aus Asien. Die Schwestergruppe ist jeweils der engste lebende Verwandte, der nicht zu der betrachteten Gruppe gehört. Dabei muss es sich nicht um eine einzelne Spezies handeln. Die Schwestergruppe der Menschenaffen ist beispielsweise die in dem Diagramm nicht gezeigte Gruppe der 14 Gibbonarten. Aber was hat die Schnecke dort oben zu suchen?

Manchmal, beispielsweise wenn man mit molekulargenetischen Methoden einen Stammbaum nachzeichnen will, ist es nützlich, zu Vergleichszwecken eine »Außengruppe« zu benennen. Diese Außengruppe muss nur eine Eigenschaft unbedingt mitbringen: Sie gehört nicht zu der Gruppe, für die man sich interessiert, sondern hat mit ihr einen älteren Vorfahren gemeinsam. Wie weit »außen« die Außengruppe steht, spielt keine Rolle; wenn man sich allerdings mit Affen beschäftigt, wäre es normalerweise nützlich, einen engeren Verwandten als eine Schnecke zu wählen. Im Gegensatz zum Begriff der »Schwestergruppe«, der eine ziemlich genaue Bedeutung hat, ist die »Außengruppe« einfach irgendein entfernter Verwandter, den man bei einer bestimmten Gelegenheit bequemlichkeitshalber willkürlich gewählt hat.

Dabei gilt es zu beachten, dass die Außengruppe nicht zwangsläufig primitiv sein muss. Wer Lungenfische erforscht, könnte den

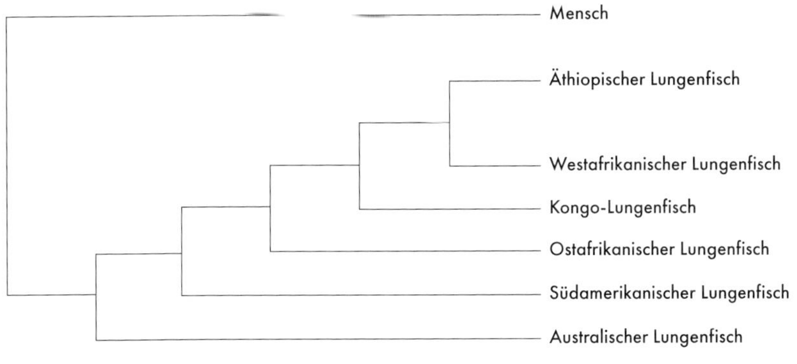

folgenden Stammbaum zeichnen, in dem der Mensch eine bequeme Außengruppe ist, während der Australische Lungenfisch die Schwestergruppe aller anderen Lungenfische darstellt.

Mittlerweile sollte klar sein, was es im Einzelnen bedeutet, wenn man darüber streitet, ob Schwämme oder Kammquallen die Schwestergruppe des übrigen Tierreiches sind. Möglicherweise verfügen wir nicht über ausreichende Informationen, um den Streit beizulegen, aber zumindest wissen wir, worüber wir diskutieren. Nachdem wir die Logik geklärt haben, ist es an der Zeit, sich die Tatsachen anzusehen. Was sagen die Befunde?

Es gab einmal eine Zeit, da herrschte in der Zoologie kein Zweifel: Schwämme galten als die Schwestergruppe des gesamten übrigen Tierreiches (und auch als der primitivste Stamm), während man die Kammquallen mit dem übrigen Tierreich in einen Topf warf. Sahen Kammquallen nicht wie Quallen aus? Wurden sie früher nicht sogar zusammen mit den Quallen eingeordnet? Die Kammquallen haben ein ähnlich einfaches Nervensystem wie die Nesseltiere. Bei Schwämmen ist das nicht der Fall. Kammquallen haben Muskeln. Schwämme nicht. Das Ganze sah nach einem klaren Fall aus.

Allerdings kommt es heute häufig vor, dass intuitive Schlussfolgerungen durch molekulargenetische Befunde auf den Kopf gestellt werden. In einem 2023 im Fachblatt *Nature* erschienenen Artikel untersuchten D. T. Schultz und seine Kollegen die genauen Sequenzen in Genen auf den Chromosomen zweier Schwamm- und zweier Kammquallenarten und verglichen sie dann mit zwei Vertretern aus dem übrigen Tierreich, nämlich einer Qualle und dem Lanzettfischchen *Branchiostoma* (auch Amphioxus genannt), einem primitiven Chordatier, das offensichtlich mit den Wirbeltieren verwandt ist und hier als Vertreter der Bilateria, das heißt fast aller Tiere, diente (siehe das Kladogramm auf S. 20).

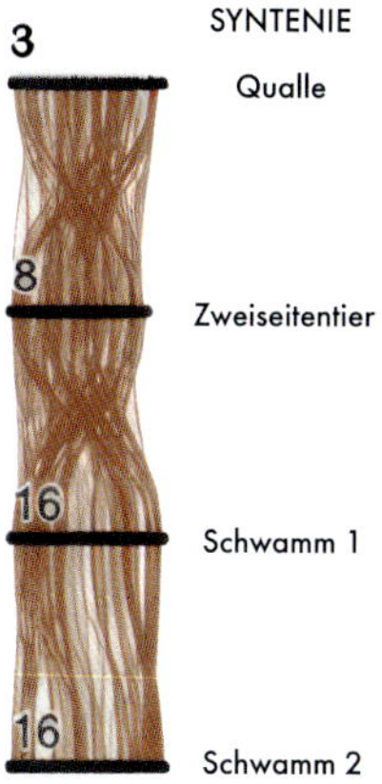

Es gehört zu den großartigen Eigenschaften der DNA, dass man das gleiche Gen bei weit voneinander entfernten Arten wiedererkennen kann. Deshalb konnten die Wissenschaftler für jedes Gen eine farbige Linie ziehen, die dieses Gen bei zwei verschiedenen Arten miteinander verband. In solchen sogenannten Synteniediagrammen sind die Gene je nach Chromosom, auf dem sie liegen, farblich kodiert. Die schwarzen, horizontalen Linien in dem abgebildeten Synteniediagramm stellen die Chromosomen dar. Diese sind mit willkürlichen Zahlen gekennzeichnet. Mit »willkürlich« meine ich, dass das »gleiche« Chromosom bei zwei verschiedenen Tieren (das an den Genen, die darauf aufgereiht sind, als »gleich« zu erkennen ist) wahrscheinlich einen anderen Namen (eine andere Zahl) haben wird. Die Zahlen über der schwarzen Linie sind wegen der farbigen Linien, die Verbindungen zwischen dem gleichen Gen auf verschiedenen Chromosomen darstellen, ein wenig schlecht zu erkennen. Wie das Diagramm zeigt, kann man im Chromosom 16 bei zwei Schwämmen das »gleiche« Chromosom erkennen, das bei den Bilateria die Nummer 8 trägt (wobei es umgedreht ist, was aber die Argumentation nicht verändert).

Manchmal zeigt sich deutlich, dass Gengruppen sich bei einer Spezies zwischen verschiedenen Chromosomen aufgeteilt haben. Das oben dargestellte Synteniediagramm zeigt, dass einige DNA-Abschnitte in der Zeit, in der sich die Schwämme 1 und 2 von ihrem gemeinsamen Vorfahren auseinanderentwickelt haben, verschoben wurden. Oft geschieht das nicht, aber geologische Zeiträume sind lang. Anhand der Zahl solcher Chromosomen-Ortswechsel können wir grob abschätzen, wie lange es her ist, seit zwei Arten sich von ihrem gemeinsamen Vorfahren auseinanderentwickelt haben. Wie nicht anders zu erwarten, zeigt sich bei den Gensequenzen in den Chromosomen der beiden Schwammarten ein hohes Maß an Gemeinsamkeit. Sie haben sich erst vor recht kurzer Zeit von ihrem gemeinsamen Vorfahren abgespalten. Man beachte, dass es sich hier um einen andersartigen Vergleich handelt als bei dem üblichen Verfahren, bei dem man die genaue Sequenz von A, T, G und C zwischen zwei Arten vergleicht. In Synteniediagrammen vergleichen wir Translokationen oder Verlagerungen ganzer Chromosomenabschnitte.

Das folgende Bild zeigt eine starke Ähnlichkeit zwischen den Chromosomen von Quallen und *Branchiostoma*, unserem Vertreter des übrigen Tierreiches der Bilateria.

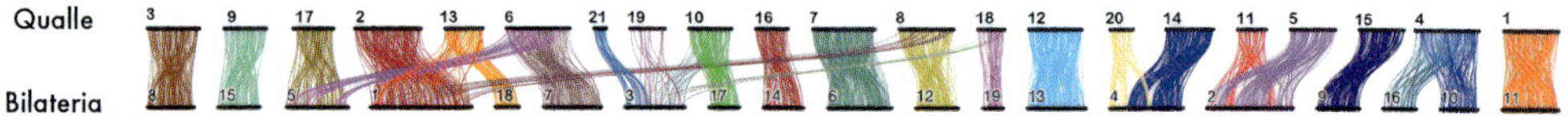

Ein paar Verlagerungen gibt es: So entspricht beispielsweise ein Abschnitt im Chromosom 6 der Qualle (J6) zwei Abschnitten auf dem Chromosom 5 (B5) von *Branchiostoma*, die meisten Gene von J6 findet man aber auf B7. Erinnern wir uns noch einmal daran, dass die Zahlen, mit denen Chromosomen gekennzeichnet werden, willkürlich sind. Klar ist, dass J4 die Entsprechung zu B16 und B10 darstellt. Vermutlich entspricht J4 dem Zustand beim Vorfahren. Irgendwann erfolgte die Aufteilung in zwei Chromosomen, die bei *Branchiostoma* als B16 und B10 erhalten geblieben sind.

Nun lautet die Frage, die wir beantworten wollen: Welcher der beiden Stämme, die Kammquallen oder die Schwämme, ist die Schwestergruppe des übrigen Tierreiches? Wir wählen die Qualle als Vertreter des restlichen Tierreiches und rechtfertigen dies damit, dass ihre DNA-Sequenzen eng mit denen von *Branchiostoma*, dem Vertreter der Bilateria, verwandt sind. Jetzt zum eigentlichen Vergleich. Sehen wir uns im folgenden Diagramm an, wie nahe die Kammquallen den Quallen stehen. Die Antwort lautet: nicht sehr nahe. Eine Ähnlichkeit ganzer Chromosomen gibt es nur in zwei Fällen (Kammqualle 13 mit Qualle 4 und Kammqualle 5 mit Qualle 5). In allen anderen Fällen beobachten wir eine prachtvolle Mischung von Chromosomenabschnitten, die im Vergleich von Qualle und Kammqualle alle möglichen Umstellungen durchgemacht haben.

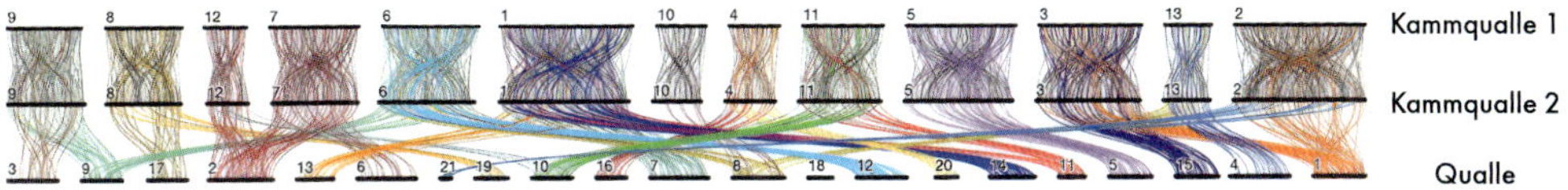

Die Chromosomen der Kammquallen 1 und 2 sind sich offensichtlich sehr ähnlich (auch wenn sie willkürlich umgedreht sind) und können als eine Art Bestätigung für die Methode dienen. Aufgrund der zahlreichen Chromosomenumordnungen scheint es aber sehr klar zu sein, dass eine beträchtliche Zeit vergangen ist, seit Kammquallen und Quallen sich von ihrem gemeinsamen Vorfahren auseinanderentwickelt haben. Aber ist sie länger oder kürzer als die entsprechende Zeit bei den Schwämmen?

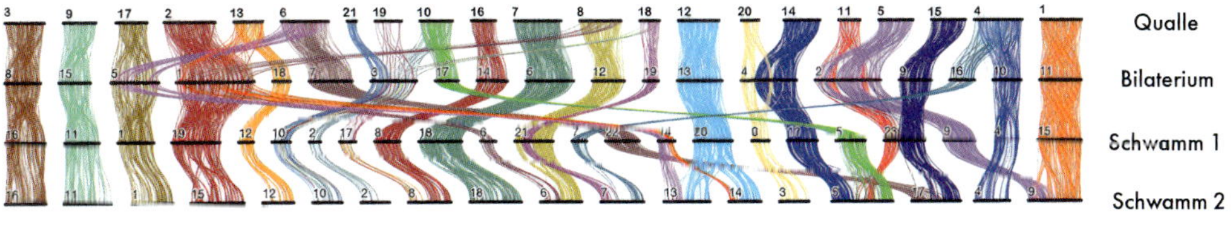

Die Autoren stellen keinen direkten Vergleich zwischen Schwämmen und Quallen an. Wie das letzte Synteniediagramm zeigt, müssen wir den Weg über das Lanzettfischchen *Branchiostoma* als Zwischenstufe gehen. Wenn überhaupt, sollte sich dadurch der »Abstand« vom Schwamm zur Qualle übertrieben darstellen. In Wirklichkeit interessieren wir uns aber ohnehin für die Ähnlichkeit mit dem übrigen Tierreich, und dafür ist *Branchiostoma* unser Vertreter. Das Ergebnis? Es liegt nicht überwältigend stark auf der Hand, aber vermutlich wird mir jeder zustimmen, dass zwischen den Chromosomen des Schwammes und denen der übrigen Tiere mehr Ähnlichkeiten bestehen als zwischen denen der übrigen Tiere und der Kammquallen. Der Chromosomenvergleich stellt die Kammquallen außerhalb des »übrigen Tierreiches«, während dieses »übrige Tierreich« die Schwämme einschließt. Nach diesen Befunden sind die Kammquallen die Schwestergruppe. Den gleichen Schluss ziehen auch die an den Untersuchungen beteiligten Wissenschaftler; außerdem nennen sie weitere Details, auf die ich hier aus Platzgründen nicht weiter eingehen möchte, die aber in die gleiche Richtung weisen.

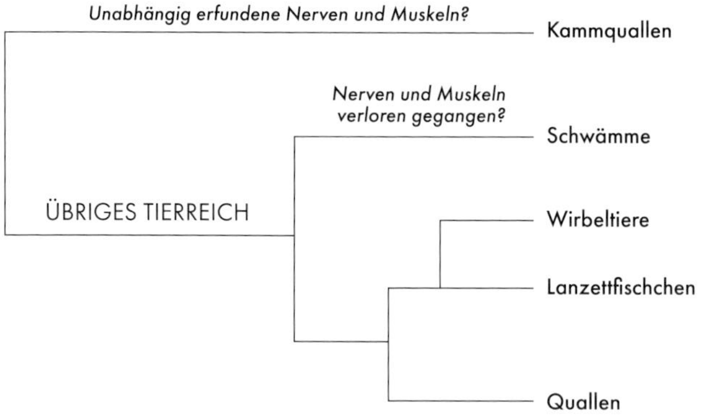

Aber das sind nur die Ergebnisse der Chromosomenuntersuchung. Schon sie sind unter Molekularbiologen umstritten. Außerdem weisen auch andere, eher traditionelle Überlegungen in die entgegengesetzte Richtung. Wenn die Kammquallen tatsächlich die Schwestergruppe sind, müssten sie Nerven und Muskeln unabhängig erfunden haben oder – wenn der gemeinsame Vorfahre sie besaß –

hätten die Schwämme sie verloren. Beide Szenarien wirken unwahrscheinlich, und das wiederum stärkt die Theorie von den Schwämmen als Schwestergruppe.

Das Genom eines Schwammes wurde sequenziert und steuert eine unerwartete Wendung bei, die das Pendel möglicherweise wieder in Richtung der Kammquallen als Schwestergruppe ausschlagen lässt. Schwämme besitzen heute zwar weder Nerven noch Muskeln, in ihrem Genom findet man aber viele Gene, die zum Aufbau beider Strukturen notwendig sind. Sie besitzen Merkmale, die mit der elektrischen Erregbarkeit in Verbindung stehen, Gerüstproteine, wie sie für Synapsen charakteristisch sind, und große Teile des molekularen Apparats, der bei anderen Tieren von Nerven- und Muskelzellen genutzt wird. Diese Gene sind vorhanden, werden aber nicht ausgeprägt. Das könnte die Vermutung nahelegen, dass Schwämme die betreffenden Zelltypen früher einmal besaßen und dann verloren haben: Genau das würde man vorhersagen, wenn Kammquallen die alte Schwestergruppe sind, während die Schwämme in das übrige Tierreich gehören. Nach einer anderen Interpretation der Befunde besaßen die Vorfahren der Schwämme niemals Nerven und Muskeln, wohl aber ihrerseits Vorläufer, die später die Evolution solcher höher entwickelter Organsysteme erleichterten.

Welcher Stamm sich letztlich auch als Schwestergruppe der übrigen Tiere erweisen wird, die Schwestergruppe aller Landpflanzen ist offenbar eine Klasse von Grünalgen, die man Schmuckalgen oder Zygnematophyceae nennt. Eine Untergruppe, deren Namen man leichter aussprechen kann, sind die Desmidiales oder Zieralgen, und zufällig handelt es sich auch bei allen Schmuckalgen in Haeckels Abbildung um Zieralgen; deshalb gebe ich der nächsten Geschichte die Überschrift »Die Geschichte der Zieralge« und verzichte auf den Zungenbrecher »Zygnematophyceae«.

Desmidiea. — Zierdinge.

28

DIE GESCHICHTE DER ZIERALGE

Wozu zwei Geschlechter?

In dieser Geschichte geht es um den Ursprung der beiden Geschlechter. Zu dem Thema steuert die Zieralge eine paradoxe Sichtweise bei, denn bei ihr gibt es nur ein Geschlecht. Zieralgen pflanzen sich geschlechtlich fort, aber männliche oder weibliche Organismen gibt es nicht. Wie wir produzieren sie Geschlechtszellen, die sich vereinigen (»konjugieren«) und eine Zygote bilden, doch die konjugierenden Geschlechtszellen sind gleich groß; den Unterschied zwischen großen Ei- und winzigen Samenzellen, der bei Tieren und Pflanzen das definierende Merkmal für die Unterscheidung zwischen Männchen und Weibchen ist, gibt es nicht. Sexualität mit zwei gleich großen Geschlechtszellen wird als *Isogamie* bezeichnet. Die häufigere Form der Sexualität, bei der es männliche und weibliche Organismen mit sehr ungleich großen Gameten gibt, nennt man *Anisogamie*. Alle Tiere und Pflanzen (ohne die Algen) sind anisogam: Männliche Organismen produzieren viele sehr kleine Samenzellen, und weibliche Organismen bringen relativ wenige große Eizellen hervor. Manche Algen, darunter auch die Zieralgen, sind isogam. Wie in vielen Fällen der Isogamie, so gibt es auch hier zwar keine Unterscheidung zwischen männlich und weiblich, aber man kennt zwei Paarungstypen, die man willkürlich als Plus und Minus bezeichnet. Zwei Plus-Organismen oder zwei Minus-Organismen können sich nicht paaren. Die Paarung findet stets zwischen einem Plus und einem Minus statt.

Die Isogamie, bei der kein systematischer Unterschied der Gametengröße besteht, wird im Laufe der Evolution tendenziell zur Anisogamie. Ich sage »tendenziell«, weil der evolutionäre Übergang von der Isogamie zur Anisogamie sich mehrmals unabhängig abgespielt hat. Mit anderen Worten: Isogamie ist instabil. Der mutmaßliche Grund für die Instabilität wurde in Form eines klugen mathematischen Modells von Geoffrey Parker von der Universität Liverpool sowie seinen beiden Kollegen Robin Baker und Victor Smith analysiert, die ich von jetzt an »PBS« nenne.

Es ist ein wirtschaftliches Modell. Eine Zygote herzustellen, ist aufwendig. Sie muss für den Beginn ihrer Entwicklung mit Nährstoffen ausgestattet werden, und diese Nährstoffe stammen letztlich aus der arbeitsintensiven und manchmal gefährlichen Fresstätigkeit der Eltern. Die ist teuer. Bei der Isogamie, die nach einem gerechteren System aussieht, werden die Kosten gleichmäßig zwischen den Eltern aufgeteilt. Jeder Elternteil muss nur die Hälfte des Aufwands zur Herstellung der Zygote beitragen. Bei der Anisogamie liefert die große Eizelle 100 Prozent der notwendigen Nährstoffe, das heißt, die Mutter trägt 100 Prozent der Kosten. Der Vater leistet unter Umständen andere Beiträge, zum Beispiel indem er das Nest bewacht, Nahrung in die aufgesperrten Schnäbel fallen lässt und so weiter. Aber von den Gameten leistet nur die Eizelle einen wirtschaftlichen Beitrag. Die Samenzelle trägt außer DNA praktisch nichts bei.

Die Isogamie, bei der jeder Elternteil genau die Hälfte der Kosten übernimmt, ist eine reine, idealisierte Version. PBS interessierten sich für hypothetische Vorfahren mit einer unreinen Isogamie, bei denen ein unterschiedliches Maß an Ungleichheit herrschte. Sie stellten sich Schwankungen der Gametengröße »V« (für Volumen) und der »Produktivität« vor, das heißt der Produktionsrate der Gameten. Man kann zwischen diesen beiden mit einem umgekehrten Verhältnis rechnen, denn die Herstellung größerer Gameten verursacht mehr Kosten, also muss es weniger von ihnen geben. PBS dachten sich eine Reihe von Produktivitäten 1, 2, 3 und so weiter und entsprechende Gametenvolumina V, ${}^{V}/_{2}$, ${}^{V}/_{3}$ und so weiter aus.

Das Volumen einer Zygote ist die Summe der Beiträge beider Eltern. Bei der Paarung von zwei V-Gameten enthält die Zygote als Puffer einen Vorrat von 2V. Paart sich eine V-Gamete mit einer ${}^{V}/_{2}$-Gamete, hat die Zygote ein Volumen von eineinhalb Einheiten. Bei der Paarung von zwei ${}^{V}/_{3}$-Gameten hat die Zygote ein Volumen von $2^{V}/_{3}$ und so weiter. Natürlich haben Lebewesen keine Entscheidungsgewalt darüber, ob sie V, ${}^{V}/_{2}$, ${}^{V}/_{3}$ etc. sind. Um der Argumentation willen schadet es aber nicht, wenn man sich vorstellt, sie könnten sich eine davon als »Strategie« zu eigen machen, wobei man immer im Kopf behalten muss, dass die Sache in Wirklichkeit von den Genen festgelegt wird. Treiben wir also die Fantasie weiter: Wären Sie bei dem Versuch, Ihre Nachkommen möglichst gut überleben zu lassen, lieber ein V-, ein ${}^{V}/_{2}$- oder ein ${}^{V}/_{3}$-Individuum? Wählen Sie anstelle der V- die ${}^{V}/_{2}$-Strategie, vermindern Sie die Überlebensaussichten jeder einzelnen Zygote. Auf der Plus-Seite steht aber, dass Sie mehr Gameten und damit potenziell auch mehr Zygoten produzieren. Wählen Sie ${}^{V}/_{3}$, können Sie noch mehr Zygoten produzieren, aber jede davon hat eine geringere Überlebenschance. Die Frage, welchen V-Wert Sie bevorzugen, lässt sich nicht ohne weiteres beantworten, denn alles hängt davon ab, mit wem Sie sich wahrscheinlich paaren werden. Das wiederum ist abhängig von der Gesamthäufigkeit der verschiedenen

V-Werte in der Population. Und die ist abhängig von der Gesamt-Erfolgsquote der einzelnen V-Werte, die ihrerseits abhängig sind von … Hier scheint es, als würden wir uns im Kreis drehen, aber an dieser Stelle kommt kluge Mathematik ins Spiel.

Der Erfolg einer Zygote ist eine *Funktion* der kombinierten Vs der beiden Gameten, die sie durch ihre Vereinigung hervorgebracht haben. Eine »Funktion« kann in der Mathematik durch einen Kasten mit einem Pfeil (oder auch mehreren) dargestellt werden, der hineinführt, und einem Pfeil, der ihn wieder verlässt. Im Inneren des Kastens wird das, was hineinfließt, verarbeitet, und das Ergebnis kommt heraus. Es gibt keinen naheliegenden Weg, um herauszufinden, welche Funktion den Erfolg der Zygote (der aus dem Kasten herauskommt) mit den hineinfließenden, kombinierten Vs verbindet. Intuitiv vermute ich, dass sie S-förmig sein wird.

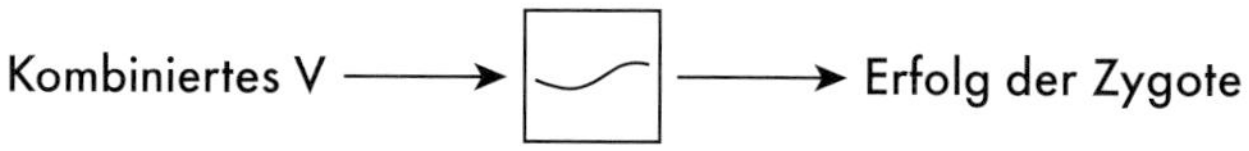

Ein sehr niedriges V (etwa, wenn sich ein $^{V}/_{6}$ mit einem zweiten $^{V}/_{6}$ paart) liefert eine winzige Zygote, die keine Chance hat: Erfolg der Zygote = 0. Es spielt auch keine Rolle, ob das gemeinsame V ein wenig größer ist, beispielsweise nach einer Paarung von $^{V}/_{6}$ und $^{V}/_{5}$. Das ist der flache Abschnitt auf der linken Seite des S. Wenn dann das gemeinsame V zunimmt, geht die Erfolgskurve der Zygote in einen steilen Anstieg über. Ist das gemeinsame Volumen schließlich sehr hoch, spielt zusätzliches Volumen für den Erfolg der Zygote wiederum kaum noch eine Rolle: Die Kurve flacht sich ab – die Rendite vermindert sich. Unter praktischen Gesichtspunkten können wir also die beiden flachen Teile der Kurve außer Acht lassen. In diesen Bereichen macht eine geringfügige Veränderung von V kaum etwas aus, und sie wird von der natürlichen Selektion wahrscheinlich nicht wahrgenommen. Der interessante Teil der Funktion ist der mittlere Abschnitt, in dem die Kurve steil ansteigt und eine Zunahme von V ihre Kosten durch einen merklichen Effekt wieder einspielt. Eine solche steil ansteigende Kurve kann man mathematisch näherungsweise als Exponentialfunktion betrachten: Der Erfolg der Zygote ist proportional zu V^x. Wie groß x ist, wissen wir nicht, und hier probierten PBS verschiedene Alternativen aus. Dabei gelangten sie zu interessanten Ergebnissen. Überschreitet x eine gewisse Schwelle (bei einer vernünftigen Kombination aus Annahmen ungefähr den Wert 1,5), wirkt die natürliche Selektion zerstörerisch: Sie begünstigt einige Gameten, die immer größer werden, gleichzeitig aber auch andere, die kleiner werden. Liegt x bei 2, ist dieser zerstörerische Effekt extrem. Die senkrechte Achse in dem Diagramm auf Seite 272 ist der Erfolg der Zygote. Die horizontale Achse kann man auf zweierlei Weise betrachten, denn Volumen und Zahl der Gameten stehen in einem umgekehrten Verhältnis. Bewegt man sich nach links, nimmt das Volumen der Gameten zu und ihre Zahl geht zurück. Nach rechts steigt die Zahl der Gameten und das Volumen nimmt ab. Ich habe die Kugeln so gezeichnet, dass ihr Volumen (das proportional zur dritten Potenz des Radius ist) das Gametenvolumen darstellt.

Wie man leicht erkennt, ergibt sich der geringste Erfolg mit mittelgroßen Gameten, während sowohl sehr große als auch sehr kleine Gameten zum größtmöglichen Erfolg führen. Sehr große und sehr kleine Gameten erzielen ihre Erfolge, wenn sie sich miteinander paaren. Und natürlich bezeichnen wir sie als Ei- beziehungsweise Samenzellen. Mittelgroße Gameten verschwinden wegen ihrer geringen Erfolgsquote aus der Population. Das mathematische Modell von PBS ist allgemein als Erklärung für die Omnipräsenz der Anisogamie – des Männlich-weiblich-Phänomens – im Tier- und Pflanzenreich anerkannt.

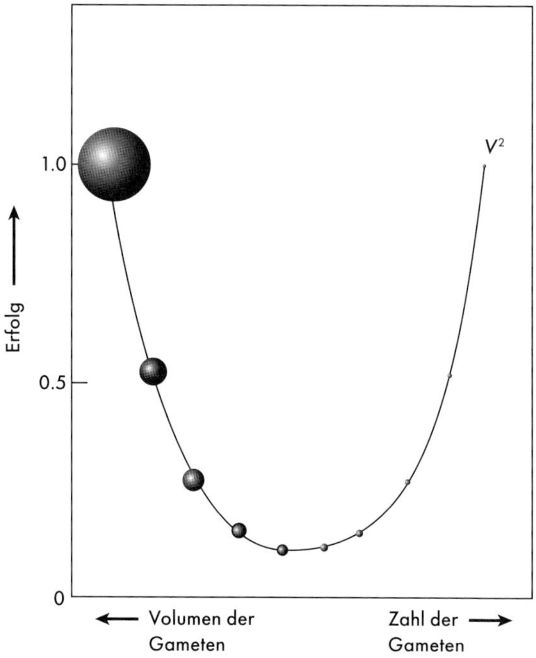

Aus den Arbeiten von PBS folgt, dass man Anisogamie bei vielzelligen Lebewesen eher erwartet als bei Einzellern. Der Grund: Eine zusätzliche Investition in die Gametengröße zahlt sich eher aus, wenn das festgelegte Volumen der Zygote sich auf viele Zellen verteilen muss. Nancy Knowlton erkannte, dass es eine Gruppe von Algen gibt, an der man dies überprüfen kann. Es handelt sich um die Abstammungslinie der Volvocaceae, hübsche Lebewesen, deren größte Formen ohne weiteres mit bloßem Auge zu erkennen sind. Sie bilden eine Reihe eng verwandter Arten, wobei das Spektrum bequemerweise von Einzellern (*Chlamydomonas*) bis zu Organismen aus mehreren Hundert Zellen (*Volvox*) reicht. Knowlton trug die Zahl der Zellen bei isogamen und anisogamen Mitgliedern der Gruppe in eine Tabelle ein und fand ihre Voraussage bestätigt: Je mehr Zellen, desto wahrscheinlicher ist die Anisogamie (die einzellige *Chlamydomonas* habe ich zu ihrer Tabelle mit sieben Gattungen hinzugefügt). Zusammenfassend kann man sagen: Immer wenn die Überlebensfähigkeit der Zygoten mit der Größe der Gameten stark genug ansteigt, treibt die Selektion eine Aufspaltung in viele kleine und wenige große Gameten voran; diese Gesetzmäßigkeit findet sich bei den Algen aus der Gruppe der Volvocaceae verblüffend gut wieder, wenn man sich von der einzelligen Isogamie zur vielzelligen Anisogamie bewegt.

Der Artikel von PBS wurde in der Evolutionsbiologie gefeiert und gab den Anlass zu einer ganzen Reihe von Modellen anderer Autoren, die alle zu der gleichen Schlussfolgerung gelangten: Isogamie ist bei vielzelligen Lebewesen instabil, weshalb alle vielzelligen Pflanzen und Tiere die Anisogamie praktizieren. Selbst Hermaphroditen sind keine Zwischenformen zwischen Männchen und Weibchen, sondern sie sind beides. Sie produzieren Samenzellen, und sie produzieren Eizellen, aber niemals Gameten mittlerer Größe. Die Trennung zwischen männlich und weiblich ist uralt, tief verwurzelt und allgegenwärtig. Wer sich nicht gerade als Alge oder Pilz bezeichnet oder ohne Mikroskop unsichtbar ist, hat eine binäre Sexualität. Es ist eine der wenigen echten Zweiteilungen, welche die Biologie zu bieten hat.

Aus dieser grundlegenden sexuellen Zweiteilung ergeben sich viele Folgerungen. Wie so oft in der Evolutionstheorie läuft letztlich alles auf wirtschaftliche Erwägungen hinaus. Ein Elternteil, nämlich der weibliche oder der mit den großen Gameten, steckt in die Zygote eine Erstinvestition, die weitaus größer ist als der Null-Beitrag des männlichen Elternteils. Diese wirtschaftliche Ungleichheit überträgt sich in der Regel von der Gametengröße auf alle Aspekte des Fortpflanzungsverhaltens. Wenn ein Elternteil mit größerer Wahrscheinlichkeit Zeit oder Ressourcen aufwendet, um die Jungen zu füttern und zu versorgen, ist es die Mutter. Bei Säugetieren ist das Weibchen trächtig, und das Weibchen gibt die Milch. Wenn ein Geschlecht mit größerer Wahrscheinlichkeit schwer rumzukriegen ist, dann das Weibchen: Wegen ihrer größeren wirtschaftlichen Investitionen hat sie mehr zu verlieren, wenn sie sich mit einem minderwertigen Partner zusammentut. Sie ist wählerischer als das Männchen, denn dieses hat durch eine falsche Partnerwahl relativ wenig zu verlieren. Wenn ein Geschlecht in einem Harem bewacht wird, dann meist das Weibchen: Sie ist eine wertvolle wirtschaftliche Ressource, deren Bewachung sich lohnt. Polygynie ist häufig, Polyandrie selten. Das liegt daran, dass Samenzellen billig sind: Ein Männchen kann leicht genügend Samen spenden, um einem anderen Weibchen zu Diensten zu sein, und das zahlt sich für ihn aus, wenn er damit davonkommt.

Eizellen sind teuer und knapp. Ist die seltene, aufwendige Eizelle erst einmal befruchtet, hat das Weibchen nichts zu gewinnen, wenn es mit einem weiteren Männchen kopuliert. Wenn Angehörige eines Geschlechts um Zugang zum anderen kämpfen, sind es die Männchen. Letztlich liegt das daran, dass die Weibchen einen größeren wirtschaftlichen Beitrag zu den Jungen leisten, sodass es sich lohnt, um sie zu kämpfen. Ergreift ein Geschlecht aktiv die Initiative zur Paarung, dann meist das Männchen. Alle diese Unterschiede spiegeln sich darin wider, dass die männliche Keimzelle einen Schwanz ausbildet, der ihr das aktive Schwimmen ermöglicht. Die Eizelle, die wirtschaftlich wertvoller ist, kann es sich leisten, still zu sitzen und zu warten, bis die schwimmenden Samenzellen, deren Produktion billig ist, auf sie zukommen. Im Prinzip können Weibchen es sich auch leisten, still zu sitzen und zu warten, bis Männchen in ihre Nähe kommen. Wenn ein Geschlecht leuchtende Farben oder komplizierte Gesänge einsetzt, um das andere zu verführen, dann ist es fast immer das Männchen. Sie haben viel zu gewinnen, wenn sie attraktiv für die Weibchen sind. Weibchen müssen ihre Attraktivität nicht steigern, denn wegen ihres größeren wirtschaftlichen Wertes sind sie ohnehin begehrenswert.

Die ganze Theorie der unterschiedlichen Geschlechterrollen im menschlichen Umfeld wurde von Donald Symons in seinem Werk *The Evolution of Human Sexuality* entwickelt. Einschlägige praktische Daten finden sich auch in den Werken der Evolutionspsychologie, so etwa von David Buss, John Tooby und Lea Cosmides. Beispiele liefern unter anderem zwei amüsante Experimente von Russell Clark und Elaine Hatfield, die im Grunde zu identischen Ergebnissen führten. Als Komplizen dienten fünf Studentinnen und vier Studenten. Sie hatten die Aufgabe, sich an Angehörige des anderen Geschlechts – ebenfalls Studierende – heranzumachen und zu sagen: »Du bist mir an der Uni aufgefallen. Ich finde dich sehr attraktiv.« Dann sollten sie eine von drei Fragen stellen, wobei die Auswahl nach dem Zufallsprinzip erfolgte:

1. Gehst du heute Abend mit mir aus?
2. Kommst du heute Abend mit zu mir?
3. Gehst du heute Abend mit mir ins Bett?

Es ging um die Frage, ob Männer und Frauen unterschiedlich antworten. Das war der Fall, und zwar heftig. Insbesondere bei der Frage Nummer 3. Von den 48 Männern, die eingeladen wurden, mit Frauen ins Bett zu gehen, antworteten 75 Prozent im Experiment 1 und 69 Prozent im Experiment 2 mit ja. Von den 48 Frauen, die gefragt wurden, ob sie mit Männern ins Bett gehen wollten, erklärten sich 0 Prozent im Experiment 1 und 0 Prozent im Experiment 2 dazu bereit. Wie man diesen dramatischen Unterschied zwischen den Geschlechtern interpretiert, bleibt jedem selbst überlassen. Genau dieses Ergebnis würde man natürlich nach der Evolutionstheorie vom »wirtschaftlich wertvollen Geschlecht« erwarten. Wem eine solche Interpretation – vielleicht aus politischen oder emotionalen Gründen – nicht gefällt, der hat natürlich viele Möglichkeiten, ihr zu entgehen. Frauen haben gute Gründe, sich vor fremden Männern zu fürchten, und das weitaus stärker als umgekehrt. Dennoch muss das schiere Ausmaß des Effekts uns innehalten lassen. Ich habe den Verdacht, dass beide Gründe sich gegenseitig verstärken.

Wir haben einen langen Weg zurückgelegt: von den einzelligen Grünalgen bis zu einer Spezies, die Liebesgedichte schreibt, Moralgesetze erlässt und Kulturkriege rund um die Geschlechterfrage führt. Dass derart viel Dramatik aus zwei ungleich großen Zellen erwächst und dass alles mit nicht mehr begann als einer wirtschaftlichen Verschiebung bei der Gametengröße, ist ein verblüffender Gedanke. Aber einen langen Weg von ihrem Ursprung aus zurückzulegen, ist genau das, was ich mit meinen Geschichten beabsichtige.

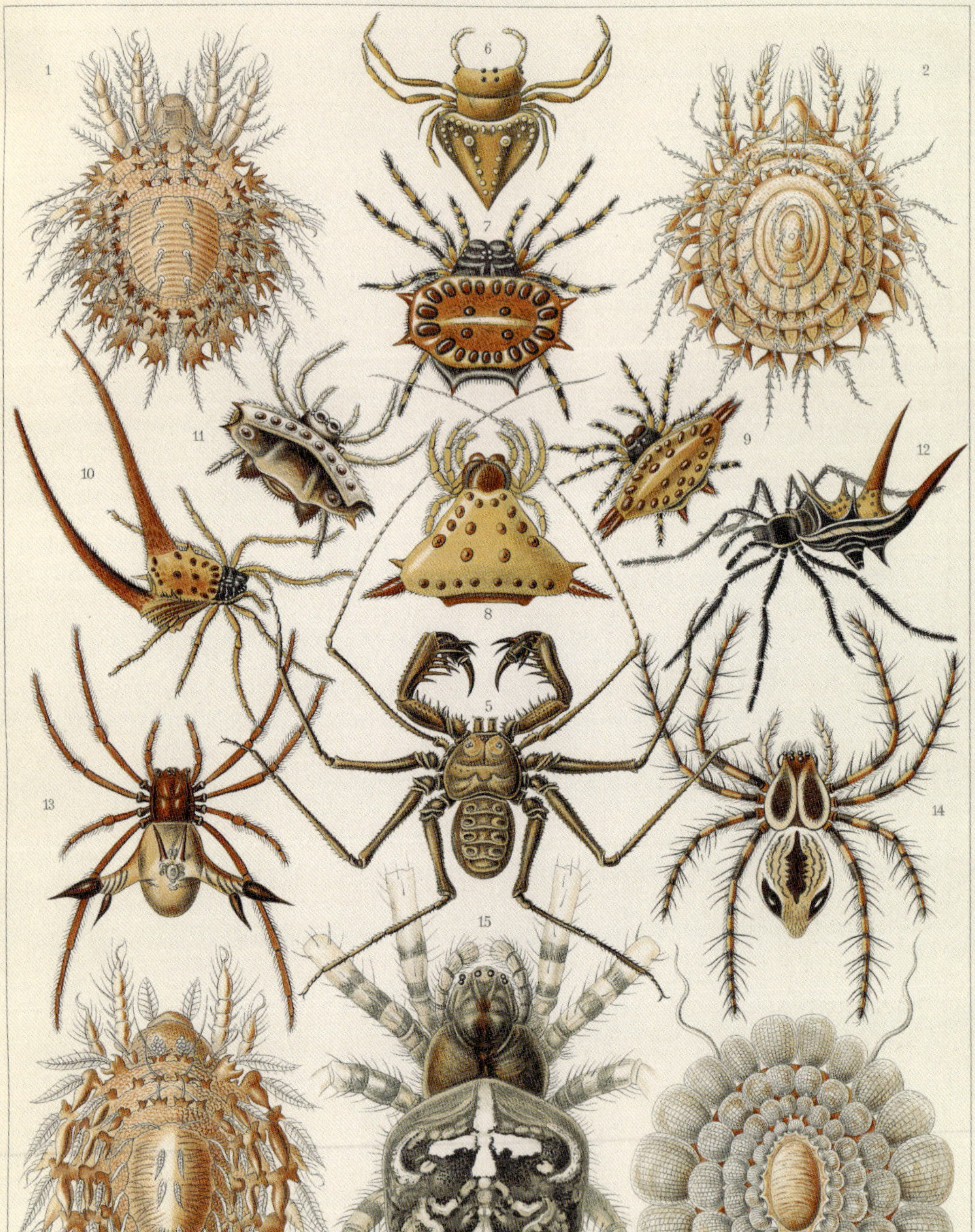

Arachnida. — Spinnentiere.

29

DIE GESCHICHTE DER SPINNE

Die Seidenstraße zum großen Irrtum

Vor einigen Jahren lud der Fernsehsender BBC mich ein, an einer Serie mit dem Titel *Seven Wonders* mitzuwirken. Ich sollte meine persönlichen sieben Weltwunder benennen und darüber sprechen. Neben anderen Wundern entschied ich mich für das Ohr der Fledermaus, die Finger des Pianisten, den Embryo, Sir David Attenborough und … das Spinnennetz. Vielleicht trägt diese Geschichte ein wenig dazu bei, die letztgenannte Wahl zu erklären. Haeckels Abbildung links zeigt Spinnen, aber auch ihre Vettern, die Milben, und in der Mitte einen finster aussehenden Geißelskorpion.

Fast alle Spinnen sind Räuber. Einige haben sich auf bestimmte Beutetiere spezialisiert, für die meisten ist Beute aber alles, was klein ist und sich bewegt. Die Männchen sind kleiner als die Weibchen und müssen sich bewegen, wenn sie sich zur Paarung nähern. Sie haben eine Reihe von Balzritualen perfektioniert, die den Jagdinstinkt des Weibchens vorübergehend ausschalten. Nach der Paarung ist das nicht mehr so wichtig, denn nun sind die Gene des Männchens im Körper des Weibchens sicher untergebracht.

Eine herausragende Rolle im Leben von Spinnen spielt die Seide. Sie ziehen aus einer Batterie von Spinndrüsen am Hinterende verschiedenartige Seidenfäden, ein vielseitiges Sortiment elastischer, aber kräftiger Proteinfäden. Selbst Spinnen, die keine Netze bauen, nutzen die Seide wie ein Bergsteiger sein Seil, um sich bis zum letzten festen Halt abzusichern. Oft sieht man, wie eine Spinne am Ende ihres Seidenfadens von einem hochgelegenen Ort hinabsteigt. Außerdem nutzen sie die Seide, um Beutetiere als Vorrat oder – im Fall mancher Spinnenmännchen – als Geschenk für ein Weibchen einzuwickeln und es vielleicht davon abzuhalten, das Männchen zu fressen. Manche Männchen fesseln mit Hilfe von Seide sogar ein Weibchen nach Art von Gulliver am Boden, während sie sich mit ihr paaren (was sich allerdings als reine Alibigeste erweist, wenn das Weibchen sich später befreit und davonläuft). Und natürlich bauen viele Spinnen aus Seide ein Netz. Allerdings nicht alle: Wolfspinnen, Springspinnen und die Luchsspinne rechts von dem Geißelskorpion in Haeckels Abbildung am Anfang dieser Geschichte begeben sich auf Beutejagd. Ein großer Teil der Spinnenarten jedoch sind Lauerjäger.

Ein kleiner Lauerjäger hat nur geringe Aussichten auf ein Beutetier, das zufällig über ihn stolpert. Deshalb haben sich in der Evolution der Spinnen verschiedene Methoden entwickelt, mit denen sie ihren »Fangbereich« vergrößern können. Springspinnen vollführen zu diesem Zweck große Sprünge in Richtung der Beute, wobei sie sich von ihren acht Augen leiten lassen. Es sind übrigens keine Komplexaugen wie bei Insekten oder Krebsen, sondern Kameraaugen wie unsere. Allerdings nicht ganz wie unsere. Manche ihrer Augen ähneln eher einer altmodischen Fernsehkamera, die über eine Szene schwenkt. Die Netzhaut ist kein vollständiger Projektionsbildschirm, der die Szene so darstellt wie unser Auge oder eine moderne Fernsehkamera. Sie besteht vielmehr aus einer schmalen Reihe lichtempfindlicher Zellen, die heftig hin und her bewegt werden und ein Gebiet *abtasten*, das im Wirbeltierauge von dem Projektionsbildschirm aufgenommen würde. Oft folgt bei ihnen auf ein heimliches Hinterherschleichen ein letzter, explosiver Weitsprung, der wiederum auf ungewöhnliche, ganz andere Weise angetrieben wird, als es bei einem Wirbeltier der Fall wäre. Bei dem Sprung ziehen keine Beinmuskeln an Knochen, sondern er wird zumindest teilweise hydraulisch angetrieben. Die Muskeln, die dafür sorgen, liegen überhaupt nicht in den Beinen, sondern im Vorderleib, dem sogenannten Cephalothorax. Wenn sie sich zusammenziehen, wird Flüssigkeit mit hohem Druck in die hohlen Beine gepresst, die sich dann ausdehnen und die Spinne um das 15-Fache ihrer eigenen Körperlänge nach vorn katapultieren. Die Kombination aus empfindlichen Augen und hydraulischen Weitsprüngen erweitert den Fangbereich der Spinne auf ein Vielfaches ihrer eigenen Körpergröße.

Das berühmteste Hilfsmittel, mit dem die lauernden Spinnen ihren Fangbereich erweitern, ist das Netz aus Seidenfäden. Alle zehn echten Spinnen in Haeckels Abbildung spinnen Netze (im Fall der Luchsspinne ist es allerdings nur ein Eikokon). In meinen Augen ist das Netz eine Methode, um die Reichweite der Spinne zu vergrößern, und das mit weniger Aufwand, als wenn ihr entsprechend lange Gliedmaßen wachsen würden. Es hat einen Aktionsradius von 360 Grad, und billig ist es, weil die Seide so dünn ist und nur einen sehr kleinen Teil der Proteinreserven des Tieres erfordert. Außerdem fressen viele Spinnen ihr Netz nach nur einem Tag auf, wobei der größte Teil des Proteins wiederverwertet wird. Das mag sich nicht sehr wirtschaftlich anhören, denn schließlich muss jeden Tag ein neues Netz gebaut werden. Offensichtlich haben Spinnen eine ganz andere Sichtweise auf ihre Arbeitskosten als wir. Aber angesichts der feinen, präzisen Architektur des Netzes ist es erstaunlich, dass die

Aufgabe meist in einer Stunde oder weniger erledigt ist. Das Netz jeden Tag neu zu bauen, hat vermutlich mehrere Vorteile. Das alte Netz könnte entweder durch das Wetter oder durch Beutetiere beschädigt sein und seine Klebrigkeit teilweise verlieren. Man hat auch die Vermutung geäußert, dass jeder Neubau die Gelegenheit bietet, das Netz je nach den wechselnden Bedingungen des Tages in einer günstigeren Lage neu zu platzieren.

Als Weltwunder erscheint uns das Spinnennetz, weil es ein erstaunliches Werk der Architektur ist und von der Spinne mit ihrem Verhalten erbaut wird. Aber warum ist es für uns ein größeres Wunder als der Körperbau der Spinne selbst? Oder der Körperbau jedes anderen Tieres? Dieses Paradox ist das Thema für den Rest der Geschichte der Spinne. Zuerst möchte ich den Ablauf des Netzbaus beschreiben; hier habe ich viel meinem Kollegen Professor Fritz Vollrath aus Oxford zu verdanken, dem heute vermutlich führenden Experten auf dem Gebiet. Nicht alle Spinnennetze haben die bekannte Radnetzform eines Rades mit Speichen. Das Netz der berüchtigten Schwarzen Witwe ist ein dreidimensional verworrenes Netzwerk aus Seide. Die sogenannten Kescherspinnen ähneln den als *retiarii* bekannten Gladiatoren, die ein Netz mitführten und es über ihre Gegner warfen, bevor sie diese zur Erheiterung der römischen Bürgerschaft öffentlich ermordeten. Aber das Radnetz ist ein wirkliches Weltwunder und soll uns für den Rest dieser Geschichte beschäftigen. Meine verbale Beschreibung stützt sich beispielhaft auf die Gartenkreuzspinne *Araneus diadematus* (unten in der Mitte von Haeckels Abbildung), man könnte aber für jede der von Haeckel dargestellten »Stachelspinnen« eine ähnliche Geschichte schreiben.

Von der Mitte des Netzes gehen Speichen aus, die den spiralförmigen Fangfaden aus klebriger Seide tragen. Bei ihrem Bauverhalten lässt sich die Spinne nicht durch den Sehsinn leiten, sondern durch

Ein Spinnennetz im Bau

Berührungen und sorgfältige Spannungsmessungen. Im ersten Schritt des Bauprozesses überbrückt sie die Lücke, über die das Netz sich spannen soll. Manchmal wählt die Spinne den unteren Weg: Sie geht nach unten, legt einen langen Weg zurück und gibt dabei Seide ab. Es gibt aber auch eine geniale Abkürzung: den oberen Weg. Sie scheidet einen einzelnen langen Seidenfaden mit einem klebrigen Ende aus. Dieser fängt den Wind ein wie ein Drachen und trifft schließlich auf die andere Seite der Lücke, wo er festklebt. Dann wandert die Spinne an dem Faden entlang zur anderen Seite. Unterwegs verkürzt sie die Brücke, indem sie sie zuschneidet und strafft. Gleichzeitig scheidet sie aus den Drüsen an ihrem Hinterende einen neuen Faden aus, der so lang ist, dass er annähernd bis zum zukünftigen Mittelpunkt des Netzes durchhängt. Dieser neue Faden wird dann zu den beiden ersten Speichen, die vom Mittelpunkt des fertigen Netzes ausgehen.

Jetzt klettert die Spinne an dem aufgehängten neuen Faden bis zu seinem tiefsten Punkt hinunter. Durch ihr Gewicht wird aus der durchhängenden Kurve ein V. Der tiefste Punkt des V definiert jetzt den Mittelpunkt des zukünftigen Netzes. Von dort aus lässt sie ein Fadenpendel mit sich selbst als Lotkugel fallen, das senkrecht an einem neuen Faden herunterhängt. Erreicht sie einen festen Verankerungspunkt, heftet sie den senkrechten Faden dort an. Jetzt sieht das entstehende Netz aus wie ein Y – die ersten drei Speichen sind geschafft. Mit ähnlichen geistreichen Tricks ergänzt die Spinne nun die restlichen Speichen des Netzes, bis es so weit fertig ist, dass es die klebrige Spirale tragen kann, die dem Insektenfang dienen soll. Bevor sie aber die klebrige Spirale spinnt, braucht sie ein Gerüst in Form einer vorläufigen Spirale aus nicht klebender Seide, die von innen nach außen aufgebaut wird. Es stützt und leitet sie, wenn sie mit der Präzisionsarbeit beginnt und von außen nach innen die klebrige Spirale mit genau den richtigen Abständen zwischen den Windungen anlegt. Das ist nicht einfach. Ohne die vorläufige Spirale würde die Spinne Gefahr laufen, in ihrer eigenen klebrigen Spirale hängen zu bleiben. Während sie immer wieder im Kreis läuft und die klebrige Spirale aufbaut, zerstört sie die vorläufige Spirale, denn diese hat nun ihren Zweck erfüllt. Schließlich ist das Netz fertig – ein elegant aufgebautes Gebilde mit der richtigen Maschenweite, das nur darauf wartet, dass das erste Fluginsekt sich hineinverirrt.

Wenn das geschieht, lauern aus Sicht der Spinne mehrere Gefahren. Erstens könnte das Netz zerreißen, sodass das Insekt geradewegs hindurchfliegt und auf der anderen Seite entkommt. Dieses Problem könnte man lösen, indem man dickere Seide verwendet. Aber das ist aufwendig, und das Netz wäre leichter zu sehen. Eine andere Lösung könnte darin bestehen, das Netz elastischer zu gestalten, sodass es nicht reißt, sondern nachgibt. Damit verstärkt sich aber ein anderes Risiko. Wäre das Netz einfach nur elastisch, könnte das Insekt wie auf einem Trampolin zurückgeschleudert werden und würde der Spinne in der anderen Richtung verloren gehen. Eine Lösung für das Trampolinproblem ist von köstlichem Erfindungsreichtum. Wenn man die Seide mancher Radnetze genau betrachtet, fallen kleine eingelagerte »Perlen« aus Klebstoff auf. Unter dem Mikroskop erkennt man in jeder der kleinen Kugeln einen aufgespulten Faden. Trifft ein Insekt auf das Netz, wird der Trampolineffekt vermieden, weil die Fadenrollen in den Perlen sich ab- und wieder aufspulen.

Spinnennetze enthalten häufig in der Mitte eine Struktur, die man als Stabilimentum bezeichnet, vielleicht weil man früher glaubte, sie würde zusätzliche Festigkeit verleihen. Manchmal sieht sie einer Spinne ähnlich. Dafür ist besonders die Gattung *Cyclosa* berühmt. Sie gab Anlass zu der Vermutung, dass die Ähnlichkeit von der natürlichen Selektion verstärkt wurde: Die Spinnenattrappe (auf Seite 287 sehen Sie ein Beispiel von den Philippinen) sieht unter Umständen beängstigender aus als die kleine Spinne, die sie gebaut hat. Ich neige dazu, diese Interpretation anzuerkennen. Dennoch möchte ich bei dieser Gelegenheit davor warnen, zu weit zu gehen. Ein Artikel in einer gut gemeinten Zeitschrift für Naturschutz berichtete geradezu poetisch über eine Spinnenattrappe, die *Cyclosa* in Peru gebaut hatte, und fügte dann ein wenig überflüssige Philosophie hinzu:[11]

> Damit eine Spinne aus Zweigen und Blättern eine Köder-Attrappe ihrer selbst bauen kann, muss sie sich selbst als Individuum begreifen, das von der Umwelt und von anderen Individuen getrennt ist. Sie muss wissen, wie sie aussieht und dass sie in einem Netz sitzt, und sie muss wissen, wie sie die Struktur schaffen soll, die sie selbst darstellt – was im Einzelfall ihre Fähigkeit zur Selbstwahrnehmung zeigt.

Dem Absatz geht eine Erläuterung der philosophischen Überlegungen des Autors voraus:

> Menschen staunen schon seit Langem über die raffinierte Architektur der Spinnennetze, aber einer der größten Kunstgriffe von Spinnen ist weitgehend unbemerkt geblieben und hat vermutlich bestätigt, dass sie die mentale Fähigkeit zur Selbstwahrnehmung besitzen.

> Selbstwahrnehmung ist die Fähigkeit zur Introspektion und die Fähigkeit, sich selbst als Individuum zu erkennen, das von der Umwelt und anderen Individuen getrennt ist.
>
> Die Fähigkeit zur Selbstwahrnehmung wurde unter anderem bei Tieren wie Elefanten, Primaten und Meeressäugern eingehend erforscht, aber bei Spinnen und anderen wirbellosen Tieren existieren nur geringe Kenntnisse darüber.
>
> Jetzt aber liefern neue Befunde uns ein stichhaltiges Argument, das vermuten lässt, dass sogar Tiere wie Spinnen sich ihrer selbst ebenso bewusst sind wie wir.

Nein, das lassen die Befunde nicht vermuten! Sie liefern nicht einmal einen schwachen Anhaltspunkt dafür, dass Spinnen sich ihrer selbst überhaupt bewusst sind, ganz zu schweigen davon, dass sie sich ihrer selbst bewusst sind wie wir. Wäre dieses Argument stichhaltig, würde es gleichermaßen auf alle Fälle der körperlichen Mimikry bei Tieren zutreffen. Wir alle können uns darauf einigen, dass die in der Geschichte der Eidechse erwähnte Spannerraupe durch ihre Ähnlichkeit mit einem Zweig einen Schutz genießt. Heißt das, dass sie sich ihres eigenen Aussehens bewusst ist? Natürlich nicht. Unter ihren Vorfahren überlebten diejenigen, die wie ein Zweig aussahen, und gaben die Gene für die Ähnlichkeit mit einem Zweig an die Nachkommen weiter. Die Vögel aus der Gruppe der Tagschläfer, die wir heute sehen, stammen von einer langen Reihe von Vorfahren ab, die im Laufe der Generationen immer stärker wie ein abgebrochener Ast aussahen. Die Vögel bewerkstelligen die Täuschung dadurch, dass sie unbeweglich wie Statuen dasitzen. Haben sie demnach das kognitive Wissen, dass die Äste eines Baumes nicht aufstehen und herumlaufen? Natürlich nicht (auch wenn sie es wissen könnten). Die sparsamere Erklärung lautet: Frühere Tagschläfer, die herumliefen, wurden nicht

Eine Konusspinne der Gattung Cyclosa *und ihr viel größeres Stabilimentum*

zu Vorfahren. Die Tagschläfer, die wir heute sehen und die unbeweglich mit geschlossenen Augen dasitzen, haben dieses Verhalten von … einen Moment, gleich hab ich's … Vorfahren geerbt.

Essbare Schmetterlinge, die wie ungenießbare Schmetterlinge aussehen, Schwebfliegen, die wie Wespen aussehen, Orchideen, die wie Bienen aussehen und riechen, Fetzenfische, die wie Seetang aussehen, Motten und Frösche, die wie Flechten aussehen, Eisbären und Polarfüchse, die wie Schnee aussehen, Jaguare, die aussehen wie die Tupfen aus Licht und Schatten im Wald und so weiter und so weiter mit zahllosen wunderschönen Beispielen – sie alle stammen von Vorfahren ab, die am Leben geblieben sind, weil sie sich desselben Tricks bedient haben. Jaguare und Eisbären verfügen vielleicht über eine Selbstwahrnehmung, aber die Tatsache, dass sie stark ihrem Hintergrund ähneln, ist dafür kein Beleg. Den Darwinismus gibt es lange genug, sodass jeder gebildete Mensch verstehen kann, wie der Kunstgriff funktioniert. Es ist nur eine Frage des unterschiedlich guten Überlebens von Vorfahren.

Die Lehre gilt für das Verhalten eines Tieres nicht weniger als für seinen Körperbau. Das Verhalten der Spinne ist dafür ein Musterbeispiel. Es war die große Erkenntnis von Konrad Lorenz und meinem alten Maestro (wie wir ihn nannten) Niko Tinbergen, dass man Verhaltensmuster als Entsprechung zu Organen des Körpers betrachten kann. Ein Organ wie die Niere wurde von der natürlichen Selektion so gestaltet, dass es seine Aufgabe erfüllt. Ein Verhaltensmuster wie die Fluchtreaktion von *Tritonia* (siehe die Geschichte des Nacktkiemers) oder die Gesichtswaschbewegungen, die man sieht, wenn man eine Stubenfliege vielleicht eine Minute lang beobachtet, ist ein Organ. Ebenso das »Kikeriki« eines Hahns oder der Gesang einer Goldammer (»Wie-wie-wie-hab-ich-dich-lieb«). Und eben auch das Netzbauverhalten der Spinne. In allen Fällen handelt es sich um dynamische Organe mit einer zeitlichen Dimension, während eine Niere ein statisches Organ ist.

Wenn ein Kuckucksküken aus dem Ei geschlüpft ist, nimmt es als Erstes große Anstrengung auf sich, um die Eier seiner arglosen Pflegeeltern aus dem Nest zu schubsen. Das Verhalten ist ein stereotypes Handlungsmuster, das wie ein Uhrwerk oder eine Musikbox abläuft. Welchen Sinn hat das Ganze? Es »antizipiert« die Tatsache, dass die Jungen der Pflegeeltern mit dem Kuckuck um Nahrung konkurrieren würden, wenn sie schlüpfen dürften. »Antizipieren« setzt eine Wahrnehmung der Zukunft voraus. Oder? Nein, das tut es nicht! Frühere junge Kuckucke überlebten, weil sie die genetische Neigung besaßen, Eier aus Nestern zu werfen, und gaben die einschlägigen Gene weiter. Was das Kuckucksküken angeht, ist das alles. Der Jungvogel hat nicht die leiseste Ahnung, warum er die routinemäßige Handlung ausführt, ein Ei in eine Aussparung auf seinem Rücken zu legen und es rückwärts über den Rand des Nestes zu schieben.

Mit alldem soll nicht geleugnet werden, dass nichtmenschliche Tiere eine bewusste Wahrnehmung besitzen könnten. Nach meiner persönlichen Ansicht ist dies bei vielen von ihnen der Fall. Wir müssen es nur nicht postulieren, wenn wir unseren Darwinismus anwenden. Und die Tatsache, dass eine Spinne eine Attrappe ihrer selbst baut, lässt nicht mehr auf Selbstwahrnehmung schließen als die Tatsache, dass sie sich überhaupt erst zu einer Spinne entwickelt hat.

Die Versuchung, Selbstwahrnehmung zu unterstellen, entsteht insbesondere – aber unlogischerweise –, wenn es um Verhalten geht. Die Ähnlichkeit der Gottesanbeterin mit einer Pflanze (Wicke? Erdrauch?) betrifft nicht das Verhalten, sondern die Anatomie, na und? Den Trick – ich hoffe, Sie sehen es mir nach, dass ich es so nenne – bewerkstelligt die Embryonalentwicklung unter Führung der Gene. Eine Spinnenattrappe wird durch Verhaltensweisen hergestellt. Aber diese Verhaltensweisen sind wie der Netzbau selbst in den Genen programmiert. Das Verhalten von *Cyclosa* ist die Embryonalentwicklung der Spinnenattrappe. Gene, die von erfolgreichen Vorfahren ererbt wurden, haben die Embryonalentwicklung des Nervensystems der Spinne so manipuliert, dass es die Muskeln der Spinne veranlasst, eine Pseudospinne zu bauen. Den Körper der Gottesanbeterin oder der Spinne nennt man Phänotyp. Das Spinnennetz ist, wie ich in meinem Buch mit diesem Titel genauer erläutert habe, ein *erweiterter Phänotyp* (siehe auch die Geschichte der Flechte).

Der Körper der Spinne – ihr herkömmlicher Phänotyp – wird von den Genen in seinem Inneren so gestaltet und gefärbt, dass es dem Überleben dieser Gene dient. Dass diese Gene existieren, liegt daran, dass sie Kopien von Genen sind, die den Vorfahren geholfen haben, zu Vorfahren zu werden und sie weiterzugeben. Das praktische Mittel, mit dem Gene ihr generationenübergreifendes Überleben gewährleisten, ist ihr Einfluss auf die Embryonalentwicklung. Die verschiedenen Attribute im Phänotyp eines Tieres sind Werkzeuge, mit denen Gene sich selbst in die nächste Generation übertragen.

Ein solches Werkzeug muss aber kein Körperteil des Tieres sein. Es kann sich auch um ein instinktives Verhaltensmuster handeln, das, wie wir bereits erfahren haben, gleichbedeutend mit einem Organ ist. Es kann auch ein Gegenstand sein, der durch instinktive Verhaltensmuster hergestellt wurde. Auch ein Vogelnest ist ein Werkzeug, mit dem die Gene sich in die nächste Generation befördern, und es ist die Entsprechung zu einem Organ. Das Nest unterstützt mit Sicherheit das Überleben der Gene. Und sowohl seine Form als auch andere Eigenschaften werden auf dem Weg über das Nestbauverhalten des Vogels von Genen beeinflusst. Da das Nest kein Körperteil des Vogels ist, handelt es sich um einen *erweiterten* Phänotyp. Für ein Spinnennetz gilt das Gleiche. Und auch für die Spinnenattrappe. Das Nestbauverhalten des Vogels gehört zur Embryonalentwicklung des Nestes. In der Welt von *Der erweiterte Phänotyp* ist das Netzbauverhalten der Spinne ein Teil der Embryonalentwicklung des Netzes. Die von *Cyclosa* gebaute Spinnenattrappe verlangt nicht mehr Selbstwahrnehmung als das übrige Netz oder auch der Körper der Spinne selbst.

Der Fehlschluss, den ich gerade erläutert habe, ist verführerisch, und viele Autoren sind ihm in der einen oder anderen Form erlegen. Ich möchte nur ein besonders bedeutsames Beispiel nennen. Marshall Sahlins (1930–2021) war ein sehr angesehener Kulturanthropologe; er wurde mit Ehrungen überhäuft und von keinem Geringeren als Claude Lévi-Strauss als »ein Weiser unter den Anthropologen, vielleicht der letzte« gepriesen. Ohne unfair zu sein, kann man sagen: Sozial- und Kulturanthropologen neigen in ihrer Gesamtheit dazu, biologische Eingriffe in ihr Fachgebiet abzulehnen, denn sie vertreten die Ansicht, sie könnten aus der Biologie nichts lernen. Einmal nahm ich in Paris an einer Tagung teil, die Robin Fox und Lionel Tiger in der Absicht organisiert hatten, Sozialanthropologen und Evolutionsbiologen zusammenzubringen, damit sie voneinander lernen konnten. Die Biologen stellten ein starkes Team zusammen, das zudem von zwei Anthropolo-

Gottesanbeterin

gen unterstützt wurde, die die Evolutionsbiologie ernst nahmen. Die Sozialanthropologen dagegen blieben im Ganzen fern. Der damalige Leiter des sozialanthropologischen Instituts in Oxford äußerte sogar den verächtlichen Vorschlag, man solle den Biologen eine Literaturliste schicken – ein eindeutiger Hinweis, dass er glaubte, nur eine der beiden Seiten könne von der anderen etwas lernen. Marshall Sahlins nun war ein Anthropologe, der eindeutig viel von Biologen hätte lernen können. Natürlich muss ich meine gereizte Anklage begründen.

Anthropologen wie Sahlins und auch Evolutionsbiologen interessieren sich sehr für Verwandtschaft, verstehen darunter jedoch etwas ganz Verschiedenes. Für Biologen hat der Begriff eine genetisch präzise Bedeutung. Zahlenmäßig lässt sich die Nähe der genetischen Verwandtschaft durch einen Koeffizienten *r* wiedergeben. Nachkommen und Geschwister ($r={}^1/_2$) sind sich genetisch doppelt so nahe wie Halbgeschwister, Nichten oder Enkel ($r={}^1/_4$) und viermal so nahe wie Cousins und Cousinen ersten Grades ($r={}^1/_8$). Dies ist von Bedeutung, denn es hat Auswirkungen auf das Ausmaß der altruistischen Versorgung und der Vermeidung von Inzest. Die natürliche Selektion (»Verwandtenselektion«) begünstigt ein Gen für Altruismus gegenüber Individuen, bei denen eine hohe statistische Wahrscheinlichkeit besteht, dass sie genau das gleiche Gen für Altruismus besitzen. Der Grund: Das altruistische Gen begünstigt das Überleben (von Kopien) seiner selbst.

Aus einem vollkommen anderen Grund missbilligt die natürliche Selektion Gene für die Wahl eines Partners – beispielsweise eines Bruders oder einer Schwester –, bei dem eine hohe statistische Wahrscheinlichkeit besteht, dass er oder sie dieselben Gene besitzt. Im Durchschnitt besitzt nämlich jeder einige wenige tödliche rezessive Gene, die normalerweise keine Probleme verursachen, weil jedes Individuum nur eine Kopie solcher Gene besitzt. Findet aber eine

Paarung mit einem engen Verwandten statt, besteht eine hohe Wahrscheinlichkeit, dass die Nachkommen zwei Kopien des tödlichen Gens erben. Die gleiche Argumentation gilt weniger streng auch für Gene, die ihre Träger nicht gerade umbringen, aber ihre Gesundheit oder Fruchtbarkeit vermindern.

Für einen Biologen hat Verwandtschaft ausschließlich mit Genetik zu tun. Für Anthropologen wie Sahlins hingegen geht es nicht um Genetik, sondern um die *Wahrnehmung* von Verwandtschaft. Manche Völker machen beispielsweise in ihrer Sprache keinen Unterschied zwischen Onkeln und Vätern, sind sich der Unterscheidung aber dennoch sehr wohl bewusst. Die Yanomami bezeichnen Kreuzcousinen mit dem gleichen Wort wie eine Ehefrau, Parallelcousinen aber mit dem gleichen Wort wie die Schwester. Sahlins entstammte einer anthropologischen Tradition, welche die Genetik nicht zur Kenntnis nimmt oder ihr sogar misstraut, wenn sie auf gesellschaftliche Sitten der Menschen angewandt wird. Im Jahr 1977, als die Kontroverse einen Höhepunkt erlebte, veröffentlichte Sahlins ein Werk mit dem Titel *The Use and Abuse of Biology: An Anthropological Critique of Sociobiology*. In dem Buch gibt es ein ganzes Kapitel über Verwandtenselektion, und darin verriet Sahlins das erstaunliche Ausmaß seines falschen Verständnisses von Biologie – womit wir bei der Parallele zu dem falschen Gedanken sind, die Spinnenattrappe sei ein Hinweis auf Selbstwahrnehmung der Spinne. Sahlins' verblüffend aufschlussreiche Aussage lautete:

> Nebenbei muss angemerkt werden, dass die erkenntnistheoretischen Probleme, die sich durch das Fehlen einer sprachlichen Unterstützung für den Verwandtschaftskoeffizienten *r* stellen, auf einen schwerwiegenden Mangel in der Theorie der Verwandtenselektion hinauslaufen. Mathematische Brüche kommen in den Sprachen der

Welt nur sehr selten vor; sie erscheinen im Indoeuropäischen und in den archaischen Kulturen des Nahen und Fernen Ostens, fehlen aber allgemein unter den sogenannten primitiven Völkern. Jäger und Sammler besitzen im Allgemeinen keine Zahlensysteme, die über *eins, zwei* und *drei* hinausgehen. Ich enthalte mich eines Kommentars über die noch schwierigere Frage, wie Tiere herausfinden sollen, dass *r* [Cousins oder Cousinen ersten Grades] = 1/8 ist. Dass die Soziobiologen dieses Problem nicht ansprechen, bringt eine beträchtliche Mystik in ihre Theorie.

An einer anderen Stelle in dem Kapitel verrät er das gleiche fehlende Verständnis für darwinistische Logik, wenn er sarkastisch davon spricht, es gebe »eine geheime Weisheit der Blutsverwandtschaft zusammen mit einem unbewussten System der Algebra, *so lächerlich* es auch sein mag [Hervorhebung von mir] …«. Lächerlich ist es aber nur, wenn man glaubt, das Tier vollziehe kognitiv in seinem Kopf die Algebra. Der Flügel eines Vogels ist wunderschön nach mathematischen Formeln gestaltet, die ein Flugzeugingenieur ausrechnen könnte. Aber niemand nimmt an, dass der Vogel sich durch die Algebra arbeitet. Nieren funktionieren durch eine große Zahl von Filterröhren, die man Nephronen nennt. Die Geschwindigkeit, mit der ein Nephron filtriert, berechnet sich nach der Gleichung

$$\mathrm{SNGFR} = \frac{nSk}{L_{\mathrm{GL}}} \int_0^{L_{\mathrm{GL}}} (\mathrm{P}_{\mathrm{GL}}(x) - \mathrm{P}_{\mathrm{T}} - \pi (C_p))\, dx$$

Mir geht es hier nicht darum, was die Symbole in der Gleichung bedeuten. Ich weiß es nicht, andere wissen es (vermutlich) auch nicht, und (mit Sicherheit) weiß die Niere es nicht. Genau darum geht es. Die Niere hat kein Seminar in Integralrechnung belegt. Und wenn das so offensichtlich ist, dass es banal erscheint, sollten wir das Marshall Sahlins sagen, der glaubte, Verwandtenselektion sei in Völkern, die nicht mit Bruchrechnen vertraut sind, nicht möglich. Kein Biologe glaubt, eine Ameisenarbeiterin würde *berechnen*, dass sie mit einer jungen Königinnenlarve in einem Verwandtschaftsverhältnis von ¾ steht. Und doch wird ein Gen für die Fütterung junger Königinnen wegen dieses Verwandtschaftsverhältnisses weitergegeben. Für die Spinnenattrappe gilt das Gleiche. Die Tatsache, dass Verhalten an der Entwicklung des Spinnennetzes mitwirkt, an der Entwicklung des Spinnenkörpers aber nicht, ist von höchster, prächtiger Bedeutungslosigkeit. Das Verhalten der Spinne ist schlicht ein Teil der Embryonalentwicklung des erweiterten Phänotyps namens Spinnennetz.

War das Spinnennetz also eine gute Wahl für eines meiner sieben Weltwunder? Angenommen, Meeresbiologen würden plötzlich eine Population von Delfinen entdecken, die feinmaschige, 100 Meter breite Fischnetze herstellen. Sensation! Schlagzeilen! Thema Nummer 1 bei Partygesprächen. Dabei tun Spinnen (in ihrem Maßstab) etwas Entsprechendes, und ihre Netze gelten bloß als ein Ärgernis. Ich glaube, Letzteres war für mich der Anlass, ins andere Extrem zu gehen und das Spinnennetz zum Weltwunder zu erklären. Wie die Geschichte der Spinne jedoch gezeigt hat, ist der Bau ihres Netzes unter dem Gesichtspunkt des erweiterten Phänotyps nichts Wundersameres als der Aufbau eines Körpers durch die Prozesse der Embryonalentwicklung. Beide sind überragende Wunder, wenn man sie richtig betrachtet. Nur hat die »Embryonalentwicklung« des Netzes die Form des sichtbaren Verhaltens einer hin und her laufenden, vorwärts und rückwärts webenden Spinne. Es geschieht vor meinen ungläubigen Augen, während das entsprechende »Verhalten« der Membranen und Zellen im entstehenden Embryo vor allen Blicken außer denen professioneller Experten verborgen ist. Jetzt, wo ich darüber nachdenke, war ein weiteres meiner sieben Wunder tatsächlich der Embryo. Und auch das war eine gute Wahl.

Haeckel hatte viel über Embryonen zu sagen; ihnen wenden wir uns jetzt zu.

Reptilien-Keime.

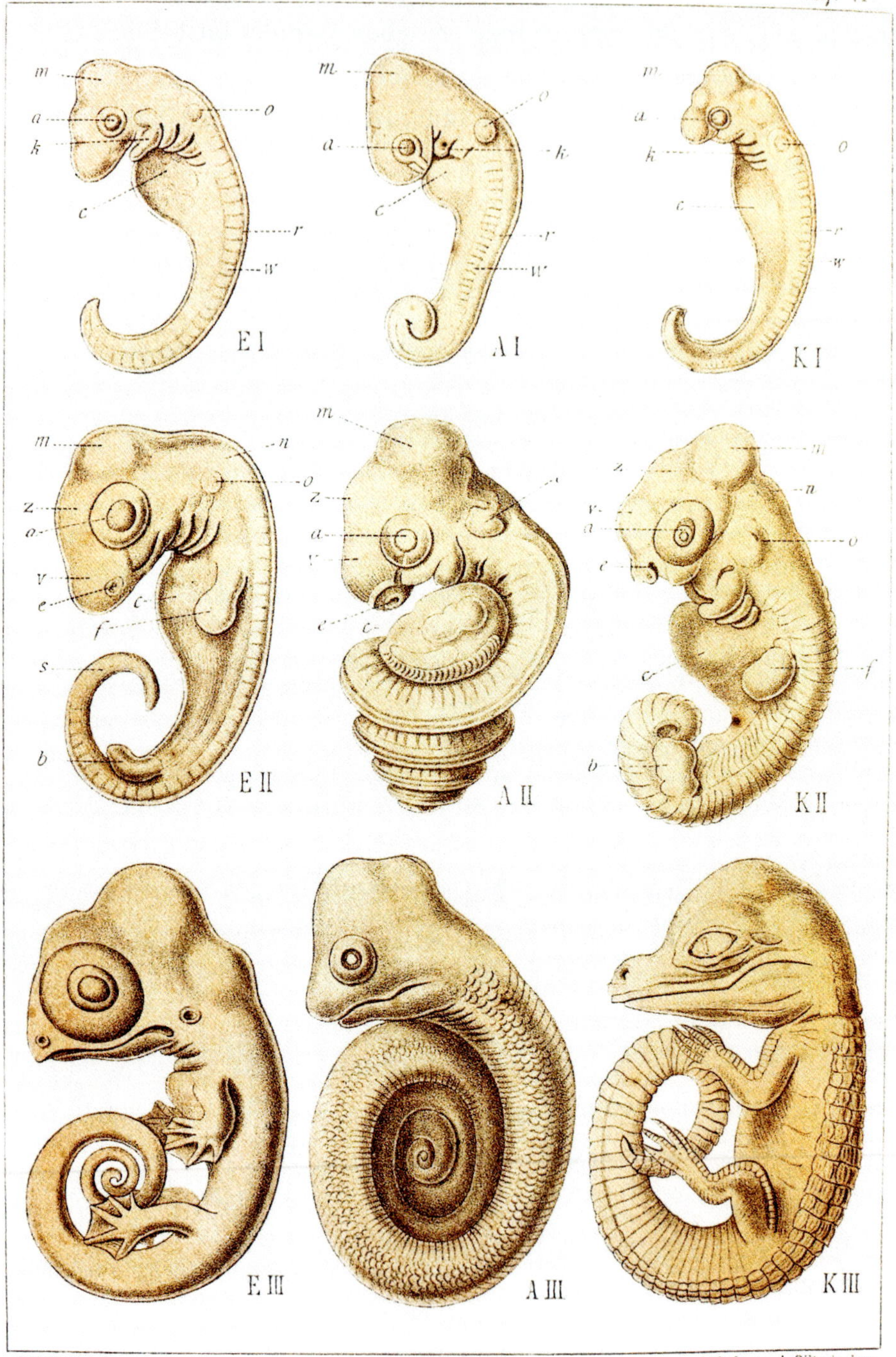

E. Haeckel del. Lith. Anst. v. A. Giltsch, Jena

E. Eidechse — Lacerta. A. Schlange — Coluber. K. Krokodil — Alligator.

30

DIE GESCHICHTE DES EMBRYOS

Wo Haeckel zu weit ging

Die Abbildung zu Beginn dieser Geschichte stammt nicht aus den *Kunstformen der Natur*, sondern aus der 1903 erschienenen fünften Auflage der *Anthropogenie*, Haeckels Abhandlung über die Evolution des Menschen. Sie ist eine von sechs Bildtafeln, die drei Stadien der Embryonalentwicklung bei 18 Wirbeltierarten zeigen. Haeckel wollte damit deutlich machen, dass frühe Embryonen sich sehr ähnlich sehen und erst im Laufe ihrer weiteren Entwicklung immer unterschiedlicher werden. Wenn sie auf jeder der sechs Seiten die unterste Reihe erreicht haben, ist bei manchen von ihnen besser zu erkennen, zu welcher Spezies sie werden – in unserem Fall zu einer Eidechse, einer Schlange und einem Krokodil.

Bevor ich mich weiter damit beschäftige, muss ich erwähnen, dass man Haeckel mit einer gewissen Berechtigung vorwarf, er habe den Effekt, den er nachweisen wollte – nämlich, dass sehr frühe Embryonen einander ähnlich sehen –, (im besten Fall) aus Nachlässigkeit oder (im schlimmsten) aus Verlogenheit übertrieben. Dennoch kann niemand leugnen, dass Embryonen sich im Frühstadium tatsächlich stärker ähneln als später. Haeckel sah darin ein Indiz für seine sogenannte biogenetische Grundregel: »Die Ontogenese rekapituliert die Phylogenese.« Wie ein Ertrinkender, der einer unplausiblen Vorstellung zufolge sein ganzes Leben vor sich vorüberziehen sieht, so sollte auch der Embryo die gesamte Geschichte seiner Vorfahren in der richtigen Reihenfolge noch einmal erleben. Unsere Vorfahren waren früher einmal Fische, und Haeckels Bild eines frühen menschlichen Embryos (links) zeigt die Kiemenbögen (die den Kiemenschlitzen entsprechen) sowie den Schwanz. Und so weiter.

Haeckels Darstellung eines frühen menschlichen Embryos

Haeckel machte sich diese Rekapitulationstheorie nicht als Erster zu eigen, aber er wurde zu ihrem berühmtesten Fürsprecher. Sein wichtigster Gegner war Karl Ernst von Baer (1792–1876), der auch als »Vater der Embryologie« bekannt wurde. Von Baer stimmte mit Haeckel darin überein, dass frühe Embryonen einander ähnlicher sehen – darauf wies er sogar schon früher hin –, aber er interpretierte die Tatsache anders. Während Haeckel glaubte, die Embryonen würden ausgewachsenen Vorfahren ähneln, vertrat von Baer die bescheidenere Ansicht, Embryonen würden den Embryonen von Vorfahren ähneln.

Die Rekapitulationstheorie ist heute nicht mehr gebräuchlich. An ihre Stelle ist die flexiblere Vorstellung getreten, dass evolutionärer Wandel durch Veränderungen in der Geschwindigkeit und/oder im zeitlichen Ablauf der Embryonalentwicklung eintritt – durch »Heterochronie«. Um sie geht es hier in der Geschichte des Embryos. Jede Veränderung kann sich beschleunigen oder verlangsamen. Außerdem kann die Entwicklung verschiedener Teile des Embryos unabhängig

Axolotl

von anderen Teilen schneller oder langsamer ablaufen. Haeckels biogenetische Grundregel lässt sich als Extremfall in einem Spektrum der Heterochronie betrachten.

Solchen Geschwindigkeitsveränderungen, die das Fortpflanzungssystem betreffen, hat man jeweils eigene Namen gegeben. Beschleunigt sich die Entwicklung der Fortpflanzungsorgane im Verhältnis zum übrigen Körper, spricht man von *Progenese.* Verzögert sich die Entwicklung aller Körperteile mit Ausnahme der Fortpflanzungsorgane, nennt man es *Neotenie.* Manche Autoren legen auf diese Unterscheidung größeres Gewicht als ich. Jedenfalls führen beide zu dem gleichen Ergebnis, der *Pädomorphose*: Die in der Evolution entstehenden ausgewachsenen Tiere ähneln der jugendlichen Form ihrer Vorfahren.

Ein berühmtes Beispiel für Pädomorphose ist das Axolotl. Es sieht aus wie eine große Kaulquappe. Eine Kaulquappe ist es tatsächlich, aber im Gegensatz zu den meisten anderen Kaulquappen pflanzt es sich in diesem Zustand fort. Es lebt in mexikanischen Seen, wo es herumschwimmt und Nachkommen hervorbringt. Im Jahr 1864 wurden 34 lebende Axolotls von Mexiko per Schiff nach Paris gebracht und dort an zwei Zoos verteilt. In dem Tiergarten, der zum *Jardin des Plantes* gehörte, gelang es Auguste Duméril, sie in Gefangenschaft zu züchten. Aber zu seiner Überraschung verwandelten sich zwei Axolotls in Salamander der Gattung *Ambystoma* (manchmal auch *Amblystoma* geschrieben, was ich für einen immer wieder abgeschriebenen Fehler halte). Ebenfalls am *Jardin des Plantes* untersuchte Marie von Chauvin das Phänomen systematischer, und sie setzte auch die Metamorphose in Gang. Später vollzogen Vilém

Laufberger und Julian Huxley den Effekt unabhängig voneinander nach, indem sie Axolotls mit Schilddrüsenhormon fütterten. Daraufhin verwandelten sich die Tiere in Salamander.

Der englische Meeresbiologe Walter Garstang schrieb gern zoologische Gedichte und war von der Pädomorphose besonders begeistert. Von ihm hörte ich zum ersten Mal, weil mein alter Professor, der Meeresbiologe Sir Alister Hardy, sein Schwiegersohn war und seine Verse gern in Vorlesungen zitierte.

Amblystoma, im Sumpf unter Molchen ein Riese
Hat zahlreiche fischige Töchter wie diese:
Mit Kiemen sind Axolotls im Wasser daheim,
Doch falls sie Molch werden, sind sie frech und gemein.

Ihr Wandel, erzwungen, wenn das Wasser zu schal,
Die Lunge brauchen sie an Land allemal.
Ist ein See aber hübsch, luftig und mit Futter gesegnet,
Man ihnen mit Kaulquappenkindern in ewiger Jugend begegnet.
Und Molchen mit ewigen Kiemen ergeht es noch schlimmer:
Aus dem Wasser – für sie Paradies – an Land geh'n sie nimmer.
Wetterbedingten Wechsel zieh'n sie nicht in Betracht,
Ob sie leben oder gebären, als Kaulquappen sind sie gemacht!

Das Axolotl ist ein einzigartiger Fall, denn hier sind sowohl die ursprüngliche ausgewachsene Form als auch das neotene Jungtier noch als lebende Zeitgenossen zu besichtigen. Meist beobachten wir dagegen ein modernes ausgewachsenes Tier, das dem mutmaßlichen jugendlichen Vorfahren zu ähneln scheint. Chihuahua-Hunde sind scheinbar pädomorph: Als übergroße Welpen sprechen sie die Mutterinstinkte ihrer Eigentümer an. Das Bild auf Seite 302 zeigt den

Schädel eines Wolfes und daneben den eines Chihuahua. Man erkennt, wie stark der Chihuahua-Schädel im Vergleich gewölbt ist. Jetzt sehen wir uns den Schädel eines Wolfsjungen auf der Seite 303 an. Er ist übrigens ungefähr 10 000 Jahre alt, stammt also aus der Zeit, als die Domestikation des Wolfes vermutlich gerade begann, aber das ist für die Argumentation nicht sonderlich wichtig. Entscheidend ist, dass der ausgewachsene Chihuahua einem Wolfsjungen viel stärker ähnelt als einem ausgewachsenen Wolf. Der Chihuahua ist pädomorph. Eigentlich gilt das sogar für Haushunde ganz allgemein, auch wenn es bei den meisten Rassen nicht so offenkundig ist. Menschliche Züchter haben die Chihuahuas über viele Generationen so selektiert, dass sie uns – vielleicht unseren Mutterinstinkten – reizvoll erscheinen. Ohne dass ihnen klar war, was sie taten, züchteten sie in Richtung der Neotenie. Einem Bullmastiff würde niemand vorwerfen, dass er an Mutterinstinkte appelliert, aber selbst er zeigt in ausgewachsener Form einige Zeichen der Pädomorphose. Der Schädel des ausgewachsenen Hundes ähnelt dem eines Welpen stärker als einem Wolfsschädel, und das gilt auch für Hunde ganz allgemein.

Auch wir selbst sind pädomorph. Unser Schädel ist im Vergleich zu anderen Menschenaffen hoch gewölbt wie der eines jungen Schimpansen oder – so nehmen wir an – eines jugendlichen Australopithecinen. In seinem dramatischen Experiment mit dem Axolotl machte Julian Huxley den ganzen Gedanken der Pädomorphose öffentlich, und sein Bruder Aldous war sich völlig bewusst, dass man ausgewachsene Menschen als junge Affen betrachten kann. In *Nach vielen Sommern*, einem seiner weniger bekannten Romane (auf Deutsch erschienen 1945), trieb er die Vorstellung auf die Spitze: Die groteske Fantasie handelt von einem langlebigen Aristokraten, der seine jugendlichen menschlichen Eigenschaften verliert und sich in einen behaarten Vierbeiner verwandelt, der eine Mozart-Arie summt, während er auf den Fußboden uriniert.

Walter Garstang (1868–1949), dessen Gedicht ich oben zitiert habe, verwendete einen großen Teil seiner Berufslaufbahn als Zoologe darauf, die Pädomorphose bekannt zu machen (auch den Begriff prägte er). Nach seiner Überzeugung stand sie hinter vielen oder sogar den meisten größeren Fortschritten in der Evolution. Diese Ansicht hielt er zu Recht für unvereinbar mit Haeckels biogenetischer Grundregel. Wenn Haeckel recht hatte, dass die Embryonalentwicklung eine Neuinszenierung der Evolution ist, würde daraus folgen, dass evolutionärer Wandel stets an das Ende der Embryonalentwicklung gebunden ist. Evolutionärer Wandel wirkt sich nach Haeckel auf die ausgewachsenen Organismen aus. Garstang war vom Gegenteil überzeugt: Danach nimmt evolutionärer Wandel seinen Anfang häufig in früheren Stadien der Embryonalentwicklung. Da ist es kein Wunder, dass Garstang ein überzeugter Gegner Haeckels war, und meiner Ansicht nach hatte er recht.

Eigentlich liegt es auf der Hand. Raupen sind junge Schmetterlinge und haben sich an eine seltsam raupige Lebensweise angepasst, die sich völlig vom Leben als Schmetterling unterscheidet. Natürlich werden Raupen von der natürlichen Selektion für ihr kriechendes, Blätter kauendes Dasein geformt, während Schmetterlinge gleichzeitig für ein Leben in der Luft mit zuckerhaltigem Nektar als Treibstoff geprägt werden. Es besteht kein Grund zu der Annahme, Schmetterlinge würden von ausgewachsenen Tieren abstammen, die ähnlich wie Raupen aussahen. Alles an einem

Schädel eines Chihuahua

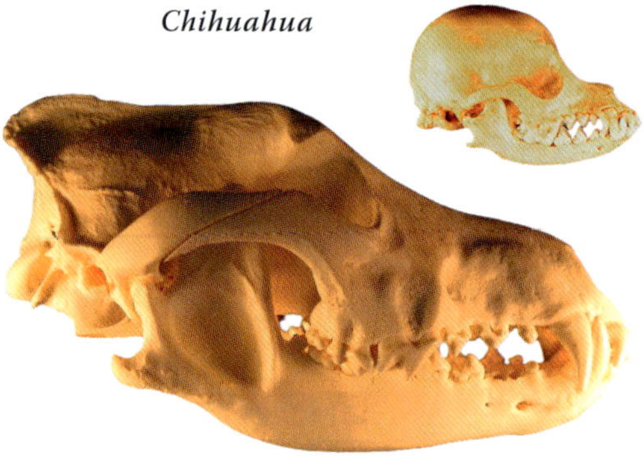

Wolfsschädel

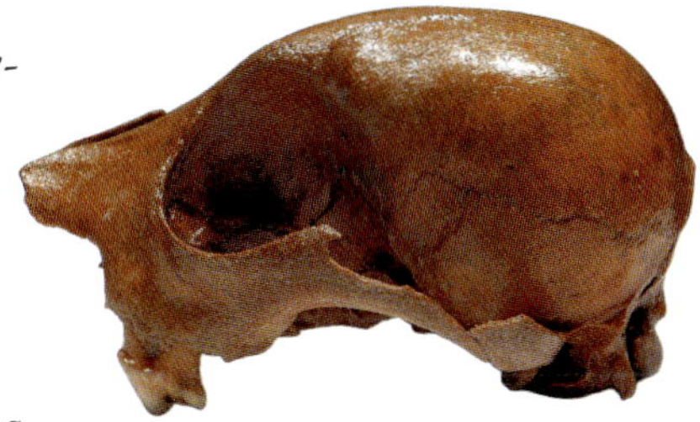

Schädel eines jungen Wolfes

jungen Tier ist genau auf das Überleben als junges Tier maßgeschneidert. Der Selektionsdruck, der auf jugendliche Stadien wirkt, ist nicht schwächer als der ganz andersartige Druck, der im ausgewachsenen Lebensstadium das Überleben und die Fortpflanzung ermöglicht. Als Spezialist für Meeresbiologie studierte Garstang die im Plankton lebenden Larven von Arten, die im Erwachsenenstadium am Meeresboden verankert sind. Die natürliche Selektion stattet diese Larven so aus, dass sie sich mit dem Plankton in der Nähe der Wasseroberfläche weit verbreiten können, bevor sie sesshaft werden und die Fähigkeit zum Schwimmen verlieren. Unter sesshaften ausgewachsenen Tieren im Meer ist es eine nahezu allgemeine Gesetzmäßigkeit, dass sie sich in Form der schwimmenden Körper von Planktonlarven verbreiten. Garstang glaubte, dass Evolution häufig von Larvenformen ausgeht, und trennte das ausgewachsene Stadium völlig davon ab.

Eine von Garstangs interessantesten Theorien (interessant, weil sie uns betrifft) war seine Herleitung der Wirbeltiere von der Larvenform einer Seescheide. Seine Überlegungen werde ich in der folgenden Geschichte der Seescheide wieder aufgreifen.

Ascidiae. — Seescheiden.

31

DIE GESCHICHTE DER SEESCHEIDE

Die heimliche Schwester der Wirbeltiere?

Die Seescheiden oder Tunicata gehören zum Stamm der Chordatiere. Ein anderer Unterstamm dieser Gruppe sind wir, die Wirbeltiere. Ausgewachsene Seescheiden sehen nicht einmal entfernt wie Wirbeltiere aus. Dass sie miteinander verwandt sind, verrieten ihre Larven: Sie ähneln Kaulquappen und besitzen ein Notochord, jenen steifen Stab, der für alle Chordatiere an irgendeiner Stelle in ihrer Embryonalentwicklung charakteristisch ist. Die Verwandtschaft mit den Wirbeltieren, über die wir seit dem 19. Jahrhundert Bescheid wissen, ist mittlerweile durch molekularbiologische Befunde bestätigt worden.

Manche Seescheiden, darunter die meisten der von Haeckel dargestellten Arten, leben in Kolonien. Den grundlegenden Körperbau erkennt man aber an einzelnen Exemplaren besser. Wasser strömt, angetrieben von Cilien im Kiemendarm, durch den Mundsiphon ein und durch den Atrialsiphon wieder aus. Der Kiemendarm dient als Netz und fängt die Nahrung ein, die dann durch den Verdauungstrakt zum Atrialsiphon weitergeleitet wird, und dort werden Ab-

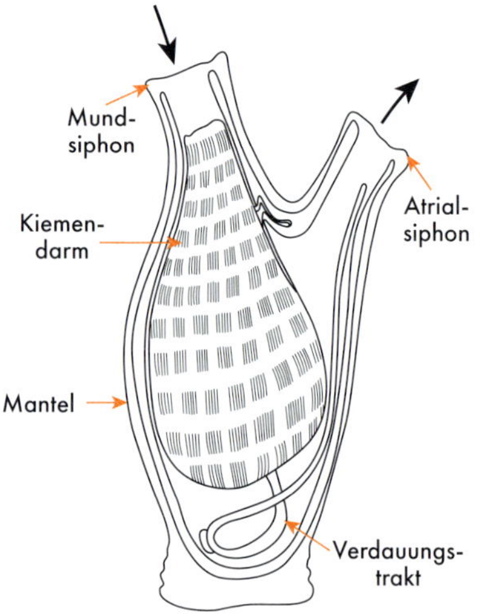

fallprodukte in das hinausströmende Wasser abgegeben. So viel zu den ausgewachsenen Tieren mit ihrer Lebensweise als Filtrierer. Wie üblich erregte aber vor allem die Larve die Aufmerksamkeit des dichtenden Meeresbiologen Walter Garstang, den wir in der Geschichte des Embryos kennengelernt haben.

Sie sieht ganz nach einem Wirbeltier aus. Neben der oberflächlichen Ähnlichkeit mit einer Kaulquappe besitzt sie einen im Rücken liegenden (*dorsalen*) Nervenstrang, wie man ihn bei allen Wirbeltieren findet, aber nie bei Wirbellosen, die nicht zu den Chordatieren gehören. Ebenso enthält sie das bereits erwähnte versteifende Notochord, dem der Stamm der Chordatiere (Chordata) seinen Namen verdankt.[12] Am Vorderende des Nervenstranges befindet sich ein Gehirn, das verloren geht, wenn das Tier im ausgewachsenen Zustand sesshaft wird und sich mit dem Kopf an einem Felsen festheftet. Gemäß seiner biogenetischen Grundregel (die Embryonalentwicklung rekapituliert die Evolution) glaubte Haeckel, die Vorfahren der Tunicata seien kaulquappenähnliche Larven gewesen. Diese wären dann in ihrer weiteren Evolution zu sesshaften Seescheiden geworden. Garstang dagegen vertrat die Ansicht, die sesshafte ausgewachsene Form sei schon frühzeitig ent-

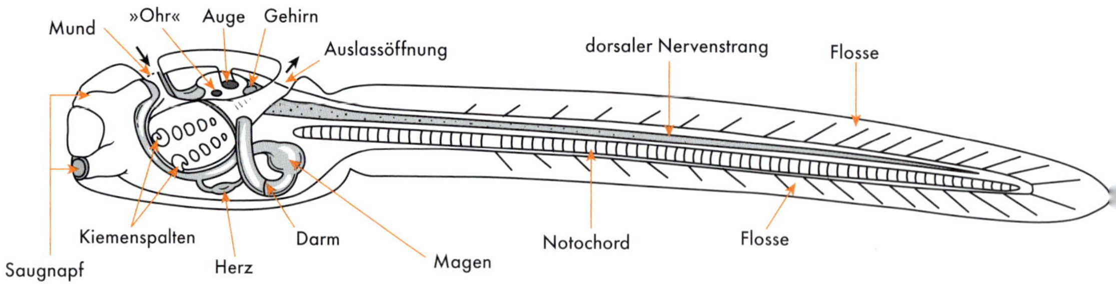

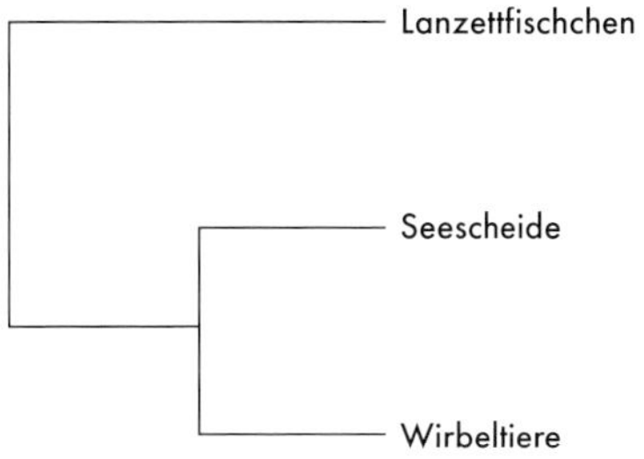

standen, und die Kaulquappenlarve sei ein Hilfsmittel für die weitere Ausbreitung mit dem Plankton gewesen. Bei manchen Kaulquappenlarven hätten sich dann später wie bei den Axolotls Fortpflanzungsorgane entwickelt, und sie hätten das ausgewachsene Stadium ihres Lebenszyklus weggelassen.

Die Larvacea, eine Untergruppe der heutigen Seescheiden, existieren nur als Kaulquappen. Eine sesshafte Phase gibt es in ihrem Lebenszyklus nicht. In Garstangs Interpretation repräsentieren die Larvacea eine Neuinszenierung des gleichen Prozesses, der auch die Wirbeltiere hervorgebracht hat. Ihre Vorfahren waren Seescheiden, die in ihrer Lebensgeschichte das ausgewachsene Stadium aufgaben. Haeckel hingegen hielt sie für primitiv und glaubte, sie ähnelten der Vorläuferform der ausgewachsenen Tunicata, in deren Evolution sich noch nicht die sesshafte Lebensweise entwickelt hatte. Aus den in der Geschichte des Embryos genannten Gründen stehe ich aufseiten von Garstang. Gerechterweise sollte man hinzufügen, dass moderne molekularbiologische Untersuchungen nicht eindeutig die eine oder andere Ansicht belegen.

Unabhängig davon sprechen molekularbiologische Befunde aber für die Vorstellung, dass die Seescheiden die Schwestergruppe der Wirbeltiere sind. Was »Schwestergruppe« bedeutet, wissen wir aus der Geschichte der Kammqualle: Unter allen Tieren, die keine Wirbeltiere sind, ist die Seescheide der engste Verwandte der Wirbeltiere. Das ist ein wenig verwunderlich. Das Lanzettfischchen *Branchiostoma* (siehe die Geschichte der Kammqualle) sieht so viel mehr nach einem Wirbeltier aus, dass man fast meint, es sei eines. Dennoch ist das Lanzettfischchen die Außengruppe der Wirbeltiere, und die Seescheiden sind deren Schwestergruppe. Moleküle lügen nicht.

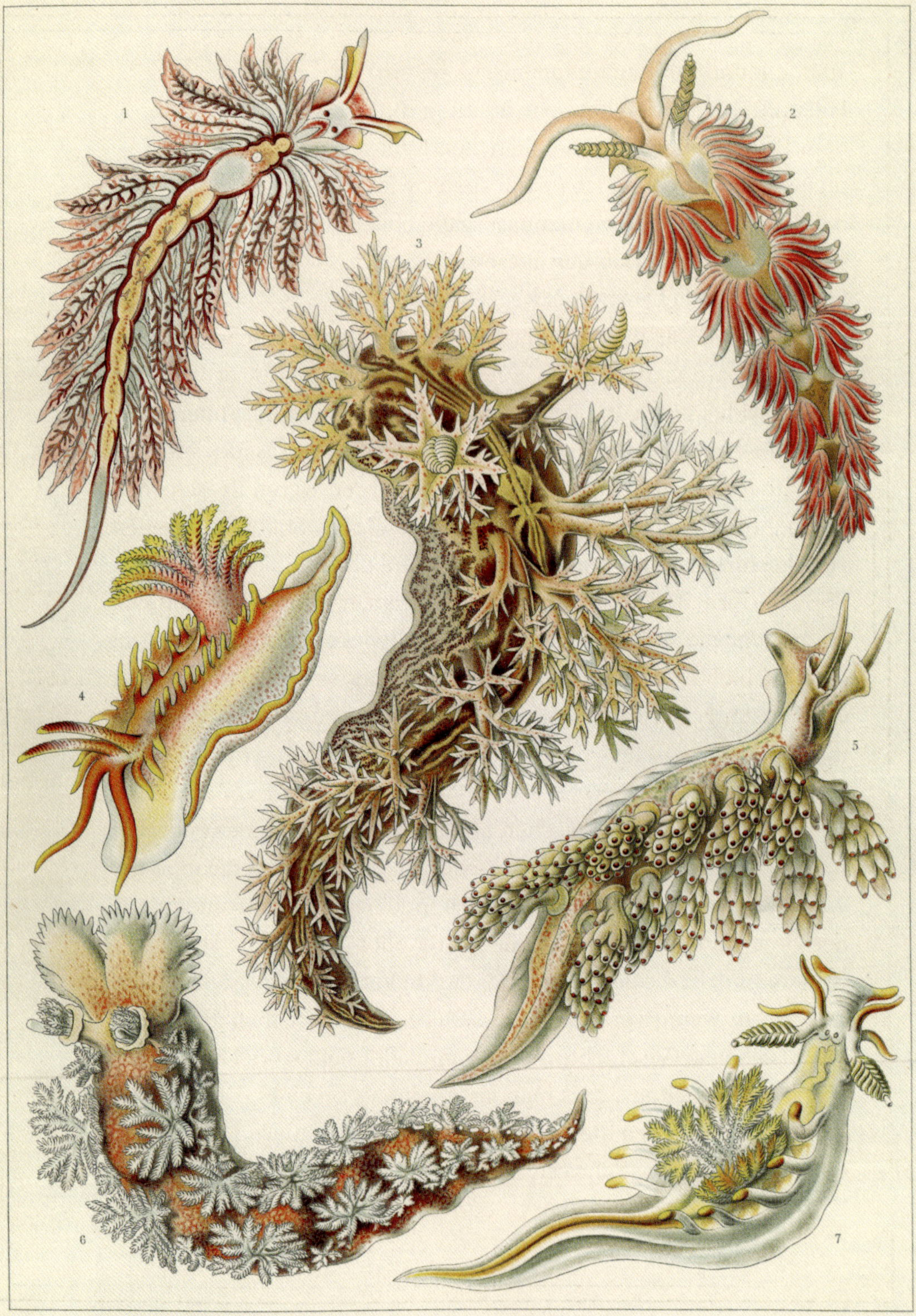

Nudibranchia. — Nacktkiemen-Schnecken.

32

DIE GESCHICHTE DES NACKTKIEMERS

Die neuronalen Strippen ziehen

Zu Beginn der Geschichte über den Nacktkiemer kann ich nicht der Versuchung widerstehen, ein ästhetisches Urteil abzugeben. Diese Meeresschnecken sind auf eine seltsame Weise wunderschön. Haeckel wählte Pastelltöne, aber ich denke, es würde ihm nichts ausmachen, wenn ich seine Gemälde mit einigen Farbfotos ergänze, um damit die verblüffend lebhafte Färbung mancher Nacktkiemer zu verdeutlichen.

Wenn ein Tier leuchtende Farben trägt, können wir ziemlich sicher sein, dass es sich entweder um ein sexuelles Werbesignal (siehe die Geschichte des Kolibris), ein Einschüchterungssignal für rivalisierende Geschlechtsgenossen oder um eine (echte oder vorgetäuschte) Warnung für potenzielle natürliche Feinde handelt. Es gibt keine Anhaltspunkte, dass Nacktkiemer Farben sehen können, deshalb ist es unwahrscheinlich, dass ihre prachtvolle Färbung auf ihresgleichen zielt. Die Zielgruppe sind mit ziemlicher Sicherheit potenzielle Räuber: Bleib weg, sonst geht es dir schlecht! Welche Waffe haben sie, die ihre Warnung rechtfertigt? In vielen Fällen gehört sie ihnen nicht

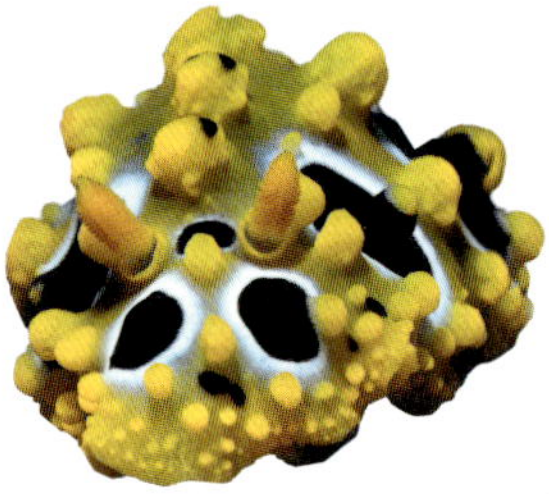

Nacktkiemer

selbst, sondern ist ausgeliehen: Nematocysten. Die Nacktkiemer fressen Kammquallen. Deren Nematocysten verdauen sie aber nicht, sondern sie transportieren sie in die eigene Haut, insbesondere in die kammquallenähnlichen Tentakel, die ihren Rücken zieren. Die Harpunen der Nematocysten funktionieren noch – sie verteidigen den Nacktkiemer und zumindest in manchen Fällen sind sie vermutlich auch für die leuchtende Warnfärbung verantwortlich. Es ist kein exklusiver Trick. Auch andere Tiere verschaffen sich Schutz durch die Nähe gut bewaffneter Fremder. Manche Nacktkiemer leihen sich sogar die chemische Abwehr von Schwämmen. Etliche Krebse tragen eine Seeanemone auf dem Rücken. Es gibt Fische, die gewohnheitsmäßig zwischen den Tentakeln von Seeanemonen leben – sie selbst sind gegen deren Stiche immun. Ungewöhnlich sind die Nacktkiemer aber insofern, als dass sie die stechenden Zellen tatsächlich in den eigenen Körper aufnehmen. Das einzige andere mir bekannte, gut dokumentierte Beispiel ist *Haeckelia* (siehe die Geschichte der Kammqualle), die unabhängig davon auf den gleichen nützlichen Kunstgriff stieß. Ich wende mich jetzt aber einer anderen faszinierenden Geschichte zu, in der ein Nacktkiemer die Hauptrolle spielt.

Sehen wir uns jetzt einmal *Tritonia an* (in Haeckels Bildtafel am Anfang dieser Geschichte ganz unten links). An ihr fallen die zwei Reihen federförmiger Kiemen auf, die sich längs über den Rücken des Tieres ziehen. Diese Kiemen ragen durch eine Reihe von Öffnungen und können zurückgezogen werden, wenn Gefahr droht. *Tritonia* bewegt sich auf dem Meeresboden meist kriechend wie eine Landschnecke fort. Bekommt sie aber Wind (ich nehme an, man sollte »be-

Nacktkiemer

kommt sie Strömung« sagen) von einem gefährlichen, räuberischen Seestern, drückt sie gewissermaßen den Alarmknopf und zieht die Fußmuskeln heftig zusammen. Dies treibt sie aufwärts, und weg ist sie. Der Körper wird von krampfartigen Kontraktionen erfasst, die zu einer Schwimmbewegung führen; zwar hat diese keine bestimmte Richtung, sie reicht normalerweise aber aus, um die Schnecke in eine sichere Entfernung vom Seestern zu befördern, und dann lässt sie sich wieder am Meeresboden nieder.

Tritonia war das Objekt scharfsinniger neurologischer Experimente, die Dennis Willows und seine Kolleginnen und Kollegen an den Friday Harbor Laboratories im US-Bundesstaat Washington anstellten. Sie nutzten die Tatsache aus, dass Nacktkiemer wie viele wirbellose Tiere riesengroße Nervenzellen haben. Bei den Wirbeltieren sind die Nerven von einer fettartigen »Myelinscheide« umgeben, die in regelmäßigen Abständen Lücken hat. Dies führt dazu, dass die Nervenimpulse mit größerer Geschwindigkeit am Nerven entlangspringen können. Wirbellose besitzen die Myelinscheide in der Regel nicht. Sie haben für schnelle Nervenreaktionen ein anderes Hilfsmittel: riesige Nervenzellen. Die Riesen-Nervenzellen von Tintenfischen sind das Forschungsobjekt einer ganzen Branche von Wissenschaftlern.

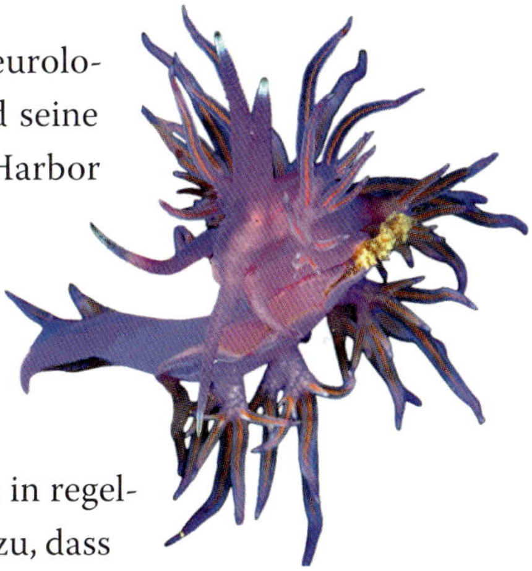

Nacktkiemer

Willows nutzte die Tatsache, dass Nacktkiemer wie *Tritonia* in ihrem Gehirn sehr große Nervenzellen besitzen, die man einzeln benennen kann. So findet man die Nervenzelle 15 bei allen Mitgliedern der Spezies regelmäßig an derselben Stelle im linken Teil des Gehirns. Ihr gegenüber auf der rechten Seite liegt die Zelle Nummer 24, und das ebenfalls bei allen Individuen am gleichen Ort. Die Zahlen sind natürlich willkürlich vergeben: »15« und »24« könnte man genauso gut A und B nennen. Entscheidend ist, dass man bei allen Individuen die gleichen Zellen wiedererkennen und benennen kann. Willows versah im Gehirn von *Tritonia* ungefähr 50 große Nervenzellen, die alle bei jedem Individuum auf die gleiche Weise erkennbar waren, mit solchen Bezeichnungen. Mit den Nervenzellen von Wirbeltieren ist so etwas nicht möglich. Wir können zwar den Vagusnerv und den Trigeminus benennen, aber das sind keine einzelnen Nervenzellen wie die Nummer 15 von *Tritonia*, sondern sie enthalten jeweils Zehntausende von Nervenzellaxonen.

Steuert jede benennbare Zelle im *Tritonia*-Gehirn vorhersehbar ihre jeweils einzigartige Verhaltensweise im Repertoire des Tieres? Ja! Willows und seine Kollegen führten in die mit Namen versehenen großen Nervenzellen von *Tritonia* sehr dünne Elektroden ein und ließen einen schwachen elektrischen Strom hindurchfließen. Wundersamerweise reagierte das Tier zuverlässig auf ganz bestimmte Art, als würde ein Puppenspieler an seinen Fäden ziehen. Die Gehirnzellen 15 und 24 zum Beispiel zogen sämtliche Kiemen auf der linken beziehungsweise rechten Seite zurück. Welche Wirkung die elektrische Stimulation von acht großen Nervenzellen hatte, zeigt das Diagramm auf Seite 313. Zelle 1 zieht nur die Kiemen in der Reihe auf der linken Körperseite zurück. Zelle 29 bewirkt das Gleiche auf der rechten Seite. Nebenbei bemerkt, erkennen wir hier einen interessanten Unterschied zu den Wirbeltieren. Unser Gehirn steuert in der Regel die gegenüberliegende Körperseite und nicht die gleiche wie bei *Tritonia*. Zelle 3 auf der linken und Zelle 33 auf der rechten Seite verdrehen den ganzen Körper nach links beziehungsweise nach rechts.

Nacktkiemer

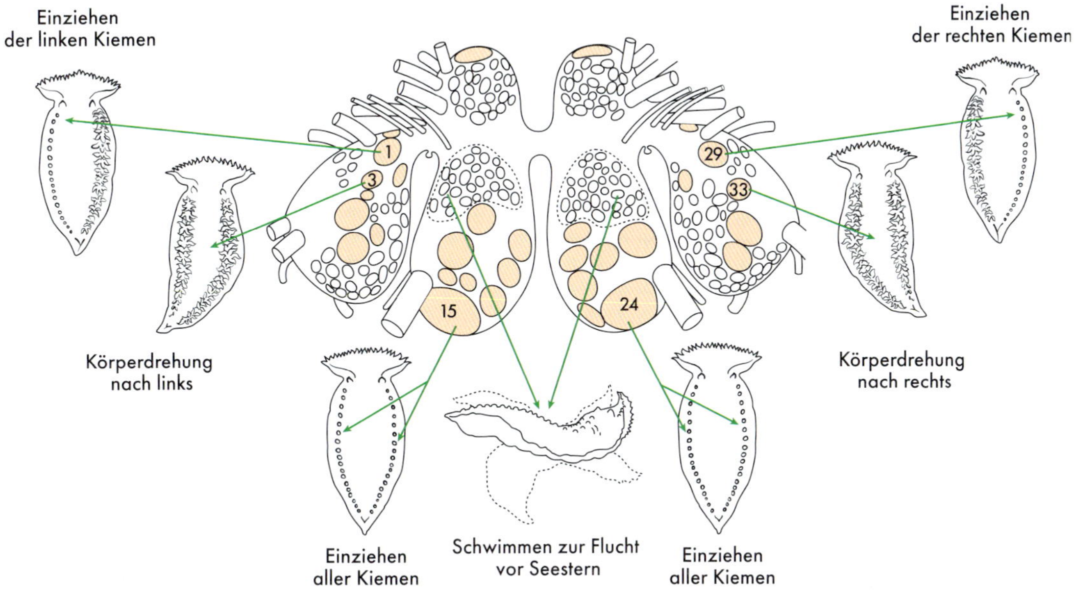

Bis hierher ist das Ganze eine wunderschön einfache Geschichte über das Ziehen von Marionettenfäden. Mit dem Schwimmverhalten, das durch einen räuberischen Seestern ausgelöst wird, ist die Sache komplizierter. Es handelt sich um ein anhaltendes Muster aus abwechselnden Muskelkontraktionen, das ungefähr eine halbe Minute dauert. Wie man leicht erkennt, entspringen die dorthin führenden Pfeile nicht in einer einzelnen benannten Zelle des Gehirns, sondern es gibt einen Klumpen kleinerer Zellen, von denen jede das Verhaltensmuster auslösen kann. Und ein einziger elektrischer Reiz in jedem derartigen Klumpen setzt die gesamte, 30 Sekunden lange Bewegungsfolge in Gang. Allerdings nicht immer, sondern nur manchmal. Stimulierte Willows aber mehrere Zellen des Klumpens gleichzeitig, setzte das Schwimmverhalten in jedem Fall ein. Im natürlichen Verlauf der Dinge stimulieren die Zellen in dem Klumpen sich vermutlich gegenseitig.

Für einen faszinierenden Schluss der Geschichte sorgte Willows' Kollege Derek Dorsett: Er zeichnete die Impulse von Nerven auf, die aus einem entnommenen Gehirn entsprangen – nicht aus einer Schnecke, sondern nur aus einem isolierten Gehirn mit einigen Nerven. Wie er dabei feststellte, lieferte das Gehirn manchmal ein Impulsmuster mit genau dem Rhythmus der krampfartigen Kontraktionen bei der Fluchtreaktion. Anscheinend besitzt das Gehirn ein eigenes System zur Mustererzeugung: Wenn wir von Marionettenfäden sprechen, hat das Gehirn seinen eigenen Puppenspieler, der in seinem eigenen Rhythmus an den Fäden niedrigerer Ordnung zieht. Ähnliche Geschichten haben sich auch durch andere Untersuchungen an den Nervensystemen von Wirbellosen herauskristallisiert. Wie die Neurobiologen David Bentley und Ron Hoy beispielsweise herausfanden, kann das Zentralnervensystem einer Grillennymphe, die noch zu jung zum Singen ist, dennoch rhythmische Muster von Nervenimpulsen erzeugen, die mit denen ausgewachsener, singender Grillen identisch sind.

Und jetzt zu etwas ganz anderem: zu einer Pflanze, die Tiere frisst.

Nepenthaceae. — Kannenpflanzen.

33

DIE GESCHICHTE DER KANNENPFLANZE

Pflanzen, die Tiere fressen

Pflanzen ernähren sich durch Fotosynthese direkt vom Sonnenlicht; Tiere tun es indirekt, indem sie Pflanzen fressen; oder indem sie Tiere fressen, die Pflanzen fressen; oder indem sie Tiere fressen, die Tiere fressen, die Pflanzen fressen. Die Zahl der Glieder in der Nahrungskette wird allerdings durch die Gesetze der Thermodynamik begrenzt. Jedes Glied der Kette beinhaltet eine unvermeidliche Ineffizienz, die sich in der sogenannten Zehnprozentregel verkörpert. Nur zehn Prozent der Energie gelangen jeweils auf die nächste Stufe. Das ist der Grund, warum Pflanzenfresser eine etwa zehnmal größere Biomasse haben als die Fleischfresser, die sich von ihnen ernähren. Und die Biomasse der Pflanzen ist ungefähr zehnmal so groß wie die der Pflanzenfresser, von denen sie verzehrt werden.

Tiere fressen also Pflanzen, und Pflanzen fressen keine Tiere. Es gibt aber Ausnahmen. Manche Pflanzen haben Wege entdeckt, den Spieß umzudrehen und den normalen Energiestrom rückwärts fließen zu lassen. Solche Pflanzen fressen Tiere – vorwiegend Insekten – und beziehen auf diesem Weg einen Teil ihrer Energie, selbst wenn er

Venusfliegenfalle

nur als Ergänzung zur Fotosynthese dient. Wichtiger ist, dass die Beuteinsekten ihnen lebenswichtige Nährstoffe wie Phosphor und Stickstoff liefern, mit denen sie auch in Gegenden wachsen können, in denen der Boden arm an diesen Elementen ist. Zu den fleischfressenden Pflanzen gehören Sonnentau und Fettkräuter, die ihre Beute in Klebstoff ersticken und sie dann einschließen, um sie zu verdauen. Spektakulärer sind die Venusfliegenfallen, die ihre Beuteinsekten hinter sich drohend schließenden Kiefern festhalten. Die Falle schließt sich mit einer Geschwindigkeit, die dem Muskel eines Tieres Ehre machen würde: Es dauert weniger als eine halbe Sekunde. Ausgelöst wird die Bewegung durch die Berührung von Sinneshaaren. Regentropfen und andere unbelebte, bewegte Objekte setzen den Mechanismus nicht in Gang. Bewegliche Insekten werden wahrgenommen, wenn sie zwei Haare oder ein Haar zweimal hintereinander berühren.

Die letzte Klasse fleischfressender Pflanzen sind die Kannenpflanzen, und von ihnen handelt diese Geschichte. Wenn die Venusfliegenfalle den Menschenfallen ähnelte, die früher von Wildhütern ausgelegt wurden, damit sie sich um die Beine von Wilderern schlossen, sind Kannenpflanzen Fallgruben. Insekten fallen in die »Kanne«, die Wasser enthält, in dem sie ertrinken. Dieses Verhalten hat sich unabhängig in mindestens drei verschiedenen Pflanzenfamilien entwickelt, allen voran bei den Sarraceniaceae in der Neuen und bei den Nepenthaceae in der Alten Welt. Haeckel entschied sich dafür, *Nepenthes* zu malen.

In der Regel kann man davon ausgehen, dass jedes biologische Organ eine abgewandelte Form eines früheren Organs ist, das eine andere Aufgabe hatte. Die Kanne bildet da keine Ausnahme. Sie ist (genau wie die Venusfliegenfalle) ein abgewandeltes Blatt und bildet einen recht geräumigen Behälter mit einem falltürartigen Deckel am oberen Ende. Ich bin mir nicht sicher, ob der Zweck dieses Deckels vollkommen geklärt ist. Wie Haeckels Bild zeigt, ragt er normalerweise über die Öffnung der Kanne in die Höhe. Manchmal senkt er sich auch über die Öffnung, vielleicht um die Feuchtigkeit oder die Temperatur im Inneren zu regulieren. Seine Farbe dient allem Anschein nach wie leuchtend bunte Blüten als Köder, nur mit dem Unterschied, dass Blüten keine Beutetiere, sondern Bestäuber anlocken. Und wie Blüten locken auch Kannenpflanzen die Insekten mit Nektar an. Dessen Herstellung bedeutet für die Pflanze zwar einen Aufwand, aber der lohnt sich vermutlich, weil die von den Insekten gelieferten Nährstoffe ansonsten knapp sind. Der Nektar wird am Rand der Kanne ausgeschieden, an einer verdickten Lippe, die man auch Peristom nennt. Das Peristom ist glitschig. Wenn ein Insekt darauf tritt, rutscht es in das Wasser darunter und ertrinkt, um anschließend von Enzymen im Wasser verdaut zu werden. Die glitschigen Wände der Kanne verhindern auch, dass es entkommt. Die Peristome verschiedener Arten von Kannenpflanzen sind unterschiedlich groß. Manchen Befunden zufolge ist ihre jeweilige Weite für den Fang ganz bestimmter Insekten maßgeschneidert.

Damit ist die Geschichte aber noch nicht zu Ende. Kannenpflanzen leiden darunter, dass sie weder Zähne noch andere Werkzeuge besitzen, mit denen sie ihre Beute kauen und zerlegen könnten, bevor sie verdaut wird. In der Geschichte der Orchidee werden wir erfahren, wie Blüten sich die Flügel von Tieren ausleihen, um ihren Pollen zu verteilen. In ähnlicher Weise leihen sich auch manche Kannenpflanzen die Kiefer von Tieren aus, um ihre Nahrung zu zerkleinern. Sie fangen nämlich nicht nur Wildtiere als Beute, sondern halten sich auch »Haustiere«, die Nepenthephilen. Im Inneren der Kanne lebt eine buntscheckige »Infauna« aus Maden, Milben, Spinnen und dergleichen, in deren Evolution sich offensichtlich eine Immunität gegenüber den Verdauungsenzymen der Pflanze entwickelt hat. Sie besitzen Kiefer, mit denen sie die Beuteinsekten zerkleinern, sodass eine größere Fläche den Enzymen der Pflanze ausgesetzt ist. Wenn sie sterben (oder sich häuten), steht auch ihr Körper (oder das abgelegte Exoskelett) der Kannenpflanze zur Verfügung, das heißt, die von ihnen selbst gefressenen Beutetiere sind nicht vergeudet, sondern liefern der Pflanze eine verspätete Mahlzeit. Auch die Ausscheidungsprodukte der Nepenthephilen sind für die Pflanze nutzbar und bilden eine indirekte Nahrungsquelle aus den Beutetieren, die in die Kanne fallen. Wir müssen nicht unbedingt behaupten, dass Pflanzen nicht in der Lage wären, so etwas wie Zähne sowie entsprechende Kaumuskeln für ihren Einsatz hervorzubringen. Es ist nur billiger, sich die Kiefer von Tieren zu leihen.

Ich vermute, dass die Nepenthephilen von gefangenen Beutetieren abstammen, denen es gelungen ist, eine Immunität gegen das Verdauungssystem der Pflanze zu entwickeln. In Malaysia gibt es kleine rote Krebse, die eine besondere Vorliebe für Kannenpflanzen haben, ihnen die Beuteinsekten stehlen und gelegentlich auch selbst gefangen werden. Als Nepenthephile sollte man sie vermutlich nicht bezeichnen, auch wenn sie es manchmal sind. Ob man die echten Nepenthephilen als Parasiten ansehen sollte oder als Helfer, die von den Kannenpflanzen bezahlt werden, ist umstritten. Nach meiner Vermutung trifft die zweite Deutung zu, und zwar wegen einer bemerkenswerten Tatsache. Es sieht so aus, als würde ihre Dienstleistung gekauft. Die Flüssigkeit in der Kanne wird nicht faulig, wie man es bei stehendem Wasser erwarten würde, sondern sie ist reich an Sauerstoff. Die Zellen, die das Innere der Kanne auskleiden, enthalten mehr Chlorophyll für die Fotosynthese als die Zellen auf der

Außenseite – genau das Umgekehrte von dem, was man erwarten sollte, sofern es nicht einen besonderen Grund dafür gibt. Die Verteilung des Chlorophylls lässt vermuten, dass die Pflanze Sauerstoff in die Kannenflüssigkeit abgibt, den die Nepenthephilen zum Überleben brauchen. Das ist in jedem Fall eine geniale Hypothese, und es lässt vermuten, dass man die Nepenthephilen oder zumindest einige von ihnen nicht als Parasiten betrachten sollte. Sie werden in Sauerstoffwährung bezahlt sowie mit Beute, die sie zerkauen können.

Dann gibt es in der Geschichte der Kannenpflanze noch eine weitere raffinierte Wendung. Die Wände der Kanne sind mit Wachskristallen besetzt, deren glitschige Oberfläche die Insekten nicht nur dazu verdammt, in das Wasser zu fallen, sondern auch verhindert, dass sie wieder herauskriechen. Manche Arten von *Nepenthes* jedoch machen es anders. Bei ihnen beschränkt sich die Glitschigkeit im Wesentlichen auf die vergrößerte Lippe, das Peristom. Und die ist im Gegensatz zu den Wachskristallen nur glitschig, wenn sie feucht ist. Demnach wechseln Phasen mit rutschiger Oberfläche – nach einem Regenguss – mit trockenen Zeiten ab, in denen die Insekten entkommen können, nachdem sie sich am Nektar gütlich getan haben. Warum spielt dieser Wechsel eine Rolle? Nun, die betreffenden *Nepenthes*-Pflanzen sind auf Ameisen spezialisiert. Ameisen verfügen als höchst soziale Insekten über Möglichkeiten, Nestgenossen zu Nahrungsquellen zu lenken, die sie entdeckt haben. Stellen wir uns nun einmal vor, eine Ameisenarbeiterin würde über den Nektar von *Nepenthes* stolpern. Bei Nässe fällt sie in die Kanne und man hört nie wieder von ihr. Ist es aber trocken, kann sie zu ihrem Nest zurückeilen, eine chemische Spur legen und andere Arbeiterinnen zu dem Nektar lotsen. Damit wird die Kannenpflanze zu einer zuverlässigen Nahrungsquelle, die von den Ameisen der Kolonie häufig aufgesucht wird. Überlegen wir nun einmal, welche Bedeutung dies aus Sicht der Kannenpflanze hat. Wenn es das nächste Mal regnet, nutzt das überraschend glitschige Peristom die sozialen Neigungen der Ameisen aus, und die Kannenpflanze kann sich über ein Festmahl aus Ameisen freuen. Es sieht so aus, als wäre die abwechselnd ein- und ausgeschaltete Glitschigkeit ein listiges Hilfsmittel, um das Sozialverhalten der Ameisen nutzbar zu machen.

Die Idee wurde in Borneo von Ulrike Bauer von der Universität Bristol und ihren Kollegen mit einfallsreichen Experimenten überprüft. Sie manipulierten die Feuchtigkeit oder Trockenheit einzelner Kannenpflanzen der Spezies *Nepenthes rafflesiana* mit einem Tropfen-Bewässerungsgerät. Wie nicht anders zu erwarten, fingen Kannenpflanzen, deren Lippen abwechselnd trocken und feucht waren, mehr Ameisen als die ständig feuchten, glitschigen Kannenpflanzen (oder, wie vermutlich nicht weiter betont werden muss, ständig trockene Kannen, die überhaupt nicht glitschig sind).

Selbst im Pflanzenreich geht die natürliche Selektion wahrhaft machiavellistische Wege. Auch die nächste Geschichte spricht nicht dagegen.

Orchideae. — Venusblumen.

34

DIE GESCHICHTE DER ORCHIDEE

Verlogenheit und Zauberkugeln

Warum bewegen sich Tiere fort, während Pflanzen an einem Ort bleiben? Das ist eines dieser offenkundigen Dinge, die wir einfach für selbstverständlich halten. Aber warum? Neben den Photonen von der Sonne und dem Kohlendioxid aus der Luft müssen Pflanzen auch Wasser und lebenswichtige Nährstoffe aus dem Boden aufnehmen, insbesondere Stickstoff-, Kalium- und Phosphorverbindungen. Das tun sie mit ihren Wurzeln, die im Boden verankert sind. Ist das der Grund, warum sie ortsfest sind? Warum stecken sie nicht temporäre Wurzeln in den Boden, wandern dann an einen anderen Ort und strecken ihre temporären Wurzeln erneut aus? Das könnte funktionieren, wenn eine Wurzel ein einzelner Stachel wie eine Karotte wäre. Aber selbst dann wäre es schwierig. Damit Wurzeln ihre Aufgabe erfüllen können, müssen sie sich immer und immer wieder verzweigen, sodass eine riesige Oberfläche entsteht, die mit dem Boden in Kontakt tritt. Das Wurzelgeflecht einer einzigen Roggenpflanze hat inklusive der mit ihr verbundenen Mykorrhiza (siehe die Geschichte des Pilzes) Berechnungen zufolge eine Oberfläche von 400 Quadratmetern, das ist mehr als ein Tennisplatz. Man kann nicht herumlaufen, 400 Quadratmeter an fein verzweigten Wurzeln hinter sich herziehen und sie an einem neuen Ort wieder im Boden versenken. Erde ist zu unnachgiebig, als dass sie es auch nur ermöglichen würde, eine Karotte plötzlich »hineinzustecken«, von Tausenden fadendünnen Verzweigungen ganz zu schweigen. Das allein ist ein ausreichender Grund, warum Pflanzen nicht wie Tiere herumlaufen. Es könnte aber auch noch andere geben.

Nicht dass Tiere keine fein verzweigten Systeme besäßen. Sie benötigen Sauerstoff, genau wie Pflanzen Wasser und Nitrate benötigen, und stellen zu diesem Zweck eine große Oberfläche bereit. Das geschieht in der Lunge. Die Gesamtfläche, die in der Lunge eines Menschen der Luft ausgesetzt ist, wurde mit einem halben Tennisplatz verglichen – die gleiche Größenordnung wie beim verzweigten Wurzelsystem der Roggenpflanze. Aber die verzweigten Röhren einer Lunge müssen nicht in den Boden getrieben werden, was auch gut so ist. Sie müssen nur mit Luft in Kontakt kommen, und das verträgt sich völlig mit der Fortbewegung. Im Gegensatz zu Luft ist Boden unnachgiebig. Neben allem, was Pflanzen aus dem Boden saugen, brauchen sie auch Kohlendioxid aus der Luft und Photonen von der Sonne. Diese beiden Bedürfnisse könnten durch Fortbewegung befriedigt werden, und das unter Umständen sogar besser. Es wäre wirklich gut, dem Sonnenlicht aktiv hinterherzulaufen, statt mit großem Aufwand immer höher zu wachsen. Aber das wird durch die Notwendigkeit eines umfangreich verzweigten Wurzelgeflechts verhindert.

Da Pflanzen mit ihren Wurzeln im Boden befestigt sind, müssen sich Tiere, die sie fressen wollen, bewegen. Würde ein Pflanzenfresser an einem Ort bleiben, hätte er die Vegetation in seiner Reichweite schon bald abgegrast und würde dann verhungern. Selbst winzige Insekten, die sich nie weit von einer einzigen Nahrungspflanze entfernen, müssen sich auf dieser einen Pflanze hin und her bewegen. Wenn man sich von Pflanzen ernährt, kann man nicht einfach sitzen bleiben. Und noch schneller muss man sich bewegen, wenn Tiere die Nahrung bilden, denn sie können im Gegensatz zu Pflanzen weglaufen. Je schneller sie laufen, desto schneller muss man selbst rennen, um sie zu fangen. Das bedeutet, dass Beutetiere in evolutionären Zeiträumen noch schneller laufen lernen. Auf diese Weise setzt sich das evolutionäre Wettrüsten fort; seinen Höhepunkt findet es in den Geparden mit ihrer Spitzengeschwindigkeit von über 100 Stundenkilometern und den Antilopen, die fast ebenso gut zu Fuß sind, wenn sie weglaufen und Haken schlagen.

Das also ist in Kurzform der Grund, warum Tiere sich bewegen und Pflanzen nicht. Aber selbst Pflanzen kommen nicht völlig ohne Bewegungen aus. Sie laufen zwar nicht herum, um zu fressen, aber Bewegungen sind wichtig, damit Samen und Pollen verstreut werden. Was in beiden Fällen aus unterschiedlichen Gründen wichtig ist. Mit Samen wollen wir uns hier nicht beschäftigen. In der Geschichte der Orchidee geht es ausschließlich um die Bestäubung.

Pollen dient der Kreuzung mit anderen Individuen. Die Frage, warum die Kreuzung überhaupt von Bedeutung ist, führt uns zurück zu dem allgemeinen Prinzip der sexuellen Fortpflanzung, einem großen, schwierigen Thema, das ich hier nicht erörtern möchte. In der Geschichte der Orchidee setze ich die sexuelle Fortpflanzung voraus. Für unsere Zwecke müssen wir erst einmal nur wissen, dass Pollen von einer Pflanze auf eine andere gelangen muss. Das ist der einzige Grund, warum Pflanzen überhaupt Blüten haben.

Manche Pflanzen lassen ihren Pollen vom Wind transportieren, aber das ist ein gewaltiges Glücksspiel: Es funktioniert nur dann, wenn eine Pflanze einen riesigen Überschuss an Pollen produziert, damit einige Körner Glück haben. Tatsächlich bedienen sich viele Pflanzen –

beispielsweise Gräser – dieser Strategie. Ihr Energiehaushalt lässt sich mit der unvermeidlichen Verschwendung vereinbaren. Aber es muss doch sicher auch einen Weg geben, um die Verschwendung in Grenzen zu halten – etwas Ähnliches wie eine Zauberkugel, mit der der Pollen genauer auf sein eigentliches Ziel, eine andere Blüte derselben Spezies, getragen wird. Das soll nicht heißen, dass die Zauberkugel immer besser ist als der Wind. Wind dient der Ökonomie und Ökologie der Gräser besser, sonst würden sie ihn nicht nutzen. Aber für viele Pflanzen ist ein gezielterer Transport von Vorteil.

Vor derselben Aufgabe, Waren an ein bestimmtes Ziel – zu der genauen Adresse auf dem Etikett – zu liefern, stehen auch Onlineshops. Sie bedienen sich mittlerweile manchmal einer geistreichen Lösung: Drohnen, unbemannte Kleinhubschrauber, werden darauf programmiert, eine bestimmte Adresse anzufliegen, setzen das Paket an der Türschwelle ab und machen sich dann auf den Rückweg, um eine weitere adressierte Ladung abzuholen. Warum hat sich bei Pflanzen nicht etwas Ähnliches entwickelt? Kleine, pollentragende Wagen mit einem bordeigenen Navigationssystem könnten durch die Luft fliegen, nachdem sie an Blüten der richtigen Spezies »adressiert« wurden. Und wenn die richtige Spezies zu viel verlangt ist, dann wenigstens an Blüten mit der richtigen Farbe. Zumindest aber wären irgendwelche anderen Blüten – je nach weiteren Faktoren – eine bedeutende Verbesserung gegenüber der ungeheuren Vergeudung, Tausende von Pollenkörnern in alle vier Winde zu verstreuen in der vagen Hoffnung, dass eines davon vielleicht zufällig auf etwas Besseres als die nackte Erde trifft.

Warum hat sich dann bei Pflanzen keine Drohnentechnologie entwickelt? Manch einer hat dazu vielleicht eigene Gedanken, aber meine Antwort lautet: »Warum sollten sie sich die Mühe machen?« Drohnentechnologie war bereits vorhanden.[13] Die Luft ist voller summender, schwirrender Flügel. Es gibt Bienen, Wespen, Fliegen, Schmetterlinge, Kolibris, Fledermäuse – ganze Geschwader von Hightech-Flugmaschinen, die bereits mit modernsten Navigationssystemen ausgestattet waren und nur darauf warteten, dass eine Pflanze in der Lage war, sie zu nutzen, zu manipulieren und dazu zu bringen, ihre Dienste zur Verfügung zu stellen. Die Lösung war nicht ganz unproblematisch, für die Pflanze aber einfacher und billiger als die kostspielige Forschung und Entwicklung, mit der sich eine Drohnentechnologie aus dem Nichts hätte entwickeln müssen.

Übersetzen wir diese personifizierte Wortwahl nun einmal in kühle, ehrbare biologische Fachsprache. Die einzelnen Pflanzen, die sich aufgrund ihrer genetischen Neigung die Flügel von Bienen ausleihen, waren in der Konkurrenz den Pflanzen derselben Spezies, die aufgrund ihrer genetischen Neigung die ersten Schritte zur Evolution eigener Flugsysteme unternahmen, überlegen. »Ausleihen«? »Schritte unternehmen«? »Eigene«? Man erkennt, wie schwierig es ist, die letzten Anklänge von Vermenschlichung zu vermeiden. Dennoch glaube ich, dass meine Aussage angekommen ist. Insekten, Vögel und Fledermäuse waren zuerst da. Die Drohnentechnologie mit Flügeln, Sinnesorganen und Navigationssystemen gab es bereits, und sie wartete nur darauf, eingesetzt zu werden. Aber wie macht man sich solche vorgefertigten Flügel zunutze?

Die meisten Blumen bedienen sich zu diesem Zweck der Bestechung. Nein, das stuft das Geschäft mit einer zu negativen Bedeutung herab. Meist ist es eher ein ehrlicher Handel, ein Geschäft, ein Deal auf Gegenseitigkeit. Die Blumen bezahlen ihre Bestäuber – in der Regel mit zuckerhaltigem Nektar, aber auch mit dem Pollen als solchem. Bienen füttern ihre Larven mit Pollen. Blumen, die auf die Bestäubung durch Bienen zurückgreifen, produzieren einen Überschuss an nährstoffreichem Pollen, um die Bestäuberbienen zu bezahlen, und das meist zusätzlich zum Nektar. Der Überschuss hat durchaus seinen Preis, ist aber immer noch relativ billig und nicht so groß wie der Überschuss, den Blumen brauchen, wenn sie sich auf die Unwägbarkeiten der Windbestäubung verlassen. Bienen sammeln Pollen als Nahrung für ihre Larven und verstauen ihn in den dafür ausgerüsteten Pollenkörbchen an ihren Beinen. Dabei wird ihr Körper zwangsläufig mit weiteren Pollenkörnern bestreut, die sie dann von Blüte zu Blüte tragen, was den Pflanzen nutzt. Diese Form der Bezahlung gilt jedoch insbesondere für Bienen. Schmetterlinge und Kolibris fressen keinen Pollen. Eine allgemein akzeptierte Währung ist der Nektar. Selbst die von Bienen bestäubten Blumen ergänzen ihre Zahlung mit dem Zuckersaft: Er ist ein hochwertiger Kraftstoff und treibt die Flugmuskeln an, mit denen Bienen, andere Insekten und Kolibris ihren Aufgaben nachgehen – wobei sie nebenbei auch Pollen von Blüte zu Blüte transportieren. Wie wir alle wissen, sammeln Bienen den Nektar von Blüten ein und machen daraus Honig: Nahrung für den Winter. Oder Nahrung für uns, die diebischen Menschen, die ihn lieber mögen als das Zuckerwasser, das Imker den Tieren mitunter stattdessen geben.

Auch hier lässt sich die vermenschlichende Sprache von »Geschäften«, »Deals«, »Bezahlung« und »Währung« seriöser formulieren. Die Blüten handeln mit Schmetterlingen und Bienen keine Deals aus. Vielmehr überflügeln einzelne Blumen, die Nektar herstellen, in der Konkurrenz ihre eigenen Artgenossen, die es nicht tun. Oder Konkurrenten, die zu wenig Nektar produzieren. Oder Konkurrenten, die zu viel Nektar erzeugen, denn Nektar ist aufwendig. Einzelne Insekten wiederum, die bevorzugt nektarreiche Blüten aufsuchen, überflügeln in der Konkurrenz andere Insekten ihrer eigenen Spezies, die es nicht tun und deshalb nicht über genug Flugkraftstoff verfügen. Oder deren Kolonie im Winter der Treibstoff fehlt.

Daraus folgt ganz selbstverständlich, dass nektarproduzierende Blüten die Aufmerksamkeit auf sich ziehen sollten. Werbung zahlt sich aus. Deshalb sind Blüten so häufig leuchtend bunt gefärbt, auffällig geformt und mit aromatischem Duft versehen: Diese von der natürlichen Selektion erzeugten Eigenschaften wurden von menschlichen Gärtnern durch künstliche Selektion verstärkt und übertrieben. Blüten gibt es in allen Regenbogenfarben (und in Ultraviolett, das wir nicht sehen können, Insekten und Vögel aber schon), und sie stechen wie Neonreklame gegenüber dem grünen Chlorophyll hervor, dessen Moleküle bei der Fotosynthese das Licht einfangen.

Die Wahl der Bestäubungsmethode ist bei jeder Pflanzenart eine wirtschaftliche Entscheidung. Wie ich bereits dargelegt habe, gab es sicher gute wirtschaftliche Gründe, warum die Gräser den Wind als Träger ihres Pollens bevorzugen und warum ihre Blüten unauffällig sind. Es könnte mit folgender Überlegung zu tun haben: Gräser sind so weitverbreitet, dass jede einzelne Pflanze anderen derselben Spezies ziemlich nahe ist. Damit steigt die Chance, dass der vom Wind transportierte Pollen sein Ziel findet. Das wirtschaftliche Gleichgewicht verschiebt sich zugunsten des Windes und weg von aufwendigen, nektarproduzierenden Blüten. Dennoch wage ich die Prognose: Wenn wir einen Zauberstab hätten und den Wind eine Million Jahre lang zum Stillstand bringen könnten, würden sich bei den Gräsern leuchtende Blüten entwickeln, die alles andere als grün sind. Die stehende Luft würde sie dazu antreiben, sich statt des Windes der Insektenflügel zu bedienen. Es muss bereits ein Gleichgewicht des wirtschaftlichen Drucks geben, das Wind oder Insekten als bevorzugtes Mittel der Bestäubung begünstigt. Windstille würde das Gleichgewicht in Richtung der Insekten verschieben, und lebhaft gefärbte Blüten, die aufwendigen Nektar ausscheiden, würden gedeihen. Das ist zumindest meine Hypothese, die sich nicht widerlegen lässt.

Es gibt allerdings auch eine Möglichkeit, mit der sich beide Formen des Aufwands – die gewaltige Überproduktion von Pollen, die bei der Windbestäubung nötig ist, und die teure Nektarproduktion, die Schmetterlinge und Kolibris verlangen – vermeiden lassen: Blüten können täuschen. Sie können beide Kosten vermeiden und damit davonkommen. Damit sind wir endlich bei den Orchideen angelangt.

Orchideen sind im Vergleich zu den Gräsern ins andere Extrem gegangen. Ihre wirtschaftlichen Verhältnisse haben sie offensichtlich stark dazu gedrängt, die Flügel von Tieren zu nutzen, und dabei sind sie über den Nektar-Tauschhandel gewöhnlicher, leuchtend gefärbter Blumen wie Rosen oder Heckenkirschen hinausgegangen. Natürlich tauschen viele von ihnen ehrlich wie andere Blumen ihren Nektar gegen die Dienstleistung der Bestäubung. Eine beträchtliche Minderheit der Orchideen hat aber Wege gefunden, um das System zu manipulieren. Sie täuschen ihre Bestäuber und kommen damit davon, nicht mit Nektar zu bezahlen. Manche imitieren Blüten, die Nektar produzieren, stellen aber selbst keinen her. Manche ahmen auch Insektenweibchen nach und bringen mit dieser Täuschung die Männchen dazu, mit den Blüten zu kopulieren, sodass sich die Pollen auf ihrem behaarten Körper verteilen. Manche ahmen auch Stellen nach, an denen Insektenweibchen gern ihre Eier ablegen. Orchideen sind Meister darin, zu täuschen und ihren Pollen genau zum richtigen Ziel zu lenken. Sie besetzen das andere Ende des Spektrums, das bis zu der verschwenderischen Windbestäubung reicht: das »Zauberkugel-Ende« des Spektrums. Und sie täuschen auf hinterhältige Weise.

Die Familie der Orchideen ist sehr groß. Man kennt mehr als 30 000 Arten. Ihre Bestäubungstricks sind so zahlreich, vielfältig und bemerkenswert, dass Charles Darwin ihnen ein ganzes Buch widmete: *The Various Contrivances by which Orchids are Fertilised by Insects* (auf Deutsch erschienen unter dem Titel *Über die Einrichtun-*

gen zur Befruchtung Britischer und ausländischer Orchideen durch Insekten und über die günstigen Erfolge der Wechselbefruchtung). Die Geschichte der Orchidee wird nicht den Versuch unternehmen, sich auf die 16 von 30 000 Arten zu beschränken, die Haeckel als Objekte seiner Bildtafeln auswählte. Sie handelt vielmehr von den Orchidaceae im Allgemeinen, und meine Beispiele beziehe ich nicht nur aus den Arten, die Haeckels Fantasie reizten, sondern aus der gesamten Familie. Wie Ihnen bestimmt schon aufgefallen ist, bediene ich mich in allen Geschichten einer solchen Vorgehensweise.

Orchideen sind unter allen Blumen nahezu die einzigen, deren Pollen sich nicht als gelber Staub verteilt, sondern in Form großer gelber Kugeln, der Pollinien, zusammengeballt ist. Außerdem sind die männlichen und weiblichen Teile, Staubblätter und Stempel, nicht wie bei den meisten Blumen getrennt, sondern in einer einzigen »Säule« zusammengewachsen – was große Sorgfalt erfordert, um Selbstbestäubung zu vermeiden. Im Gegensatz zu anderen Blumen beschränken sich die meisten Orchideenarten auf eine Spezies von Bestäubern (oder einige wenige). Es gibt Bienenorchideen, Fliegenorchideen, Wespenorchideen, Schmetterlingsorchideen und Mottenorchideen. Einige greifen auch auf Käfer, Grillen, Ameisen oder Termiten zurück. Die Bestäuber sind aber nicht nur Insekten. Es gibt auch Kolibriorchideen und Nektarvogelorchideen.

Wie bereits erwähnt, bezahlen viele Orchideenarten ihre Bestäuber in der ehrlichen Nektarwährung. Was Orchideen so besonders macht, ist aber die große Zahl der betrügerischen Arten. Betrügerische Bestäubung findet man bei mehreren Pflanzenfamilien, ihre größte Raffinesse erreicht sie jedoch bei den Orchideen. Nach heutiger Kenntnis sind ungefähr ein Drittel der Orchideenarten Betrüger, und ein großer Teil der bekannten betrügerischen Pflanzen sind Orchideen. Bienenorchideen der Gattung *Ophrys* beeindrucken

Naturforscher schon lange mit ihrer Ähnlichkeit zu einer Biene, die zwischen den Blütenblättern einer leuchtend gefärbten Blüte sitzt. Heute weiß man, dass sie auch einen Duftstoff abgeben und damit die natürliche Substanz – das »Pheromon« – nachahmen, mit dem Bienenweibchen die Männchen anlocken. Die Männchen werden also sowohl durch den Anblick als auch durch den Geruch hinters Licht geführt. Sie landen auf der Orchideenblüte und versuchen, sich mit ihr zu paaren. Dabei nehmen sie unabsichtlich entweder Pollinien auf oder legen sie ab. Verschiedene Arten von *Ophrys* locken jeweils ganz bestimmte Bienenarten an. Andere haben es auf Wespen abgesehen. *Ophrys speculum* ähnelt *Dasycolia ciliata*, einer Spezies dunkel gefärbter, allein lebender Wespen, und wird von ihnen bestäubt. Die männlichen Wespen lassen sich auf der Blüte nieder und versuchen genau wie die Bienen auf den Bienenorchideen, mit ihr zu kopulieren.

Auch wenn Bienen-, Wespen- und Fliegenorchideen ein wenig wie die Insekten aussehen, die sie anlocken wollen, steigern sie sich nicht in die geradezu gespenstischen Höhen der Ähnlichkeit, die manche Tiere erreichen, wenn sie sich gegen natürliche Feinde tarnen. Sehen wir uns einmal an, wie genau der Schmetterling unten auf Seite 335 ein welkes Blatt nachahmt. Die Ähnlichkeit einer Bienenorchidee mit einer Biene ist zwar zu erkennen, sie verschlägt uns aber nicht vor lauter Bewunderung den Atem. Dies hat einen passenden Grund: Tarnung zielt auf die Augen von Wirbeltieren, und die sind mit ihrer Auflösung den Insektenaugen, die eine Bienenorchidee täuschen will, bei weitem überlegen. Außerdem stellt sich häufig heraus, dass die visuelle Anziehung bei solchen Nachahmerorchideen nicht so wichtig ist wie der Geruch. Die von den Bienenorchideen abgegebenen

Eine Bienenorchidee

Duftstoffe ahmen den Duft weiblicher Bienen sehr wirksam nach. In manchen Fällen ziehen Insektenmännchen sie sogar den eigentlichen Weibchen vor: In der Fachsprache der Verhaltensforschung nennt man diese Duftstoffe deshalb »supernormale Reize«.[14] In Australien konnte man beobachten, wie männliche Schlupfwespen Orchideen der Gattung *Cryptostylis* besuchten und dort Sperma ejakulierten, obwohl die Pflanzen eigentlich gar nicht wie Wespen aussehen. Wir dürfen davon ausgehen, dass der supernormale Reiz den Geruchssinn anspricht. Diese sirenenhafte Methode, männliche Insekten zur Kopulation mit Blüten zu verführen, ist nahezu ausschließlich auf Orchideen beschränkt, und innerhalb dieser Pflanzengruppe hat sie sich mehrere Male unabhängig entwickelt.

Eine weitere Form der Täuschung arbeitet nicht mit falschen Partnerinnen oder einer falschen Nahrungsversorgung, sondern mit einer falschen Stelle zur Eiablage. Einige Fliegenorchideen stinken nach verwesendem Fleisch oder Dung, also Dingen, auf denen manche Fliegenweibchen gern ihre Eier ablegen. Eine Orchidee namens *Dracula*, die auf dem dunklen Waldboden lauert, sieht aus und riecht ganz wie ein weißer Pilz. Sie lockt kleine Fliegen an, die ihre Eier gewohnheitsmäßig auf den Lamellen von Pilzen ablagern, und wird von ihnen bestäubt.

Sogenannte Spinnenorchideen wie *Brassia* sehen ein wenig wie Spinnen aus, werden aber nicht von ihnen bestäubt. Spinnen haben schließlich keine Flügel. Bestäubt werden die Spinnenorchideen in Wirklichkeit von Wespen, die Jagd auf Spinnen machen und besser als diese dafür ausgestattet sind, als geflügelte »Lieferdrohnen« zu fungieren. Aber warum sehen die Orchideen dann wie Spinnen aus? Für die Erklärung

Indischer Blattfalter

brauchen wir ein wenig Hintergrundwissen. Viele Arten parasitischer Wespen jagen und stechen ganz bestimmte Arten von Gliederfüßern, um in ihnen ihre Eier abzulegen. Nebenbei bemerkt: Darwin war darüber entsetzt, und es lohnt eine kurze Abschweifung, um zu erklären, warum. Nach Angaben des großen französischen Naturforschers Jean-Henri Fabre (1823–1915) zielen solche Wespen mit ihrem Stachel nacheinander auf die Ganglien, die auf der Bauchseite des Körpers liegen. Ob dieses Detail stimmt (was ich ein wenig bezweifle) oder nicht, in jedem Fall lähmen die Stiche das arme Tier, sodass es wehrlos wird, aber am Leben bleibt und frisches Fleisch für die wachsende Larve liefern kann. Für Darwin war eine solche Grausamkeit schwer mit dem Glauben an eine wohlwollende Gottheit zu vereinbaren.

Jede Wespenart spezialisiert sich auf bestimmte Beutetiere, und manche auch auf Spinnen. Die Respekt einflößenden Wegwespen (Pompilidae) machen Jagd auf Taranteln. Das Wespenweibchen ergreift eine Tarantel, wirft sie auf den Rücken, sticht sie, zerrt sie in ihren Bau und legt ein Ei auf ihr ab. Andere Arten, zum Beispiel die Grabwespen *Trypoxylon* und *Sceliphron*, fangen kleinere Spinnen und versorgen damit ihre Nester in Schlammröhren. Wie vermeiden es die Wespen, den Spinnen zum Opfer zu fallen? Anscheinend haben sie im Laufe der Evolution die Kunst, zuerst ihren Stachel einzustechen, perfektioniert. Manche landen sogar auf einem Spinnennetz und schaffen es irgendwie, darin nicht festzukleben. Die Spinne eilt herbei, um sich die Wespe zu holen, und fällt dem Stachel der vermeintlichen Beute zum Opfer. Eine weitere Grabwespenart, der Kalifornische Spinnenjäger *Chalybion californicum*, wird in manchen Regionen Amerikas geschätzt, weil sie die (für Menschen, offensichtlich aber nicht für *Chalybion*) gefährlichen Schwarzen Witwen jagt.

Aber zurück zu den »Spinnenorchideen«. Ihre Ähnlichkeit mit Spinnen führte natürlich zu der Annahme, Wespen auf Spinnenjagd würden die Orchideenblüte fälschlich für eine Spinne halten und sich darauf niederlassen, um sie zu stechen. Das war die allgemein anerkannte Geschichte der Spinnenorchideen, und ich selbst habe sie in einem früheren Buch zitiert. Inzwischen ist sie aber ernsthaft infrage gestellt worden. Nach dem, was Adam Karreman in seinem 2023 erschienenen Buch *Demystifying Orchid Pollination* (das den verführerischen Untertitel *Stories of Sex, Lies and Obsession* trägt) schreibt, sieht die Wahrheit ganz anders aus. Blüten von *Brassia* werden tatsächlich von Wespen bestäubt, die Jagd auf Spinnen machen, aber die Wespen stechen nicht in die Blüten. Vielmehr kommen sie auf herkömmliche Weise vorbei, um Nektar zu suchen. Ein vergebliches Unterfangen, denn *Brassia*-Blüten servieren keinen Nektar – wieder einmal handelt es sich um Betrug, jedoch nicht um die Art von Betrug, von der man zuvor ausgegangen war. Warum, so könnte man fragen, macht eine Blüte sich die Mühe, wie eine Spinne auszusehen, wenn sie doch Wespen so täuschen will, dass sie nach nicht vorhandenem Nektar suchen? Manche Wespen, die Spinnen jagen, suchen morgens nach Nektar und am Nachmittag nach Spinnen. Nach meiner Vermutung deaktiviert sich ein Nervensystem, das so abgestimmt ist, dass es nachmittags von Spinnen angeregt wird, bei der morgendlichen Nektarsuche nicht selbst. Man kann also davon ausgehen, dass Wespen, die Spinnen jagen, ein »Suchbild« für Spinnen in sich tragen, ein spinnenförmiges Schloss, das darauf angelegt ist, nachmittags von Spinnen aufgeschlossen zu werden. Ich nehme an, die natürliche Selektion hat sich nicht »die Mühe gemacht«, es morgens aktiv auszuschalten.

Ich habe behauptet, dass Orchideen im Spektrum der Bestäubung das Ende mit den »Zauberkugeln« oder mit »Schloss und Schlüssel« besetzen, das heißt das entgegengesetzte Extrem zu den windbestäubten Pflanzen. Zu den extremsten Formen gehören jene, die eine besondere Beziehung zu den sogenannten Pracht- oder Orchideenbienen (Euglossini) haben, von denen es mehr als 200 Arten gibt. Es sind kleine, allein lebende Bienen, die über eine außerordentlich lange Zunge zum Nektarsaugen, einen glatten Körper und eine leuchtend metallische Färbung verfügen – je nach der Spezies ist sie grün, blau oder rot. Was für Bienen ungewöhnlich ist: Die Männchen locken Weibchen mittels besonderer Duftstoffe an. Diese können sie aber nicht selbst herstellen, wenn sie nicht zumindest eine gewisse Hilfestellung erhalten, und so greifen sie zu ihrer Herstellung oder zur Herstellung der Zutaten, aus denen sie den Duftstoff zusammenmischen, auf Orchideen zurück. Männliche Prachtbienen suchen Orchideenblüten auf und sammeln diese unentbehrlichen Substanzen, wobei die Orchideen im Gegenzug bestäubt werden. Die einzelnen Orchideenarten sind wählerisch, locken jeweils nur ganz bestimmte Prachtbienen an und scheiden einen besonderen, auf diese Spezies (oder eine kleine Artengruppe) abzielenden Duftstoff aus. Die Bienen sind weniger genau festgelegt, welche Blüten sie besuchen. Worauf sie aus sind, steht aber außer Zweifel. Das wissen wir, weil sie ein ganz bestimmtes Verhaltensmuster zeigen, das dazu dient, Duftstoffe zu sammeln. Sie tragen an den Vorderbeinen ein Haarbüschel, mit dem sie gezielt über die Blüte streichen. Dann schweben sie in der Nähe der Blüte und reiben die Beine aneinander, um die Substanz so in Taschen an den Hinterbeinen zu befördern. Das Ganze wiederholen sie so lange, bis sie genug gesammelt haben; wenn sie schließlich wegfliegen, haben sie unabsichtlich auch Pollinien aufgenommen oder abgelegt.

Die vielleicht extremste Pflanze aus dem Spektrum der Orchideen ist *Coryanthes*, eine in Mittel- und Südamerika heimische Gattung. Sie steht in einer eigenen, besonderen Beziehung zu den Prachtbienen: Diese werden wiederum angelockt, weil die Orchidee die Zutaten herstellt, aus denen die männliche Biene ihren Sexuallockstoff macht. Die

Blüte ist aber eine Falle, eine Fallgrube wie bei einer Kannenpflanze. Ihr »Behälter« enthält eine wässrige Flüssigkeit; die vom Parfüm betörten Bienen fallen hinein und können nicht wieder hinauskrabbeln, denn die Wände sind – ebenfalls wie bei einer Kannenpflanze – glitschig. Sie schwimmen herum und entdecken schließlich den einzigen Weg, um sich vor dem Ertrinken zu retten: einen schmalen Tunnel. Während sie sich durch diese Röhre quetschen, werden die Pollinien angeheftet. Oder sie lösen sich, wenn die Prachtbiene – die offensichtlich nicht schlauer geworden ist – das traumatische Erlebnis in einer anderen Orchideenblüte noch einmal durchmacht.

Eine ähnliche, allerdings weniger raffinierte Insektenfalle setzen die sogenannten Frauenschuhorchideen oder Cypropedioideae ein. Eine davon, *Phragmipedium longifolium*, zeichnete Haeckel. Es gibt viele Frauenschuhorchideen. Sie besitzen eine Entsprechung zu dem »Behälter«, aber der sieht mehr wie ein Damenschuh aus (daher der Name). Auch hier werden Insekten – vielleicht durch einen Duft – hineingelockt. Wenn sie sich in dem Schuh befinden, gibt es nur einen Ausweg oder eigentlich zwei parallele Wege, zwei enge Röhren, die an den Geschlechtsorganen der Blüte vorüberführen. Wenn das Insekt eine Röhre passiert, kann es entweder Pollinien aufnehmen oder abgeben. Anscheinend haben die Röhren bei jeder Spezies einen maßgeschneiderten Filtereffekt. Jede Spezies von Frauenschuhorchideen bevorzugt Bestäuber von ganz bestimmter Größe. Ist eine Biene zu groß, passt sie nicht durch die Röhre und stirbt in der Falle. Ist sie zu klein, krabbelt sie leicht hindurch, kann aber die Pollinien nicht aufnehmen beziehungsweise abgeben. Wie in der Fabel von Goldlöckchen und den drei Bären gibt es Bienen mit der »genau richtigen« Größe. Da jede Orchideenart eine solche »Goldlöckchen«-Biene hat, verstärkt sich so der »Zauberkugel-Effekt«, durch den der Pollen schließlich sein richtiges Ziel erreicht.

Nebenbei bemerkt, ist es erfreulich, dass Charles Darwin selbst die Bestäubung einer Frauenschuhorchidee beobachtete. Und wie es für ihn charakteristisch war, verfolgte er seine Beobachtung in einem mehrfach wiederholten Experiment weiter. Er fing eine kleine Biene und brachte sie in den Frauenschuh.

> Die Biene strebte vergeblich danach, herauszukrabbeln [...], fiel aber der gebogenen Ränder wegen immer wieder zurück [...]. Am Ende zwängte sie sich durch eine der kleinen Öffnungen, welche in der Nähe der Staubgefäße waren, und wenn man sie anschließend fing, stellte sich heraus, dass sie mit dem klebrigen Pollen bedeckt war. Ich setzte dieselbe Biene dann zurück auf das Labellum; und abermals kroch sie durch eine der kleinen Öffnungen, wobei sie stets mit Pollen bedeckt war. Ich wiederholte den Vorgang fünfmal, immer mit dem gleichen Ergebnis.

Während also Coryanthes- und Frauenschuhorchideen ihre Bestäuberinsekten nach Art einer Kannenpflanze fangen, erinnert die australische Orchidee *Pterostylis* eher an eine Venusfliegenfalle – nur mit dem Unterschied, dass sie ihren Fang nicht frisst. Alle Orchideen besitzen eine Lippe, das »Labellum«, ein abgewandeltes Blütenblatt, das in vielen Fällen als Landeplattform für Insekten dient. Das Labellum von *Pterostylis* hat ein Scharnier und bewegt sich aus eigener Kraft, wenn ein Insekt den Auslöser liefert. *Pterostylis* ist sehr klein, und auch ihre Bestäuberinsekten sind winzige Mücken. Aus nicht ganz geklärten, vielleicht chemischen Gründen werden die Mücken von der Orchidee sexuell angelockt. Auf der Lippe vollziehen sie Kopulationsbewegungen, und die werden zum Auslöser, der die Lippe hochklappen lässt, sodass das Insekt in der Blüte gefangen ist. Ab da verläuft die Geschichte ähnlich wie bei den Coryanthes- und Frauenschuhorchideen: Auch hier gibt es nur einen Ausweg, und der führt durch einen engen Durchgang, in dem Pollinien entweder angehängt oder – wenn dieselbe Mücke eine weitere *Pterostylis*-Blüte besucht – abgestreift werden. Tobias Hayashi untersuchte das System genauer und gelangte zu faszinierenden Befunden. Im Gegensatz zur Venusfliegenfalle, die sich recht leicht auslösen lässt, wird das Labellum von *Pterostylis* nur dann tätig und fängt die Mücke ein, wenn diese tatsächlich während der Kopulationsumarmung nach den Geschlechtsorganen der Orchidee greift, den Hinterleib nach unten zwischen die Beine schiebt und Stoßbewegungen ausführt. Nach ungefähr einer halben Stunde wird die Fliege freigelassen, und die Falle wird wieder scharf gestellt.

Die in Australien heimischen Orchideen der Gattung *Drakaea*, auch »Hammer-Orchideen« genannt, sind ebenfalls ganz am Zauberkugel-Ende des Spektrums zu verorten. Es gibt zehn Arten von ihnen, und jede wird durch eine eigene Spezies allein lebender Wespen der Gattung *Zaspilothynnus* bestäubt. Deren Weibchen sind darauf spezialisiert, ihre Eier im Körper von grabenden Käfern abzulegen. Sie jagen die Käfer, indem sie sich ihrerseits in die Erde graben. Dabei wären Flügel ein nutzloses Hindernis, und deshalb sind die Weibchen ungeflügelt. Es ist Aufgabe der geflügelten Männchen, sie zu finden. Ein paarungsbereites Weibchen verzichtet vorübergehend auf seine unterirdische Tätigkeit, krabbelt zur Spitze eines Grashalms oder einer anderen Pflanze und wartet geduldig, bis es von einem Männchen erspäht wird. Das Männchen ergreift sie und fliegt mit ihr in den Armen davon. So ergeht es einem echten Weibchen. Aber nicht alle »Weibchen« sind echt …

Eine Hammerorchidee ist nicht auffällig gefärbt, sondern grün wie Gras oder Schilf. Sie trägt eine dunkel gefärbte Wespenweibchen-Attrappe, die ihrem echten Vorbild ein wenig ähnlich sieht und sehr

Eine Hammerorchidee

ähnlich riecht. Die Attrappe sitzt auf einem mit einem Scharnier versehenen »Arm«. Ein Männchen erkennt das falsche Weibchen, greift nach »ihr« und versucht, mit ihr davonzufliegen. Dies führt dazu, dass der Arm sich an dem »Ellenbogen« nach oben biegt, und das Männchen wird wiederholt hart gegen die Pollinien der Orchidee geschlagen, sodass diese an seinem Rücken hängen bleiben. Schließlich gibt das Männchen auf und fliegt davon, nur um die gleiche Masche bei einem anderen Pseudo-Weibchen zu wiederholen. Dieses Mal werden die Pollinien durch die wiederholten Schläge von seinem Rücken gelöst, was die Bestäubung zur Folge hat.

Jetzt kommt noch eine weitere faszinierende Geschichte über Orchideen. Adam Karremans konnte in Kolumbien zusehen, wie Bienen »immer langsamer wurden und ihre Umgebung weniger wahrnahmen«, nachdem sie Orchideen der Gattung *Specklinia* aufgesucht hatten. Offensichtlich waren sie durch irgendeinen Bestandteil des Nektars betäubt. Das Gleiche beobachteten dänische Forschende bei

Wespen, die den Nektar von Orchideen der Gattung *Epipactis* aufgenommen hatten. Es schien, als wären die Wespen süchtig nach dem Nektar: Sie krabbelten von Blüte zu Blüte und suchten danach. Wie sich herausstellte, handelte es sich bei der berauschenden Substanz um Alkohol. Sie waren angeheitert. Eine mutmaßlich wichtige Folge für die Orchideen: Die Wespen waren so betrunken, dass sie sich nicht mehr putzen konnten, und entfernten deshalb auch seltener die Pollinien, die an ihnen klebten.

Beschließen möchte ich die Geschichte der Orchidee mit einer köstlichen Begebenheit rund um eine Vorhersage von Darwin und Wallace. Im Jahr 1862 schickte der Gärtner, Grundbesitzer und Orchideensammler James Bateman eine Kiste mit Orchideen an Charles Darwin. Eine davon war ein ausnehmend schönes Exemplar aus Madagaskar, die Sternorchidee *Angraecum sesquipedale*. Es gibt sicher nicht viele Sprachen, deren Wortschatz wie das Lateinische ein Wort mit einer so spezialisierten Bedeutung wie »eineinhalb Fuß lang« enthält. Ich selbst wusste es nicht genau, bis meine Frau und ich eines Tages auf einer Zugreise (aus Gründen, an die ich mich nicht mehr erinnern kann) laut überlegten, was wohl »sesquipedalian« bedeutete. Ein Fahrgast, der uns gegenüber saß, bekam unser Gespräch mit, meldete sich zu Wort und klärte uns in klassisch gelehrtem Ton auf. Nun, immerhin war es der Zug nach Oxford.

Diese prachtvolle Orchidee hat ein Nektarium (einen verdeckten nektarhaltigen Schlauch), der zwar nicht eineinhalb Fuß, aber doch 30 Zentimeter lang ist. Darwin war bezaubert. An seinen Freund, den Botaniker Joseph Dalton Hooker, schrieb er: »Bateman hat mir gerade eine Menge Orchideen geschickt, darunter auch *Angraecum sesquipedale*. Wussten Sie, dass sein wunderbares Nektarium 11½ Zoll lang ist und Nektar nur am äußersten Ende enthält? Was für einen Rüssel muss der Falter haben, der ihn aufsaugt! Es ist ein sehr hübscher Fall.« Er sagte vorher, es müsse in Madagaskar eine Motte mit gewaltiger Zunge geben, die so lang ist, dass sie über 11 Zoll hinunter bis zum Nektar reicht. Darwin starb 1882. Im Jahr 1903 entdeckte man in Madagaskar endlich den Falter, und seine beiden Entdecker gaben der Unterart den Namen *praedicta*; einer der beiden war übrigens Lord Rothschild, der in einer von vier Zebras gezogenen Kutsche durch London fuhr. Alfred Russel Wallace, Darwins Mitentdecker der natürlichen Selektion, hatte sich ebenfalls für den Fall interessiert und unabhängig die gleiche Vorhersage geäußert. Wallace lebte noch, als Rothschild und Jordan der Spezies *Xanthopan morganii praedicta* ihren Namen gaben, und eigentlich hatten die zwei Wallaces Vorhersage im Sinn. Ich sehe darin lieber eine Ehre für beide – für Darwin, weil er die Vorhersage als Erster äußerte, und für Wallace wegen einer poetischen Anspielung auf eine berühmte astronomische Prophezeiung: »Dass ein solcher Falter existiert, kann man mit Sicherheit vorhersagen; Naturforscher, die auf diese Insel kommen, sollten danach mit der gleichen Zuversicht suchen, mit der Astronomen nach dem Planeten Neptun gesucht haben, und sie werden ebenso erfolgreich sein.«

Die Anspielung sollte zu erkennen sein. Im Jahr 1846 fiel Urbain Le Verrier in Paris und unabhängig von ihm auch John Couch Adams in London auf, dass der Planet Uranus sich nicht genau so verhielt, wie er es nach den Newton'schen Gesetzen tun sollte. Sie sagten vorher, es müsse einen bisher unbekannten Planeten geben, der mit seiner Gravitation die Umlaufbahn des Uranus störe. Le Verrier

»Mit einer wilden Vermutung.«
Angraecum sesquipedale

machte Johann Gottfried Galle in Berlin darauf aufmerksam. Der richtete noch in derselben Nacht sein Teleskop genau auf die Koordinaten, die Le Verrier berechnet hatte, und fand den Neptun. Um einen Zeitgenossen zu zitieren: Le Verrier hatte einen Planeten »mit der Spitze seiner Feder« entdeckt. Ich frage mich, ob er oder Adams sich an die berühmten Zeilen von John Keats erinnerte:

> Da fühlt ich wie ein Himmelssucher mich,
> Wenn ihm ein neuer Stern ins Fernglas schwebt;
> wie Cortez stolz, als er mit Adlerblick
> Auf den Pazifik starrte – wild bewegt
> Sahn ahnungsvoll die Männer zu ihm hin –
> Schweigend, auf einem Berg in Darien.

Chelonia. — Schildkröten.

35

DIE GESCHICHTE DER SCHILDKRÖTE

Verkriech dich oder flüchte

Tennysons berühmte Formulierung »Natur, rot an Zähnen und Klauen« würde eine gute Zusammenfassung des Darwinismus abgeben, aber das Gedicht »In Memoriam AHH«, in dem sie vorkommt, erschien in Wirklichkeit neun Jahre vor dem *Ursprung der Arten*. Die gewalttätige Grausamkeit der Natur ist nicht nur eine Tatsache, die man beobachten kann, sondern auch eine notwendige Folge der natürlichen Selektion. Jedes Tier, das sich in einem komfortablen, müßigen Leben einrichtet, gut ernährt und nicht gefährdet ist, wird von Konkurrenten überflügelt, die sich größere Mühe geben und ihre Komfortzone verlassen: Sie strengen sich an, bis sie leiden, und alles im Interesse der Fortpflanzung ihrer Gene.

»Wenn die Mücken dich nicht kriegen, dann die Alligatoren.« Wird ein Tier nicht heimtückisch von Parasiten getötet, dann wahrscheinlich mit Gewalt von einem natürlichen Feind. Letzteres, so werden Sie sagen, stimmt für Löwen nicht, und auch nicht für andere, die an der Spitze der Nahrungskette stehen. Meine allgemeine Aussage ist aber nach wie vor statistisch valide, denn das obere Ende der Nahrungskette ist eindeutig unterbevölkert. Wie wir in der Geschichte der Kannenpflanze erfahren haben, haben Nahrungsketten zwangsläufig ein Merkmal, das letztlich aus den Gesetzen der Thermodynamik erwächst: Auf jeder Ebene ist die Zahl nur ein kleiner Bruchteil (ungefähr ein Zehntel) der Zahl auf der Ebene darunter. Und auch Beutegreifer haben kein leichtes Leben, denn sie laufen ständig Gefahr, zu verhungern.

Für die meisten Tiere sind natürliche Feinde also eine immerwährende Bedrohung. Mit welchen Strategien kann man vermeiden, gefressen zu werden? Mir fallen vier Haupttypen ein: sich wehren (die Strategie des Büffels), Tarnung (Moorschneehuhn), weglaufen (Hase) und gepanzerte Verteidigung – die Strategie von Igeln und Schildkröten.[15] Dass Tiere sich mit körperlicher Gewalt wehren, ist selten. Büffeln kann eine aggressive Verteidigung gegen Löwen gelingen, wobei sie diese manchmal hoch in die Luft werfen.[16] Von Oryxantilopen weiß man, dass sie Löwen mit ihren schwertartigen Hörnern töten können. Insekten nutzen Gift und Stachel gegen Beutegreifer. Oder sie tarnen sich, und das in großem Umfang. Hier sind wir jedoch bei der Geschichte der Schildkröte, und deshalb möchte ich vor allem über gepanzerte Abwehr sprechen und sie der schnellen Flucht gegenüberstellen. Entscheidend ist, dass man nicht beides gut beherrschen kann, weshalb die natürliche Selektion diejenigen Individuen begünstigt, die eines von beidem wirklich gut können und keinen Versuch in der anderen Richtung unternehmen. Man kann Schildkröte oder Hase sein, aber nicht beides.

Ein Löwe bekommt seinen Teil ab.

»Geh auf einen anderen Springbock los, der nicht so hoch springen kann.«

Nun, prinzipiell hindert einen nichts daran, es trotzdem zu versuchen. Man würde aber in der Konkurrenz von Rivalen überflügelt, die das eine tun, was die Spezies bereits sehr gut kann. Im Fall des Hasen wäre es das schnelle Laufen. Ein mutierter Hase, bei dem die ersten Ansätze für eine Abwehrrüstung nach Art eines Schildkrötenpanzers heranwachsen würden, wäre konkurrierenden Hasen unterlegen, die ein klein wenig schneller laufen, weil sie nicht den Ballast eines noch unwirksamen, rudimentären Panzers mit sich herumschleppen müssten. Eine mutierte Schildkröte, die Ressourcen in den Versuch stecken würde, ein wenig schneller zu laufen als ihre durchschnittlichen Artgenossen, würde von konkurrierenden Schildkröten überflügelt, die diese Ressourcen für andere Zwecke aufwenden, beispielsweise für eine Verstärkung ihres Panzers.

Die Regel »Man kann nicht beides sein« trifft im Fall der Tarnung nicht unbedingt zu. Ein Hase könnte auf Tarnung vertrauen und unbeweglich stehen bleiben, bis der Räuber ihn bemerkt, um dann plötzlich umzuschalten und schnell wegzulaufen. Das funktioniert, weil zwischen Muskeln zum schnellen Laufen und einer hervorragenden Tarnfärbung keine physische Unverträglichkeit besteht. Im Fall des rudimentären Schildkrötenpanzers, dessen Gewicht das Laufen behindert, ist das anders. Allerdings könnte es beim Hasen eine Konkurrenz in Bezug auf das richtige Timing geben. Wenn man wartet, bis man vom Beutegreifer bemerkt wird, und erst dann die Tarnung aufgibt, könnte es zu spät sein. Dann schneiden Hasen, die sich ein wenig früher davonmachen, in der Konkurrenz besser ab. Wer aber andererseits zu früh den Schutz der Tarnung verlässt, wird unter Umständen von Rivalen überflügelt, die sich des Nutzens einer Tarnung erfreuen, ohne sich den größeren Gefahren der Flucht auszusetzen. Es besteht eine genau abgestimmte »Fluchtbeginn-Entfernung«, ein Optimum zwischen dem zu frühen und dem zu späten Aufgeben der Tarnung. Die feine »Abstimmung« findet natürlich nicht kognitiv im einzelnen Gehirn statt. Sie wird bei den Vorfahren von der natürlichen Selektion der Gene vorgenommen, die sich auf das Gehirn auswirken.

Ziemlich begeistert bin ich von der »Prellspring-Theorie« Amotz Zahavis (den wir in der Geschichte des Kolibris bereits mit seiner Handikap-Theorie kennengelernt haben). Als Prellspringen (auf Englisch auch »pronking« nach dem Afrikaans-Wort für »sich hervortun«) bezeichnet man spektakuläre senkrechte, bis zu zwei Meter hohe Sprünge, die von südafrikanischen Springböcken und mehreren anderen Antilopenarten vollzogen werden. Sie wurden als Warnsignal für andere Antilopen gedeutet. Oder auch schlicht als Zeichen für reine Lebensfreude. Ich glaube kein Wort davon. Ein Springbock, der Energie darauf verschwendet, zwei Meter hoch zu hüpfen, und das aus keinem anderen Grund als seiner Begeisterung, dass der Regen einsetzt, würde von konkurrierenden Artgenossen überflügelt, die ihre Energie für Gelegenheiten aufsparen, bei denen sie wirklich notwendig ist. Die Sprünge könnten eine Warnung für andere Springböcke sein, insbesondere für enge Verwandte. Ich stimme aber mit Zahavi darin überein, dass es sich mit größerer Wahrscheinlichkeit um eine Botschaft an Beutegreifer handelt: »Sieh nur, wie hoch ich springen kann. Geh besser auf eine andere Antilope los, die aus Schwäche oder Unfähigkeit nicht so hoch springt.« Wie ich nicht besonders betonen muss, nutze ich die Sprache einer bewussten Absicht nur, weil Sie und ich Menschen sind, die ein Bewusstsein haben und so denken. In Wirklichkeit hat die natürliche Selektion Springböcke mit der genetischen Neigung zum Hüpfen genau deshalb begünstigt, weil sie gleichzeitig auch Löwen mit einer genetischen Neigung, auf die Verfolgung hoch springender Antilopen zu verzichten, begünstigt hat.

Die allgemeine Lehre aus dieser Geschichte lautet: Beutetiere stehen unter Umständen weniger in Konkurrenz gegen den natürlichen Feind als gegen Konkurrenten um das Privileg, nicht gefressen zu werden. Das ist vermutlich die beste Erklärung dafür, dass Vögel, Fische und andere Tiere Schwärme bilden. Ein Falke kann nur einen Star auf einmal fangen. Je größer der Schwarm, desto geringer die Wahrscheinlichkeit, dass ein einzelner Vogel das Opfer wird, insbesondere wenn er darauf achtet, sich nicht am Rand des Schwarms aufzuhalten. Und auch wenn es ein Klischee ist, steckt eine gewisse Wahrheit in dem alten Witz über die beiden Wanderer, die von einem Bären bedroht werden:

> »Warum ziehst du dir denn die Laufschuhe an? Du kannst doch nicht schneller laufen als ein Bär!«
>
> »Ich muss nicht schneller laufen als der Bär. Ich muss nur schneller laufen als du!«

Ob Schildkröte oder Hase, ob Verkriechen oder Flüchten, die grausame Arithmetik ist die gleiche: Man überlebt, weil ein anderer nicht überlebt.

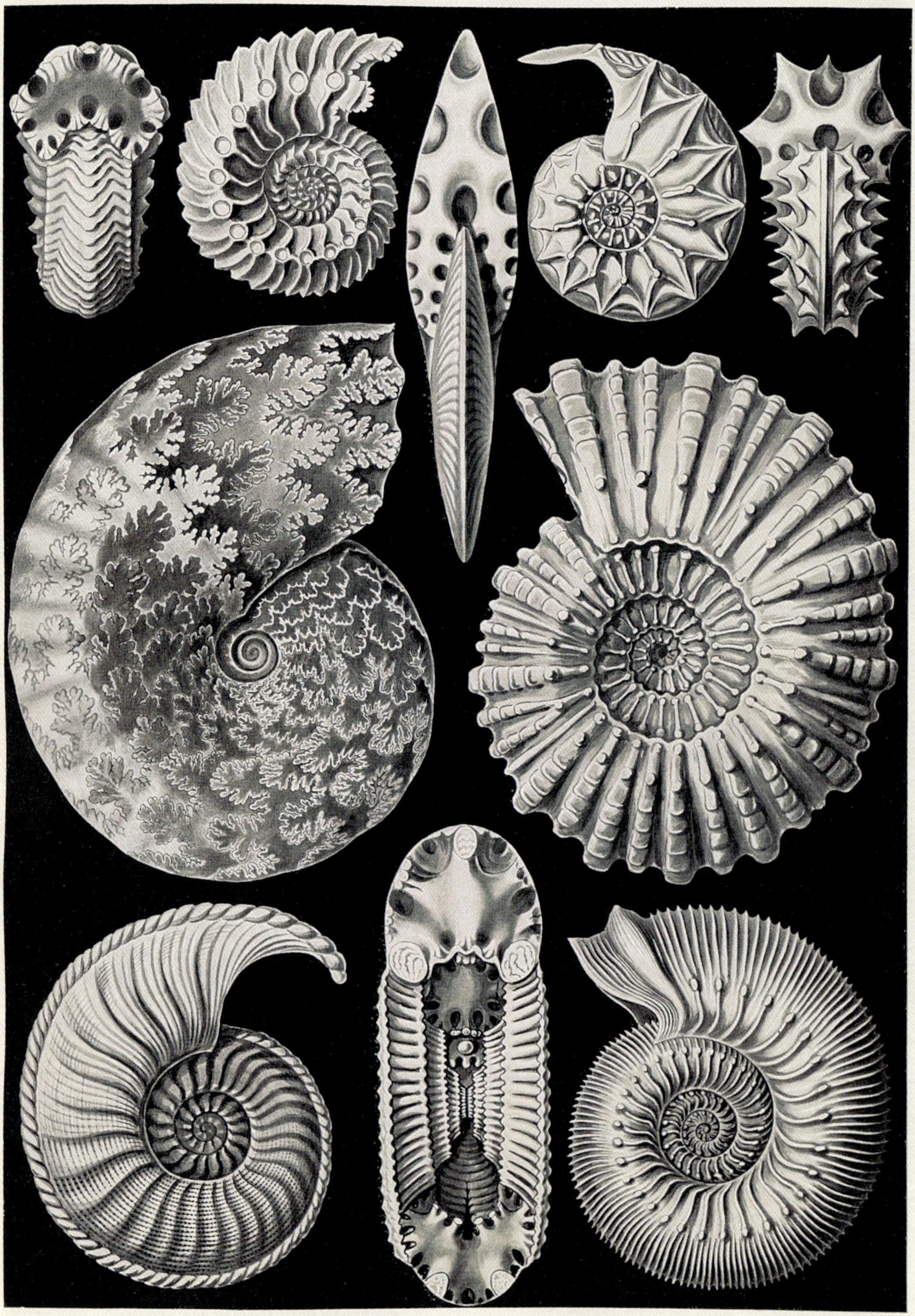

Ammonitida. — Ammonshörner.

36

DIE GESCHICHTE DES AMMONITEN

Der Zauber der Spirale

Ammoniten sind ausgestorbene Kopffüßer, Weichtiere, die im Meer gediehen, während die Dinosaurier das Land beherrschten. Sie starben zur gleichen Zeit wie die Dinosaurier endgültig aus: am Ende der Kreidezeit, als ein großer Asteroid mit einer Geschwindigkeit zwischen 10 000 und 100 000 Stundenkilometern auf der Erde einschlug und eine Energiemenge freisetzte, die mehreren Milliarden Hiroshimabomben entsprach. Er erzeugte einen kilometerhohen Tsunami, der um die ganze Welt wanderte, und dann folgten mehrere Jahre der Dunkelheit, in denen die normale Fotosynthese eine tödliche Pause einlegte. Es ist erstaunlich, dass überhaupt etwas überlebte, und dass die Ammoniten nicht dazugehörten, ist alles andere als verwunderlich.

Das größte bisher entdeckte Ammonitenfossil hat einen Durchmesser von 1,80 Metern, das kleinste ist einen Zentimeter groß. Wie man an Haeckels Bildtafel erkennt, ist ein Ammonit ein spiralförmig aufgewickeltes Rohr. Das Gleiche gilt für alle Weichtiere, die ein Gehäuse haben.

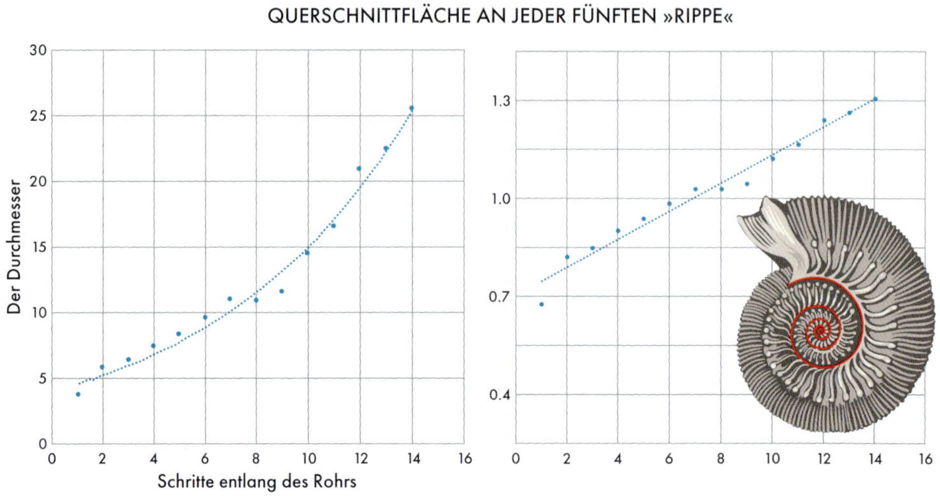

Jeder von uns war einmal ein Baby und ist nach und nach herangewachsen. Wir können keinen Teil unserer selbst im Spiegel betrachten und darin das Baby sehen, das wir einst waren. Ein Ammonit dagegen könnte genau das tun, zumindest was das Gehäuse betrifft. Das Gehäuse eines Ammoniten und eigentlich jedes Weichtiers wächst an seinem Rand, und zwar so, dass das kleinste Stückchen des ausgewachsenen Gehäuses (der Teil in der Mitte der Ammonitenschnecke) genau das Gehäuse des Babys ist. Der Ammonit könnte den zweitkleinsten Teil seines Gehäuses betrachten und würde genau erfahren, wie er aussah, als er ein wenig älter war. Das nächste Stückchen der Spirale war er im Teenageralter. Und so weiter.

Das Rohr des Gehäuses wächst in Form einer Spirale. In der Mathematik kennt man verschiedene Typen von Spiralen. Eine archimedische Spirale gleicht dem säuberlich aufgewundenen Seil auf dem Deck eines Schiffes. Das Seil hat einen festgelegten Durchmesser. Die Querschnittsfläche der Ammonitenröhre dagegen ist nicht festgelegt. Die Gehäuse aller Weichtiere haben die Form einer logarithmischen Spirale. Die Röhre erweitert sich nach einem mathematischen Gesetz mit ihrer Länge. Wenn man vom Mittelpunkt aus entlang der Spiralröhre gleich lange Schritte zurücklegt, ist jeder neue Durchmesser der vorherige Durchmesser, multipliziert mit einer Konstante. Ich habe zu Beginn dieser Geschichte den Ammoniten aus der rechten unteren Ecke von Haeckels Bildtafel genommen und die Querschnitte der Röhre in festgelegten Abständen (an jeder fünften »Rippe«) gemessen, wobei ich von dem kleinen Anfang in der Mitte ausgegangen und der Spirale dann nach außen gefolgt bin. Das Diagramm auf der gegenüberliegenden Seite zeigt, wie der Durchmesser entsprechend einer aufwärts gerichteten Kurve wächst. Die durchgezogene Linie passt mathematisch am besten zu den Punkten in der Grafik und geht davon aus, dass es sich um eine logarithmische Spirale handelt. Eine gerade Linie auf einer logarithmischen Skala deutet auf eine logarithmische Spirale hin (siehe die Grafik rechts auf der gegenüberliegenden Seite).

Die am besten passende logarithmische Spirale habe ich in Rot über Haeckels Ammonit eingezeichnet. Wichtig ist dabei, dass die vorletzte Windung in die äußere hineinläuft. Was man nicht sieht: Das Gleiche gilt für das gesamte Rohr. Aus jeder Windung wird durch die nächsthöhere in der Größenhierarchie ein Stückchen herausgenommen. Auf dieses Thema des Hineingreifens werde ich noch zurückkommen.

Nachdem ich ihn in diesen Geschichten schon mehrfach erwähnt habe, verwundert es vielleicht nicht, dass D'Arcy Thompson ein Faible für solche Gehäuse hatte und in ihrer geometrischen Präzision schwelgte. Weiter verfolgt wurde das Thema in den 1960er Jahren von David Raup (1933–2015). Er unterschied zwischen drei einfachen Messwerten, die das Gehäuse jedes Weichtiers kennzeichnen. Ich möchte sie im Einzelnen beschreiben und bediene mich dazu einprägsamer Namen anstelle von Raups algebraischen Symbolen.

1. *Weit.* Dies ist das gerade erörterte Tempo, mit dem das Rohr sich erweitert – die Steigung der Geraden auf einer logarithmischen Skala. Bei Ammoniten ist *weit* typischerweise ziemlich gering, das heißt, das Rohr kann mehrere Windungen beschreiben, bevor es sich vollständig öffnet, und ist als Spirale zu erkennen. Unten habe ich für drei Ammonitenarten die Zunahme des Rohrquerschnitts für gleich große Schritte von 45 Grad entlang der Spirale aufgezeichnet. Die Einheiten sind willkürlich, deshalb habe ich sie nicht bezeichnet. Nicht willkürlich ist dagegen die Steigung der drei Geraden. Sie lassen sich direkt miteinander vergleichen. Die horizontale Achse gibt gleiche Schritte von jeweils 45 Grad entlang der Spirale wieder. Die vertikale Achse zeigt den Logarithmus des Rohrdurchmessers zur Basis 10. Die durch die Punkte gelegten Geraden sind diejenigen, die nach Computerberechnung am besten passen. Bei Haeckels Ammonit *Stephanoceras* (grüne Punkte) erweitert sich das Rohr schneller als bei *Dactylioceras* (rote Punkte). Die Steigung ist für *Dactylioceras* fast genau 2/3 der

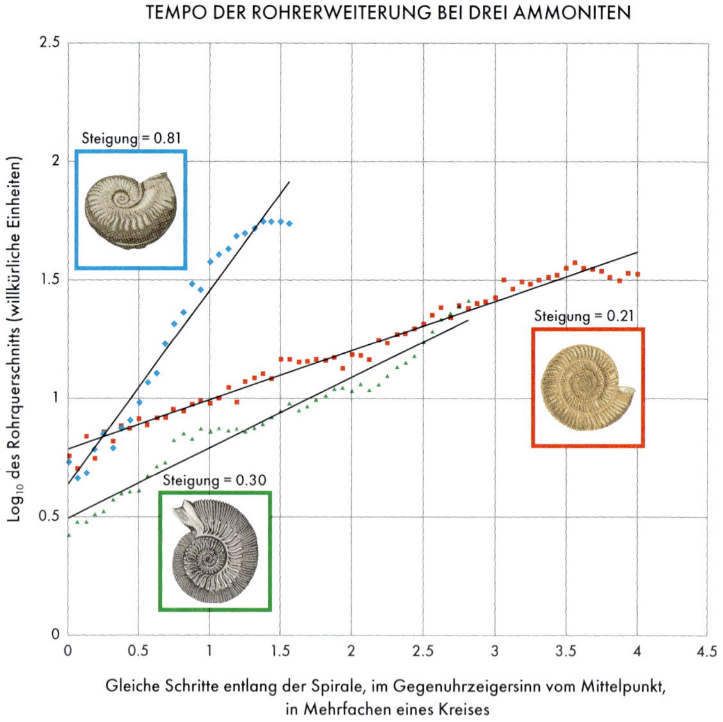

von *Stephanoceras*, das heißt, das Rohr erweitert sich mit zwei Dritteln der Geschwindigkeit. Die Erweiterung des dritten Ammoniten *Eleganticeras elegantulum* (blaue Punkte) ist viel größer.

Gehäuse von Spirula

2. *Wurm.* Kurzbezeichnung für »Wurmförmigkeit«. Was das bedeutet, kann ich an *Spirula* erläutern, einem ungewöhnlichen, krakenähnlichen Weichtier aus der Gruppe der Kopffüßer. Die meisten heute lebenden Kopffüßer haben ihr Gehäuse verloren, aber bei *Spirula* ist ein inneres Gehäuse im Hinterende des Körpers verborgen. Das *Spirula*-Gehäuse ist wie bei allen Weichtieren aufgewunden, aber jede einzelne Windung läuft nicht in die nächste hinein, sondern ist deutlich von ihr getrennt. Das Ganze sieht mehr nach einem Wurm als nach einem Gehäuse aus – es ist stärker »wurmförmig«. *Wurm* ist ein Maß für die »Lückenhaftigkeit« oder »Wurmähnlichkeit« der Spirale. Ein *wurm*-Wert von 0,7 bedeutet, dass der Abstand vom Mittelpunkt der Spirale zur Innenkante jeder Windung 70 Prozent des Abstandes zur Außenkante beträgt. Bei einem *wurm* von 0,99 ist das Rohr verschwindend dünn und wirklich sehr wurmförmig.

Für jeden Wert von *weit* gibt es einen Schwellenwert von *wurm*, der genau für die richtige Passform sorgt. Liegt *wurm* unter diesem kritischen Wert, beobachten wir das zuvor beschriebene »Hineinlaufen«. Bei Ammoniten wird durch das Hineinlaufen in der Regel ein Stückchen aus der gesamten Länge des Rohres ausgeschnitten. Bei manchen Weichtieren jedoch (in der Regel aber nicht bei Ammoniten) kann das Rohr dem Hineinlaufen entgehen: Das Ausschneiden wird durch einen hübschen Schritt zur Seite vermieden. Damit meine ich wirklich einen Schritt zur Seite. An dieser Stelle kommt *spira* ins Spiel, die dritte entscheidende Zahl.

3. *Spira*. Bei vielen Weichtieren ist jede Windung gegenüber der vorherigen ein Stück aus der Ebene seitwärts verschoben. Spira ist das Tempo, mit dem sie sich so verschiebt. Bei typischen Ammoniten ist *spira* gleich null, also ziehen wir hier eine Schnecke – die zutreffend benannte *Turritella* – heran, um einen hohen Wert von *spira* zu verdeutlichen. Weinbergschnecken haben einen mittleren *spira*-Wert. Nicht alle Gehäuse von Weichtieren sehen aus wie spiralförmige Röhren. Napfschnecken, Kaurischnecken und Seeohren haben einen sehr hohen *weit*-Wert, sodass die »Spirale« nur den Bruchteil einer Windung vollzieht und sich dann öffnet, statt sich fortzusetzen. Man könnte sagen: Der Rest der Spirale erweitert sich ins Nichts des imaginären mathematischen Raumes. An der Amerikanischen Pantoffelschnecke *Crepidula fornicata* sind noch Spuren der grundlegenden Spirale zu erkennen. Wie kommt es übrigens zu dem Namen? Das lateinische *crepida* bedeutet »Pantoffel«, und das Suffix »ula« ist die lateinische Verkleinerungsform, *Crepidula* heißt also »Pantöffelchen«. Und *fornicata*? Nun, woher der Name kommt, weiß ich nicht genau, aber ich kann etwas über ihr Sexualleben erzählen. Diese Schnecken sind konsekutive Hermaphroditen: Sie sind anfangs Männchen und verwandeln sich, wenn sie älter und größer werden, in Weibchen. Das allein ist nicht allzu ungewöhnlich. Konsekutiver Hermaphroditismus taucht im Tierreich hin und wieder auf. Ungewöhnlich ist, dass die Pantoffelschnecken gern in Stapeln leben. Wo sich gewöhnliche Napfschnecken an einen Felsen heften, heften sich Pantoffelschnecken aneinander. Häufig findet man Stapel aus einem Dutzend Pantoffelschnecken, die übereinander aufgetürmt sind. Ganz unten sitzen die größten und ältesten Schnecken, also Weibchen. Die kleineren und jüngeren Männchen findet man eher oben im Stapel. Die Schnecken in der Mitte sind meist gerade dabei, sich von

Turritella

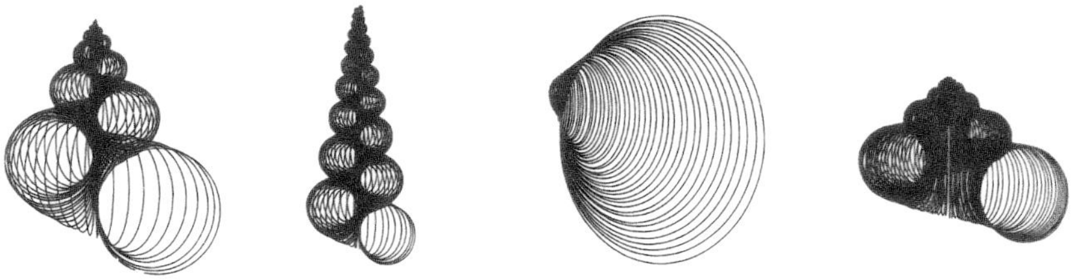

weit = 2, wurm = 0, spira = 3 — weit = 1.3, wurm = 0, spira = 8.2 — weit = 1000, wurm = 0, spira = 0,5 — weit = 2, wurm = 0.25, spira = 1.5

Männchen in Weibchen zu verwandeln. Männliche Pantoffelschnecken haben einen besonders langen Penis. Manche Autoren beteuern, er werde genutzt, um die Weibchen weiter unten im Stapel zu erreichen, aber mir ist es nicht gelungen, dies zu bestätigen.

Ein weiteres Weichtier, bei dem *weit* so groß ist, dass man in ihm kaum eine Röhre erkennt, ist die bei Feinschmeckern als Abalonemuschel bekannte *Haliotis*. Tatsächlich ist sie auch keine Röhre, außer in dem mathematischen Sinn, dass das gleiche mathematische Gesetz über ihre Form bestimmt, nur mit dem Unterschied, dass *weit* sehr groß ist. Sie ist eine aus den Fugen geratene Röhre. Selbst wenn man den »Knochen« eines Tintenfisches genau betrachtet, kann man in ihm eine abgeflachte Röhre mit einem sehr hohen *weit*-Wert erkennen. Ich sehe darin in meiner Fantasie (vielleicht mit ein wenig zu viel Fantasie) ein Ammonitengehäuse, das unter eine Dampfwalze geraten ist.

Die drei Zahlen *weit*, *wurm* und *spira* reichen also aus, um die Gesamtform jedes Weichtiergehäuses zu beschreiben.

Der berühmte Artikel von Raup erschien 1966, und die einzigen damals verfügbaren Computer waren Großrechner, die man mit Informationen in Form von Lochkarten (in Amerika) oder Papierstreifen (in Großbritannien) fütterte. Als ich 20 Jahre später eine Phase der Programmiersucht durchmachte und Personal Computer zur Verfügung standen, programmierte ich Simulationen von Gehäusen, wobei ich *weit, wurm* und *spira* systematisch veränderte. Auf Seite 359 zeige ich beispielhaft vier Exemplare mit unterschiedlichen Kombinationen der drei Zahlen. Dabei fällt auf, dass sie aus Kreisen oder Ellipsen zusammengesetzt sind, die die Erweiterung der Röhre während des Wachstums darstellen. Man kann sich die Simulationen als eine Art Röntgenbilder vorstellen. Außerdem programmierte ich einen anderen Blickwinkel – eine Profilansicht, auf die ich gleich zurückkommen werde.

Mittlerweile dürfte aufgefallen sein, welche schöne Folgerung sich daraus ergibt, dass die Röhrenform eines Weichtiergehäuses durch nur drei Variablen definiert wird. Wir können alle denkbaren Weichtiere als Punkte in einem Würfel darstellen, dessen drei Dimensionen *weit, wurm* und *spira* entsprechen. Genau das tat Raup.[17] Er bevölkerte seinen Würfel mit Beispielen echter Gehäuse, die jeweils an ihrem passenden Platz untergebracht waren. Dann unterlegte er die relativ kleinen Bereiche, in denen tatsächliche Gehäuse gedeihen, mit grauer Farbe. Der größte Teil des Würfels blieb leer, ein mathematisches Ödland, in dem kein reales Tier überleben kann.

Unten erkennt man die Profilansicht computergenerierter Gehäuse in meiner Grafik, in der *wurm* gegen *weit* aufgetragen ist.

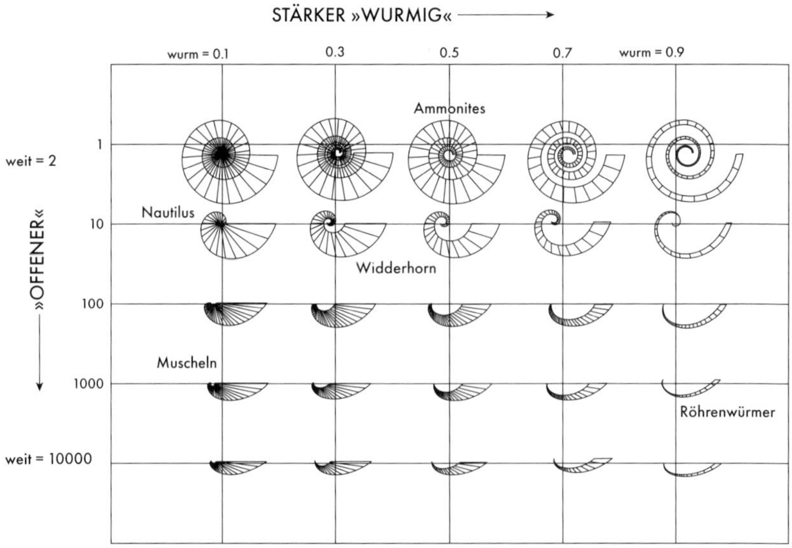

Oben links, bei niedrigen Werten von *wurm* und *weit*, liegen die Ammoniten. Gehen wir links weiter nach unten, nimmt *weit* von eins (Ammonit) bis 10 000 (Muschel) zu. Es handelt sich um eine logarithmische Achse (jeder Schritt nach unten auf der Seite stellt eine Multiplikation mit dem Faktor zehn dar); das muss so sein, ansonsten müsste die Buchseite 100 Meter hoch werden. Wenn wir am oberen Ende des Diagramms von links nach rechts wandern (dieses Mal ist es eine einfache lineare Skala), bewegen wir uns von den Ammoniten zu Würmern. Amüsanterweise stoßen wir irgendwo nicht weit von der Mitte des Diagramms auch auf das Horn eines Widders.

Ich habe gesagt, Ammoniten hätten einen *spira*-Wert von 0 – ihre Windungen liegen alle in einer Ebene. Für die Mehrzahl der Ammoniten stimmt das. Es gibt aber einige, die sich die Freiheit genommen haben, in der *spira*-Dimension auf Entdeckungsreise zu gehen. Die Turrilitidae sind Ammoniten, die *Turritella* ähnelten (siehe Seite 358). Andere haben *wurm* verstärkt und bewohnten »lückenhafte« Gehäuse, die wie eine stark vergrößerte *Spirula* aussahen (siehe Seite 357), allerdings mit dem wichtigen Unterschied, dass das Gehäuse von *Spirula* sich im Körperinneren versteckt. Diese Ammoniten lebten in ihren lückenhaften Gehäusen. Wieder andere waren offenbar völlig aus Raups Würfel ausgebrochen. Das Bild oben auf dieser Seite zeigt einen Friedhof heteromorpher Ammoniten, wie ihr Entdecker Wolfgang Grulke sie nannte.

Es sieht so aus, als wären sie zu Beginn ihres Lebens mathematisch orthodoxe Bewohner der Würfelwelt gewesen, die dann, in irgendeiner Phase ihrer Entwicklung, dagegen aufbegehrten. Ich muss zugeben, dass ich keine Ahnung habe, wie manche von ihnen ihr Leben fristeten.

Friedhof seltsamer Ammoniten, ausgebrochen aus Raups Würfel

Prosobranchia. — Vorderkiemen-Schnecken.

37

DIE GESCHICHTE DER SCHNECKE

Spuren im Morphospace

Die Klasse der Schnecken und verwandter Weichtiere wird auch als Gastropoda bezeichnet. Wie die Gehäuse aller Weichtiere, so sind auch die der Schnecken spiralförmige Röhren, die in Raups Würfel liegen (im Gegensatz zu der Mehrzahl meiner Geschichten, die man auch eigenständig lesen kann, setzt diese die Lektüre der vorherigen voraus). Wie man an Haeckels Abbildung sieht, ist die Formulierung »spiralförmige Röhren« zwar mathematisch zufriedenstellend, wird der Form aber nicht immer gerecht. Viele Gehäuse tragen auf ihrer Außenseite Stacheln und andere Auswüchse. Die Stegosaurus-ähnlichen Dreiecke, die aus *Astralium* unten in Haeckels Bild ragen, die Nadelreihen auf dem Gehäuse von *Murex* (links in der Mitte) und der achtstrahlige Stern von *Calcar* (oben in der Mitte) dienen vermutlich dem Schutz gegen natürliche Feinde. Die Röhre selbst ist nach wie vor eindeutig raupisch. Die Stacheln sind oberflächliche Zugaben.

Kehren wir zu dem Würfel zurück: In seinem mathematischen Raum ist jedes Gehäuse von anderen umgeben, die ihm ähnlich sehen. Seine Nachbarn haben die gleichen Werte von *weit*, *wurm* und *spira* plus oder minus einen kleinen Betrag. Evolution ist ein langsamer Spaziergang durch das Innere des Würfels. Ein Evolutionsverlauf ist ein Weg durch den Würfel, der zum Teil vom Zufall bestimmt und zum Teil von der natürlichen Selektion gelenkt wird. Ich habe mein Modell so angepasst, dass es die Evolution durch künstliche Selektion ermöglicht, die selektive Kreuzung, wie ich sie in der Geschichte von Darwins Tauben erörtert habe. Dabei stieß ich auf neun computergenerierte Schnecken (oder Ammoniten und so weiter), die sich alle sehr ähnlich sahen, weil sie in dem Würfel eng benachbart waren. Wenn man auf eine beliebige der neun Schnecken klickt, »sterben« die anderen acht (das heißt, sie verschwinden vom Bildschirm), und die ausgewählte Form schiebt sich in die Mitte, wo sie zum Vorläufer der nächsten (ungeschlechtlichen) Generation wird.[18] Man kann stundenlang durch den Raup-Würfel wandern, und »wandern« bedeutet dabei etwas, was so ganz ähnlich auch in der Evolution stattfindet: Es ist ein Gang, der Schritt für Schritt durch den morphologischen Raum führt. Das Modell geht davon aus, dass nur drei Gene (Allele) über die Lage eines Gehäuses in dem Würfel bestimmen, nämlich die Gene für *weit, wurm* und *spira*. Jedes dieser drei Gene hat einen Zahlenwert. Auf dem Weg der Evolution durch den Würfel addieren oder subtrahieren wir auf jedem Schritt bei einem dieser drei Werte einen kleinen Betrag.

Die Röhre muss im Querschnitt nicht unbedingt kreisförmig sein. Sehr häufig kommt auch die Tropfenform vor.

Bisher habe ich unterstellt, dass das Rohr eines wachsenden Weichtiers einen kreisförmigen Querschnitt hat. Raups Würfelwerte *weit, wurm* und *spira* lassen die Form des Rohrquerschnitts außer Acht oder gehen davon aus, dass es sich um einen

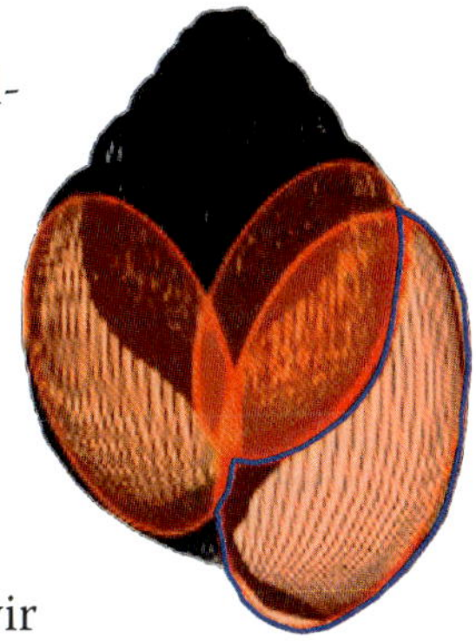

Elliptisches Rohr mit »Eingriff«

Kreis handelt. Ein Kreis ist aber ein Sonderfall einer Ellipse. Er ist eine Ellipse mit der Exzentrizität null. Wie sieht die Sache aus, wenn bei einem Weichtier ein Rohr mit ei- oder gar zigarrenförmigem Querschnitt wächst? Dann müssen wir einfach zu den drei Genen ein viertes hinzunehmen, ein zusätzliches Gen, dessen Zahlenwert die Exzentrizität des elliptischen Querschnitts festlegt. Diese vierte Dimension bringen wir in einem sichtbaren Würfel nicht mehr unter, aber dass wir einen Hyperwürfel mit vier Dimensionen brauchen, hat nichts Geheimnisvolles. Wir stellen uns einfach eine Reihe von Raup-Würfeln vor, die sich in die Ferne erstreckt, wobei jeder Würfel einem Röhrenquerschnitt mit quantitativ veränderter Exzentrizität der Ellipse entspricht. Der Kreis ist ein Sonderfall am runden Ende der Anordnung. Auf die gleiche Weise können wir eine fünfte Dimension hinzufügen, die dem Winkel der Ellipse entspricht. Wenn wir in unserem Modell der künstlichen Selektion wählen, welches Gehäuse wir für die Zucht verwenden, dürfen alle fünf Allele sich verändern. Jetzt ist unsere Evolution ein Spaziergang durch den fünfdimensionalen Raum, aber wie ich schon sagte: Daran ist nichts Geheimnisvolles.

Manche Gehäuse haben einen Rohrquerschnitt, der eindeutig nicht elliptisch aussieht, sondern eher wie ein Tropfen (siehe das Bild auf Seite 364). Vergessen wir aber nicht das »Hineingreifen«, von dem in der Geschichte des Ammoniten die Rede war: Dort wurde aus einem kreisförmigen (oder elliptischen) Rohr ein Stückchen »herausgebissen«. Wie sich herausstellt, lässt sich die Tropfenform sehr leicht erzeugen, wenn ein »Biss« in ein elliptisches Rohr hineingreift. Am besten zeigt man dies an einem computergenerierten Gehäuse mit elliptischem Rohrquerschnitt (siehe das Bild oben auf dieser Seite). Die orangefarbenen Ellipsen haben eine Exzentrizität von ungefähr 0,8 und sind damit schlanker als ein Hühnerei. Was man leicht erkennt: Wenn die vorherige elliptische Windung in die nächste hineingreift und wir die hineingreifende Ellipse von der, in die hineingegriffen wird, subtrahieren, ist der Rest (hier blau umrandet) tropfenförmig und ähnelt stark dem echten Gehäuse. Mit anderen Worten: In unserem fünfdimensionalen Hyperwürfel lässt sich durch das »Hineingreifen« auch ein tropfenförmiger Querschnitt leicht unterbringen.

Dennoch stimmt es, dass die Form des Rohrquerschnitts mancher Molluskenarten nicht ohne weiteres in den fünfdimensionalen Hyperwürfel passt. Das Rohr der Japanischen Wunderschnecke *Thatcheria mirabilis* hat einen Querschnitt, der keine Ellipse und noch nicht einmal eine Ellipse mit Eingriff ist. In solchen Fällen habe ich mich damit begnügt, Querschnitte mit der Hand zu zeichnen und sie in mein Gehäuseerzeugungsprogramm einzugeben. Wenn die sich erweiternde Spirale immer wieder ihre Runden dreht, ist die Form, die dabei ausgegeben wird, ein wenig komplizierter als ein Kreis oder eine Ellipse. Die Abbildung auf Seite 367 zeigt einige simulierte Gehäuse mit ihren echten Entsprechungen. Besonders bemerkenswert ist, dass das Spiralrohrprogramm auch für die Gerade Scheidenmuschel funktioniert, die ihren englischen Namen *Razor shell* der Tatsache verdankt, dass sie wie ein Rasiermesser aussieht, obwohl man sich mit ihr weder rasieren noch die Kehle durchschneiden kann. Ich hätte nie gedacht, dass sich die Form eines Rasiermessers so leicht in ein spiralförmiges Rohr übersetzen lässt.

Wie ich bereits erwähnt habe, bemerkte Raup, dass große Abschnitte des Würfels leer waren und im realen Leben nicht besetzt sind: »Hier sind die Drachen«, Domänen aus mathematisch vorstellbaren, in der Praxis aber nicht existierenden Gehäusen. Warum exis-

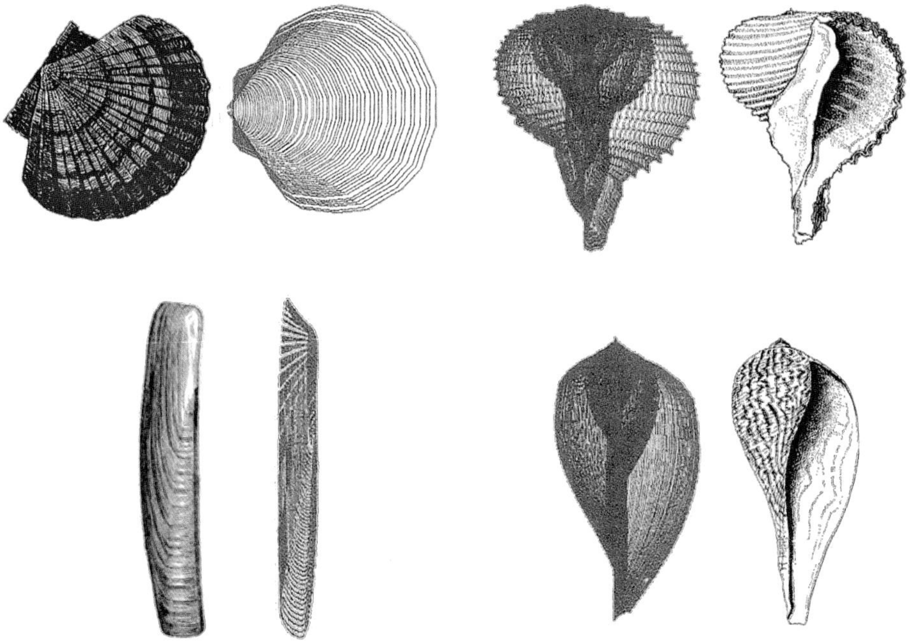

tieren sie nicht? Vermutlich, weil die natürliche Selektion Individuen bestraft, die Ausflüge in das Ödland des Würfels unternehmen. Es könnte aber auch daran liegen, dass die notwendigen Mutationen sich nicht ereignet haben. Ich glaube das nicht, aber andere, die in den Geschichten der Eidechse, der Antilope und des Strahlentierchens zitiert wurden, könnten dieser Ansicht sein.

Betrachten wir einmal unten rechts auf der nächsten Seite die Westindische Turmschnecke *Vermicularia.* Sie ist kein Wurm, sondern eine Schnecke. Eine echte Schnecke, die wirklich lebt. Offensichtlich haben sich die notwendigen Mutationen abgespielt. Und offensichtlich begünstigt irgendein Aspekt ihrer Lebensweise ein wurmförmiges Gehäuse. Das Ödland war also doch nicht so öde! *Vermicularia* erhält man, wenn man ein Gehäuse wie *Turritella* nimmt und am *spira*-Knopf dreht. Oder vielmehr, wenn die natürliche

Selektion am *spira*-Knopf dreht. Wenn wir das spitze Ende genau betrachten, so fällt auf, dass das Gehäuse anfangs auf herkömmliche *Turritella*-Weise begonnen hat. Nach acht Windungen einer herkömmlichen *Turritella*-artigen Spirale ist ihr Wachstumsmuster offensichtlich entgleist. Es ist in die wildeste verdrehte Wildnis abgewandert, hat aber dennoch überlebt und ist so groß geworden, dass man es fotografieren konnte. Wie fristet die Schnecke ihr Leben? Nun, man könnte sie fälschlich für eine Vertreterin einer Gruppe der Serpulidae halten, Ringelwürmern, die in Röhren leben und ihre Nahrung durch Filtrieren gewinnen. Und ja, auch *Vermicularia* filtriert – die Kiemen dienen als Filter.

Spiralförmige Gehäuse können entweder rechts- oder linksgedreht sein. Die der meisten Weichtiere drehen sich nach rechts. Wenn man eine Schnecke so betrachtet, dass die Spitze des Gehäuses oben ist und die Öffnung zu einem hinzeigt, liegt Letztere auf der rechten Seite. Es gibt aber auch eine Spezies linksgedrehter Schnecken: die Spindelschnecke *Neptunea contraria*. Bei der auf den Pazifikinseln heimischen Landschnecke *Partula suturalis* sind manche Populationen links-, andere rechtsgedreht, und wieder andere sind gemischt. Die Drehrichtung steht bei dieser Spezies unter genetischer Kontrolle. Als man Individuen einer rechtsgedrehten Population im Experiment mit solchen aus einer linksgedrehten Population kreuzte, hatten die Nachkommen stets die gleiche Drehrichtung wie die »Mutter«. Die Anführungszeichen sind notwendig, weil es sich bei diesen Tieren um Hermaphroditen handelt. Die »Mutter« ist der Elternteil, der bei der jeweiligen Gelegenheit nicht die Samen-, sondern die Eizelle beigesteuert hat. Die Drehrichtung wird genetisch gesteuert, und die Linksdrehung ist dominant. Der genetische Effekt wird aber um eine Generation verzögert. Der Genotyp einer »Mutter« bestimmt nicht über de-

Westindische Turmschnecke

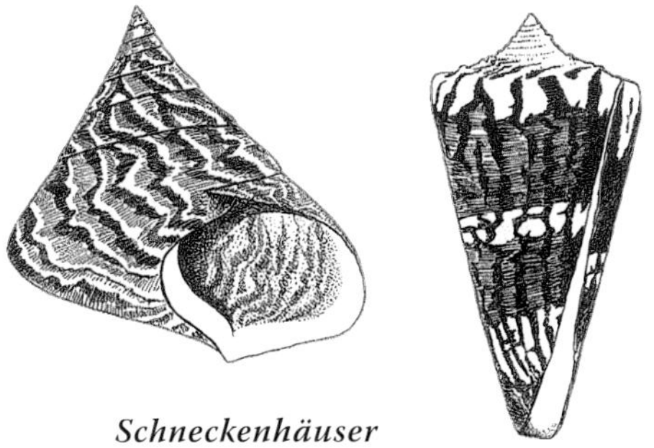

Schneckenhäuser

ren *eigene* Drehung, sondern über die ihrer Nachkommen. Nachdem diese seltsame Information aus dem Weg geräumt ist, kehre ich zu Raups Würfel zurück.

Oben auf dieser Seite sieht man zwei Schneckenhäuser, die es so wirklich gibt. Man beachte ihre Spitzen auf der Oberseite. Man findet sie nirgendwo im Raup-Würfel, und doch scheinen sie einer Art Gesetzmäßigkeit zu unterliegen. Um was für eine Gesetzmäßigkeit es sich dabei handelt, lässt sich mit meinem Computermodell herausfinden. Die zwei computergenerierten Gehäuse auf der nächsten Seite laufen genauso spitz zu wie die beiden echten Formen oben. Sie wurden mit einem anfangs hohen *spira* programmiert, das im Laufe ihrer Entwicklung systematisch abnahm. Nach meiner Überzeugung ist genau das der Werdegang von *Maureus tigris* und *Conus generalis.* Wir sind daran gewöhnt, uns in evolutionären Zeiträumen in einen anderen Teil von Raups Würfel zu bewegen. In diesen beiden Fällen jedoch wandern die Weichtiere während ihres eigenen Lebens, während ihrer eigenen körperlichen Entwicklung in einen anderen Teil des Würfels.

Die Gehäuse der Weichtiere sind ein Sonderfall. Von Gehäusen abgesehen, lässt sich die Morphologie von Tieren meist nicht auf einen dreidimensionalen Würfel und noch nicht einmal auf einen fünfdimensionalen Hyperwürfel beschränken. Aber genau wie wir die vierte und fünfte Dimension auf unserem Rundgang für die Weichtiergehäuse dazugenommen haben, gibt es im Prinzip keinen Grund, warum wir das Gleiche nicht auch bei anderen Tiergruppen tun und dabei in immer höhere Dimensionen vordringen sollten. Säugetierschädel passen nicht fein säuberlich in einen Würfel und noch nicht

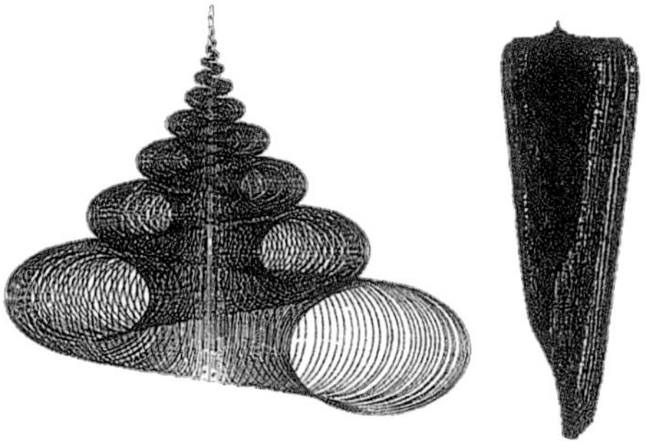

Meine computer-generierten Gehäuse

einmal in einen fünfdimensionalen Hyperwürfel. Die Form des menschlichen Gesichts entsteht jedoch im Wesentlichen durch unterschiedliche Wachstumsgeschwindigkeiten verschiedener Knochen zu verschiedenen Zeiten während der Entwicklung. Das Wachstum selbst wiederum steht wie alles in der Biologie unter dem Einfluss der Gene. Ein bekanntes Beispiel ist der Habsburger Unterkiefer, der in Europa viele königliche Gesichter entstellte. Die Schnecken sind nur ein besonders einfacher Sonderfall.

D'Arcy Thompson, der uns in diesen Geschichten schon mehrmals begegnet ist, fand großes Gefallen an der präzisen Geometrie der Gehäuse und an der mathematisch damit verwandten Windung von Hörnern. Am berühmtesten in seinem Werk *Growth and Form* ist jedoch das letzte Kapitel »über die Theorie der Umwandlungen«. Seine Feststellung: Wenn man eine bestimmte biologische Form wie beispielsweise den Fisch links oben in der Abbildung auf Seite 371 nimmt und ihn in gewöhnliche rechtwinklige Koordinaten einzeichnet, kann man ihn einfach dadurch in eine verwandte Form wie den Fisch rechts daneben verwandeln, dass man an dem Koordinatensystem eine mathematische Transformation vornimmt. In dem Fall oben handelt es sich bei der Transformation um den Wechsel vom Rechteck zum Parallelogramm. Es ist, als würde man den ersten Fisch auf ein Gummituch zeichnen, das in einem rechtwinkligen Rahmen aufgespannt ist, und diesen dann zu einem Parallelogramm verbiegen.

An dieser Methode fallen mehrere Dinge auf. Erstens sagt sie nichts darüber, ob einer der Fische in der Evolution vom anderen

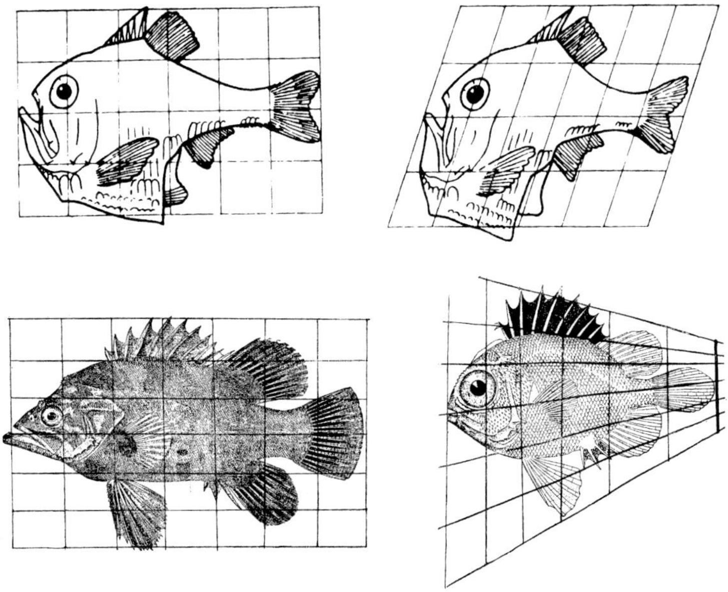

D'Arcy Thompsons Transformationen

abstammt. Dennoch scheint uns die Transformationsmethode mehr als bloß triviale Aufschlüsse über die Evolution beider Fische von ihrem gemeinsamen Vorfahren zu liefern. Zweitens ist die Übereinstimmung des zweiten Fisches mit dem transformierten ersten nur eine grobe Annäherung. Im Detail wird sie sich nur selten als genau erweisen. Thompson tat es jedenfalls mit Augenmaß. Was er mit einem modernen Computer erreicht hätte, können wir uns kaum vorstellen. Drittens ist es willkürlich, welches Tier man in die rechtwinkligen Koordinaten einzeichnet und welches die verzerrte Form ist. Er hätte ebenso gut den zweiten Fisch als Ausgangspunkt und den ersten als Transformation wählen können.

Ohnehin ist die Transformation in der Regel nicht so einfach wie der Wechsel vom Rechteck zum Parallelogramm. Bei dem zweiten

Paar Fische wird das »Gummituch« vom Rechteck zum Trapez verformt. Aber auch das lässt sich mathematisch festlegen. D'Arcy Thompsons Transformationen stellen keinen evolutionären Wandel dar. Unabhängig davon funktioniert die Methode nur mit verwandten Tieren, deren Körperteile von den gleichen Teilen eines gemeinsamen Vorfahren abstammen. Man kann mit ihr beispielsweise keine Schere eines Hummers in den Arm eines Menschen verwandeln. Zwar haben auch Hummer und Mensch einen gemeinsamen Vorfahren, aber dieser besaß keine Extremität, deren Teile den gleichen Teilen bei Mensch und Hummer entsprochen hätten. Der Fachausdruck lautet »Homologie«. Die Schere des Hummers ist nicht homolog zum menschlichen Arm.

Ein Fledermausflügel dagegen ist homolog zur Hand eines Menschen. Es muss möglich sein, eine Transformation zu entwickeln, mit der das eine, auf ein Gummituch gezeichnet, sich durch eine Dehnung des Gummis in das andere verwandeln lässt. Ich wüsste nicht, wie man es bewerkstelligen kann, und nach meiner Vermutung würde sich die Transformation als so komplex erweisen, dass sie den ganzen Gedanken zum Gespött macht. Je enger zwei Tiere verwandt sind, desto eher wird sich D'Arcy Thompsons Methode als machbar erweisen. Etwas Ähnliches, so glaube ich, könnte man auch mit der ökologischen Lebensweise verwandter Tiere machen. Ist ein Eichhörnchen nicht in einem gewissen Sinn eine Ratte, die sich in einer mathematischen Dimension der »Baumrealität« über eine gewisse Entfernung weiterbewegt hat? Solche Themen fallen einem ganz von selbst ein, wenn man mit Schnecken und ihrem *weit, wurm* und *spira* anfängt und dann in mathematische Räume mit mehr als drei Dimensionen vordringt.

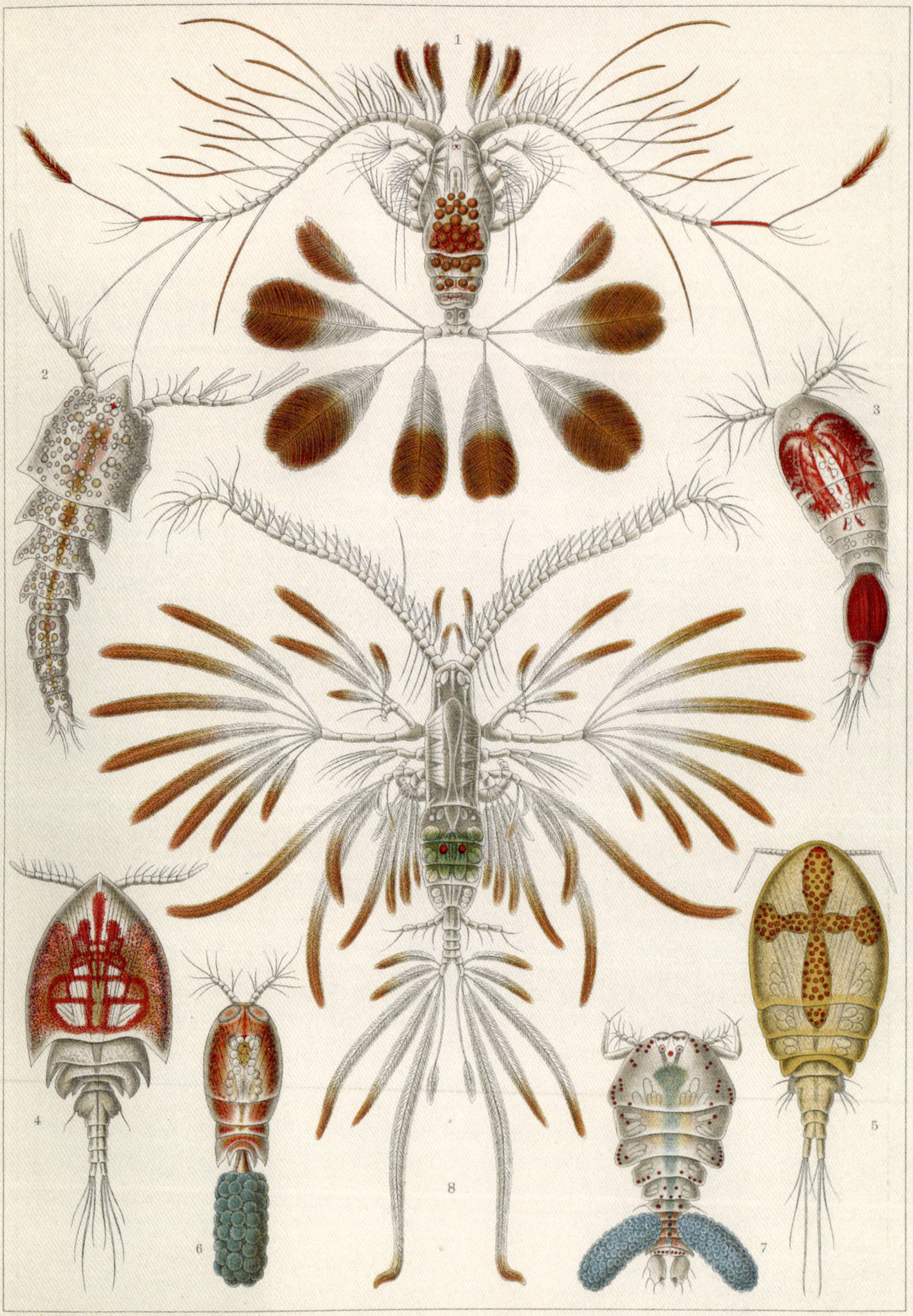

Copepoda. — Ruderkrebse.

38

DIE GESCHICHTE DES RUDERFUSSKREBSES

Hauptbestandteil des Planktons

Dass Haeckels wunderschönes Bild von Ruderfußkrebsen zum Symbol für seine gesamte Sammlung *Kunstformen der Natur* wurde, ist nicht verwunderlich. Diese winzigen Lebewesen sind geradezu ein Musterbeispiel für die prachtvolle Überfülle der biologischen Vielfalt. Die gefiederten Auswüchse, die zarten Antennenfäden – welchem Zweck dienen sie? Sie sind offensichtlich maßgeschneidert für ein langsames, träges Dahingleiten. Und tatsächlich lassen Ruderfußkrebse sich treiben. Sie sind Bewohner des Planktons, und das griechische Wort *planktos* steht für »wandern« oder »treiben«. Ruderfußkrebse finden sich jedoch nicht ausschließlich im Plankton. Es gibt sie im Süßwasser ebenso wie im Meer. Sie sind überaus zahlreich. Mehr als die Hälfte aller Ruderfußkrebse sind Parasiten. Mein verstorbener Kollege Robert May sagte gern: »In erster Näherung sind alle biologischen Arten Insekten.« Ruderfußkrebse sind keine Insekten, sondern Krebstiere, aber er hätte nicht ganz falsch gelegen, wenn er hinzugefügt hätte: »In erster Näherung sind alle Individuen Ruderfußkrebse.«

Eine Schätzung über den weltweiten Bestand an Ruderfußkrebsen beziffert ihre Zahl auf mehr als 10^{21} oder 1000 Milliarden Milliarden. Sie sind in den Nahrungsketten der Weltmeere die wichtigste zweite Stufe. Der Energiehaushalt des Lebens auf der Erde wird durch die Photonen von der Sonne angetrieben, die mit den chemischen Zauberkunststücken der Fotosynthese eingefangen werden. An Land bewerkstelligen dies die grünen Blätter, deren Gesamtfläche auf mehrere Hundert Millionen Quadratkilometer geschätzt wurde. Sie sind für ungefähr die Hälfte der Fotosynthesetätigkeit auf unserem Planeten verantwortlich. Für die andere Hälfte sorgt das Phytoplankton in den obersten Meeresschichten: blaugrüne Bakterien, Kieselalgen, Dinoflagellaten und andere grüne Einzeller. Diese werden ihrerseits vom Zooplankton gefressen, in dem die Ruderfußkrebse den Hauptanteil stellen. Ruderfußkrebse und andere mikroskopisch kleine Zooplanktonorganismen werden ihrerseits von größeren Tieren im Plankton verzehrt, und die wiederum dienen als Nahrung für die höher angesiedelten Glieder der Nahrungskette bis hin zu großen Fischen und Walen an der Spitze.

Bei populären Ökologen klingt es manchmal so, als wären die Ruderfußkrebse und andere Glieder der Nahrungskette nur dazu da, gefressen zu werden. Das ist, vorsichtig ausgedrückt, nicht die richtige Sichtweise, selbst wenn die meisten von ihnen tatsächlich am Ende als Nahrung dienen. Die natürliche Selektion begünstigt Ruderfußkrebse, die sich nicht fressen lassen, also jene, die ihrer angedichteten Rolle als Glieder der Nahrungskette nicht gerecht werden.

Ostraciontes. — Kofferfische.

39

DIE GESCHICHTE DES KOFFERFISCHES

Neutrale Schwimmdichte

»Fisch« ist wieder einmal einer dieser zoologisch ungenauen Begriffe wie »Wurm«. Er bezeichnet Wirbeltiere, deren Vorfahren das Wasser nie verlassen haben. Dazu gehören die kieferlosen Schleimaale (die einzigen Tiere, die sich selbst zu einem Knoten binden können), die Haie (und Rochen), die Knochenfische (wie Hering und Thunfisch) und die Fleischflosser (Lungenfische und Quastenflosser) sowie verschiedene fossile Gruppen. In einem Kochbuch habe ich sogar gesehen, wie ein Hummer als Fisch bezeichnet wurde. Wirklich. Wir sind mit Forellen enger verwandt als die Forellen mit Haien. Und noch näher stehen wir den Quastenflossern. Ein Quastenflosser könnte uns als seltsame, anormale Fleischflosser einstufen, die für das Leben an Land abgewandelt wurden.

Die meisten Fische, die uns begegnen, gehören zur Gruppe der Knochenfische. Die Bezeichnung stellt sie den Haien gegenüber, deren Skelett aus Knorpel besteht. Die Kofferfische in Haeckels Bild sind unter den Knochenfischen ungewöhnlich, weil sie einen harten, kofferförmigen Panzer aus Knochenplatten tragen. Da sie in einem solchen Koffer leben, können sie sich zur Fortbewegung nicht der normalen Methode der Fische bedienen, zu der Wellenbewegungen des ganzen Körpers gehören. Vielmehr können sie den starren Körper nur (ziemlich langsam) mit Flossen und Schwanz antreiben. Wie andere Knochenfische nutzen sie das archimedische Prinzip, um ihre Schwimmhöhe im Wasser aufrechtzuerhalten. Das dafür verantwortliche Organ ist die Schwimmblase, und sie ist in der Geschichte des Kofferfisches das Hauptthema. Die Schwimmblase ist ein gasgefüllter Beutel. Ein Knochenfisch ist die biologische Entsprechung zum kartesischen Taucher, einem kleinen Spielzeug in einer Flasche.

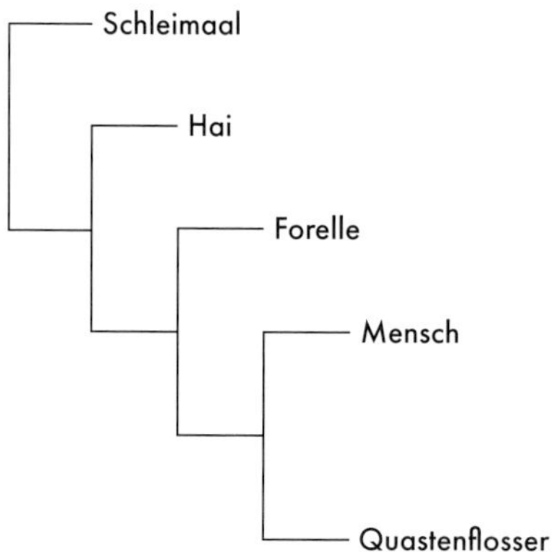

Einen einfachen cartesischen Taucher kann man sich selbst herstellen: Man nimmt ein kleines, hohles Rohr, das an einem Ende verschlossen und am anderen offen ist. Man sorgt dafür, dass sich in dem Rohr ein wenig Luft befindet, und steckt es mit dem offenen Ende nach unten in eine mit Wasser gefüllte Flasche, die mit einer Gummihaube verschlossen wird. Wenn man alles richtig macht, gleicht der von der Luft gelieferte Auftrieb das Gewicht des Rohres aus, und es findet irgendwo im Wasser einen Gleichgewichtspunkt. Nun kann man den Druck in der Flasche verändern. Drückt man auf die Gummihaube, sinkt der Taucher nach unten. Lässt man die Haube wieder los, steigt er in die Höhe. Über die Gummihaube sorgt man also für eine geringfügige Veränderung des Punktes der neutralen Schwimmdichte.

Ein Knochenfisch verändert nach dem Prinzip des kartesischen Tauchers seine Schwimmdichte und reguliert zu diesem Zweck die Gasmenge in der Schwimmblase. Diese steht bei vielen primitiven Knochenfischen mit dem Darm in Verbindung und lässt sich mit geschluckter Luft aufblasen. Kofferfische gehören zu der viel größeren Gruppe, bei der ein solcher Verbindungsgang fehlt, sodass das Gas ins Blut abgegeben oder von dort aufgenommen werden muss. Bei solchen Fischen ist die Schwimmblase luftdicht verschlossen. Sie geben Gas (vorwiegend Sauerstoff, Kohlendioxid und Stickstoff) aus dem Blut in die Schwimmblase ab, wenn sie in die Höhe steigen (und zu dem Zweck ihre Dichte verringern) möchten, und sie absorbieren es wieder ins Blut (wobei die Dichte zunimmt), wenn sie absinken wollen. Meist regulieren sie die Gasmenge so, dass die Schwimmdichte neutral bleibt und sie im Wasser auf der gleichen Höhe schweben.

Die Schwimmblase hat entscheidend dazu beigetragen, dass die Knochenfische unsere Meere, Seen und Flüsse so erfolgreich besiedeln konnten. Haie vermeiden das Absinken mit einer fettreichen Leber niedriger Dichte und mit ihrem Skelett, das nicht aus schweren Knochen, sondern aus Knorpel besteht. Was ihnen im Gegensatz zu den Knochenfischen fehlt, ist die Fähigkeit, den Punkt des neutralen Gleichgewichts zu steuern. Wenn Haie sich im Wasser aufwärts oder abwärts bewegen wollen, müssen sie dorthin schwimmen. Das bedeutet Energieverbrauch, einen Aufwand, den die Knochenfische vermeiden.

Knochenfische besitzen ganz allgemein eine Schwimmblase, aber bei den Kofferfischen ist deren Notwendigkeit besonders offensichtlich. Ein Kofferfisch schwebt in einer genau gesteuerten Tiefe wie ein lenkbares Luftschiff, mit schwirrenden Propellern (den Brustflossen) auf beiden Seiten und einem dritten (dem Schwanz, der auch als Steuerruder wirkt) am Ende. In seiner starren Kiste ist der Kofferfisch eine Art Aushängeschild für die Vorteile einer Schwimmblase.

Alles gut und schön, aber nun könnte man meinen, dass die starre Kiste zugleich besondere Probleme aufwirft, mit denen normale Fische nicht konfrontiert sind. Eine Schwimmblase verändert die Dichte des Fisches, und Dichte ist definiert als Masse dividiert durch das Volumen. Wenn die Schwimmblase sich erweitert, verändert sich die Masse des Fisches nicht automatisch: Das im Blut gelöste Gas wird einfach in die Schwimmblase verschoben. Unter dem Strich wird Masse weder gewonnen noch verloren, sondern nur umverteilt. Das Volumen des Fisches nimmt zu, und entsprechend sinkt seine Dichte. Gemäß dem archimedischen Prinzip wird durch das zunehmende Volumen des Fisches ein entsprechendes Wasservolumen verdrängt, sodass der Auftrieb des Fisches stärker wird und der Fisch sich aufwärts bewegt. So ist es bei normalen Fischen. Der Kofferfisch ist aber in einer »starren« Knochenkiste eingeschlossen, und wenn diese Box wirklich starr ist, kann ihr Volumen – anders als bei normalen Fischen – nicht zunehmen. Die Lösung liegt darin, dass der Koffer eben nicht völlig starr ist. Zwischen den Knochenplatten liegt flexibler Knorpel, und der macht winzige Veränderungen möglich. Sie müssen aber auch nur winzig sein. Ein cartesischer Taucher reagiert überaus sensibel. Eine Volumenveränderung von einem Prozent reicht aus, um den Punkt der neutralen Schwimmdichte nennenswert zu verschieben. Der Knorpel zwischen den Platten gewährleistet gerade so viel Spielraum, dass diese winzige Ausdehnung stattfinden kann.

In der Geschichte des Kopffüßers habe ich gesagt, Kraken seien »alternative Fische«. Sie haben sich in vielerlei Hinsicht konvergent entwickelt. Eine Eigenschaft der Kopffüßer, die ich mir bis jetzt aufgehoben habe, ist die Methode der Tintenfische, ihren Auftrieb aufrechtzuerhalten. Während Fische eine Schwimmblase besitzen, haben Tintenfische einen »Schulp«. Diese flachen weißen Gebilde aus Kalziumkarbonat sind Strandläufern und Kanarienvögeln in ihren Käfigen vertraut. Sie sind porös und sehr leicht. Wenn Sie einen am Strand aufheben und ins Wasser zurückwerfen, werden Sie feststellen, dass er an der Oberfläche treibt. Beim lebenden Tintenfisch funktioniert er wie die Schwimmblase der Fische. Der Tintenfisch scheidet Gas aus dem porösen »Knochen« aus oder zieht es wieder hinein, wodurch er in verschiedenen Tiefen einen neutralen Auftrieb beibehalten kann. Nautilusse – die einzigen heute noch lebenden Kopffüßer, die noch über das alte Gehäuse der Weichtiere verfügen – nutzen ihn als Schwimmorgan, und die Ammoniten machten es mit Sicherheit genauso. Das Gehäuse verfügt, wie wir in der Geschichte des Ammoniten erfahren haben, über viele Kammern. Der Nautilus behält die neutrale Schwimmdichte in verschiedenen Tiefen bei, indem er Gas in die Kammern hinein- und wieder hinauspumpt – auch das ist also eine Lösung für das alte Problem, gewichtslos im Wasser zu schweben und damit Energie zu sparen.

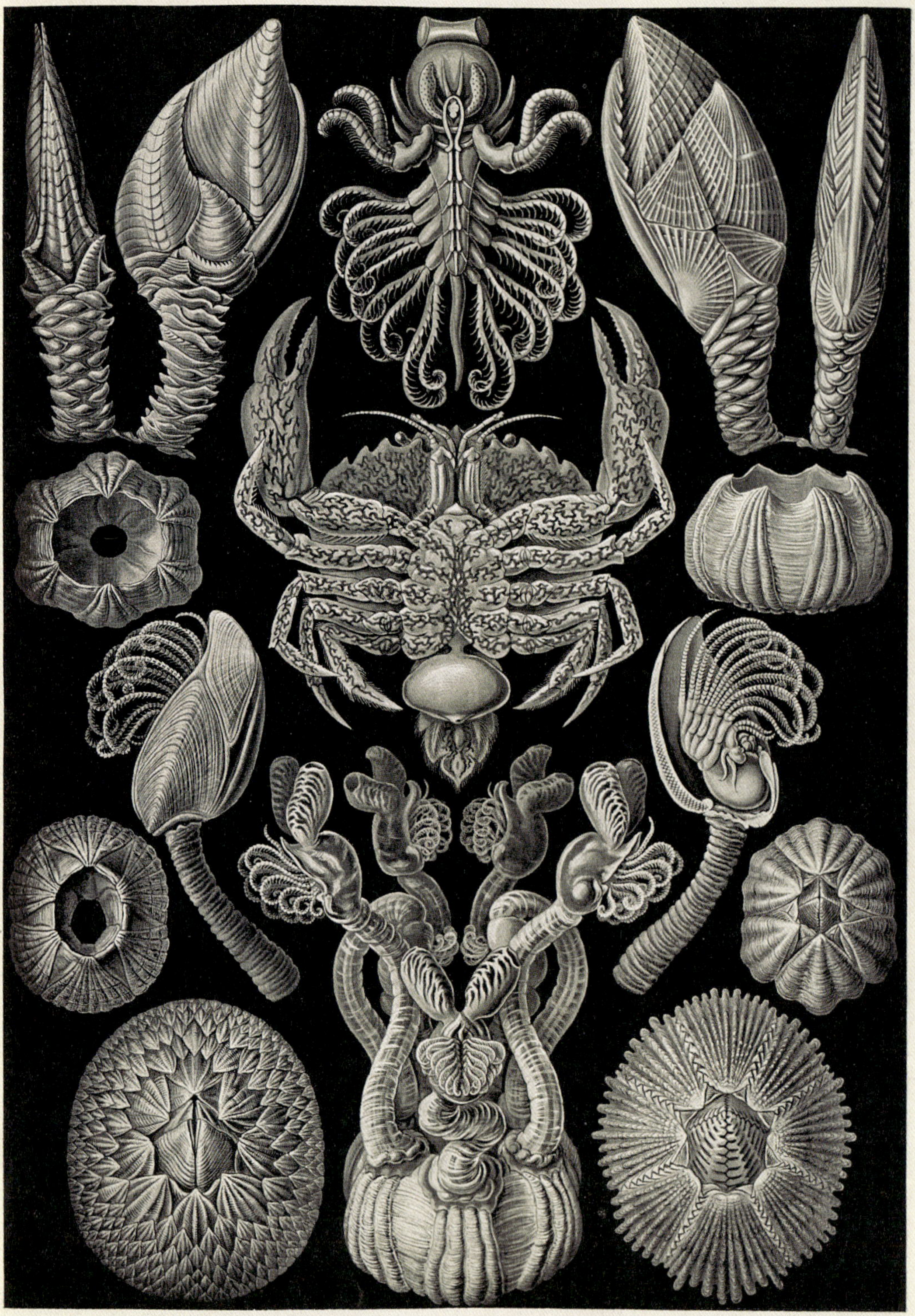

Cirripedia. — Rankenkrebse.

40

DIE GESCHICHTE DES RANKENFUSSKREBSES

Wie weit kannst du gehen?

»Aber wo macht dein Papa seine Rankenfußkrebse?« Die Geschichte ist so nachvollziehbar, lässt sich so fesselnd erzählen und eignet sich so gut als Mem, dass man sich fragen muss, ob sie vielleicht reine Fiktion ist, eine jener Legenden, die wahr sein sollten, auch wenn sie es nicht sind. Für mich klingt sie nach Wahrheit. Die Frage stellte angeblich ein Sohn von Charles Darwin, als er im Haus eines Freundes herumgeführt wurde. »Seine Rankenfußkrebse«, eine umfassende Bearbeitung der Systematik dieser Tiergruppe, war von 1846 bis 1854 Darwins Hauptbeschäftigung; in jedem dieser acht Jahre hätte er bereits den *Ursprung der Arten* veröffentlichen können, aber er tat es nicht. Man würde denken, er hätte sich Sorgen machen müssen, dass ihm jemand zuvorkam. Im Jahr 1858 war es tatsächlich fast so weit. Das lag an Alfred Russel Wallace. Die Geschichte ist so bekannt, dass sie hier nicht noch einmal erzählt werden muss.

Carl von Linné, der Vater der Taxonomie, ordnete die Rankenfußkrebse bei den Weichtieren oder Mollusca ein, wie wir sie heute nennen; dafür muss man Verständnis haben. Diejenigen, die auf Felsen eine Kruste bilden wie *Octomeris* (in Haeckels Bildtafel am Anfang dieser Geschichte unten rechts) und *Chtalamus* (in Haeckels Abbildung unmittelbar über *Octomeris*) sehen wie Napfschnecken aus. Und die »Entenmuscheln« (in der linken und rechten oberen Ecke) erinnern tatsächlich an Muscheln. Ihren englischen Namen *goose barnacles* verdanken sie einer noch unerhörteren Fehlklassifikation. Als man sie öffnete, fiel die oberflächliche Ähnlichkeit mit einem Vogelembryo auf. Die Weißwangengans (*Branta leucopsis*) wurde auf Englisch *Barnacle goose* genannt, weil ihre Jungen angeblich aus solchen »Muscheln« schlüpften.

Zu Darwins Zeit war man sich in der biologischen Systematik nicht einig, was man da eigentlich genau tat. Darwin selbst hatte keinen Zweifel, »wonach wir bei unserer Klassifikation der Natur suchen«:

> Linnaeus bekennt tiefe Unwissenheit. Die meisten Autoren sagen, es sei das Bestreben, die Gesetzmäßigkeiten zu erkennen, nach denen der Schöpfer organisierte Wesen erschaffen hat. Welch hohle hochtrabende Phrasen! Sie bedeutet weder eine Ordnung zur Zeit der Erschaffung noch die Nähe zu irgendeinem Typ wie dem Menschen. Eigentlich bedeutet sie überhaupt nichts. Meiner Ansicht nach (die meinethalben verhöhnen mag, wer will, ebenso wie ich vor sechs Jahren noch die verhöhnt habe, die ähnliche Ansichten vertraten) besteht eine Klassifizierung darin, Wesen nach ihrer tatsächlichen *Verwandtschaft* zu gruppieren, das heißt, nach ihrer Blutsverwandtschaft oder Abkunft vom gleichen Stamm [...].

Das schrieb Darwin 1843, also 16 Jahre bevor er sein Werk *Der Ursprung der Arten* veröffentlichte. Seit dem Beginn seiner Beschäftigung mit den Rankenfußkrebsen wusste er, dass er einen Stammbaum betrachtete. Das Gleiche versuchen Linguisten, wenn sie Sprachfamilien (dravidische, uralische, indoeuropäische Sprachen) erkennen, in die wiederum andere Familien hierarchisch eingebettet sind (keltische, romanische, germanische Sprachen). Bibliothekare betreiben eine Form der Taxonomie, wenn sie entscheiden müssen, in welchem Regal sie ein Buch unterbringen. Dabei können sie allerdings nicht auf das zurückgreifen, was Darwin als »Blutsverwandtschaft« bezeichnete. Ihre Kategorien lassen sich anders als in Biologie und Linguistik nicht aufgrund einer gemeinsamen Abstammung hierarchisch zu Familien zusammenfassen. »Geschichte« wird nach Zeiträumen unterteilt (Geschichte der Neuzeit, Geschichte der Antike, Frühgeschichte), aber auch nach der Geographie (europäische, amerikanische, chinesische Geschichte), und diese Kategorien überschneiden sich so, dass nicht ohne weiteres zu erkennen ist, wo man ein Buch einordnen soll. Ich erinnere mich gern an ein konservativ eingestelltes Londoner Clubmitglied: Er protestierte gegen die Entscheidung seines Clubs, einen Bibliothekar einzustellen und die Sammlung des Clubs zu ordnen. Man fragte ihn, wie er selbst die Bücher ordnen würde. »Die größten links, die kleinsten rechts«, brüllte er, ohne zu zögern. Im Gegensatz zu Büchern bieten sich biologische Einheiten sehr wohl für ein einzigartiges, natürliches Schema der hierarchischen Klassifikation an. Genau das trieb Darwin bei seinem Studium der Rankenfußkrebse an. In dieser Geschichte wechseln wir jetzt aber noch zu einem anderen Thema, das an den Rankenfußkrebsen deutlich wird: zu der Kraft der natürlichen Selektion, Dinge fast bis zur Unkenntlichkeit zu verändern.

Krebstiere sind im Allgemeinen aktive, dynamische, schwimmende, gehende, krabbelnde und im Fall der Strandflöhe sogar hüpfende Tiere. Wir rechnen nicht damit, dass ein Krebs wie eine Napfschnecke aussieht und sich an einem Felsen festklammert. Und

Rankenfußkrebs, gezeichnet von Darwin

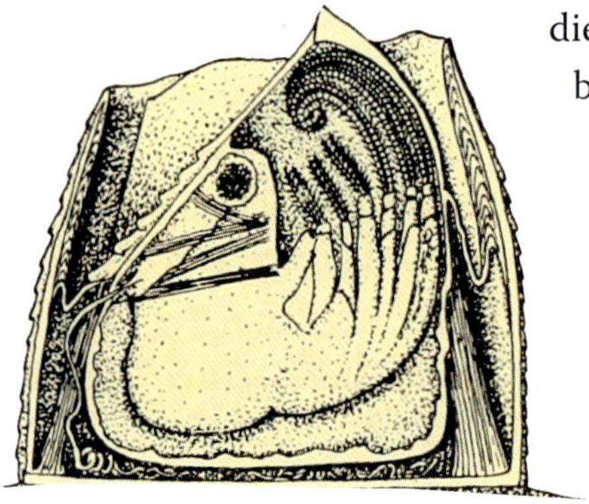

doch gehen die Rankenfußkrebse in dieser Richtung sogar noch ein Stück weiter als die Napfschnecken, und damit meine ich buchstäblich das Umgekehrte: Der Rankenfußkrebs geht nirgendwohin. Er bleibt am Felsen kleben, während die Napfschnecke kurze Strecken zurücklegt, um Algen abzuweiden und dann an ihren Ausgangspunkt zurückzukehren. Den Rankenfußkrebs in seinem napfschneckenähnlichen Gehäuse kann man als Garnele betrachten, die nicht aktiv schwimmt, sondern auf dem Rücken liegt und die Beine in die Luft (oder vielmehr ins Wasser) streckt, während sie dauerhaft an einer Stelle auf dem Felsen klebt. Statt »Felsen« könnte man in diesem Zusammenhang auch »Krebs«, »Wal« und so weiter sagen. Die Beine des Rankenfußkrebses wedeln unaufhörlich hin und her, wobei ihre gefiederten Auswüchse oder »cirri« (denen die Rankenfußkrebse ihren lateinischen Namen Cirripedia verdanken) wie ein Schmetterlingsnetz dem Beutefang dienen. Entenmuscheln machen es genauso, nur liegen sie nicht rücklings auf einem Felsen, sondern am Ende eines Stiels, der an einem Felsen befestigt ist.

Wie in jeder anderen Tiergruppe, so zeigt sich auch bei den Rankenfußkrebsen die Fähigkeit der natürlichen Selektion, eine Abstammungslinie in eine unerwartete Richtung zu drängen, die weit von den Verhältnissen bei den Vorfahren entfernt ist. Dass es so lange dauerte, bis den Biologen klar wurde, dass es sich bei Rankenfußkrebsen überhaupt um Krebse handelt, ist kein Wunder. Verräterisch waren am Anfang vor allem die Larven, die nicht nur unverkennbar krebsartig sind, sondern sich auch von den Larven eher gewöhnlicher

Krebse fast nicht unterscheiden lassen. Ausgewachsene Rankenfußkrebse zeigen, wie drastisch sich Tiere wandeln können, wenn sie sich eine neue Lebensweise zu eigen machen.

Auf dem Rücken zu liegen und Plankton mit dem Schleppnetz zu fangen, ist ziemlich weit entfernt von dem, was herkömmliche Krebse tun, und das spiegelt sich auch in der Form der Tiere wider. Die beiden Verhaltensweisen sind aber bei weitem nicht das extremste Beispiel. Der Preis für evolutionären Wandel, der weit über jede Wiedererkennung hinausgeht, gebührt eindeutig parasitischen Rankenfußkrebsen wie *Sacculina* (in der Mitte von Haeckels Abbildung). *Sacculina* lebt als Parasit in Krabben. Außerhalb der Krabbe sieht man von ihr nur eine Art gewölbte Blase. Der größte Teil des Tieres (es fühlt sich seltsam an, hier überhaupt das Wort »Tier« zu verwenden) ist ein verzweigtes Wurzelsystem, das sich nahezu im gesamten Inneren der unglückseligen Krabbe verästelt. Könnte man *Sacculina* allein herausschneiden, wäre der Umriss der Krabbe immer noch deutlich zu erkennen.

Woher wissen wir aber überhaupt, dass *Sacculina* ein Krebstier ist? Die Antwort: von seiner Larve, die im Plankton schwimmt und so eindeutig krebsartig ist wie jede andere. Und heutzutage auch dank der Molekulargenetik. Am Ende kann selbst der wildeste Rankenfußkrebs seiner Vergangenheit nicht ganz davonlaufen.

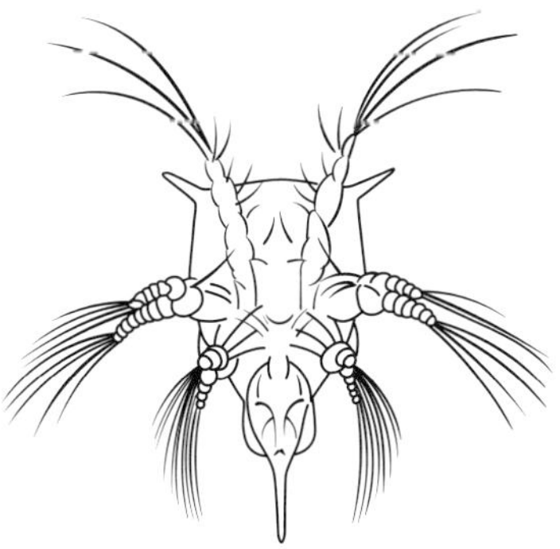

Larve eines Rankenfußkrebses

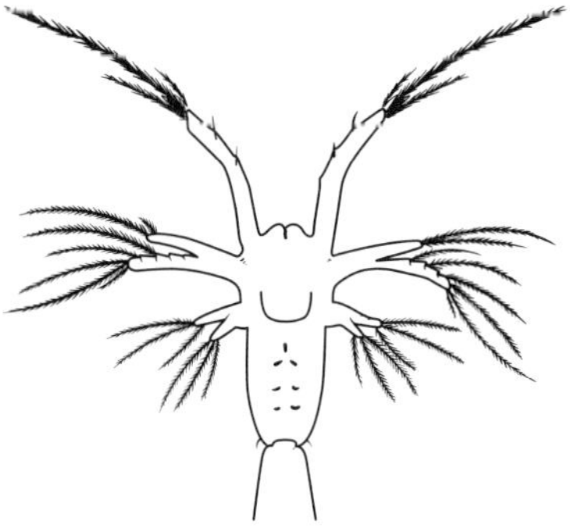

Larve einer Garnele

Chiroptera. — Fledertiere.

41

DIE GESCHICHTE DER FLEDERMAUS

Gargoyles und Echos

Kein anderes Säugetier, ja überhaupt kein anderes Tier hat so ein Gesicht – es fällt schwer, es nicht teuflisch zu nennen. Gargoyles oder Wasserspeier wurden übrigens absichtlich diabolisch gestaltet, damit sie ihren zweiten Zweck, böse Geister abzuwehren, erfüllen konnten. Schon ein flüchtiger Blick auf die Gargoyle-Gesichter von Haeckels Fledermäusen sagt einem sofort, dass hier etwas ganz Besonderes vor sich geht. Der eine oder die andere hat es vielleicht schon erraten: Sonar; Echolokation. Fledermäuse steuern ihren schnellen Flug und fangen ihre Beuteinsekten, indem sie den Widerhall ihrer eigenen Schreie analysieren. Dies erfordert besondere Modifikationen sowohl im Gesicht (um Sonarpulse abzugeben) als auch bei den Ohren (die das Echo aufnehmen).

Dass Fledermäuse mit Hilfe von Echos »sehen«, ist heute ziemlich allgemein bekannt. Aber als Donald Griffin (1915–2003) und sein Kollege Robert Galambos die Entdeckung 1940 auf einer Tagung bekannt gaben, mochte ein Wissenschaftlerkollege es nicht glauben:

> Er packte Galambos an den Schultern, schüttelte ihn und schimpfte, er könne doch nicht ernsthaft eine derart empörende Vermutung äußern. Radar und Sonar waren noch streng geheime Entwicklungen der Militärtechnik, und die Vorstellung, Fledermäuse könnten etwas tun, was auch nur entfernt den neuesten Triumphen der elektronischen Technik ähnelte, erschien den meisten Menschen nicht nur unplausibel, sondern auch emotional abstoßend.

Nebenbei bemerkt: In dieser ganzen Geschichte verwende ich das Wort »Fledermaus« nur für die Microchiroptera, kleine, vorwiegend insektenfressende Fliedertiere, die sich des Sonars bedienen. Die großen, tropischen Flughunde (Megachiroptera) sind etwas ganz anderes. Sie verfügen über ein relativ gutes Sehvermögen und nutzen die Echolokation, die in ihrer Evolution möglicherweise unabhängig entstanden ist, entweder gar nicht oder nur in sehr rudimentärer Form.

Aus Gründen, die wir in der Geschichte der Orchidee kennengelernt haben, bewegen sich Tiere, Pflanzen hingegen nicht; Tiere sind dabei oft schnell, insbesondere wenn sie mit anderen schnell beweglichen Tieren – Beute, Räuber, potenziellen Partnerinnen, Konkurrenten – zurechtkommen müssen. Wenn man sich schnell bewegt, besteht die große Gefahr, mit anderen Dingen zusammenzustoßen – mit Felsen oder Klippen, anderen Tieren oder Bäumen. Und eine solche Kollision kann bei hoher Geschwindigkeit leicht tödlich enden. Gleichzeitig muss eine Fledermaus unbedingt mit ihren Beutetieren zusammenstoßen, allerdings auf eine ganz besondere, kontrollierte Art. Das ist nicht einfach, denn die Beute ist nicht nur ein bewegliches Ziel, sie berechnet auch sehr genau, wie sie abtauchen und ausweichen muss, um dem Feind zu entgehen. Welche Methoden haben die Gesetze der Physik für eine erfolgreiche Jagd zu bieten? Antennen und Tasthaare haben nur eine sehr geringe Reichweite. Vielversprechender sind Wellen. Sie können sich über lange Strecken fortpflanzen, und ihr Widerhall liefert Informationen, die man aufnehmen kann. Je kürzer die Wellenlänge – die Entfernung zwischen zwei Wellenkämmen –, desto besser ist die Auflösung (das heißt, desto feiner kann man zwischen benachbarten Objekten unterscheiden). Kurze Wellenlängen sind ein Synonym für hohe Frequenz. Je größer die Amplitude, desto größer die »Reichweite«.

Als Erstes fallen uns Wellen ein, die über eine Wasseroberfläche wandern. Wir werfen einen Kieselstein in einen stillen Teich und sehen zu, wie die ringförmigen Wellen nach außen ziehen. Die Wassermoleküle bewegen sich nicht in diese Richtung, sondern nach oben und unten. Das, was wandert, ist nur der zeitliche Ablauf des Auf und Ab, der Wellenberge und Wellentäler. Taumelkäfer schwimmen die meiste Zeit auf der Oberfläche eines Teiches oder Sees. Mit speziell gestalteten Hinterbeinen gleiten sie schnell auf ihrer zweidimensionalen Welt der Oberflächenspannung herum. Dabei erzeugen sie Wellen, die sich nach außen fortpflanzen. Diese Wellen werden von den Ufern und von anderen Käfern zurückgeworfen. Wahrgenommen werden sie durch besonders gestaltete Antennen, und man konnte nachweisen, dass die Käfer sich mit Hilfe solcher reflektierter Wellen orientieren. Da sie an die Oberfläche gebunden sind, brauchen sie Augen, die aufwärts in die Luft blicken, aber auch Augen, die den Blick nach unten ins Wasser richten. Tatsächlich haben sie – was höchst ungewöhnlich ist – vier Komplexaugen, von denen zwei aufwärts und zwei abwärts gerichtet sind. Ja, ich weiß, das sind keine Fledermäuse, aber es ist so interessant, dass ich es nicht übergehen wollte.

Wasserwellen pflanzen sich recht langsam fort, und der Abstand zwischen den Wellenbergen (die »Wellenlänge«) ist so groß, dass sie keine feine Auflösung ermöglichen. Für Taumelkäfer reicht sie offensichtlich, aber andere Wellen erfüllen die Aufgabe viel besser. Nahezu ideal geeignet sind Lichtwellen. Sie wandern in gerader Linie und potenziell über große Entfernungen (deshalb sehen wir die Sterne), ihre Wellenlänge ist im Vergleich zur Größe der Objekte, die wahrgenommen werden sollen, äußerst kurz, sie werden von Gegenständen zurückgeworfen, und als ihre Quelle steht die Sonne zur Verfügung. Das allerdings nur am Tag, und tagsüber sind die ökologischen Nischen in der Luft durch Vögel überbevölkert. Welche Lösungen stehen für die Nacht zur Verfügung? Wir Menschen können selbst Licht machen, und das sehr effizient. Andere Tiere, zum Beispiel Leuchtkäfer und viele Tiefseebewohner, sind dazu – häufig mit Hilfe symbiontischer Bakterien – ebenfalls in der Lage, aber das erfordert große Energiemengen, und das Licht reicht nicht weit. Sie nutzen es, um Partner anzuziehen oder Beutetiere zu einem leuchtenden Köder zu locken. Aber als Taschenlampe, mit der man den Weg finden könnte, oder als Suchscheinwerfer zur Lokalisierung von Beute sind sie nicht kosteneffizient. Die erforderliche Energie ist so groß, dass die Physiologie sie nicht beschaffen kann.

Anders sieht die Sache bei Schallwellen aus. Schall mit ausreichender Amplitude lässt sich sehr viel billiger produzieren als Licht. Die Fähigkeit, Geräusche – darunter auch sehr laute Geräusche – zu erzeugen, hat sich in der Evolution vieler Tiere entwickelt. Zu den lautesten gehören die Brüllaffen. Mit hilfe eines großen Resonanzraumes unmittelbar neben dem Kehlkopf lassen sie ihre 140 Dezibel über fünf Kilometer Tropenwald weit hören. Ebenso laut sind die Schreie von Fledermäusen.

Wie bei Wasserwellen wandern die Moleküle nicht von einer Schallquelle weg. Das tun nur die Wellen. In diesem Fall sind es nicht Wellen mit einer buchstäblichen Höhe wie auf dem Meer, sondern Druckwellen, in denen sich hoher und niedriger Druck abwechseln:

Auf jede Kompression (eine lokal hohe Dichte der Moleküle) folgt eine Verdünnung (eine lokal niedrige Dichte der Moleküle). Die Moleküle selbst wackeln hin und her, wandern aber nicht von der Quelle zum Ziel. Das wäre Wind, und selbst aus dem lautesten Nebelhorn weht kein Wind über das Meer. (Meine alte Tante Effie behauptete, sie sei vom Nebelhorn am südlichsten Punkt Englands umgeweht worden, aber das kann nicht stimmen; ich nehme an, sie war über das ungeheuer laute Geräusch so erschrocken, dass sie ihr empfindliches Gleichgewicht verlor.) Den Rekord für die lauteste Stimmäußerung halten die Pottwale: Ihre Schreie können ungeheure 230 Dezibel erreichen und sind damit sogar lauter als jene von Brüllaffen und Fledermäusen. Warum aber senden Pottwale so außerordentlich laute Geräusche aus?

Die Antwort: Sie nutzen wie Fledermäuse das Echo, um sich zu orientieren und um ihre Beute zu jagen. Die Zeit, bis ein Echo zurückkehrt, unterliegt genauen Gesetzmäßigkeiten. Im Prinzip kann man mit Hilfe der Schallgeschwindigkeit die Entfernung eines Gegenstandes feststellen, indem man die Verzögerung des von dort kommenden Echos misst. Bei Fledermäusen und Zahnwalen einschließlich der Delfine hat sich der dafür notwendige Apparat zu einer hohen Vollkommenheit entwickelt. Die Gargoyle-Merkmale, die Haeckel zeichnete, sind Aspekte dieses höchst raffinierten Instrumentariums. Die riesigen Ohren sind offensichtlich gut darauf eingestellt, auch ein relativ schwaches Echo aufzunehmen, und die komplizierten Auswüchse rund um die Nase wirken daran mit, die Schallwellen auszusenden.

Fledermäusen gelingt es, über ihre Umwelt so detaillierte Informationen zusammenzutragen, dass man ohne Übertreibung sagen kann: Sie »sehen« mit den Ohren. Um dies zu überprüfen, spannte Griffin in einem Raum dünne Drähte auf, deren Abstände nur geringfügig größer waren als die Flügelspannweite der Fledermäuse, das heißt, sie mussten hohe Geschicklichkeit aufwenden, um ohne Kollision zwischen ihnen hindurchzufliegen. Kein geistig gesunder Pilot würde es wagen, ein Flugzeug zwischen Stahlseilen hindurchzusteuern, die sich nur knapp außerhalb der Flügelspannweite befinden. Aber erstaunlicherweise schossen Griffins Fledermäuse mühelos zwischen den Hindernissen hindurch und nahmen sie selbst dann noch wahr, wenn die Drähte nur einen Durchmesser von 0,12 Millimetern hatten, was ungefähr so dick ist wie ein einzelnes Pferdehaar. Damit die Fledermäuse die Drähte nicht mehr wahrnahmen, musste Griffin ihre Dicke auf 0,07 Millimeter verringern, ungefähr den Durchmesser eines menschlichen Haares. Wenn das nicht »Sehen mit den Ohren« ist, wie soll man es dann nennen? Und nach meiner Vermutung, auf die ich noch zurückkommen werde, unterscheidet sich das subjektive, mit den Ohren gewonnene Erleben der Welt von Fledermäusen tatsächlich nicht sonderlich stark von dem eines Vogels, der bei Tageslicht fliegt und seine Umgebung mit den Augen wahrnimmt.

Wie ich im Zusammenhang mit dem groben Unterscheidungsvermögen der Taumelkäfer bereits erwähnt habe, erfordert eine feine Unterscheidung Wellen mit kurzer Wellenlänge (das heißt, mit hoher Frequenz). Um haardünne Drähte wahrzunehmen, sind sehr hohe Frequenzen erforderlich. Fledermäuse nutzen dazu Schreie im Ultraschallbereich, die viel zu hoch sind, als dass wir sie hören könnten – was ein Glück ist, denn sonst würde ihre Lautstärke uns jede Nacht in den Wahnsinn treiben. Laut müssen sie sein, denn ein Echo ist zwangsläufig schwächer als die ausgesandten Schreie: Bei kleinen Zielen sinkt seine Intensität ungefähr mit der vierten Potenz der Entfernung. Daraus ergibt sich für die Fledermäuse ein Problem. Sehr laute Schreie bergen die Gefahr, dass die Fledermaus selbst taub wird, was den Druck auf sie verstärkt, leiser zu werden. Leisere Schreie bedeuten aber auch ein leiseres Echo – das schwieriger wahrzunehmen ist. Es ist ein Zielkonflikt. Manche Fledermäuse lösen das Problem, indem sie das Gehör vorübergehend ausschalten, bevor sie einen durchdringenden, lauten Schrei abgeben. Anschließend machen sie die selbstauferlegte Taubheit rechtzeitig rückgängig, um das relativ schwache Echo aufzunehmen.

Diesen klugen Kunstgriff habe ich bereits in einem früheren Buch beschrieben. Der damalige Vorsteher meines College in Oxford hatte meinen Bericht gelesen und unterhielt sich beim Abendessen mit mir darüber. Als Physiker war Arthur Cooke während des Zweiten Weltkrieges an der Entwicklung des Radars beteiligt gewesen. Wie er mir berichtete, waren er und seine Kollegen auf ein genau analoges Problem gestoßen und waren zu der genau analogen Lösung gelangt (und das natürlich lange bevor man die Methode der Fledermäuse kannte). Die Einzelheiten im Zusammenhang mit dem Radar kenne ich nicht, aber bei den Fledermäusen ist ein Muskel mit einem der drei kleinen Knochen verbunden, die Schallwellen vom Trommelfell zur Ohrschnecke weiterleiten. Zieht sich dieser Muskel zusammen, wird die Fledermaus taub. Entspannt er sich, ist das Hörvermögen wieder da. Fledermäuse der Gattung *Tadarida* können erstaunlich schnell von der Taubheit zum Hören und zurück wechseln – einem Bericht zufolge bis zu 50-mal in der Sekunde. Der Zyklus erinnert ein wenig an den von einer Nockenwelle angetriebenen Zyklus eines Otto-Verbrennungsmotors und läuft ungefähr so ab: »Zieh am Knochen und werde taub. Schrei. Lockere den Knochen rechtzeitig wieder, um das Echo aufzunehmen. Ziehe vor dem nächsten Schrei am Knochen und werde taub. Und so weiter.«

Aber 50-mal in der Sekunde! Angenommen, es stimmt: Warum ist eine derart hohe Rate notwendig? Jedes Echo liefert eine Stichprobe der Umgebung. Um den Gedanken, dass Fledermäuse »mit den Ohren sehen« weiter zu verdeutlichen, stellen wir uns einmal vor, wir würden mit geschlossenen Augen herumlaufen, sie in regelmäßigen Abständen kurz öffnen und dann wieder schließen. Wenn wir langsam gehen, kämen wir vielleicht mit einer solchen Stichprobe pro Sekunde zurecht. Wenn wir aber Fahrrad fahren oder so schnell wie eine Fledermaus fliegen, und erst recht, wenn wir dann noch versuchen, einen fliegenden Falter anzusteuern, gilt die Maxime: je höher die Abtastrate, desto besser. Wir können zwar die Schreie von Fledermäusen nicht hören, aber elektronische Instrumente können sie in hörbares Klicken umwandeln. Eine jagende Fledermaus hört sich an wie ein Maschinengewehr, insbesondere wenn sie sich auf ihr Opfer stürzt. Fliegt sie nur herum, können die Pulse in größeren Abständen – zwei- oder dreimal in der Sekunde – aufeinanderfolgen. Die ungeheuer lauten Schreie erfordern viel Energie, und deshalb bleiben die sehr hohen »Maschinengewehr«-Abtastraten den Gelegenheiten vorbehalten, in denen sie wirklich notwendig sind.

Wirklich notwendig sind sie angesichts der Taktiken, mit denen Insekten den Fledermäusen ausweichen. Kenneth Roeder (1908–1979) beobachtete, wie Nachtfalter durch die Luft kurvten. Sobald er lauten Ultraschall abspielte und damit Fledermausschreie nachahmte, gingen die Falter sofort in einen ausweichenden Sturzflug über. Um einen solchen Falter im Sturzflug zu fangen, braucht man wirklich eine Maschinengewehr-Abtastrate. Wie Roeder im weiteren Verlauf nachweisen konnte, tragen diese Falter in der Brust besondere Ohren, die ausschließlich auf die Wahrnehmung von Ultraschall abgestimmt sind. Wenn ein solcher Falter überhaupt etwas hört, dann ist es vermutlich eine Fledermaus (allerdings stellte Roeder fest, dass sie auch auf den Ultraschallanteil von klappernden Schlüsseln reagieren).

Fledermäuse verfügen noch über verschiedene weitere kluge Tricks, von denen ein mathematisch ausgerichteter Ingenieur beeindruckt wäre. Ich möchte hier nicht ins Detail gehen, denn das habe ich bereits in *Der blinde Uhrmacher* getan. Kurz gesagt, bedienen sich manche des Doppler-Effekts, um die relative Geschwindigkeit eines angepeilten Insekts zu ermitteln. Andere stoßen frequenzmodulierte (FM-) Schreie aus, die während ihrer Dauer um ungefähr eine Oktave abwärts gehen. Das Echo ist dann natürlich ebenfalls FM. Die Fledermaus registriert die Zeitpunkte für das Echo jeder Tonhöhe während des Frequenzrückgangs und steigert so die effektive Abtastrate, ohne dass sie viele einzelne Schreie ausstoßen muss.

Seit langem treibt mich eine Frage um, und ich weiß nicht genau, ob man darauf schon eine vollständig zufriedenstellende Antwort hat. Ich meine das Störproblem. Manchmal sieht man Massen von mehreren Tausend Fledermäusen. Wie vermeiden sie, dass sie durch die Schreie der anderen gestört werden? Wie unterscheiden sie zwischen den eigenen Schreien und dem Echo anderer Fledermäuse? Wechseln sie zu einer anderen Frequenz? Das tun sie, und bis zu einem gewissen Grad funktioniert es auch, zumal wenn sich in der Umgebung nur wenige andere Fledermäuse aufhalten. Aber in einer Masse von Tausenden reicht ein Frequenzwechsel nicht aus. Dafür gibt es einfach nicht genügend Frequenzen.

Jede Fledermaus muss mit einem Durcheinander von Echos bombardiert werden, die zu anderen Fledermäusen gehören. Doch nur das Echo der eigenen Schreie ergibt »einen Sinn« in Bezug auf das Bild, das sie bereits mit Hilfe ihrer eigenen früheren Echos erstellt hat. Wenn ich recht habe, gibt es bei den Menschen eine überzeugende Parallele. Angefangen mit Colin Cherry hat eine ganze Reihe von Psychologinnen und Psychologen, darunter Donald Broadbent und Anne Treisman, an dem sogenannten Cocktailparty-Problem gearbeitet. Inmitten des Stimmengewirrs auf einer Cocktailparty sind wir irgendwie in der Lage, ein einzelnes Gespräch zu verfolgen.

Unsere Aufmerksamkeit ist auf dieses Gespräch fixiert, und es gelingt uns, das Geräusch aller anderen Unterhaltungen um uns herum herauszufiltern. Wie funktioniert das?

Es hilft, wenn das Gespräch, auf das wir hören, relativ laut ist, und das ist der Fall, wenn es in der Nähe stattfindet. Das ist aber, wie erfindungsreiche Experimente mit Kopfhörern gezeigt haben, nicht alles. Werden beispielsweise im rechten und linken Kopfhörer gleichzeitig unterschiedliche Gespräche abgespielt, sind die Menschen in der Lage, einem davon zu folgen. Leichter lässt sich die Verwirrung vermeiden, wenn es sich um eine weibliche und eine männliche Stimme handelt. Es gelingt aber – wenn auch mit größeren Schwierigkeiten – selbst dann, wenn auf beiden Seiten die gleiche Stimme erklingt. Dem Gehirn gelingt es, sie anhand des Kontextes auseinanderzuhalten. Jedes Wort auf dem linken Ohr ergibt unter dem Gesichtspunkt der Worte, die zuvor auf diesem Ohr gesprochen wurden, einen Sinn, und das trotz der Störungen im rechten Ohr. Das Umschalten – wie immer es auch aussieht – findet nicht in den Ohren statt, sondern im Gehirn.

Ein besonders scharfsinniges, allerdings nur kleines Experiment stellten J. A. Gray und A. A. I. Wedderburn an, die damals Studienanfänger in Oxford waren. Ihre Versuchsobjekte waren Kommilitoninnen und Kommilitonen. Jede Versuchsperson hörte auf dem linken Ohr drei Wörter in Abständen von einer halben Sekunde. Gleichzeitig hörte sie auf dem rechten Ohr eine andere Wortfolge, die mit der im linken kollidierte. Bei manchen Wörtern handelte es sich um gesprochene Zahlen. Manche waren englische Wörter. Dabei wandten die beiden folgenden schlauen Trick an: Die Wörter ergaben einen plausiblen Satz, allerdings nur dann, wenn die Aufmerksamkeit der Versuchsperson zwischen linkem und rechtem Ohr wechselte. Eine solche Sequenz sah beispielsweise so aus:

Links	Rechts
Mice	Three
Five	Eat
Cheese	Four

Achtete eine Versuchsperson auf das linke Ohr, hörte sie »Mice Five Cheese« (»Mäuse fünf Käse«), auf dem rechten hörte sie »Three Eat Four« (»drei fressen vier«) – keines von beiden ergibt einen Sinn. Wenn sie aber auf die *Bedeutung* achtete und mit der Aufmerksamkeit zwischen den beiden Ohren wechselte, hörte sie »Mice Eat Cheese« (»Mäuse fressen Käse«). Eine andere Sequenz lautete:

Links	Rechts
Two	Who
Goes	Three
Nine	There

In diesem Fall hörte eine Versuchsperson, die auf die Bedeutung achtete, den Satz »Who Goes There« (»wer geht dort«). Achtete sie jeweils nur auf eines der beiden Ohren, hörte sie einen der unsinnigen Sätze »Two Goes Nine« (»zwei geht neun«) oder »Who Three There« (»wer drei dort«). In den Versuchen wurden zahlreiche solche Wortfolgen einbezogen. Ich lasse nun verschiedene Details aus und komme direkt zur Schlussfolgerung: Unter den richtigen Voraussetzungen nehmen Menschen die sinnvollen Sätze auch dann wahr, wenn sie dazu mit ihrer Aufmerksamkeit zwischen den Ohren wechseln müssen. Würde ich das Experiment wiederholen, ich würde zur Kontrolle keine gesprochenen Zahlen verwenden, sondern sinnvolle und unsinnige Sätze vergleichen. »Mice Eat Cheese« ergibt beispielsweise einen Sinn, »Battleships Eat October« (»Schlachtschiffe fressen Oktober«) ist dagegen unsinnig, ebenso wie »Mice Carrycot Cheese« (»Mäuse Babytragetasche Käse«) oder »Battleships Carrycot October« (»Schlachtschiffe Babytragetasche Oktober«).

Links	Rechts
Mice	Battleships
Carrycot	Eat
Cheese	October

In einem anspruchsvolleren Experiment würde man zwei sinnvolle Sätze kollidieren lassen, die beide sinnvoll sind, wenn man mit der Aufmerksamkeit zwischen den Ohren wechselt. Vorzugsweise würde außerdem jede Sequenz aus mehr als drei Wörtern bestehen.

Links	Rechts
A	Sing
A	Walk
In	Song
Of	The
Country	Sixpence
A	Is
Good	Pocket
Full	For
Your	Of
Rye	Health

Eine gewagte Vorhersage würde lauten: Manche Menschen hören »A Walk in the country is good for your health«, andere würden »Sing a song of sixpence a pocket full of rye« verstehen. Und sie (die auf den Sinn achten) wären zahlreicher als jene, die auf das linke oder rechte Ohr hören und entweder »A walk in the country is good for your health« oder »Sing a song of sixpence a pocket full of rye« verstehen. Ich bin mir nicht sicher (und würde es begrüßen, wenn es überprüft würde), ob Menschen die notwendige Filterung vollziehen und so meine gewagte Vorhersage bestätigen könnten. Aber ich bin davon überzeugt, dass Fledermäuse etwas ebenso Schlaues tun.

Nur die eigenen Echos einer Fledermaus vermitteln ihr einen zusammenhängenden Sinn der Welt. Echos von anderen Fledermäusen, die ansonsten stören würden, werden ausgefiltert, denn die Informationen, die sie angeblich über die Welt liefern, ergeben im Hinblick auf das, was vorher geschehen ist, keinen Sinn. Als Analogie können wir uns vorstellen, einen Film auf folgende Weise mit der Schere zu bearbeiten: Wir fügen beispielsweise in *Vom Winde verweht* nach jedem Einzelbild ein zufällig ausgewähltes Bild aus einem anderen Film ein. Nicht immer aus demselben anderen Film, sondern aus zufälligen anderen Filmen, und zwar jedes Einzelbild aus einem anderen. Dann lassen wir den zusammengefügten Film durch einen Projektor laufen. Ich sage mit einem gewissen Selbstvertrauen voraus, dass der Zuschauer *Vom Winde verweht* immer noch als zusammenhängende Handlung verfolgen kann, obwohl die zufällig dazwischengeschalteten Bilder eine Art irritierendes Flackern erzeugen. Nach meiner Vermutung tun Fledermäuse so etwas, um das Störungsproblem zu vermeiden. Nur die eigenen Echos verleihen der Welt im Kontext der vorherigen Echos einen zusammenhängenden Sinn.

»Im Kontext des Vorherigen … einen Sinn verleihen« legt eine andere Sichtweise auf das Gleiche nahe. Was wir sehen, was jedes Tier sieht, ist keine originalgetreue Wiedergabe der Außenwelt. Es ist ein Modell, das vom Gehirn konstruiert wird, ein virtuelles Modell der Realität, das durch die Sinne Informationen und Aktualisierungen erhält, aber nicht sklavisch das widerspiegelt, was die Sinne berichten.

Welcher Modellierungssoftware sich ein Tier bedient, hängt von seiner Lebensweise ab. Ein Eichhörnchen verbringt einen großen Teil seiner Zeit in den Bäumen, huscht über die Äste und springt von einem Ast zum anderen. Seine Modellierungssoftware wird mit Subroutinen ausgestattet sein, die nützlich dafür sind, ein dreidimensionales Labyrinth von Wegen zu simulieren. Die Modellierungssoftware eines kleinen Affen ist vermutlich ähnlich. Eine Ratte besitzt dagegen wahrscheinlich eine andere Software, auch wenn sie genetisch mit dem Eichhörnchen verwandt ist. Nach meiner Vermutung wird ihr Modell der Welt mehr mit dem einer Schmalfuß-Beutelmaus gemeinsam haben, deren Lebensweise der ihren ähnelt.

Der vielleicht interessanteste Satz in einem reichlich zitierten Aufsatz des Philosophen Thomas Nagel ist die Überschrift: »Wie ist es, eine Fledermaus zu sein?« Ihm geht es darum, dass ein Organismus nur dann bewusst ist, wenn es »wie etwas ist«, nämlich wie dieser Organismus. Nagel wählte die Fledermaus, deren sinnliche Welt uns so fremd ist, weil er darauf hinweisen wollte, dass wir nicht wissen können, wie es ist, ein anderes Lebewesen zu sein. Das mag zwar stimmen, als Biologe würde ich aber noch etwas hinzufügen. Wenden wir die Argumentation des vorangegangenen Absatzes an. Was ein Tier erlebt, ist ein virtuelles Modell der Realität, das in seinem Inneren erzeugt und kontinuierlich durch Input aus den Sinnesorganen aktualisiert wird. Eine Fledermaus ist ein schneller Flieger, der Insekten in der Luft jagt. Sie bewegt sich rasch durch eine dreidimensionale Welt voller Hindernisse, die es zu vermeiden gilt, und mit kleinen, beweglichen Beutetieren, die abgefangen werden müssen. Das bestimmt, welche Art von virtuellem Modell der Realität das Gehirn des Tieres simulieren muss. Es ist die gleiche Welt und vermutlich auch das gleiche virtuelle Modell der Realität, in der beziehungsweise in dem auch eine Schwalbe lebt. Da spielt es keine Rolle, dass das innere Modell der Schwalbe durch Daten aktualisiert wird, die über den Sehnerv fließen, während das Modell bei der Fledermaus durch den Hörnerv gefüttert wird. Nervenimpulse sind Nervenimpulse sind Nervenimpulse, ganz gleich, ob sie das Gehirn über den Seh- oder den Hörnerv erreichen. Entscheidend ist, welches virtuelle Modell der Realität sie speisen. Ich vermute, dass der Sehnerv einer Schwalbe und der Hörnerv einer Fledermaus dem gleichen virtuellen Modell der Realität zuarbeiten. Deshalb lautet meine Schlussfolgerung: Wir können zwar nicht wissen, wie es ist, eine Fledermaus zu sein, aber vermutlich ist es viel weniger fremdartig, als Thomas Nagel es sich vorstellte, nachdem er eine Welt der Geräusche mit einer Welt des Lichtes verglichen hatte.

In früheren Büchern habe ich mich – vielleicht ein wenig tollkühn – noch weiter aus dem Fenster gelehnt. Ich habe die Frage gestellt, ob Fledermäuse in Farbe hören. Die subjektiv wahrgenommenen Farbtöne, die wir rot, blau und so weiter nennen – Philosophen sprechen von Qualia –, sind willkürliche Etiketten, die unsere VR-Software dem Licht verschiedener Wellenlängen aufklebt. Es sind zweckmäßige Etiketten, die das Gehirn willkürlich Elementen im virtuellen Modell der Realität anhängt: rot für Gegenstände, die Licht mit hoher Wellenlänge reflektieren, blau für kurze Wellenlängen und so weiter. Bevor die Vorfahren der Fledermäuse die Echolokation entdeckten, besaßen sie vermutlich wie andere Säugetiere eine VR-Software, die über die Augen aktualisiert wurde. Selbst heute sind sie nicht so blind, wie sie es im Sprichwort sein sollen, aber sie haben ein schlechtes Sehvermögen, und in ihrer Mehrzahl sind die Microchiroptera farbenblind. Die meisten Säugetiere einschließlich der Flughunde verfügen zumindest über ein dichromatisches Farbensehen; es scheint also, als hätten jene kleinen Fledermäuse in ihrer Evolution das Farbensehen verloren, das ihre Vorfahren einst besaßen.

Damit sind wir bei dem umstrittenen Punkt. Wenn ich recht damit habe, dass die Echolokation sich die bereits vorhandene, von den Augen gespeiste Modellierungssoftware für virtuelle Realität zunutze machte, was geschah dann mit den Farbetiketten, die einst dem Licht unterschiedlicher Wellenlänge angeheftet wurden? Liegt nicht die Vermutung nahe, dass sie nie verschwunden sind, sondern immer noch als Etiketten genutzt werden – als Etiketten für Bestandteile des virtuellen Modells der Realität im Gehirn der Fledermaus? Warum sollte man sie verschwenden, wo sie ohnehin bereits im Gehirn vorhanden waren? Anstatt Licht unterschiedlicher Wellenlängen zu kennzeichnen, kennzeichneten sie jetzt nur eben etwas anderes, nämlich etwas, was für die Qualität eines Echos nützlich war. Vielleicht die Oberflächenbeschaffenheit. Wie ein Flughund, der visuell auf Nahrungssuche geht, vermutlich die Farb-Qualia benötigt, um rote Früchte vor einem grünen Hintergrund zu erspähen, so muss eine Kleinfledermaus vielleicht in der Lage sein, pelzige Falter von glatten, glänzenden Käfern zu unterscheiden. Warum nicht umetikettieren und beispielsweise rot für »glatt und glänzend« und blau für »rau und pelzig« verwenden?

Wenn es um Fledermäuse geht, lässt sich meine Hypothese vermutlich nicht überprüfen. Ein indirekter Test, ob sie generell plausibel ist, steht aber nicht grundsätzlich außer Frage. Bei der häufigsten Form der Farbenblindheit können Männer Rot nicht von Grün unterscheiden. Blau sehen sie gut, aber eine rote Billardkugel hat für sie die gleiche Farbe wie der grüne Filz, auf dem sie liegt. Der Defekt liegt nicht im Gehirn, sondern in der Netzhaut. Dies legt die Vermutung nahe, dass im Gehirn eines farbenblinden Menschen ein »Etikett«, wie ich es nenne, liegt und nichts zu tun hat. Genauso war es meiner Vermutung zufolge auch bei den Vorfahren der Fledermäuse. Unter außergewöhnlichen Umständen haben Chirurgen, die einen Menschen aus medizinischen Gründen am Gehirn operierten, in Experimenten auch Teile des Gehirns mit Mikroelektroden stimuliert oder für Aufzeichnungen verwendet. Wenn ich recht habe, sollte es theoretisch möglich sein, im Gehirn einen Ort ausfindig zu machen, an dem die elektrische Stimulation ein ruhendes Farbetikett aktiviert. Dann könnte ein farbenblinder Mensch sich plötzlich des verblüffenden Erlebnisses einer vollkommen neuen Farbe erfreuen, die sich von allem unterscheidet, was er je zuvor gesehen hat. Er ist zwar keine Fledermaus, aber diese Erleuchtung würde meine Hypothese, dass Fledermäuse in Farbe hören, indirekt unterstützen. Die Fledermaushypothese selbst ist nicht überprüfbar, aber sie legt ein theoretisch mögliches Experiment beim Menschen nahe, und allein dieses Experiment hebt sie über die harte, nicht zu beantwortende philosophische Nuss des »Ist dein Rot das gleiche wie mein Rot?« hinaus.

Batrachia. — Frösche.

42

DIE GESCHICHTE DES FROSCHES

Springer und Gleiter

Einen Frosch erhält man, wenn man einen kriechenden Salamander nimmt und zum Springen umrüstet. Die dunklen, feuchten Farnwälder der Karbonzeit, deren Fotosyntheseenergie eines Tages die Industrielle Revolution antreiben sollte, waren von riesigen Salamandern beherrscht, Angehörigen der Klasse der Amphibien und Erben der abenteuerlustigen Fische aus dem Devon, die erstmals auf ihren kräftigen Fleischflossen aus dem Meer wankten. Auf dem Weg von der Karbonzeit zum Perm können wir uns einen räuberischen Molch vorstellen, der größer war als das größte Krokodil. Die heutigen, in China und Japan heimischen »Riesensalamander« erreichen »nur« eine Länge von 1,5 Metern.

Die Frösche gingen erst später aus den Salamandern hervor, nämlich in der unteren Trias und damit ungefähr zur gleichen Zeit, in der auch die Dinosaurier auf der Bildfläche erschienen. Der größte heute noch lebende Frosch ist der Goliathfrosch aus dem tropischen Afrika (den Haeckel nicht darstellte): Er ist 35 Zentimeter lang und kann auch kleine Säugetiere fressen. In der Kreidezeit war die hervorragend benannte »Teufelskröte« *Beelzebufo* sogar noch größer. Rekonstruktionen zeigen, wie sie kleine Dinosaurier im Ganzen verschlingt. Die meisten heute noch lebenden Frösche sind aber recht klein.

Wie es der Name besagt, sind die Tiere aus der Klasse der Amphibien dem Wasser nur unvollständig entwachsen. Bei einer Minderheit der Froscharten haben sich verschiedene Methoden für die Fortpflanzung an Land entwickelt, aber in der Mehrzahl legen sie ihre Eier im Wasser ab. Dort – im Süßwasser, niemals im Meer – schwimmen die Kaulquappen umher und ernähren sich, bevor sie sich in ein ausgewachsenes Tier mit einer ganz anderen Form und einer völlig anderen landgebundenen Lebensweise verwandeln. Kaulquappen haben Kiemen, schwimmen mit einem Schwanz wie ein Fisch und sind in der Regel Vegetarier. Ausgewachsene Frösche haben eine Lunge und fressen meist Insekten.

Salamander besitzen noch den langen Schwanz aus der Kaulquappenzeit, und ihr Gang an Land erinnert an die Sinuswellen, die bei Fischen am Körper entlanglaufen. Während sich der Fisch aber mit der Welle vorwärtsbewegt, weil er im Wasser Widerstand findet, wird die Welle eines wandernden Molchs von den vier gespreizten Beinen erzeugt (siehe die Geschichte der Eidechse). Es scheint fast so, als würde er auf dem trockenen Land schwimmen, wobei der Schwanz wie der eines Fisches von einer Seite zur anderen wedelt. Kürzlich habe ich in einem Film gesehen, wie ein Salamander in einem Laufrad wandert (was einfacher aufzunehmen ist). Dabei schwingt der Schwanz weiträumig von einer Seite zur anderen, während das Tier in dem Laufrad »schwimmt«. Ich habe ge-

Dass der Junge beunruhigt dreinblickt, ist bei der Größe des Goliathfrosches verständlich.

messen, welchen Winkel der Schwanz in einem typischen Zyklus beschreibt: Es sind knapp 180 Grad.

Frösche sind ganz anders. Neben dem Schwanz haben sie auch die letzten Reste des urzeitlichen, schwimmenden Ganges verloren. An ihnen ist nichts Wellenförmiges, sondern sie springen. Dies ist das Entscheidende, was man über einen Frosch wissen muss. Als ich in Oxford junger Zoologiestudent war, gehörte die Vorlesung von H. K. Pusey über Frösche zu denen, die mich am meisten beeindruckten. Pusey widmete sich voll und ganz dem Unterrichten (und gehörte in Oxford zur alten Garde der Dozenten, die sich nie die Mühe gemacht hatten, einen Doktortitel zu erwerben). Mr. Pusey besaß umfassende Kenntnisse über die Zoologie der Wirbeltiere und eine tiefe Weisheit. In einer Vorlesung, die ein wahrer Rundumschlag war, überzeugte er uns davon, dass alle Besonderheiten im Körperbau eines Frosches auf eine einzige Tatsache zurückzuführen sind: Frösche springen. Er hatte den ältesten bekannten fossilen Frosch untersucht, der damals *Protobratrachus* hieß und heute weniger anschaulich *Triadobatrachus* genannt wird (*batrachos* ist das griechische Wort für »Frosch«). Dieses Tier hatte einen langen Rücken und einen kurzen Schwanz, was insgesamt etwa 26 Wirbel ergab. Bei heutigen Fröschen ist die Zahl der Wirbel geringer. Manche Salamander bringen es fast auf 60, aber das ist selten, und alle besitzen mehr Wirbel als jeder Frosch. Die kurze Wirbelsäule der Frösche ist eines der vielen Symptome einer evolutionären Verschiebung vom wellenförmigen Gang eines »Fisches an Land« hin zum energischen Springen.

Nach der Denkschule, zu der auch Mr. Pusey sich bekannte, erhält man einen Frosch, wenn man einen Salamander nimmt und alle Körperteile umfassend zum Springen zweckentfremdet. Genau wie die Vögel, die später aus den Dinosauriern hervorgingen und wegen ihrer spezialisierten, fliegenden Lebensweise in ihrem ganzen Körperbau grundlegend anders wurden, so entsprangen auch die Frösche sowohl buchstäblich als auch im übertragenen Sinn aus den Salamandern und wurden wegen ihrer speziellen, springenden Lebensweise ganz anders.

Zugegeben, manche Frösche springen nicht mehr, sondern sie kriechen. Dennoch weist ihr Körper alle Merkmale dafür auf, dass er fürs Springen gebaut ist, und die kriechenden Formen stammen offensichtlich von Vorfahren ab, die noch vor recht kurzer Zeit springen konnten. Solche sekundären, kriechenden Formen nennt man häufig Kröten, aber das Wort ist kein genauer zoologischer Begriff. Ich bezeichne sie alle als Frösche und betrachte Kröten als Frösche, die das Springen aufgegeben haben und stattdessen kriechen. Ebenso gibt es für Tiere aus der Ordnung der Urodela zwei Wörter: »Salamander« und »Molche«, wobei man als »Molche« häufig eine Untergruppe der Salamander bezeichnet. In meinem Zusammenhang gebe ich mich hier damit zufrieden, alle »Salamander« zu nennen.

Bei einem Salamander sind Vorder- und Hinterbeine ungefähr gleich groß, wie es für das Gehen passend ist, nicht aber für das Springen. Außerdem sind die Beine der meisten heutigen Salamander recht klein. Ein Frosch dagegen hat gewaltige Hinterbeine. Auch der Beckengürtel von Fröschen ist ungewöhnlich groß und stark, sodass er die großen, muskulösen Beine stützen kann. Sehen wir uns beispielsweise die Beckenknochen des Rotohrfrosches *Hylarana erythraea* an, der in der Mitte von Haeckels Bild aufwärts springt. Sein Beckengürtel ist durch ein unter Fröschen einzigartiges Scharniergelenk mit dem kurzen, starren Rückgrat verbunden. Dieses »Iliosakralgelenk« ist geknickt, wenn der Frosch sitzt. Im Sprung streckt es sich und trägt so zur Vortriebskraft der Beine bei. In unserem Becken geschieht natürlich nichts Vergleichbares.

Wenn ein Salamander oder auch eine Eidechse geht, bewegen

sich die gegenüberliegenden Beine abwechselnd nach vorn. Wenn ein Frosch springt, ist es wichtig, dass beide Hinterbeine sich gleichzeitig abstoßen. Die Vorderbeine sind am Sprung nicht beteiligt, nehmen aber die Belastung bei der Landung auf, und der Schultergürtel ist in verschiedener Hinsicht darauf eingestellt, den Stoß wegzustecken. Es ist ein erheblicher Stoß, denn ein Frosch kann viel weiter springen, als man es bei einem Tier seiner Größe erwarten würde. Weiter sogar, als eine gewöhnliche Muskelkontraktion es bewerkstelligen könnte. Der Goliathfrosch soll drei Meter weit springen können, das ist ungefähr das 10-Fache seiner Körperlänge. Der zutreffend benannte australische Raketenfrosch schafft sogar das 50-Fache der eigenen Körperlänge. Wie ist das möglich? Neben den starken, muskulösen Beinen nutzen Frösche auch das Prinzip der Energie, die wie in einem Katapult in einer gedehnten, elastischen Substanz gespeichert ist. Eine Zwille schleudert einen Stein schneller und weiter, als ein Wurfarm es jemals erreichen kann. Muskeln übertragen die Energie aus der Nahrung und verwandeln sie in Bewegungsenergie. *Leistung* ist definiert als Energie je Zeiteinheit, und Leistung braucht man, um entweder einen Stein oder ein anderes Geschoss schnell und weit voranzutreiben oder um über eine große Entfernung zu springen. Wenn ein Junge langsam und ohne große Anstrengung das Gummiband einer Steinschleuder in die Länge zieht, wird die Energie seiner Muskeln in dem gedehnten Gummi *gespeichert*. Lässt er dann das Gummi los, wird die gesammelte Energie plötzlich in eine heftige Bewegung umgewandelt, und die verläuft viel schneller, als es seine werfenden Muskeln ohne Hilfe bewerkstelligen könnten. Die *Energie* der Schleuder stammt aus den Muskeln, aber ihre *Leistung* ist größer als die Leistung der Muskeln, weil das Gummi die Energie langsam sammelt und dann in kurzer Zeit freisetzt.

In den Hinterbeinen eines Frosches liegen gut entwickelte Muskeln, aber der Frosch könnte nicht annähernd so weit springen, gäbe es nicht das Prinzip der elastischen Speicherung. Berechnungen zufolge ist die Leistung im Sprung eines Frosches sieben- oder achtmal so groß wie die tatsächliche Leistung seiner Muskeln. Die Muskelenergie wird in einer elastischen Sehne gespeichert. Den gleichen Trick mit einer elastischen Sehne nutzen auch Kängurus, nur mit dem Unterschied, dass sie den Zyklus rhythmisch wiederholen, wenn sie mit hoher Geschwindigkeit vor sich hin hüpfen. Der Sprung eines Frosches ist dagegen häufig ein einmaliges Ereignis. Die im Verhältnis zu ihrer Größe auffälligsten Springer sind jedoch die Insekten, insbesondere Flöhe und Zwergzikaden, und auch sie bedienen sich des Prinzips der Schleuder. Die Substanz, die sich bei den Insekten zur Speicherung von Energie entwickelt hat, heißt *Resilin*. Was die Elastizität angeht, ist Resilin sogar besser als Gummi. Mit Resilin als elastischem Speicher für Muskelenergie kann ein Floh bis zum 60-Fachen seiner eigenen Größe in die Höhe springen. Dies wurde ein wenig irreführend mit einem Menschen verglichen, der über die Kathedrale von Salisbury springen würde.[19] Ähnlich hoch springt auch die Käferzikade *Issus*, die ihre Muskelenergie ebenfalls in Resilin speichert. Unterstützt wird ihre Leistung dadurch, dass die beiden Sprungbeine durch ein Zahnradgetriebe verbunden sind, sodass sie sich buchstäblich gleichzeitig abstoßen. Nach Angaben von Malcolm Burrows, der die erstaunlichen Zahnräder entdeckte, treibt das gleichzeitige, vom Resilin angetriebene explosive Abstoßen der beiden Beine das Insekt mit einer Beschleunigung von 500 *g* vorwärts. Wie er betont, würden Sie und ich bereits bei 5 *g* ohnmächtig werden.

Zahnräder gibt es bei Fröschen nicht. Aber wie ich bereits erwähnt habe, bewegen sich ihre beiden Hinterbeine gemeinsam – das ist eine der vielen Anpassungen, die ich mit meiner Bemerkung meinte, ein Frosch sei ein zum Springen umgestalteter Salamander. Die Gleich-

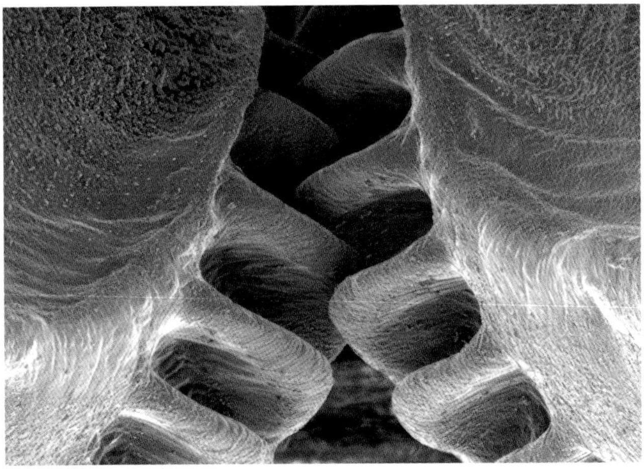

Die Zahnräder, die den Sprung der Käferzikade Issus *antreiben.*

zeitigkeit ist zweifellos weniger vollkommen als bei der Käferzikade, wo sie durch ineinandergreifende Zacken bewerkstelligt wird, aber hilfreich ist sie dennoch.

Der Harlekin-Flugfrosch *Rhacophorius pardalis* verbessert seine Sprungfähigkeit auf andere Weise: mit Hilfe der Aerodynamik. Dies hat ihm den Namen »Flugfrosch« eingebracht. In der Abbildung auf der nächsten Seite fällt auf, welche großen Häute sich zwischen den Fingern der Vorder- und Hintergliedmaßen spannen. Dieser Baumfrosch setzt zum Sprung an und kommt erst nach mehr als 15 Metern wieder zum Stillstand! Mit seinen vergrößerten, mit Flughäuten versehenen Füßen gleitet er von einem hohen Baum herab und vollzieht eine sanfte Landung. Gleiten ist nicht das Gleiche wie Fliegen, aber es bietet einen beeindruckenden Vorteil gegenüber den ohnehin bereits beachtlichen Sprüngen eines gewöhnlichen Frosches. Zur gleichen Gattung gehört auch der Wallace-Flugfrosch *Rhacophorus nigropalmatus*, der ebenfalls in den Wäldern Südostasiens zu Hause ist. Bemerkenswerterweise hat sich die gleiche Verhaltensweise un-

Harlekin-Flugfrosch

abhängig – durch konvergente Evolution – auch bei den nicht näher verwandten, in der Neuen Welt heimischen Laubfröschen der Familie Hylidae entwickelt.

Aus reinem Interesse entschloss ich mich, die Fläche der Tragflächen eines Harlekinfrosches zu vermessen, und am praktischsten erschien es mir, dazu Haeckels eigene Zeichnung zu verwenden, denn darin sind die Füße bequem unmittelbar von oben zu erkennen. Ich vermaß die Fläche der Flughäute als Reihe von Vielecken (grün). Anschließend wollte ich die Fläche der Flughäute an den Füßen des »Flugfrosches« mit den entsprechenden Flächen bei einer Fledermaus – ihren Flügeln – vergleichen; auch dazu nahm ich die Messung in Haeckels Gemälde vor. Die einzige Fledermaus in seinem Bild, die ihre Flügel ausgestreckt hat, ist das Braune Langohr *Plecothus auritus*. Hier ermittelte ich die Flügelfläche als Summe von zehn Vielecken. Die Millimeter auf Haeckels Seiten sind natürlich willkürliche Einheiten. Für jedes der beiden Tiere dividierte ich die Werte durch die Gesamtlänge des Körpers (ohne den Schwanz), die ich als Standardeinheit »bod« benutzte. Bei der Flügelfläche der Fledermaus ergaben sich 3,7 Quadratbod, bei dem Flugfrosch hatten die Flughäute eine Fläche von 0,4 Quadratbod. Was die Tragflächen angeht, ist die Fledermaus also um das Neunfache im Vorteil. Das ist nicht verwunderlich. Fledermäuse fliegen tatsächlich. Die sogenannten Flugfrösche tun das nicht. Sie gleiten nur allmählich abwärts. »Das Neunfache« ist eigentlich keine wissenschaftlich besonders sinnvolle Aussage. Sie hängt stark davon ab, welche Standardeinheit wir wählen. Meine war das bod, aber das war eine willkürliche Entscheidung.

Wie könnte sich die Gewohnheit der »fliegenden« Frösche in der Evolution aus einem gewöhnlichen Frosch entwickelt haben? Ein gutes Beispiel für einen solchen gewöhnlichen Frosch ist der Rotohrfrosch (in Haeckels Abbildung unterhalb der Mitte), und seine Zehen sind bei Haeckel auch in einem bequemen Winkel ausgerichtet. Die Zehen haben eine mittlere Länge von 0,24 bod. Die entsprechende Zahl für den Harlekinfrosch lautet 0,29 und ist damit annähernd gleich. Der wichtigste Unterschied besteht darin, dass der Rotohrfrosch zwischen den Zehen nahezu keine Häute trägt. Wie schwierig wäre es also, bei einem Frosch solche Häute zwischen den Zehen wachsen zu lassen?

Die Antwort: Es ist tatsächlich ziemlich einfach. In einem gewissen Sinn muss sogar etwas geschehen, damit die Zehen *nicht* durch Häute verbunden sind. Zu den Vorgängen, durch die ein Embryo während seiner Entwicklung seine Form erhält, gehört die »Apoptose«, der programmierte Zelltod. Das Ganze ist eine Art Bildhauerei. Michelangelo machte mit seinem Meißel eigentlich auch nichts anderes, als aus einem Marmorblock die Teile, die nicht zu David gehörten, zu entfernen, oder? Wirbeltierembryonen tragen im Allgemeinen Häute zwischen Fingern und Zehen. Bei den meisten Arten einschließlich des Menschen werden sie durch Apoptose entfernt. Bei Enten, Ottern und vielen Wasservögeln, aber auch bei im Wasser lebenden Säugetieren ist die Apoptose zurückgedrängt, und das Ergebnis sind Füße mit Häuten, die sich gut zum Schwimmen eignen. Kröten der Familie Pipidae leben sowohl als Kaulquappen als auch im ausgewachsenen Stadium ausschließlich im Wasser und haben an den Hinterfüßen ganz ähnliche Schwimmhäute wie ein Flugfrosch. Der wichtigste Unterschied besteht darin, dass die Hände an den Vordergliedmaßen im Gegensatz zu den Flugfröschen keine Häute tragen. Das ist nicht verwunderlich, denn diese Kröten erzeugen den

Vortrieb größtenteils durch energische Tritte mit den großen Hinterbeinen – und die waren zuvor an das Springen an Land angepasst.

Der einzige Frosch, den Haeckel im Sprung festhielt, ist der bereits erwähnte Rotohrfrosch *Hylarana erythraea*. Er springt nicht aufs Geratewohl. In Haeckels Abbildung zielt er eindeutig auf ein Insekt und lässt die Zunge herausschießen, um es zu fangen. Wenn ein bewegliches Insekt in seine Reichweite kommt, wendet ein Frosch ihm im typischen Fall das Gesicht zu und schleudert dann seine lange, klebrige Zunge heraus. »Lang« ist vorsichtig ausgedrückt, und »klebrig« ist zu einfach. Die Länge der Zunge macht einen beträchtlichen Anteil der gesamten Körperlänge des Frosches aus. Und »klebrig« ist nicht gleichbedeutend mit Klebstoff. Sie ist vielmehr »reversibel adhäsiv«. Das Ganze wurde mit einem Kaugummi verglichen, oder mit bestimmten Sorten von Farbe. Sie wird dünnflüssiger, wenn man sie mit hoher Geschwindigkeit bewegt. Die Zunge schießt sehr schnell heraus und bedient sich dabei einer Version des bereits erörterten Prinzips der Schleuder in Verbindung mit einer Version des Prinzips, nach dem man einen Apfelsinenkern wegschnippen kann. Der »Kern« ist dabei ein steifer Mittelabschnitt, der von umgebenden Muskeln zusammengequetscht wird. Den gleichen Kunstgriff benutzen übrigens auch die Chamäleons mit ihrer noch längeren Zunge. Durch den schnellen Impuls der Zungenspitze wird der Speichel des Frosches weniger viskos, das heißt dünnflüssiger. Das weiche, feuchte Ende der Zunge hat eine große Oberfläche, die das Insekt einhüllt, und der Speichel dringt in alle Winkel des unglückseligen Opfers vor. Zieht der Frosch die Zunge dann langsamer als beim Hinausschnellen wieder zurück, wird der Speichel dickflüssiger und klebriger – reversibel adhäsiv. Befindet sich die immer noch auf der Zunge klebende Beute dann sicher im Maul – und zwar weit drinnen, viel weiter, als man eine Zungenwurzel verorten würde –, stößt der

Frosch ein übertriebenes Rülpsen aus, bei dem die Augen fast im Kopf verschwinden. Dies kann sich zwei- oder dreimal wiederholen und wirkt wie ein pantomimisch-komischer Ausdruck der Befriedigung. In Wirklichkeit hat es vermutlich den nützlichen Effekt, das Insekt zu zermalmen, als hätte der Frosch Zähne (die ihm in Wirklichkeit fehlen). Außerdem könnte es dazu dienen, die Zunge wieder weniger klebrig zu machen, sodass das Insekt sich von ihr löst und geschluckt werden kann.

Übrigens wissen wir auch eine Menge über die visuellen Lenkungsmechanismen, die das Beutefangverhalten der Frösche bestimmen. Sie sehen nicht wie wir. In unseren Augen gibt es eine Sehgrube (*Fovea centralis*), einen kleinen Abschnitt der Netzhaut, in dem die lichtempfindlichen Zellen besonders dicht stehen. Dort findet unser gesamtes detailliertes Sehen und natürlich auch das Lesen statt. Die Dinge, die außerhalb der Fovea ablaufen, nehmen wir zwar wahr, aber nur unscharf. Insbesondere wenn sich etwas bewegt. Bei Fröschen gibt es die Sehgrube nicht. In ihrer Netzhaut sind alle Abschnitte mehr oder weniger gleich. Der Frosch sieht im Wesentlichen nur Objekte, die sich relativ zu ihrem Hintergrund bewegen. Er würde verhungern, wenn er von Nahrung umgeben wäre, die stillsteht. Seine häufigste Beute sind Insekten, aber größere Ochsenfrösche können auch Vögel, Mäuse, Eidechsen, Taranteln und andere Frösche fressen. Im Rahmen dieser Beschreibung werde ich davon ausgehen, dass in der Regel Insekten die Beute sind.

Die lichtempfindlichen Zellen verteilen sich also bei Fröschen anders als bei uns gleichmäßig über die gesamte Netzhaut. Verknüpft sind sie (wie bei uns) mit *Ganglienzellen*. Bei Wirbeltieren liegt der Zellkörper der Ganglienzellen in der Netzhaut, und zwar erstaunlicherweise näher am Licht als die lichtempfindlichen Zellen: Demnach muss das Licht sie durchdringen, bevor es die eigentlichen

Sinneszellen erreicht. Wie andere Nervenzellen so besitzen auch die Ganglienzellen »Axone«, lange, dünne Fortsätze, die Nervenimpulse übertragen. Die Axone laufen über die Oberfläche der Netzhaut, durchdringen sie und bilden dann den Sehnerv, der die Information vom Auge zum Gehirn überträgt. Wie alle Nervenzellen liefern sie Informationen mittels getrennter Nervenimpulse, die an der Wand des Axons entlangwandern. Dabei bewegt sich streng genommen kein elektrischer Strom. Das Ganze ähnelt mehr einem Streifen aus Schießpulver, der an einem Ende angezündet wird und dann nach und nach abbrennt. Zwischen Innen- und Außenseite der Axonwand besteht ein Spannungsunterschied. Ein Nervenpuls ist eine wandernde Welle, in der sich dieser Unterschied umkehrt. Die Höhe der Welle (die der Höhe des Wellenkamms entspricht) ist festgelegt oder trägt jedenfalls keine Information. Diese wird vielmehr durch die Häufigkeit übermittelt, mit der sich die Wellen wiederholen. Sie schwankt zwischen einem sporadischen Tick … Tick … Tick und einem schnellen Maschinengewehrknattern.

Jede Ganglienzelle erhält Input von mehreren Hundert lichtempfindlichen Zellen; diese liegen in einem Abschnitt der Retina, der als *Feld* der betreffenden Ganglienzelle bezeichnet wird. Mit sehr feinen Elektroden kann man schmerzlos die Impulse von einzelnen Ganglienzellen ableiten, aber auch von der Sehrinde (dem Teil des Froschgehirns, zu dem die Nervenzellen des Sehnervs laufen) und anderen Gehirnteilen. Mehrere Neurobiologen haben solche Versuche angestellt und sind dabei zu faszinierenden Ergebnissen gelangt. Ein berühmter Aufsatz von J. Y. Lettvin und Kollegen trägt den Titel »What the frog's eye tells the frog's brain« (»Was das Froschauge dem Froschgehirn sagt«). Ich möchte nur einige bemerkenswerte Befunde erwähnen. Zunächst einmal sind die einschlägigen Zellen im Gehirn geordnet verteilt: Sie bilden eine *Landkarte* (oder eigentlich mehrere Landkarten) der Netzhautzellen, von denen sie gespeist werden. Nun kann man fragen: Wie schaffen es die Axone im Sehnerv, die von den Ganglienzellen der Netzhaut ausgehen, sich mit der richtigen Stelle auf der Landkarte im Gehirn zu verbinden? Die (stark vereinfachte) Antwort lautet: Während der Embryonalentwicklung »erschnuppert« jede Nervenfaser durch eine Art chemische Affinität ihren richtigen Bestimmungsort in der Gehirn-Landkarte.

Das allgemeine Prinzip des »Erschnupperns«, also der chemischen Richtungsbestimmung, wurde schon vor langer Zeit im Labor des Biologen und Nobelpreisträgers Roger Sperry anschaulich nachgewiesen. Auch er benutzte Frösche. Kitzelt man einen Frosch auf dem Rücken, wischt er mit einer seiner Extremitäten über die Stelle. Das ist vielleicht eine normale Reaktion, wenn ein Insekt auf der Haut landet. Und wenn man den Bauch kitzelt, wischt er sich über den Bauch. Sperry und seine Kollegen entfernten ein kleines quadratisches Stück Haut vom Rücken und ein zweites, ebenso großes Stück vom Bauch. Beide waren vollständig vom Körper gelöst, eine Verbindung bestand nicht mehr. Dann verpflanzten sie die Haut vom Rücken auf den Bauch und die Haut vom Bauch auf den Rücken. Die Rückenhaut mit ihrer Tarnfärbung war auf dem Bauch als dunkler Abschnitt zu erkennen wie eine Briefmarke. Die Bauchhaut behielt auch auf dem Rücken, weit weg von ihrem normalen Platz, ihre helle Farbe. Jetzt kommt das erstaunliche Ergebnis. Als die Wissenschaftler später den dunklen Rückenhautabschnitt an seiner neuen Position auf dem Bauch kitzelten, wischte der Frosch sich über den Rücken, wo die Haut gewesen wäre, wenn man sie nicht transplantiert hätte. Das Umgekehrte geschah, wenn sie das helle Stück Bauchhaut auf dem Rücken kitzelten. Es war, als »wüssten« die Hautstücke, wo sie »eigentlich hingehörten«. Dies kann nur eines bedeuten: Wenn die Sinnesnerven aus dem Rückenmark heranwachsen, »riechen« sie irgendwie, welches Hautstück sie versorgen »sollten«. Nerven, die nach Rückenhaut suchten, fanden es nach der Verpflanzung an der neuen Position. Und Nervenenden, die nach Bauchhaut suchten, orientierten sich in Richtung des Stückes, das sich jetzt auf dem Rücken befand. Es musste also irgendeine – vermutlich chemische – Anziehung zwischen den einzelnen wachsenden Nervenfasern und den kleinen Hautstücken bestehen, die ihr richtiges Ziel waren.

Die Netzhaut des Frosches teilt dem Gehirn nicht passiv mit, mit welcher Intensität das Licht auf ihr Feld fällt. Vielmehr läuft in der Netzhaut eine eindrucksvolle Menge an Berechnungen ab, bevor irgendetwas an das Gehirn weitergegeben wird. Dies wurde in klassischen Versuchen wiederum von Jerry Lettvin und seinen Kollegen nachgewiesen. Sie setzten einen Frosch unter eine graue, halbkugelförmige Kuppel. Auf der Innenseite der Kuppel wurden verschiedene Gegenstände mit Hilfe von Magneten von außen bewegt. Gleichzeitig zeichneten feine Elektroden den plappernden Output der einzelnen Ganglienzellen auf. Natürlich reagierte jede einzelne Zelle nur dann, wenn das Bild des Objekts sich in ihrem eigenen Feld befand. Das ist die Bedeutung von »Feld«. Wie sich herausstellte, gibt es in der Netzhaut fünf Typen von Ganglienzellen, die jeweils Informationen eines anderen Typs übermitteln. Die interessantesten derartigen Zellen reagieren nur auf bewegte, konvex gebogene Objekte und erhielten deshalb den Spitznamen »Käferdetektoren«. Offenbar benötigt der Frosch kein Gehirn, um ein sich bewegendes Insekt zu erkennen. Zellen, die in der Netzhaut selbst liegen, sagen dem Gehirn nicht »Hier ist eine Zahl X von Photonen«, sondern »Hier bewegt sich ein Insekt«.

Themawechsel. Wie wir in mehreren Geschichten erfahren haben, gibt es in der Fortpflanzung der Tiere eine häufige Gesetzmäßigkeit: Der Lebenslauf gliedert sich in zwei Formen, die Larve und das ausgewachsene Tier; sie sehen sehr unterschiedlich aus, ernähren sich unterschiedlich und haben eine unterschiedliche Lebensweise. Denken wir nur an die Raupe, die kriecht und Blätter frisst, um sich dann durch Metamorphose in einen Schmetterling zu verwandeln, der fliegen kann und sich von Nektar ernährt. Die meisten Meerestiere, die im ausgewachsenen Stadium mehr oder weniger fest an einen Ort am Meeresboden gebunden sind, verbreiten sich durch Larven, die zum Plankton gehören und ebenfalls meist in nichts der ausgewachsenen Form gleichen. Anders als wir werden solche Tiere nicht erwachsen, indem sie größer werden. Vielmehr machen sie eine umfassende Veränderung durch, die man Metamorphose nennt. Wie in der Geschichte der Seescheide bereits erwähnt wurde, war Haeckel in hohem Maße an den Kontroversen um die Bedeutung der Larvenformen für die Evolution beteiligt.

Natürlich haben eine vegetarisch lebende, schwimmende Kaulquappe mit Kiemen und der Insekten fressende, hüpfende, mit einer Lunge ausgestattete Frosch, der daraus hervorgeht, dasselbe Genom – schließlich handelt es sich um dasselbe Individuum. Die Pflanzen fressende, wurmähnliche Raupe und der fliegende, Nektar schlürfende Schmetterling besitzen exakt dieselbe Genausstattung. Wie kann ein und dasselbe Genom zwei so unterschiedliche Körper mit radikal unterschiedlicher Lebensweise hervorbringen? Die Antwort: In demselben Genom wird bei der Metamorphose eine ganz neue Garnitur von Genen (Froschgene, Schmetterlingsgene) eingeschaltet. Gleichzeitig wird eine andere Gengarnitur (Kaulquappengene, Raupengene) inaktiviert. Ein Mysterium ist das eigentlich nicht. Oder wenn es eines ist, dann ist es nicht größer als das Mysterium, wie sich ein beliebiges Tier überhaupt aus einer Eizelle entwickeln kann.

Das Genom ist keine Blaupause, kein Grundriss des Körperbaus eines erwachsenen Tieres. Es ist vielmehr ein Programm, ein Rezept, eine Folge von Anweisungen, die genau in der richtigen Reihenfolge zu befolgen sind. Im Laufe der Entwicklung werden verschiedene Gene ein- und andere ausgeschaltet. Wir Säugetiere sind zu Beginn unseres Lebens Parasiten unserer Mutter. Damit man ein leistungsfähiger Parasit wird, braucht man besondere parasitische Eigenschaften. Parasitengene müssen eingeschaltet werden, Gene, die später, am Ende der Parasitenphase, ihre Aktivität wieder einstellen. Junge Amseln sind die Sklaventreiber ihrer Eltern, die ihnen mit Händen und Füßen (oder vielmehr mit Schnabel und Flügeln) aufwarten. Die Gene für diese Rolle, für diese vorübergehende Lebensweise, werden nur eine Zeit lang eingeschaltet. Dazu gehören Gene zur Herstellung eines großen, leuchtend gefärbten, aufgesperrten Schnabels, und der unterscheidet sich völlig von dem schlanken Schnabel, den der Vogel später braucht, um selbst zu picken. Das gleiche Prinzip gilt in noch größerem Umfang im Fall der Trennlinie zwischen Kaulquappe und Frosch. Und in sehr großem Umfang gilt es für die unterschiedlichen Lebensweisen von Raupe und Schmetterling.

Im Laufe ihrer Evolution war die Metamorphose zunächst ein allmählicher Übergang, bei dem Gene in geordneter Reihenfolge ein- und ausgeschaltet wurden. Später, als die aufeinanderfolgenden Entwicklungsstadien sich zunehmend in der Art und Weise unterschieden, wie sie sich durchs Leben schlugen, wuchs der Druck zugunsten einer eher abrupten Metamorphose, bei der eine große Zahl von Larvengenen aus- und eine große Zahl von Erwachsenengenen eingeschaltet wurde – und das alles gleichzeitig. In der Geschichte der Eidechse lautete eine zentrale Aussage: Du kannst nicht gleichzeitig hervorragend galoppieren und virtuos nach Art eines Kängurus hüpfen. Einen effizienten Mittelweg gibt es nicht. Du musst dich auf eines festlegen. In der Geschichte der Schildkröte war es genauso. Man kann sich in einem gepanzerten Gehäuse verkriechen oder davonrennen wie eine Antilope. Aber man sollte nicht versuchen, beides zu tun. Auch hier muss man sich entscheiden. In der Evolution der Metamorphose stand ein Individuum unter dem Druck, sich in jedem Augenblick auf eine der beiden Lebensweisen festzulegen – und das bedeutete in diesem Fall, dass die Übergangszeit, in der man verletzlich war, so weit wie möglich verkürzt wurde.

In zwei Dritteln der Welt fährt man auf der rechten Straßenseite, in einem Drittel auf der linken. Beide Systeme funktionieren, aber wer überleben will, muss sich auf eines von beiden festlegen. Im Jahr 1967 entschied sich Schweden, vom Links- zum Rechtsverkehr zu wechseln. Der Zeitpunkt des Übergangs war natürlich mit Gefahren verbunden. Am »Dagen H« (»H-Tag«), dem 3. September 1967, war zwischen 4:30 Uhr und 5 Uhr morgens jeglicher Straßenverkehr verboten, weil man ein gefährliches Durcheinander vermeiden wollte. Bis 4:30 Uhr fuhr man in Schweden links, nach 5 Uhr rechts. Die dazwischenliegende halbe Stunde am Dagen H war eine erzwungene Metamorphose, eine umfangreiche Operation, in deren Verlauf man Verkehrsschilder versetzte, Straßenmarkierungen neu zeichnete und so weiter.

In der Evolution der Schmetterlinge gab es irgendwann einen Zeitpunkt, an dem die allmähliche Abweichung zwischen der jugendlichen und der ausgewachsenen Lebensphase nicht mehr zu überbrücken war. Dies sorgte für Druck in Richtung einer radikalen Metamorphose, einer vollständigen Festlegung auf die Raupen-Lebensweise vor der Metamorphose und das ausschließliche Schmetterlingsdasein danach. Wie das halbstündige Fahrverbot in Schweden, so erzwingt auch die Embryonalentwicklung der Schmetterlinge während einer abgegrenzten Phase des großen Übergangs eine Aussetzung aller Aktivitäten. Die Schmetterlingsversion des Dagen H bezeichnet man als Verpuppung. Die Raupe zieht sich in eine Puppe zurück. Wie in Schweden an jenem bedeutsamen Tag, so kommt die Fortbewegung auch bei ihr zum Stillstand. Raupengene werden aus- und Schmetterlingsgene werden eingeschaltet. Das Fleisch der fetten Raupe, das über Wochen durch umfangreichen Blätterverzehr aufgebaut wurde, löst sich zum größten Teil auf und wird unter der Regie einer ganz neuen Genausstattung zu einem Schmetterlingskörper wieder zusammengesetzt. Diese Gene für das ausgewachsene Stadium waren die ganze Zeit da und warteten den Dagen H ab.

Eine Lebensgeschichte, zu der das vollständige Puppen-Zwischenstadium zwischen Larve und ausgewachsenem Tier gehört, bezeichnet man als *holometabol*. Holometabole Insekten sind unter anderem Käfer, Schmetterlinge, Wespen und Fliegen. *Hemimetabole* Insekten wie Heuschrecken, Wanzen, Libellen, Fangschrecken und Schaben verpuppen sich nicht. Sie durchlaufen eine Reihe unreifer Stadien, die man als *Nymphen* bezeichnet und die im Laufe einer Reihe von Häutungen immer stärker wie die ausgewachsene Form aussehen. In der Evolution sind holometabole Insekten nach heutiger Kenntnis aus hemimetabolen Vorfahren entstanden. Vermutlich haben sich die Lebensweisen von ausgewachsenen Tieren und Nymphen in der Evolution allmählich auseinanderentwickelt. Libellennymphen zum Beispiel leben wie Kaulquappen im Wasser. Wenn die Abweichung in einem einzelnen Individuum mit fortschreitender Evolution untragbar wird, wird eine vollständige, radikale Metamorphose notwendig.

Die Einführung eines Zwischenstadiums der Verpuppung verschaffte der Nymphe die Freiheit, zu einer Larve zu werden, deren Lebensweise sich von der des erwachsenen Tieres grundlegend unterschied. Und das erwachsene Tier, das von der Bürde des intensiven Fressens und Wachsens befreit war, konnte sich nun ganz auf die Fortpflanzung konzentrieren.

Der Wortschatz aus der Insektenkunde lässt sich auf Kaulquappen und Frösche nicht anwenden. Die Metamorphose umfasst radikale Veränderungen vieler körperlicher Eigenschaften der Kaulquappe und läuft recht schnell ab, aber eine Entsprechung zu dem vollständigen »Dagen H«-Rückzug der Schmetterlingspuppe gibt es nicht. Bei verschiedenen Froscharten verläuft sie außerdem ziemlich unterschiedlich. Manche kommen vollkommen ohne die frei schwimmende Kaulquappe aus. Hin und wieder findet man bei Fröschen auch Brutpflege. Ein passendes Symbol für die elterliche Fürsorge ist der Frosch links in Haeckels Bild, auf dessen Rücken zwei Reihen von jeweils sechs Kaulquappen mit militärischer Präzision aufgereiht sind. Was die Identität dieses Frosches angeht, bin ich unsicher. Haeckel beschriftete ihn mit *Hylodes lineatus*, was gleichbedeutend mit *Craugastor lineatus* ist, aber die Benennung stimmt nicht. *Craugastor* trägt im Gegensatz zu dem Frosch auf dem Bild keine Kaulquappen auf dem Rücken. Andere Fachleute erklären, er habe überhaupt keine Kaulquappen. Er legt seine Eier an Land ab, und aus ihnen schlüpfen schließlich direkt kleine Fröschchen. Eine geringfügige Form von Brutpflege an Land besteht darin, dass das ausgewachsene Tier auf die Eier uriniert, um sie feucht zu halten. Das andere Extrem ist die vollständig ausgeprägte Lebendgeburt. Manche Froscharten sind im Magen trächtig, andere in der Schallblase, einem ballonförmigen Resonanzraum am Hals, mit dem Froschmännchen ihr Quaken verstärken.

Ein Frosch kommt wahrscheinlich heraus, wenn man einen Salamander nimmt und so abwandelt, dass er springen kann. Aber nachdem die Entwicklung der Frösche einmal ihren Anfang genommen hatte, verzweigte sie sich in alle möglichen unwahrscheinlichen Richtungen. Das Gleiche, so nehme ich an, könnte man auch über diese Geschichte sagen. Vielleicht sogar über die meisten meiner Geschichten?

EPILOG

Als ich zur Schule ging, schrieben wir am Ende unserer Aufsätze in der Regel einen letzten Absatz, der mit »Wir sehen also« begann. Was für ein »Wir sehen also« kann ich für dieses Buch aufzeigen? Die Tatsache, dass ich in der Reihenfolge der 100 Bilder von Haeckels *Kunstformen der Natur* keine gezielte Ordnung erkennen kann, ist dabei nicht gerade hilfreich. Sie sind nummeriert, und doch scheint es, als würden sie zufällig aufeinander folgen. Manche Lieblingsgruppen von Haeckel, darunter die Strahlentierchen, werden mit vielen Bildern geehrt, die getrennt in verschiedenen Teilen des Buches auftauchen. Andere, so beispielsweise die Frösche, bekommen nur eine Seite. Meine Auswahl der 42 Tafeln aus Haeckels Galerie ist nicht zufällig. Ich habe Bilder ausgewählt, bei denen ich das Gefühl hatte, über die dargestellten Lebewesen etwas sagen zu können. In manchen Fällen fand ich eine natürliche Folgerichtigkeit von einer Geschichte zur anderen. Die Geschichten des Wurms, des Trilobiten und des Zehnfußkrebses beispielsweise bilden eine Reihe. Die Geschichte der Schnecke kann man nur im Anschluss an die Geschichte des Ammoniten verstehen. Dennoch kann ich nicht behaupten, ein solider thematischer Pfeil würde souverän von der ersten bis zur letzten der 42 Geschichten fliegen.

Als ich die Geschichten schrieb, war ich wieder einmal erstaunt darüber, auf welch verwickelten, komplizierten Wegen Tiere und Pflanzen ihr eigenes Überleben sicherstellen und letztlich auch das der Gene, von denen sie dazu veranlasst wurden. Denken wir nur an die Geschichten der Orchidee oder der Fledermaus. Denken wir daran, wie viel Mühe Kannenpflanzen darauf verwenden, sich neben ihrem Hauptgang aus Sonnenlicht und Kohlendioxid eine Beilage aus Stickstoff und Phosphor zu beschaffen. Durch alles Lebendige zieht sich eine fein abgestimmte, aber unbewusste Berechnung des wirtschaftlichen Gleichgewichts. Es ist ebenso fein im übertragenen Sinne ausbalanciert wie das buchstäblich ausbalancierte hydrostatische Gleichgewicht der Schwimmblase eines Kofferfisches. Diese Geschichten wecken unweigerlich geradezu ein Gefühl von Ehrfurcht vor der gezielten, konzentrierten Kraft der darwinistischen natürlichen Selektion. Im Unterschied zu seinen Vorgängern gelangt dieses Buch in einigen Geschichten zugleich aber zu einer anderen Sichtweise auf das Leben, nämlich zu dem »Strukturalismus« eines D'Arcy Thompson und anderer. Die beiden Sichtweisen widersprechen sich nicht, sondern sie ergänzen einander.

In der Geschichte des Kopffüßers zitiere ich den Ausspruch eines Kollegen: »Das hier sind die Marsbewohner.« Das Gleiche könnte man aber auch über die Seesterne sagen, die mit ihrem System von Wasserrohrleitungen hydraulisch ihre locker koordinierte Gemeinschaft von mehreren Tausend Saugfüßchen antreiben. Und trifft der Ausspruch über die Marsianer nicht ebenso auf die Schleimpilze zu, die hirnlos das Problem des Handlungsreisenden lösen? Oder auf die verborgenen Leistungen der Pilzhyphen im Wood Wide Web? Auf die entrückte platonische Geometrie der Strahlentierchen? Den Extremsport der Flechten? Die Zeitlupen-Gefräßigkeit einer Kannenpflanze oder die beinahe gewalttätige Verlogenheit einer Hammerorchidee? Die roboterhafte architektonische Genialität einer Spinne? Das Betäubungsmittel der Vertrautheit schläfert unsere Sensibilität ein: Wir sehen einfach nicht, wie wahrhaft erstaunlich ein Radnetz ist. Oder irgendeines meiner anderen Beispiele.

Biologen haben Spaß daran, über Marsianer zu staunen. Nicht buchstäblich über die Bewohner des Mars oder eines anderen außerirdischen Planeten. Dank H. G. Wells und anderer steht »Marsianer« stellvertretend für alle imaginären Außerirdischen. Mich würde es wundern, wenn es auf dem Mars oder irgendwo sonst in unserem Sonnensystem Leben gäbe. Der beste Kandidat, so erklärt meine Freundin Carolyn Porco, ist Enceladus, der sechstgrößte der 274 Monde des Saturn: Virtuell war sie an Bord der Raumsonde *Cassini* dort, aber es würde mich überraschen. Über das Universum verstreut, könnten viele Inseln des Lebens entstanden sein – zahlreich, aber vielleicht so weit auseinander, dass es aller Wahrscheinlichkeit widersprechen würde, wenn sie jemals zusammentreffen würden oder auch nur etwas voneinander wüssten.

Wie es oft heißt, haben wir nur von einem Leben eine Stichprobe: Leben 1.0 basiert auf DNA und Protein. Das hält uns aber nicht davon ab, begründete Spekulationen über die Eigenschaften von Leben im Allgemeinen anzustellen, und genau das ist am Ende meines Bestiariums angesichts der Geschichte des Genres mit seinen zoologischen Fantasien auch angemessen. Einen Chemiker zu fragen, ob Leben zwangsläufig auf Kohlenstoff basieren muss, ist völlig legitim. Eine bejahende Antwort ist kein Zeichen für unzureichende Fantasie. Sie kann aus rationalen Überlegungen erwachsen wie jenen, die mir der Chemiker und Nobelpreisträger Harry Kroto kurz vor seinem Tod anbot. Wir wissen bereits, dass Kohlenstoffatome die einzigen sind, die sich an der Hand nehmen und die großen, komplexen Moleküle aufbauen können, die für Leben notwendig sind. Nach dem gleichen Prinzip könnte man auch einen Schritt weitergehen und argumentieren, Proteinenzyme seien für die Ausführung der chemischen Lebensvorgänge unentbehrlich. Vermutlich müssen sie nicht aus dem gleichen Repertoire von 20 Aminosäuren bestehen, die unsere irdischen Proteine bilden. Ebenso muss es eine Art Genetik geben, und ich habe den Verdacht, dass sie digitaler Natur sein muss, um die notwendige hohe Übertragungsgenauigkeit zu erzielen. Aber DNA? Ist es wahrscheinlich, dass sie universell ist? Daran habe ich meine Zweifel, und mit Sicherheit wäre der genetische Code nicht der gleiche. Würden wir auf dem Mars eine Lebensform mit unserem genetischen Code finden, müsste es sich um ein Produkt der Kreuzkontamination über Meteoriten oder von Menschen gemachte Raumfahrzeuge handeln. Muss der Code eine eindimensionale Anordnung für die DNA sein, oder könnte es sich auch um eine zweidimensionale Matrix handeln? Die Frage ist offen.

An anderer Stelle habe ich die Ansicht vertreten, dass Leben darwinistisch sein muss, und ich werde die Argumentation hier nicht noch einmal wiederkäuen. Ein auffälliges Merkmal des Lebens auf unserem Planeten ist die Tatsache, dass es aus Zellen besteht. Große Lebewesen werden groß, indem sie die Zahl ihrer Zellen vervielfachen, in manchen Fällen bis in die Billionen. Die Zellen eines Elefanten sind nicht größer als die einer Maus. Es sind nur mehr. Viel mehr. Müssen große Körper aus vielen Zellen aufgebaut sein, oder ist dies ein besonderes Merkmal des Lebens auf der Erde? Ein nichtzellulärer Schleimpilz ist eigentlich keine große Ausnahme.

Die Tatsache, dass das gesamte Genom sich in jeder Zelle verdoppelt, obwohl der größte Teil nie abgelesen wird, bedeutet eine

Redundanz, über die jeder wirtschaftlich eingestellte Ingenieur sich wundern würde. Einen naheliegenden Grund, warum man dieses Merkmal bei Leben im Allgemeinen erwarten würde, gibt es nicht. Aber könnte es einen nicht naheliegenden Grund geben? Über solche Fragen denke ich gern nach, aber hier möchte ich das nicht tun. Stattdessen möchte ich auf einige besondere Merkmale des Lebens der Tiere zurückkommen, die ich in meinem Haeckel'schen Bestiarium vorgestellt habe, und fragen, wie wahrscheinlich es ist, dass sie unabhängig auch in außerirdischen Lebensformen entstehen könnten.

Die Geschichte des Kolibris handelt vor allem von sexueller Selektion, und die wird sich in einer Lebensform nur dann entwickeln, wenn es auch eine Entsprechung zu sexueller Fortpflanzung gibt. Ich bin nicht überzeugt davon, dass es einen allgemeinen Grund geben muss, mit der Entstehung von Sexualität zu rechnen. Sie könnte auch eine Besonderheit des Lebens auf unserem Planeten sein.

In der **Geschichte des Wurmes** und den beiden nachfolgenden Geschichten geht es um Segmentierung. Sie ist ein ausgesprochen gutes Konstruktionsprinzip, und deshalb sollte es uns nicht wundern, wenn wir sie auch auf einem anderen Planeten beobachten würden – obwohl viele Tierstämme bei uns sie nicht kennen. Allgemeiner gesagt, ist eine Modulkonstruktion wahrscheinlich ein allgemeines Prinzip.

Die Geschichte der Fledermaus: Fledermäuse bedienen sich nachts der Echolokation. Flussdelfine nutzen sie in trübem Wasser. Pottwale bedienen sich ihrer in der dunklen Tiefe. Fettschwalme orientieren sich mit ihr in Höhlen. Wenn ein Planet ständig in dichten Nebel gehüllt ist, kann man die Evolution von Echolokation vorhersagen. Eine Alternative, die sich unabhängig sowohl bei südamerikanischen als auch bei afrikanischen Fischen durch konvergente Evolution entwickelt hat, ist die Empfindlichkeit für elektrische Felder.

Wo Licht ungehindert scheint, ist die Evolution von Augen eine Art Selbstverständlichkeit. Die Physik erlaubt nur eine begrenzte Zahl von Möglichkeiten, wie ein Auge konstruiert sein kann. Michael Land, der Autor von *Eyes to See* beziffert sie auf neun, und alle hat man irgendwo im Tierreich gefunden. Wenn es anderswo makroskopische Lebensformen gäbe, wäre es eine echte Überraschung, wenn sie keine Augen hätten.

Die Geschichte des Seesterns: Hydraulisch betriebene Saugfüßchen sind etwas Seltsames, deshalb bezweifle ich, dass ein Science-Fiction-Autor auf sie gekommen wäre, wenn die wirklichen Seesterne und ihre Vettern nicht die Anregung geliefert hätten. Das Gleiche kann ich nach meinem Gefühl auch über die Videobildschirm-Haut sagen, die in der **Geschichte des Kopffüßers** beschrieben wurde.

Das Verhalten, über das ich in der **Geschichte des Schleimpilzes** berichtet habe, und das ähnliche Verhalten von Pilzmycel wurde möglicherweise unabhängig auch von Science-Fiction-Autoren erfunden, die nichts über die wirklichen Dinge wussten. Von solchen Sachen würde zumindest ich träumen, wenn ich noch nichts von Schleimpilzen wüsste und vor der Aufgabe stünde, mir eine vollkommen fremdartige Lebensweise auszudenken.

Die Geschichte der Flechte: Flechten sind bereits der Gegenstand eines Romans von John Wyndham, der zu meinen liebsten Science-Fiction-Autoren gehört.

Ich nehme an, dass es Leben auf anderen Planeten gibt, aber die statistische Argumentation, die für diese Überzeugung spricht, ist ein zweischneidiges Schwert. Wie bereits erwähnt, dürften die Inseln des Lebens selbst dann, wenn sie zahlreich sind, so weit voneinander entfernt sein, dass jede einzelne nie etwas über die andere erfährt. Was intelligentes Leben angeht, so werden Belege dafür – wenn es sie denn gibt – nicht in Form handfester Körper auftauchen, sondern als

Funksignale. Solche Signale können sich nämlich über einen großen, zunehmenden Einzugsbereich ausbreiten, physische Körper dagegen können jeweils nur an einen Ort reisen, und eine sehr hohe Wahrscheinlichkeit spricht dagegen, dass dieser eine Ort gerade der unsere ist.

Martin Rees hat darauf hingewiesen, dass intelligente biologische Entitäten wahrscheinlich viel früher aussterben werden als die von ihnen geschaffenen Artefakte und dass höchstwahrscheinlich diese Artefakte mit uns in Kontakt treten werden. Kontakt mit einer außerirdischen Zivilisation, ob biologisch oder künstlich, wäre die aufregendste wissenschaftliche Entdeckung, die ich mir vorstellen kann. Mit einem Schlag würden sich unsere Kenntnisse über die allgemeinen Prinzipien der Biologie nicht nur verdoppeln. Sie würden sich um Größenordnungen erweitern. Vorerst aber bietet das Leben auf diesem Planeten, die erstaunliche Vielfalt der Wege, auf denen Gene erhalten bleiben und weitergegeben werden, genug Wunder für zwei Lebenszeiten. Ich hoffe, meine Sammlung von Geschichten, dieses darwinistische Bestiarium, hat davon zumindest eine Ahnung vermittelt. Sofern man hier ein »Wir sehen also« ausmachen kann, dürfte es diese Erkenntnis sein.

ANMERKUNGEN

Die Endnoten habe ich für Informationen genutzt, die ich auch in den Haupttext hätte einfließen lassen können, wenn dort mehr Platz gewesen wäre.

1 Sir John Lubbock, später Lord Avebury (1834–1913), war ein einflussreicher Politiker, begeisterte sich für Wissenschaft und war Mitglied der Royal Society. Sir Joseph Hooker (1817–1911) war der führende Botaniker seiner Zeit, Direktor der Kew Gardens sowie ein enger Freund und Unterstützer Darwins.

2 Das stimmt nicht ganz. Herzmuscheln schwimmen, indem sie ihre beiden Schalenhälften zusammenklappen, sodass zwei Wasserstrahlen durch Öffnungen hinter dem Scharnier strömen. Es sieht komisch aus, als würden sie auf ihrem Weg durchs Wasser immer wieder zuschnappen. Salpidae schwimmen im Gegensatz zu anderen Seescheiden frei im Meer und sehen sogar ein wenig wie Düsentriebwerke aus. Sie nehmen Wasser am Vorderende auf und pumpen es hinten wieder hinaus, wobei sie sich wie mit einem Düsenantrieb langsam durchs Wasser bewegen. Aber nur Kopffüßer sind zu düsengetriebenen Höchstgeschwindigkeiten in der Lage, und für Kalmare gilt das ganz besonders.

3 Eine solche Lebensweise wird als Semelparität bezeichnet. Alle Lebewesen sind darauf programmiert, die Weitergabe ihrer Gene an zukünftige Generationen zu maximieren. Die meisten Säugetiere bedienen sich dazu der »Iteroparität«: Sie sind so programmiert, jedes Junge oder jeden Wurf zu entwöhnen und anschließend weiterzuleben, um sich erneut fortzupflanzen. Dabei halten sie im Interesse der zukünftigen Fortpflanzung bei jedem einzelnen Fortpflanzungsereignis etwas zurück. Semelpare Tiere wie der Atlantiklachs und die meisten Kopffüßer pflanzen sich nur einmal fort. Da sie den Vorgang nicht wiederholen, ist es sinnvoll, alles in den einen Fortpflanzungsakt

zu stecken. Für ein Leben nach der Fortpflanzung haben sie deshalb keine Reserven mehr, ja, ein Leben nach der Fortpflanzungsphase ist sogar sinnlos, und so sterben sie. Auf die Frage, welche Strategie die beste ist, gibt es keine allgemeine Antwort. Es hängt von den ökologischen Verhältnissen der jeweiligen Spezies ab. Wir können nur sagen: Wenn stichhaltige Gründe dafür sprechen, sich nur einmal fortzupflanzen, sind es auch stichhaltige Gründe, jung zu sterben. Und wenn stichhaltige Gründe dafür sprechen, jung zu sterben, sprechen auch stichhaltige Gründe dafür, sich nur einmal fortzupflanzen.

4 Ich habe es knapp verpasst, den Riesenkraken in freier Wildbahn zu sehen. Im Jahr 2012 rief mich der Wissenschaftswohltäter Ray Dalio an. Er lud mich ein, auf seinem Expeditionsschiff *Alucia* mitzufahren, um in japanischen Gewässern nach einem Riesenkraken zu suchen. Ich traf gerade zwei Tage zu spät auf dem Schiff ein, fand es aber dennoch spannend, an der Expedition teilzunehmen und die Begeisterung derer mitzuerleben, die ihn zwei Tage zuvor gesehen hatten. Dalio (2012).

5 Das »der« verwende ich bewusst. Zu jener Zeit an einer britischen Universität »Professor« zu sein, bedeutete in der Regel, dass man ein Institut leitete, in dem es demnach meist nur einen Professor gab. Heute sind wir alle Professoren, und die Küchen sind voller Küchenchefs.

6 Britische Leser werden wissen, was ich meine. Amerikanische Leser wissen nicht, was sie verpassen.

7 Eine fachliche Ergänzung: In der Embryologie kennt man während der Entwicklung eines Embryos drei Schichten oder »Keimblätter«: Ektoderm, Mesoderm und Endoderm. Alle Gewebe des Körpers lassen sich auf eine dieser drei Schichten zurückführen, und auch Stachelhäuter machen da keine Ausnahme. Die Aussagen über die Hox-Gene in dieser Geschichte beziehen sich nur auf das Ektoderm.

8 Auffällig ist die chirurgische Präzision der gebogenen Schnittkanten. Während die Kiefer der Ameise das Blatt durchschneiden, dreht sie den Körper. Der Radius des gebogenen Schnitts entspricht also ungefähr der Körperlänge der Ameise.

9 In *Der Ursprung der Arten* benutzte Darwin den Namen »Kambrium« nicht, denn der war damals noch nicht geprägt worden (im Glossar der sechsten Auflage taucht er allerdings auf). Er schrieb: »Mehrere der bedeutendsten Geologen mit Sir R. Murchison an der Spitze sind überzeugt, dass wir in den organischen Überresten der tiefsten Schichtung des Silur den Anbeginn des Lebens auf dem Planeten erkennen.« Mit der »tiefsten Schichtung des Silur« meinte er das, was wir heute Kambrium nennen.

10 Auch Chichewa genannt. Diese Bantu-Sprache ist weniger bekannt als das

Swahili und wird in Teilen von Sambia, Mosambik und Simbabwe, aber auch in Malawi gesprochen.

11 Anon (2018). Der Originalartikel ist von der Website verschwunden (was im World Wide Web häufig vorkommt), aber seine absurde Unterstellung von Selbstwahrnehmung bei Spinnen wurde viele Male wiederholt. In der Mitte von Spinnennetzen liegt häufig ein »Stabilimentum«, das mitunter eine oberflächliche Ähnlichkeit mit einer Spinne aufweist. Dafür ist insbesondere die Gattung *Cyclosa* bekannt. Ich neige zu der Vermutung, dass das Stabilimentum von *Cyclosa* von der natürlichen Selektion so abgewandelt wurde, dass sich die Ähnlichkeit mit einer Spinne verstärkte. Der Umstand, dass das Exemplar aus Peru die richtige Zahl von »Beinen« hat, ist jedoch vermutlich keine Folge der natürlichen Selektion, sondern Zufall.

12 Vielleicht wundert es Sie genauso wie mich, warum der Begriff »Notochord« mit einem »h« in der Mitte geschrieben wird. Ich habe dazu nur eine bildungsferne Vermutung. Das griechische Wort *chordeo* bedeutet »Würste verarbeiten«. Das Notochord sieht aus wie eine Wurst. Würste sind in Darm gehüllt. Die Saiten einer Leier bestehen aus Darm. *Chorde* ist im Griechischen die Saite einer Leier.

13 »Drohne« ist für dieses Beispiel hoch entwickelter Technik ein unglücklicher Begriff. In der Welt der Bienen sind »Drohnen« die Männchen, die nicht zur Nahrungssuche beitragen. Das tun nur Arbeiterinnen (sterile Weibchen). In dieser Geschichte bezeichnet »Drohne« die von Menschen hergestellte Maschine, nicht die männliche Biene (und auch nicht den verrückten jungen Mann, der bei P. G. Wodehouse dem Drones Club angehört).

14 Erstmals verwendet wurde dieser Begriff 1948 von Niko Tinbergen (1907–1988) für Austernfischer, die lieber eine Eiattrappe ausbrüteten, die das Achtfache des Volumens eines echten Eies hatte. Tinbergen (1951).

15 Sich zu einer Kugel zusammenzurollen, ist zwar für Igel eine wirksame Strategie gegenüber den meisten natürlichen Feinden, aber es schreckt Autos leider nicht ab. Vielleicht wird die natürliche Selektion ihr Verhalten in Zukunft verändern.

16 Das Bild (von Jana Lenzova) wurde originalgetreu aus einem Video übernommen, das man online finden kann: www.facebook.com/watch/v=4717001908316041.

17 Raup (1966a&b). Wie nicht anders zu erwarten, haben Mathematiker sich auf Raups klassische Arbeit gestürzt und elegante Formulierungen entwickelt, die weit außerhalb des Themenspektrums dieses Buches liegen: zum Beispiel Geber (2017).

18 Mein ursprüngliches Pascal-Programm aus den 1980er Jahren ist tot, denn auf modernen Computern läuft es nicht mehr. Ich bin Alan Canon sehr dank-

bar, dass er es neu geschrieben hat und damit einen alten Freund wieder zum Leben erweckte.

19 Nun, wörtlich genommen gilt das. Aber solche dramatischen Vergleiche führen in die Irre (West, 2019). Das Gewicht eines Objekts, ob Floh oder Mensch, nimmt mit der dritten Potenz seiner linearen Ausdehnung zu. Die Muskelkraft wächst mit dem Quadrat der linearen Ausdehnung. Wenn man unter sonst gleichen Bedingungen ein Tier (in seinen linearen Dimensionen) um das Zehnfache vergrößert, nimmt sein Gewicht um das Tausendfache zu, seine Kraft aber nur um das Hundertfache. Eine Ameise kann ohne weiteres eine Last tragen, die das Gewicht von 30 anderen Ameisen hat, aber ein Mensch gerät schon unter dem Gewicht eines einzigen anderen Menschen ins Taumeln. Deshalb gilt automatisch: Je kleiner das Tier ist, desto höher kann es im Verhältnis zu seiner eigenen Höhe springen.

DANK

Ich möchte mich bei Mark Fricker, Elfriede Stocker, Michael Kettlewell, Fritz Vollrath, Ronald Jenner, Roger Hanlon, Tobias Hayashi, Phil Torres, Lawrence Reeves, Jane und John Balaban, Malcolm Burows, Jana Lenzová, Jean Black, Neil Belton, Emily Wood, Andrew Pattrick, Geoffrey Parker, Helena Cronin, Nathan Myhrvold, Lalla Ward und Wolfgang Grulke bedanken.

LITERATUR

Anderson, R. (1983): *Radiolaria.* New York.
Anon. (2018): »Self-aware spiders: fascinating arachnid builds its own lifelike decoys«, *Animals Asia,* 14. März.
Ashworth, J. M. & Dee J. (1975): *The Biology of Slime Moulds.* London.
Barkow, J. H., Tooby, J. & Cosmides, L. (1992): *The Adapted Mind.* New York u. a.
Bauer, U. et al. (2015): »How to catch more prey with less effective traps: explaining the evolution of temporarily inactive traps in carnivorous pitcher plants«, *Proc. Roy. Soc. B* 282, S. 20142675.
Bentley, D. T. & Hoy, R. (1974): »The neurobiology of cricket song«, *Scientific American* 231, S. 34–44.
Bölsche, W. (1900): *Ernst Haeckel: Ein Lebensbild.* Berlin.
Brodo, I. M., Sharnoff, S. D., & Sharnoff, S. (2001): *Lichens of North America.* New Haven.
Burrows, M. & Sutton, G. (2013): »Interacting Gears Synchronize Propulsive Leg Movements in a Jumping Insect«, *Science* 341, S. 1254–1256.
Buss, D. M. (2005): *Handbook of Evolutionary Psychology.* Hoboken, NJ [dt.: *Evolutionäre Psychologie.* München 2004].
Chagnon, N. (1977): *Yanomamo, The Fierce People.* New York. [dt.: *Die Yanomamö: Leben und Sterben der Indianer am Orinoco.* Übs. v. U. Enderwitz, Berlin 1994].
Chagnon, N. (2014): *Noble Savages.* New York.
Cronin, H. (1991): *The Ant and the Peacock.* Cambridge.
Cummings, S. (2023): »Genetically speaking, starfish have no arms – only a head«, *Science Adviser,* 1. Nov.
Dalio, R. (2012): *Japan 2012: Search for the Giant Squid.* Gedächtnisband, Privatveröffentlichung.
Darwin, C. (1842): *The Structure and Distribution of Coral Reefs.* Edited with commentary by Mark Ridley (1994) A Darwin Selection. London.

Darwin, C. (1843): »Letter to G. R. Waterhouse«. University of Cambridge, *Darwin Correspondence Project.* [dt.: *Nichts ist beständiger als der Wandel: Briefe.* Übs. v. U. Gräfe, Frankfurt am Main 2008].
Darwin, C. (1854): *A Monograph on the Sub-class Cirripedia.* London.
Darwin, C. (1859): *On the Origin of Species.* London. [dt.: *Der Ursprung der Arten durch natürliche Selektion oder Die Erhaltung begünstigter Rassen im Existenzkampf.* Übs. v. E. Schönfeld, Stuttgart 2018].
Darwin, C. (1862): *The Various Contrivances by which Orchids are Fertilised by Insects.* London. [dt.: *Über die Einrichtungen zur Befruchtung britischer und ausländischer Orchideen durch Insekten und über die günstigen Erfolge der Wechselbefruchtung.* Übs. v. H. G. Bronn, Stuttgart 1862].
Darwin, C. (1862): Letter to J. D. Hooker. University of Cambridge *Darwin Correspondence Project.* [dt.: *Nichts ist beständiger als der Wandel: Briefe.* Übs. v. U. Gräfe, Frankfurt am Main 2008]
Darwin, C. (1868): *The Variation of Animals and Plants under Domestication.* London. [dt.: *Das Variieren der Thiere und Pflanzen im Zustande der Domestication.* 2 Bände. Übs. v. J. V. Carus, Stuttgart 1868].
Darwin, C. (1871): *The Descent of Man and Selection in Relation to Sex.* London. [dt.: *Die Abstammung des Menschen.* Übs. v. V. Carus, Nachdruck Wiesbaden 1966].
Dawkins, R. (1976): *The Selfish Gene*, Oxford. [dt.: *Das egoistische Gen.* Übs. v. K. de Sousa Ferreira, Jubiläumsausgabe Heidelberg 2007].
Dawkins, R. (1982): »Universal Darwinism«, in: D. S. Bendall (Hg.), *Evolution from Molecules to Man.* Cambridge, S. 403–425.
Dawkins, R. (1982): *The Extended Phenotype* (1982) Oxford. [dt.: *Der erweiterte Phänotyp.* Übs. v. W. Mayer, Heidelberg 2010].
Dawkins, R. (1986): *The Blind Watchmaker* (1986). London. [dt.: *Der blinde Uhrmacher.* Übs. v. K. de Sousa Ferreira, Neuausgabe München 2008].
Dawkins, R. (1989): »The Evolution of Evolvability«, in: Ed C. Langton (1989): *Artificial Life.* Boston.
Dawkins, R. (2024): *The Genetic Book of the Dead.* London. [dt.: *Das große Buch der Evolution.* Übs. v. S. Vogel, Hamburg 2025].
Dawkins, R. & Krebs, J. R. (1979): »Arms Races between and within Species«, *Proc. Roy. Soc. Lond. B.* 205, S. 489–511.
Dawkins, R. & Wong, Y. (2016): *The Ancestor's Tale.* London. [dt.: *Geschichten vom Ursprung des Lebens.* Übs. v. S. Vogel, Berlin 2008].
De Beer, G. (1954): *Embryos and Ancestors.* Oxford.
Endler, J. A. (1986): *Natural Selection in the Wild.* Princeton, NJ.
Fisher, R. A. (1930): *The Genetical Theory of Natural Selection.* Oxford.
Fisher, R. A. (1958): *The Genetical Theory of Natural Selection.* Dover, New York.

Garstang, W. (1951): *Larval Forms and Other Zoological Verses.* Oxford.
Geber, S. (2017): »The Geometry of Morphospaces: Lessons from the Classic Raup Shell Coiling Model«, *Biological Reviews* 92, S. 1142–1155.
Gill, W. (1854): »The Palolo. A Sea Worm Eaten by the Samoans«, *Missionary Magazine & Chronicle* 18, S. 50.
Gillespie, N. C. (1979): *Charles Darwin and the Problem of Creation.* Chicago.
Goldschmidt, R. (1956): *Portraits from Memory.* Seattle. [dt.: *Erlebnisse und Begegnungen. Aus der großen Zeit der Zoologie in Deutschland.* Übs. v. E. de Lattin, Hamburg 1959].
Goodwin, B. & Dawkins, R. (1995): »What is an organism? A discussion«, *Perspectives in Ethology* 2, S. 47–60.
Gould, S. J. (1977): *Ontogeny and Phylogeny.* Cambridge, Mass.
Gould, S. J. (1989): *Wonderful Life.* London. [dt.: *Zufall Mensch. Das Wunder des Lebens als Spiel der Natur.* Übs. v. F. Griese, München 1991].
Grafen, A. (1990): »Sexual Selection Unhandicapped by the Fisher Process«, *Journal of Theoretical Biology* 144, S. 473–516.
Grulke, W. (2019): *Beyond Extinction – The Eternal Ocean.* At One Communications.
Haeckel, E. (1878): *Freie Wissenschaft und freie Lehre*, Stuttgart.
Haeckel, E. (1879): *Die Freiheit der Wissenschaft im modernen Staat.* Stuttgart 1878.
Haeckel, E. (1903): *Keimesgeschichte des Menschen.* Leipzig.
Haeckel, E. (1904): *Kunstformen der Natur.* Wikimedia Commons. https://commons.wikimedia.org/wiki/Kunstformen_der_Natur#/media/File:Haeckel.jpg. Nachdruck Wiesbaden 2004.
Haeckel, E. (1905): *Anthropogenie.* Leipzig 1874.
Haeckel, E. (2020): *Art Forms in Nature.* Avenue House Press.
Haeckel, E. (2021): *The Art and Science of Ernst Haeckel*, Köln.
Ernst Haeckel (1834–1919): Briefedition, https://haeckel-briefwechsel-projekt.uni-jena.de/de
Hamilton, W. D. (2001): *Narrow Roads of Gene Land*, Bd. 2. Oxford u. a., S. 199–230.
Hanlon, R., Vecchione, M. & Allcock, L. (2018): *Octopus, Squid, and Cuttlefish: A Visual, Scientific Guide to the Oceans' Most Advanced Invertebrates.* Chicago [dt. *Octopus & Co. Die faszinierende Welt der Tintenfische, Kraken und Kalmare.* Übs. v. A. Held, Bielefeld 2019].
Hou, X. et al. (2004): *The Cambrian Fossils of Chengjiang, China.* Oxford.
Hume, David (1994): *Dialoge über natürliche Religion*, Übs. v. N. Hoerster, Stuttgart.
Huxley, J. S. (1912): *The Individual in the Animal Kingdom.* Cambridge, Mass.

Huxley, J.S. (1926): *Essays of a Biologist.* London.
Jenner, R. (2022): *Ancestors in Evolutionary Biology.* Cambridge u. New York.
Karremans, A.P. (2023): *Demystifying Orchid Pollination.* Kew.
Kauffman, S. (1995) *At Home in the Universe.* London. [dt.: *Der Öltropfen im Wasser.* Übs. v. T. Schmidt, München 1996].
Kerkut, G.A. (1954): »The mechanisms of coordination of the starfish tube feet«, *Behaviour* 6, S. 206–232.
Knowlton, N. (1974): »A note on the evolution of gamete dimorphism«, *Journal of Theoretical Biology* 46, S. 283–285.
Kumar, S. & Bentley, P.J. (2003, Hg.): *On Growth, Form and Computers.* Amsterdam.
Land, M. (2018): *Eyes to See.* Oxford.
Leakey, R. & Lewin, R. (1996): *The Sixth Extinction.* London. [dt.: *Die sechste Auslöschung: Lebensvielfalt und die Zukunft der Menschheit.* Übs. v. S. Vogel, Frankfurt a.M. 1996].
Lettvin, J.Y., Maturana, H.R., McCulloch, W.S., & Pitts, W.H. (1959): »What the frog's eye tells the frog's brain«, *Proceedings of the Institute of Radio Engineers* 47, S. 1940–1951.
Libbrecht, K. (2005): *The Little Book of Snowflakes.* Grantown-on-Spey [dt.: *Schneeflocken: Juwelen des Winters.* Übs. v. P. Rasmussen u. R. v. Savigny, München 2005].
Lindauer, M. (1961): *Communication among social bees.* Cambridge, Mass. [dt.: *Verständigung im Bienenstaat.* Stuttgart 1975].
Lorenz, K. (1966): *Das sogenannte Böse.* Wien.
Maynard Smith, J. (1982): *Evolution and the Theory of Games.* Oxford University Press.
McCoy, D. et al. (2026): »Host-symbiont conflict in reef-building corals and the risk of coral bleaching«, in: A. Ågren & M. Patten (Hg.), *The Paradox of the Organism.* Cambridge, Mass.
Medawar, P.B. (1982): »D'Arcy Thompson and Growth and Form«, in ders.: *Pluto's Republic.* Oxford u.a., S. 228–241.
Myhrvold, N. https://nathanmyhrvold.com/travel/essay/snowflakes
Nakagaki, T., Hamada, H. & Toth, A. (2000): »Maze-solving by an amoeboid organism«, *Nature* 407, S. 470.
Palfreyman, D. (2001, Hg.): *The Oxford Tutorial: Thanks, You Taught Me How to Think.* Oxford.
Parker, A. (2003): *In the Blink of an Eye.* London.
Parker, G.A., Baker, R.R. & Smith, V.G.F. (1972): »The origin and evolution of gametic dimorphism and the male-female phenomenon«, *Journal of Theoretical Biology* 36, S. 529–553.

Praeger, R. L. (1969): *The Way that I Went.* Dublin.
Raup, D. M. (1966a): »Geometric analysis of shell coiling. General problems«, *Journal of Paleontology* 40, S. 1178–1180.
Raup, D. M. (1966b): »Geometric analysis of shell coiling. Coiling in ammonoids«, *Journal of Paleontology* 41, S. 43–65.
Rees, M. (2018): *On the Future.* Princeton. [dt.: *Unsere Zukunft.* Übs. v. M. Wiese, Darmstadt 2020].
Ridley, M. (2025): *Birds, Sex and Beauty.* London.
Roeder, K. D. (1966): »Auditory System of Noctuid Moths«, *Science* 154, S. 1515–1521.
Rozhnov, S. V. (2014): »Symmetry of echinoderms: from initial bilaterally asymmetric metamerism to pentaradiality«, *Natural Sciences* 6, (4). 10.4236/ns.2014.64021
Sahlins, M. (1976): *The Use and Abuse of Biology.* London.
Salter, J. W. & Hicks, H. (1867): »On a new *Lingulella* from the Red Lower Cambrian Rocks of St David's«, *Proceedings of the Geological Society.*
Schultz, D. S. T., Haddock, S. H. D., Bredeson, J. V., Green, R. E., Simalov, O., & Rokhsar, D. S. (2023): »Ancient gene linkages support ctenophores as sister to other animals«, *Nature* 618, S. 110–117.
Sheldrake, M. (2021): *Entangled Life.* London [dt.: *Verwobenes Leben: Wie Pilze unsere Welt formen und unsere Zukunft beeinflussen.* Übs. v. S. Vogel, Berlin 2020].
Smith, J. E. (1946): »The mechanics and innervation of the starfish tube foot-ampulla system«, *Phil. Trans. Roy. Soc. B* 232 (1946), S. 279–310.
Sperry, R. W. (1959): »The growth of nerve circuits«, *Scientific American* 201 (5), S. 68–75.
Srivastava, M. et al. (2010): »The *Amphimedon queenslandica* genome and the evolution of animal complexity«, *Nature* 466, S. 720–726.
Stubbs, A. & Stubbs, C. W. (2016): »Spectral discrimination in color-blind animals via chromatic aberration and pupil shape«, *PNAS July* https://doi.org/10.1073/pnas.1524578113.
Symons, D. (1979): *The Evolution of Human Sexuality.* New York.
Tero, A., et al. (2010): Rules for biologically inspired adaptive network design, *Science* 327, S. 439–442.
Thompson, D'Arcy, W. (1942): *On Growth and Form.* Cambridge [dt.: *Über Wachstum und Form*, gekürzte Ausgabe. Übs. v. E. M. Fountain u. M. Neff, Frankfurt am Main 1983].
Tinbergen (1951): *The Study of Instinct.* Oxford. [dt.: *Instinktlehre: Vergleichende Erforschung angeborenen Verhaltens.* Übs. v. O. Koehler, Berlin 1979].

Van Valen, L. (1973): »A new evolutionary law«, *Evolutionary Theory* 1, S. 1 – 30.
Vollrath, F. (2005): »Spiders' Webs«, *Current Biology* 15, S. R364 – R365.
West, G. (2019): *Scale*. London.
White, T. H. (1984): *The Book of Beasts*. New York.
Wickett, N. J. et al. (2014): »Phylotranscriptomic analysis of the origin and early diversification of land plants«, *PNAS October* https://doi.org/10.1073/pnas.1323926111
Willows, A. O. D. (1971): »Giant Brain Cells in Mollusks«, *Scientific American* 224, S. 68 – 75.
Wilson, H. V. (1907): »On some phenomena of coalescence and regeneration in sponges«, *Journal of Experimental Zoology* 5, S. 245 – 258.
Wyndham, J. (1960): *Trouble with Lichen*. London [dt.: *Ärger mit der Unsterblichkeit*. Übs. v. B. Kraus, München 2016].
Zahavi, A. & A. (1997): *The Handicap Principle*. New York u. a. [dt.: *Signale der Verständigung: Das Handicap-Prinzip*. Übs. v. A. Ehlers, Frankfurt am Main 1998].
Zhu, L., Kim, S. J., Hara, M. & Aono, M. (2018): »Remarkable problem-solving ability of a unicellular amoeboid organism and its mechanism«, *Royal Society Open Science*. https://doi.org/10.1098/rsos.180396

BILDNACHWEIS

Alle in diesem Buch enthaltenen Illustrationen von Ernst Haeckel stammen aus dem »Public Domain Image Archive«, sofern nachstehend nichts anderes angegeben ist.

S. 8 Heritage Image Partnership Ltd / Alamy
S. 14 brandstaetter images / Getty Images
S. 24 ZUMA Press, Inc. / Alamy
S. 27 Roger Hanlon
S. 29 Wild Horizon / Getty Images
S. 35 Nature Picture Library / Alamy
S. 54 Nature Picture Library / Alamy
S. 57 Lalla Ward
S. 64 Stan Tekiela Author / Naturalist / Wildlife Photographer / Getty Images
S. 65 Richard Dyson / Alamy
S. 68 (oben) S. J. Krasemann / Getty Images
S. 68 (unten) Wikimedia Commons
S. 72 H Lansdown / Alamy
S. 74 d3_plus D.Naruse @ Japan / Getty Images
S. 75 Jeff R Clow / Getty Images
S. 96 (unten) Nathan Myhrvold
S. 108 Scenics & Science / Alamy
S. 109 Phil Degginger / Alamy
S. 134 WaterFrame / Alamy
S. 150 Wikimedia Commons
S. 152 David Fleetham / Alamy
S. 155 VTR / Alamy
S. 160 (beide) John Woodcock / Getty Images
S. 168 tonaquatic / Getty Images
S. 175 BIOSPHOTO / Alamy
S. 180 (unten) DR. GOPAL MURTI / SCIENCE PHOTO LIBRARY
S. 188 Anadolu / Getty Images
S. 189 ullstein bild / Getty Images
S. 190 Wild Horizon / Getty Images
S. 196 Iurii Garmash / Getty Images
S. 199 paul mansfield photography / Getty Images
S. 204 (oben) Martin Harvey / Getty Images
S. 204 (unten) Virginie Vaes / Getty Images
S. 205 Albert Fertl / Getty Images
S. 206 Sergio Amiti / Getty Images
S. 212 Nature Picture Library / Alamy

BILDNACHWEIS

S. 213 Toshiyuki Nakagaki, Hiroyasu Yamada und Ágota Tóth
S. 220 (unten) The Natural History Museum / Alamy
S. 221 Hou Xianguag, Richard J. Aldridge, Jan Bergstrom, David J. Siveter, Derek J. Siveter und Xiang-Hong Feng
S. 241 Science Photo Library / Alamy
S. 247 Jana Lenzová
S. 283 Jane and John Balaban
S. 287 Phil Torres
S. 290 Sergey Kuznetsov / Alamy
S. 296 MEHAU KULYK / SCIENCE PHOTO LIBRARY
S. 299 Life on white / Alamy
S. 302 Wikimedia Commons
S. 303 Time Vault Gallery
S. 310 (oben) Steven Moore / 500px / Getty Images
S. 310 (unten) Pascal van de Vendel / Unsplash
S. 311 Anadolu / Getty Images
S. 312 Pascal van de Vendel / Unsplash
S. 318 yenwen / Getty Images
S. 334 Gary Chalker / Getty Images
S. 335 Cosmin Marinchescu / Getty Images
S. 342 Jana Lenzová
S. 344 Jana Lenzová
S. 348 Jana Lenzová
S. 349 Alta Oosthuizen / Getty Images
S. 357 Paul Starosta / Getty Images
S. 358 Multipedia / Getty Images
S. 361 Wolfgang Grulke
S. 364 DE AGOSTINI PICTURE LIBRARY / Getty Images
S. 368 Dorling Kindersley ltd / Alamy
S. 371 D'Arcy Wentworth Thompson via Pictorial Press Ltd / Alamy
S. 388 Library Book Collection / Alamy
S. 410 Nature Picture Library / Alamy
S. 415 Malcolm Burrows